A. Triboudel $\mathcal{L}$. 1849.

TRAITÉ
D'ARITHMÉTIQUE,

A L'USAGE

DE LA MARINE ET DE L'ARTILLERIE,

Par BÉZOUT;

AVEC DES NOTES ET DES TABLES DE LOGARITHMES,

Par A. A. L. REYNAUD,

Chevalier de la Légion-d'Honneur, Examinateur des Candidats de l'École Royale Polytechnique, et de l'École spéciale militaire, etc.

OUVRAGE ADOPTÉ PAR L'UNIVERSITÉ ROYALE.

NEUVIÈME ÉDITION.

PARIS,

Mme Ve COURCIER, LIBRAIRE POUR LES SCIENCES,
Rue du Jardinet-Saint-André-des-Arcs.
1821.

AVIS DE L'EDITEUR.

Nous pouvons assurer que cette édition est une des plus correctes. M. *Mayer*, ancien Élève de l'*École Polytechnique*, a revu, avec le plus grand soin, les calculs et le texte.

OUVRAGES DE M. REYNAUD.

PRÉFACE DE BEZOUT.

LE COURS DE MATHÉMATIQUES dont nous donnons aujourd'hui la première partie, doit rassembler les connaissances élémentaires nécessaires aux Gardes du Pavillon et de la Marine, pour être admis au rang d'officiers de vaisseaux.

Quelque utile qu'il soit d'instruire de bonne heure ces jeunes Élèves dans la pratique d'un art aussi étendu que celui de la Navigation, on ne peut douter que la connaissance préliminaire des principes sur lesquels portent les règles de l'art, ne doive contribuer beaucoup à faire fructifier les leçons qu'ils recevront ensuite de l'expérience, ne les dispose à y être plus attentifs, et par conséquent n'accélère beaucoup leurs progrès.

D'ailleurs, il est si rare qu'un esprit accoutumé à obéir servilement aux seules règles de la pratique se replie ensuite assez sur lui-même, pour revenir avec succès à l'étude de la théorie, qu'on ne peut trop tôt les disposer à profiter des avantages qu'ils peuvent retirer de celle-ci.

Presque toutes les méthodes de la navigation-pratique sont fondées sur des connaissances mathématiques : comment pourrait-on différer d'instruire des principes de cette science, ceux qui sont destinés à en diriger un jour l'application?

Pour me conformer, autant qu'il est en moi, aux vues des personnes qui ont bien voulu me confier l'examen des études des Gardes du Pavillon et de la Marine, ainsi que la composition d'un Cours de Mathématiques à leur usage, j'ai cru devoir m'attacher à concilier ces deux points : la nécessité d'instruire ces Élèves sur les connaissances mathématiques relatives à leur objet, et celle de les en instruire dans un intervalle de temps qui ne leur fît rien perdre de l'avantage qu'il doit y avoir à aller de bonne heure à la mer.

Pour satisfaire à ces deux objets, je me suis proposé, 1° de borner le cours des études d'obligation aux propositions directement utiles à la Navigation, et à celles qui seraient indispensables pour l'intelligence de celles-là; 2° de faciliter cette étude, en la rendant plus intéressante par de fréquentes applications à la pratique, prises principalement dans la Marine ;

ce qui réunit encore l'avantage de disposer l'esprit des Commençans à saisir de bonne heure le lien qui unit la théorie à la pratique.

Mais dans la vue de concourir, autant qu'il m'est possible, aux progrès d'un art aussi important, j'ai cru devoir ne pas perdre de vue ceux de ces jeunes Elèves qui, joignant à une noble émulation, des dispositions plus marquées que les autres, auraient le desir de s'instruire plus parfaitement. C'est dans cette vue que j'aurai soin de répandre dans ce Cours des connaissances plus étendues, et spécialement celles qui peuvent faciliter l'intelligence des Ouvrages de feu M. Bouguer, et de quelques autres ouvrages non moins utiles à la Marine, dont on n'a pas encore retiré, à beaucoup près, tout le fruit qu'on peut en espérer, parce que les études des Gardes n'y étaient pas dirigées aussi pleinement qu'on se propose de le faire.

Ces connaissances qu'il est louable d'acquérir, et auxquelles on ne peut trop inviter les Gardes du Pavillon et de la Marine de s'appliquer, ces connaissances, dis-je, ne seront point d'obligation, et nous aurons soin de les distinguer de celles-ci, par un *caractère* dont nous avertirons.

Le *Cours de Mathématiques* dont il s'agit ici, sera divisé en quatre Parties.

La première traitera de l'Arithmétique.

La seconde traitera de la Géométrie, dans laquelle on comprendra la Trigonométrie rectiligne et la Trigonométrie sphérique.

La troisième aura pour objet l'Algèbre et l'application de l'Algèbre à la Géométrie.

La quatrième comprendra la Statique et le Mouvement, avec quelques propositions d'Hydrostatique et d'Hydraulique.

Nous avons préféré de faire succéder l'Algèbre à la Géométrie plutôt qu'à l'Arithmétique, parce qu'outre que l'Algèbre nous eût été d'une utilité très médiocre dans la Géométrie élémentaire, les commençans ne sont d'ailleurs pas encore assez exercés dans les raisonnemens mathématiques, pour sentir la force des démonstrations algébriques, quoique celles-ci soient souvent plus simples que les démonstrations synthétiques; au lieu que dans la disposition que nous avons choisie, on a lieu de croire que les Commençans, déjà fortifiés par l'étude des deux premières Parties, en auront d'autant plus de facilité à généraliser leurs idées, et saisiront mieux les usages nombreux qu'on peut faire de l'Algèbre; d'ailleurs, ayant déjà plus de connaissances acquises, ils seront plus à portée de se familiariser avec cette science, par un plus grand nombre d'objets auxquels ils pourront l'appliquer.

Nous n'entrerons ici dans aucun détail sur l'exécution des trois dernières parties du Cours; nous nous bornerons à rendre compte de celle-ci. Elle renferme, sous un volume assez peu considérable, ce qu'il est nécessaire de savoir, non-seulement pour appliquer les connaissances mathématiques que nous enseignerons par la suite, mais encore pour satisfaire à divers autres usages. En exposant les méthodes, nous avons évité de les multiplier pour un même objet, parce qu'on ne peut veiller trop soigneusement à ne pas partager l'attention dans les commencemens ; c'est un abus de dire, en faveur de l'opinion contraire, qu'il est utile d'envisager un objet sous différens aspects: cela n'est vrai que lorsqu'on a acquis un certain nombre de connaissances. C'est par ce même principe que nous avons cru devoir resserrer les raisonnemens et les discours dans beaucoup d'endroits ; les Commençans, peu ou point du tout faits à raisonner méthodiquement, perdent, en parcourant un long échafaudage de logique, la force de tête qui leur est nécessaire pour saisir l'esprit d'une démonstration.

On a donc fait en sorte de ne donner aux raisonnemens, que l'étendue nécessaire pour être bien entendus, et d'en élaguer ces attentions scrupuleuses qui vont jusqu'à démontrer des axiomes, et qui, à force de supposer le lecteur inepte, conduisent enfin à le rendre tel.

J'ai tâché d'aplanir la route ; soit en simplifiant des raisonnemens déjà employés, soit en leur en substituant de nouveaux qui m'ont paru plus clairs, soit enfin en employant un langage familier et simple. C'est au public à juger si j'ai réussi ; mais on ne doit pas s'attendre que le Lecteur soit dispensé d'un certain degré d'attention : on ne fera jamais un livre de Mathématiques qui puisse être lu comme on lit un livre d'histoire.

Je ne suppose d'autres connaissances à mon Lecteur, que celle des noms de nombres et quelques autres idées aussi familières, sur lesquelles j'établis les principes de la numération, tant des nombres entiers que des décimales. Je passe de là aux quatre opérations fondamentales, dont je donne le procédé, et dont j'explique la nature et les principes, de manière à en faciliter l'application aux opérations plus composées qui en dépendent. A la suite de ces opérations, j'en indique quelques usages. Les fractions sont traitées à peu près de la même manière.

Les nombres complexes dont le calcul suppose, à la rigueur,

la connaissance des fractions, succèdent à celles-ci. Quoique je n'aie pas parlé du Toisé, les règles que j'ai établies ne le renferment pas moins ; mais la connaissance de la nature des unités des facteurs et du produit, appartenant à la Géométrie, j'ai différé pour cette raison, d'en parler jusqu'à ce temps.

Quoique je ne désapprouve pas qu'on emprunte d'une science, les notions qui peuvent faciliter celle que l'on traite (quelque subordination qu'on ait d'ailleurs coutume de mettre entre ces deux sciences), néanmoins je pense qu'on ne doit prendre ce parti, que lorsqu'il ne s'en offre pas de plus simple. Comme l'Arithmétique m'a paru fournir des ressources suffisantes pour l'explication des opérations de la racine quarrée et de la racine cubique, je n'ai pas été puiser ailleurs que dans les principes mêmes de cette science.

Ce que j'expose des Rapports, Proportions et Progressions, quoique court, me paraît renfermer ce qui nous sera nécessaire pour les trois Parties qui doivent suivre. Cependant, comme nous pouvons, sans nous écarter de la loi que nous nous sommes imposée, revenir sur quelques propriétés des Progressions, que quelques Lecteurs pourraient desirer, nous avertissons que nous les avons réservées pour application de l'Algèbre.

Les Logarithmes sont d'un trop grand usage dans la pratique de la Navigation, pour que nous n'ayons pas dû nous en occuper spécialement. Aussi, après avoir exposé la nature, la formation et ceux des usages de ces nombres, que nous pouvions exposer sans anticiper sur aucune autre science, nous avons donné les moyens d'étendre, dans le besoin, les secours qu'on peut tirer des tables ordinaires.

Quoiqu'on puisse faire un grand nombre d'applications de l'Arithmétique à la Navigation, ce n'est cependant pas dans l'Arithmétique même qu'elles peuvent trouver leur place, parce qu'elles supposent presque toutes, au moins la Géométrie. Néanmoins, dans le nombre des applications que nous avons données, nous avons pris quelques exemples dans le métier même. A mesure que nous avancerons, elles deviendront et plus nombreuses et plus importantes : on en trouvera d'ailleurs un très grand nombre dans le *Traité de Navigation* qui forme la suite de ce Cours.

TABLE DES MATIÈRES

DE

L'ARITHMÉTIQUE DE BEZOUT.

NOMBRES ENTIERS ET DÉCIMAUX.

FIN DE LA TABLE DE L'ARITHMÉTIQUE DE BEZOUT.

ARITHMÉTIQUE

A L'USAGE

DE LA MARINE ET DU COMMERCE.

Notions préliminaires sur la nature et les différentes espèces de Nombres.

1. On appelle, en général, *quantité*, tout ce qui est susceptible d'augmentation ou de diminution. L'étendue, la durée, le poids, etc., sont des quantités. Tout ce qui est quantité est de l'objet des Mathématiques; mais l'Arithmétique, qui fait partie de ces sciences, ne considère les quantités qu'en tant qu'elles sont exprimées en nombres.

2. L'Arithmétique est donc la science des nombres : elle en considère la nature et les propriétés ; et son but est de donner des moyens aisés, tant pour représenter les nombres que pour les composer et décomposer ; ce qu'on appelle *calculer*.

3. Pour se former une idée exacte des nombres, il faut d'abord savoir ce qu'on entend par *unité*.

4. L'unité est une quantité que l'on prend (le plus souvent arbitrairement) pour servir de terme de comparaison à toutes les quantités d'une même espèce : ainsi lorsqu'on dit, un tel corps pèse *cinq* livres, la livre est l'unité, c'est la quantité à laquelle on compare le poids de ce corps ; on aurait pu également prendre l'once pour l'unité; et alors le poids de ce corps eût été marqué par quatre-vingts.

5. Le nombre exprime de combien d'unités ou de parties d'unité une quantité est composée.

Si la quantité est composée d'unités entières ; le nombre qui l'exprime s'appelle *nombre entier*; et si elle est composée d'unités entières et de parties de l'unité, ou simplement de parties de l'unité, alors le nombre est dit *fractionnaire*, ou *fraction*; *trois et demi* font un nombre fractionnaire ; *trois quarts* est une fraction.

6. Un nombre qu'on énonce sans désigner l'espèce des unités, comme quand on dit simplement *trois* ou *trois fois*, *quatre* ou *quatre fois*, s'appelle un *nombre abstrait*; et lorsqu'on énonce en même temps l'espèce des unités, comme quand on dit *quatre livres*, *cent tonneaux*, on l'appelle *nombre concret*.

Nous définirons les autres espèces de nombres à mesure qu'il en sera question.

De la Numération et des Décimales.

7. La numération est l'art d'exprimer tous les nombres par une quantité limitée de noms et de caractères : ces caractères s'appellent *chiffres*.

Nous nous dispenserons de donner ici le nom des nombres; c'est une connaissance familière à tout le monde.

Quant à la manière de représenter les nombres par des chiffres, plusieurs raisons nous engagent à en exposer les principes.

8. Les caractères dont on fait usage dans la numération actuelle, et les noms des nombres qu'ils représentent, sont tels qu'on les voit ici.

zéro, un, deux, trois, quatre, cinq, six, sept, huit, neuf.
0   1   2   3   4   5   6   7   8   9.

Pour exprimer tous les autres nombres avec ces caractères, on est convenu que de dix unités on en ferait une seule, à laquelle on donnerait le nom de *dixaines*, et que l'on compterait par dixaines comme on compte par unités, c'est-à-dire, que l'on compterait deux dixaines, trois dixaines, etc., jusqu'à 9 : que pour représenter ces nouvelles unités, on emploierait les mêmes chiffres que pour les unités simples, mais qu'on les en distinguerait par la place qu'on leur ferait occuper, en les mettant à la gauche des unités simples.

Ainsi, pour représenter *cinquante-quatre*, qui renferment cinq dixaines et quatre unités, on est convenu d'écrire 54. Pour représenter *soixante*, qui contiennent un nombre exact de dixaines et point d'unités, on écrit 60, en mettant un zéro, qui marque qu'il n'y a point d'unités simples; et détermine le chiffre 6 à marquer un nombre de dixaines. On peut, par ce moyen, compter jusqu'à *quatre-vingt-dix-neuf* inclusivement.

9. Remarquons, en passant, cette propriété de la numération actuelle; savoir, qu'un chiffre placé à la gauche d'un autre, ou suivi d'un zéro, représente un nombre dix fois plus grand que s'il était seul.

10. Depuis 99 on peut compter jusqu'à *neuf cent quatre-vingt-dix-neuf*, par une convention semblable. De dix dixaines on composera une seule unité qu'on nommera *centaine*, parce que dix fois dix font cent; on comptera ces centaines depuis un jusqu'à neuf, et on les représentera par les mêmes chiffres, mais en plaçant ces chiffres à la gauche des dixaines.

Ainsi, pour marquer *huit cent cinquante-neuf*, qui contiennent huit centaines, cinq dixaines et neuf unités, on écrira 859. Si l'on avait *huit cent neuf*, qui contiennent huit centaines, point de dixaines, et neuf unités, on écrirait 809; c'est-à-dire que l'on mettrait un zéro pour tenir la place des dixaines qui manquent. Si les unités manquaient aussi, on mettrait deux zéros : ainsi, pour marquer *huit cents*, on écrirait 800.

11. Remarquons encore qu'en vertu de cette convention, un chiffre suivi de deux autres, ou de deux zéros, marque un nombre cent fois plus grand que s'il était seul.

12. Depuis *neuf cent quatre-vingt-dix-neuf*, on peut compter, par le même artifice, jusqu'à *neuf mille neuf cent quatre-vingt-dix-neuf*, en formant de dix centaines une unité qu'on appelle *mille*, parce que dix fois cent font mille; comptant ces unités comme ci-devant, et les représentant par les mêmes chiffres placés à la gauche des centaines.

Ainsi, pour marquer *sept mille huit cent cinquante-neuf*, on écrira 7859; pour marquer *sept mille neuf*, on écrira 7009, et pour *sept mille*, on écrira 7000, où l'on voit qu'un chiffre suivi de trois autres, ou de trois zéros, marque un nombre mille fois plus grand que s'il était seul.

13. En continuant ainsi de renfermer dix unités d'un certain ordre, dans une seule unité, et de placer ces nouvelles unités dans des rangs de plus en plus avancés sur la gauche, on parvient à exprimer d'une manière uniforme, et avec dix caractères seulement, tous les nombres entiers imaginables.

14. Pour énoncer facilement un nombre exprimé par tant de chiffres qu'on voudra, on le partagera, par la pensée, en tranches de trois chiffres chacune, en allant de droite à gauche : on donnera à chaque tranche les noms suivans, en partant de la droite, *unités, mille, millions, billions, trillions, quatrillions, quintillions, sextillions*, etc. Le premier chiffre de chaque tranche, en partant toujours de la droite, aura le nom de la tranche, le second celui de dixaines, et le troisième celui de centaines.

Ainsi, en partant de la gauche, on énoncera chaque tranche comme si elle était seule, et l'on prononcera à la fin de chacune le nom de cette même tranche : par exemple, pour énoncer le nombre suivant :

quatrillions, trillions, billions, millions, mille, unités.

          23   456   789   234   565   456.

On dira vingt-trois *quatrillions*, quatre cent cinquante-six *trillions*, sept cent quatre-vingt-neuf *billions*, deux cent trente-quatre *millions*, cinq cent soixante et cinq *mille*, quatre cent cinquante-six *unités*.

15. De la numération que nous venons d'exposer, et qui est purement de convention, il résulte qu'à mesure qu'on avance de droite à gauche, les unités dont chaque nombre est composé, sont de dix en dix fois plus grandes, et que par conséquent, pour rendre un nombre dix fois, cent fois, mille fois plus

grand, il suffit de mettre à la suite du chiffre de ses unités, un, deux, trois, etc., zéros : au contraire, à mesure qu'on rétrograde de gauche à droite, les unités sont de dix en dix fois plus petites.

16. Telle est la numération actuelle : elle est la base de toutes les autres manières de compter, quoique dans plusieurs arts on ne s'assujétisse pas toujours à compter uniquement par dixaines, par dixaines de dixaines, etc.

17. Pour évaluer les quantités plus petites que l'unité qu'on a choisie, on partage celle-ci en d'autres unités plus petites. Le nombre en est indifférent en lui-même, pourvu qu'on puisse mesurer les quantités qu'on a dessein de mesurer; mais ce qu'on doit avoir principalement en vue dans ces sortes de divisions, c'est de rendre les calculs le plus commodes qu'il sera possible ; c'est pour cette raison qu'au lieu de partager d'abord l'unité en un grand nombre de parties, afin de pouvoir évaluer les plus petites, on ne la partage d'abord qu'en un certain nombre de parties, et qu'on subdivise celles-ci en d'autres plus petites. C'est ainsi que dans les monnaies on partage la livre en 20 parties qu'on appelle *sous*, le sou en 12 parties que l'on appelle *deniers*. De même, dans les mesures de poids, on partage la livre en 2 *marcs*, le marc en 8 *onces*, l'once en 8 *gros*, etc. ; en sorte que dans le premier cas on compte par vingtaines et par douzaines ; dans le second par deuxaines et par huitaines, etc.

18. Un nombre qui est composé de parties rapportées ainsi à différentes unités, est ce qu'on appelle un nombre *complexe* ; et par opposition, celui qui ne renferme qu'une seule espèce d'unités, s'appelle *nombre incomplexe*. 8^{tt}, ou 8 livres, sont un nombre incomplexe. 8^{tt} 17^s 8^{d} ou 8 livres 17 sous 8 deniers, sont un nombre complexe.

19. Chaque art subdivise à sa manière l'unité principale qu'il s'est choisie. Les subdivisions de la toise sont différentes de celles de la livre ; celles de la livre, différentes de celles du jour, de l'heure; celles-ci différentes de celles du marc ; et ainsi

de suite : nous les ferons connaître lorsque nous traiterons des nombres complexes.

20. Mais de toutes les divisions et subdivisions qu'on peut faire de l'unité, celle qui se fait par décimales, c'est-à-dire, en partageant l'unité en parties de dix en dix fois plus petites, est incontestablement la plus commode dans tous les calculs (*). Elle est fort en usage dans la pratique des Mathématiques; la formation et le calcul des décimales sont absolument les mêmes que pour les nombres ordinaires ou entiers : nous allons les faire connaître.

21. Pour évaluer en décimales les parties plus petites que l'unité, on conçoit que cette unité, telle qu'elle soit, livre, toise, etc., est composée de dix parties, comme on imagine la dixaine composée de dix unités simples, ou comme on imagine la livre composée de 20 sous. Ces nouvelles unités, par opposition aux dixaines, sont nommées *dixièmes;* on les représente par les mêmes chiffres que les unités simples; et comme elles sont dix fois plus petites que celles-ci, on les place à la droite du chiffre qui représente les unités simples.

Mais pour prévenir l'équivoque, et ne point donner lieu de prendre ces dixièmes pour des unités simples, on est convenu en même temps de fixer, une fois pour toutes, la place des unités par une marque particulière : celle qui est le plus en usage est une virgule que l'on met à la droite du chiffre qui représente les unités, ou, ce qui est la même chose, entre les unités et les *dixièmes;* ainsi, pour marquer *vingt-quatre unités et trois dixièmes*, on écrira 24,3.

22. On peut, de même, regarder actuellement les *dixièmes* comme des unités qui ont été formées de dix autres, chacune dix fois plus petite que les *dixièmes*, et par la même raison d'analogie, les placer à la droite des *dixièmes*. Ces nouvelles unités, dix fois plus petites que les *dixièmes*, seront cent fois

plus petites que les unités principales ; et pour cette raison, seront nommées *centièmes*. Ainsi, pour marquer *vingt-quatre unités, trois dixièmes et cinq centièmes,* on écrira 24,35.

23. Concevons pareillement les *centièmes,* comme formés de dix parties ; ces parties seront mille fois plus petites que l'unité principale, et pour cette raison seront nommées *millièmes;* et, comme dix fois plus petites que les *centièmes,* on les placera à la droite de celles-ci. En continuant de subdiviser ainsi de dix en dix, on formera de nouvelles unités qu'on nommera successivement des *dix-millièmes, cent-millièmes, millionièmes, dix-millionièmes, cent-millionièmes, billionièmes,* etc. et qu'on placera dans des rangs de plus en plus reculés sur la droite de la virgule.

24. Les parties de l'unité que nous venons de décrire, sont ce que l'on appelle les *décimales.*

25. Quant à la manière de les énoncer, elle est la même que pour les autres nombres. Après avoir énoncé les chiffres qui sont à la gauche de la virgule, on énonce les décimales de la même manière ; mais on ajoute à la fin le nom des unités décimales de la dernière espèce : ainsi, pour énoncer ce nombre, 34,572, on dirait trente-quatre unités et cinq cent soixante et douze *millièmes;* si c'étaient des toises, par exemple, on dirait trente-quatre toises et cinq cent soixante et douze *millièmes* de toise.

La raison en est facile à apercevoir, si l'on fait attention que dans le nombre 34,572, le chiffre 5 peut indifféremment être rendu ou par cinq *dixièmes,* ou par cinq cent *millièmes,* puisque le *dixième* (22) valant dix *centièmes,* et le *centième* (23) valant dix *millièmes,* le *dixième* contiendra dix fois dix *millièmes,* ou cent *millièmes;* ainsi les cinq *dixièmes* valent cinq cent *millièmes.* Par une raison semblable, le chiffre 7 pourra s'énoncer en disant soixante et dix *millièmes,* puisque (23) chaque *centième* vaut dix *millièmes.*

26. A l'égard de l'espèce des unités du dernier chiffre, on la trouvera toujours facilement en comptant successivement de

gauche à droite sur chaque chiffre depuis la virgule, les noms suivans : *dixièmes, centièmes, millièmes, dix-millièmes,* etc.

27. Si l'on n'avait pas d'unités entières, mais seulement des parties de l'unité, on mettrait un zéro pour tenir la place des unités ; ainsi, pour marquer cent vingt-cinq *millièmes,* on écrirait 0,125. Si l'on voulait marquer 25 *millièmes,* on écrirait 0,025 en mettant un zéro entre la virgule et les autres chiffres, tant pour marquer qu'il n'y a point de *dixièmes,* que pour donner aux parties suivantes leur véritable valeur. Par la même raison, pour marquer six *dix-millièmes,* on écrirait 0,0006.

28. Examinons maintenant les changemens qu'on peut faire naître dans un nombre, par le déplacement de la virgule.

Puisque la virgule détermine la place des unités, et que tous les autres chiffres ont des valeurs dépendantes de leurs distances à cette même virgule, si l'on avance la virgule d'une, deux, trois, etc. places sur la gauche, on rend le nombre 10, 100, 1000, etc. fois plus petit ; et au contraire on le rend 10, 100, 1000, etc. fois plus grand, si l'on recule la virgule d'une, deux, trois etc. places sur la droite.

En effet, si l'on a 4327,5264, et qu'en avançant la virgule d'une place sur la gauche, on écrive 432,75264, il est visible que les mille du premier nombre sont des centaines dans le nouveau ; les centaines sont des dixaines ; les dixaines, des unités ; les unités, des dixièmes ; les dixièmes, des centièmes ; et ainsi de suite. Donc chaque partie du premier nombre est devenue dix fois plus petite par ce déplacement. Si au contraire, en reculant la virgule d'une place sur la droite, on eût écrit 43275,264, les mille du premier nombre se trouveraient changés en dixaines de mille, les centaines en mille, les dixaines en centaines, les unités en dixaines, les dixièmes en unités, et ainsi de suite. Donc le nouveau nombre est dix fois plus grand que le premier.

29. Un raisonnement semblable fait voir qu'en avançant sur la gauche, de deux ou de trois places, on rendrait le nombre, cent ou mille fois plus petit, et au contraire, cent ou mille fois

plus grand, en reculant la virgule de deux ou trois places sur sa droite.

30. La dernière observation que nous ferons sur les décimales, est qu'on ne change point la valeur en mettant à la suite du dernier chiffre décimal tel nombre de zéros qu'on voudra. Ainsi 43, 25 est la même chose que 43, 250, ou que 43, 2500, on que 43, 25000, etc.

· Car chaque *centième* valant dix *millièmes* ou cent *dix-millièmes*, etc, les vingt-cinq *centièmes* vaudront deux cent cinquante *millièmes* ou deux mille cinq cent *dix-millièmes*, etc. En un mot, c'est la même chose que lorsqu'au lieu de dire 25 pistoles, on dit 250 livres, et que lorsqu'au lieu de dire 25 quintaux, on dit 2500 livres.

Des opérations de l'Arithmétique.

31. Ajouter, soustraire, multiplier et diviser, sont les quatre opérations fondamentales de l'Arithmétique. Toutes les questions qu'on peut proposer sur les nombres, se réduisent à pratiquer quelques-unes de ces opérations, ou toutes ces opérations. Il est donc important de se les rendre familières, et d'en bien saisir l'esprit.

32. Le but de l'Arithmétique est, comme nous l'avons déjà dit, de donner des moyens de calculer facilement les nombres. Ces moyens consistent à réduire le calcul des nombres les plus composés, à celui des nombres plus simples, ou exprimés par le plus petit nombre de chiffres possible. C'est ce qu'il s'agit d'exposer actuellement.

De l'Addition des nombres entiers, et des Parties décimales.

33. Exprimer la valeur totale de plusieurs nombres, par un seul, est ce qu'on appelle *faire une addition.*

Quand les nombres qu'on se propose d'ajouter n'ont qu'un seul chiffre, on n'a pas besoin de règle ; mais lorsqu'ils ont plusieurs chiffres, on trouve leur valeur totale qu'on appelle *somme*, en observant la règle suivante.

Écrivez, les uns sous les autres, tous les nombres proposés, de manière que les chiffres des unités de chacun soient dans une même colonne verticale; qu'il en soit de même des dixaines, de même des centaines, etc. Soulignez le tout.

Ajoutez d'abord tous les nombres qui sont dans la colonne des unités; si la somme ne passe pas 9, écrivez-la au-dessous; si elle surpasse neuf, elle renfermera des dixaines; n'écrivez au-dessous que l'excédant du nombre des dixaines : comptez ces dixaines par autant d'unités, et ajoutez-les avec les nombres de la colonne suivante : observez, à l'égard de la somme des nombres de cette seconde colonne, la même règle qu'à l'égard de la première, et continuez ainsi de colonne en colonne jusqu'à la dernière, au-dessous de laquelle vous écrirez la somme telle que vous la trouverez. Éclaircissons cette règle par des exemples.

EXEMPLE I.

Qu'il soit question d'ajouter 54925 avec 2023 : j'écris ces deux nombres comme on le voit ici.

$$54925$$
$$2023$$
$$\overline{56948} \text{ somme.}$$

Et après avoir souligné le tout, je commence par les unités, en disant : 5 et 3 font 8, que j'écris sous cette même colonne.

Je passe à celle des dixaines, dans laquelle je dis : 2 et 2 font 4, que j'écris au-dessous.

A la colonne des centaines, je dis : 9 et 0 font 9, que j'écris sous cette même colonne.

Dans la colonne des mille, je dis : 4 et 2 font 6, que j'écris sous cette colonne.

Enfin, dans la colonne des dixaines de mille, je dis : 5 et rien font 5, que j'écris de même au-dessous.

Le nombre 56948, trouvé par cette opération, est la somme

des deux nombres proposés, puisqu'il en renferme les unités, les dixaines, les centaines, les mille, et les dixaines de mille que nous avons rassemblés successivement.

EXEMPLE II.

On demande la somme des quatre nombre suivans :.... 6903, 7854, 953, 7327 : je les écris comme on les voit ici.

$$\begin{array}{r} 6903 \\ 7854 \\ 953 \\ 7327 \\ \hline 23037 \text{ somme.} \end{array}$$

Et en commençant comme ci-dessus, par la droite, je dis : 3 et 4 font 7, et 3 font 10, et 7 font 17 ; j'écris les 7 unités sous la première colonne, et je retiens la dixaine pour la joindre, comme unité, aux nombres de la colonne suivante, qui sont aussi des dixaines.

Passant à cette seconde colonne : je dis : 1 que je retiens et 0 font 1, et 5 font 6, et 5 font 11, et 2 font 13 ; j'écris 3 sous la colonne actuelle, et je retiens pour la dixaine une unité que j'ajoute à la colonne suivante, en disant : une et 9 font 10, et 8 font 18, et 9 font 27, et 3 font 30 ; je pose 0 sous cette co-lonne, et je retiens, pour les trois dixaines, trois unités que j'ajoute à la colonne suivante, en disant pareillement : 3 et 6 font 9, et 7 valent 16, et 7 font 23 ; j'écris 3 sous cette colonne, et comme il n'y a plus d'autre colonne, j'avance d'une place les deux dixaines qui appartiennent à la colonne suivante, s'il y en avait une. Le nombre 23037 est la somme des quatre nom-bres proposés.

34. S'il y a des parties décimales, comme elles se comptent, ainsi que les autres nombres, par dixaines, à mesure qu'on avance de droite à gauche, la règle pour les ajouter est abso-lument la même, en observant de mettre toujours les unités de même ordre dans une même colonne.

Ainsi, si l'on propose d'ajouter les trois nombres 72,957.... 12,8... 124,03, j'écrirai

$$72,957$$
$$12,8$$
$$124,03$$
—————
$$209,787 \text{ somme.}$$

En suivant la règle ci-dessus, j'aurai 209,787 pour la somme.

Dè la Soustraction des nombres entiers, et des Parties décimales.

35. La soustraction est l'opération par laquelle on retranche un nombre d'un autre nombre. Le résultat de cette opération s'appelle *reste*, *excès*, ou *différence*.

Pour faire cette opération, on écrira le nombre qu'on veut retrancher au-dessous de l'autre, de la même manière que dans l'addition; et ayant souligné le tout, on retranchera, en allant de droite à gauche, chaque nombre inférieur de son correspondant supérieur; c'est-à-dire les unités des unités, les dixaines des dixaines, etc. : on écrira chaque reste au-dessous, dans le même ordre, et zéro lorsqu'il ne restera rien.

Lorsque le chiffre inférieur se trouvera plus grand que le chiffre supérieur correspondant, on ajoutera à celui-ci dix unités qu'on aura en empruntant, par la pensée, une unité sur son voisin à gauche, lequel doit, par cette raison être regardé comme moindre d'une unité dans l'opération suivante.

EXEMPLE I.

On propose de retrancher 5432 de 8954, j'écris ces deux nombres comme il suit :

$$8954$$
$$5432$$
—————
$$3522 \text{ reste.}$$

Et en commençant par le chiffre des unités, je dis : 2 ôté de 4, reste 2, que j'écris au-dessous : puis, passant aux dixaines, je dis : 3 ôté de 5, il reste 2, que j'écris sous les dixaines. A la troisième colonne, je dis : 4 ôté de 9, il reste 5, que j'écris sous cette colonne. Enfin à la quatrième, je dis : 5 ôté de 8, il reste 3, que j'écris sous 5, et j'ai 3522 pour le reste de 5432 retranché de 8954.

EXEMPLE II.

On veut ôter 7987 de 27646

On écrira.................. 27646

7987

—————

19659 reste.

Comme on ne peut ôter 7 de 6, on ajoutera à 6 dix unités qu'on empruntera en prenant une unité sur son voisin 4, et on dira : 7 ôté de 16, il restera 9 qu'on écrira sous 7.

Passant aux dixaines, on ne dira plus, 8 ôté de 4, mais 8 ôté de 3 seulement, parce que l'emprunt qu'on a fait a diminué 4 d'une unité : comme on ne peut ôter 8 de 3, on ajoutera de même à 3 dix unités qu'on empruntera, en prenant une unité sur le chiffre 6 de la gauche, et on dira 8 ôté de 13, il reste 5 qu'on écrira sous 8. Passant à la troisième colonne, on dira de même, 9 ôté de 5, ou plutôt 9 ôté de 15 (en empruntant comme ci-dessus), il reste 6 pour écrire sous 9.

A la quatrième colonne, on dira par la même raison, 7 ôté de 6, ou plutôt de 16, il reste 9, qu'on écrira sous 7 ; et comme il n'y a rien à retrancher dans la cinquième colonne, on écrira sous cette colonne, non pas 2, parce qu'on vient d'emprunter une unité sur ce 2, mais seulement 1, et on aura 19659 pour le reste.

36. Si le chiffre sur lequel on doit faire l'emprunt était un zéro, l'emprunt se ferait, non pas sur ce zéro, mais sur le premier chiffre significatif qui viendrait après ; or, quoique ce soit alors emprunter 100, ou 1000, ou 10000, selon qu'il y a un, deux ou trois zéros consécutifs, on n'en opérera pas moins comme ci-dessus ; c'est-à-dire qu'on ajoutera seulement 10 au chiffre pour lequel on emprunte ; et comme ces 10 sont

censés pris sur les 100 ou 1000, etc. qu'on a empruntés, pour employer les 90 ou les 990, etc., qui restent, on comptera les zéros suivans pour autant de 9 ; c'est ce que l'exemple ci-après va éclaircir.

EXEMPLE III.

$$99$$

Si de................ 20064
on veut retrancher....... 17489

2575 reste.

On dira d'abord : 9 ôté de 4, ou plutôt de 14 (en empruntant sur le chiffre suivant), il reste 5. Puis, pour ôter 8 de 5, comme cela ne se peut, et qu'il n'est pas possible non plus d'emprunter sur le chiffre suivant qui est un zéro, on empruntera sur le 2 une unité, laquelle vaut mille à l'égard du chiffre sur lequel on opère. De ce mille, on ne prendra que dix unités qu'on ajoutera à 5, et on dira : 8 ôté de 15, il reste 7.

Comme on n'a employé que dix unités sur mille qu'on a empruntées, on emploiera les 990 restantes, pour en retrancher les nombres qui répondent au-dessous des zéros ; ce qui revient au même que de compter chaque zéro comme s'il valait 9. Ainsi l'on dira : 4 ôtez de 9, reste 5 ; puis 7 ôté de 9, reste 2 ; et enfin 1 ôté de 1, il ne reste rien.

37. S'il y a des parties décimales dans les nombres sur lesquels on veut opérer, on suivra absolument la même règle ; mais pour éviter tout embarras dans l'application de cette règle, il n'y aura qu'à rendre le nombre des chiffres décimaux le même dans chacun des deux nombres proposés, en mettant un nombre suffisant de zéros à la suite de celui qui a le moins de décimales : cette préparation ne change rien à la valeur de ce nombre (30).

EXEMPLE IV.

De...,................. 5463,25
on veut ôter............... 385,6532

Je mets deux zéros à la suite des décimales du nombre supérieur; après quoi j'opère sur les deux nombres ainsi préparés, précisément selon l'énoncé de la règle donnée pour les nombres entiers.

$$\begin{array}{r} 5403,2500 \\ 385,6532 \\ \hline 5017,5968 \end{array}$$

De la preuve de l'Addition et de la Soustraction.

38. Ce qu'on appelle preuve d'une opération arithmétique est une autre opération que l'on fait pour s'assurer de l'exactitude du résultat de la première.

La preuve de l'addition se fait en ajoutant de nouveau, par parties, mais en commençant par la gauche, les sommes qu'on a déjà ajoutées. On retranche la totalité de la première colonne, de la partie qui lui répond dans la somme inférieure; on écrit au-dessous le reste, qu'on réduit, par la pensée, en dixaines, pour le joindre au chiffre suivant de cette même somme, et du total on retranche encore la totalité de la colonne supérieure; on continue ainsi jusqu'à la dernière colonne, dont la totalité étant retranchée ne doit laisser aucun reste.

Ayant trouvé que ci-dessus les quatre nombres.

$$\begin{array}{r} 6903 \\ 7854 \\ 953 \\ 7327 \end{array}$$

ont pour somme........ 23037

$$\cancel{3110}$$

Pour vérifier ce résultat, j'ajoute les mêmes nombres en commençant par la gauche, et je dis : 6 et 7 font 13, et 7 font 20, lesquels ôtés de 23, il reste 3 ou 3 dixaines, qui, avec le chiffre suivant zéro, font 30. Je passe à la seconde colonne, et je dis : 9 et 8 font 17, et 9 font 26, et 3 font 29, que j'ôte de 30; il reste 1 ou une dixaine qui, jointe au chiffre sui-

vant 3, fait 13. J'ajoute tous les nombres de la troisième colonne, en disant : 5 et 5 font 10, et 2 font 12, qui, ôtés de 13,
il reste 1 ou une dixaine, laquelle ajoutée au chiffre suivant 7,
fait 17 ; j'ajoute pareillement tous les nombres de la dernière
colonne, en disant : 3 et 4 font 7, et 3 font 10, et 7 font 17,
qui, ôtés de 17, il ne reste rien : d'où je conclus que la première opération est exacte.

On est fondé à conclure que la première opération a été bien
faite, lorsqu'après cette preuve il ne reste rien, parce qu'ayant
ôté successivement tous les mille, toutes les centaines, toutes les
dixaines, et toutes les unités, dont on avait composé la somme,
il faut qu'à la fin il ne reste rien.

39. La preuve de la soustraction se fait en ajoutant le reste
trouvé par l'opération, avec le nombre retranché : si la première opération a été bien faite, on doit reproduire le nombre
dont on a retranché : ainsi que je vois dans le troisième exemple
que nous avons donné ci-dessus, l'opération a été bien faite,
parce qu'en ajoutant 17489 (nombre retranché) avec le reste
2575 je reproduis 20064, nombre dont on a retranché.

de........	20064
ôtez.......	17489
reste......	2575
preuve	20064

De la Multiplication.

40. Multiplier un nombre par un autre, c'est prendre le
premier de ces deux nombres autant de fois qu'il y a d'unités
dans l'autre. Multiplier 4 par 3, c'est prendre trois fois le
nombre 4.

41. Le nombre qu'on doit multiplier s'appelle le *multiplicande*; celui par lequel on doit multiplier s'appelle le *multiplicateur*; et le résultat de l'opération s'appelle *produit*.

42. Le mot *produit* a communément une acception beaucoup plus étendue, mais nous avertissons expressément que

nous ne l'emploierons que pour désigner le résultat de la multiplication.

Le multiplicande et le multiplicateur se nomment aussi les *facteurs* du produit : ainsi 3 et 4 sont les facteurs de 12, parce que 3 fois 4 font 12.

43. Suivant l'idée que nous venons de donner de la multiplication, on voit qu'on pourrait faire cette opération en écrivant le multiplicande autant de fois qu'il y a d'unités dans le multiplicateur, et faisant ensuite l'addition. Par exemple, pour multiplier 7 par 3, on pourrait écrire

$$\begin{array}{r} 7 \\ 7 \\ 7 \\ \hline 21 \end{array}$$

Et la somme 21 résultante de cette addition, serait le produit.

Mais lorsque le multiplicateur est tant soit peu considérable, l'opération devient fort longue. Ce que nous appelons proprement *multiplication*, est la méthode de parvenir à un même résultat par une voie plus courte.

44. Tant qu'on ne considère les nombres que d'une manière abstraite, c'est-à-dire sans faire attention à la nature de leurs unités, il importe peu lequel des deux nombres proposés pour la multiplication on prenne pour multiplicande ou pour multiplicateur. Par exemple, si l'on a 4 à multiplier par 3, il est indifférent de multiplier 4 par 3, ou 3 par 4; le produit sera toujours 12. En effet 3 fois 4 ne sont autre chose que le triple de 1 fois 4, et 4 fois 3 sont le triple de 4 fois 1. Or il est évident que 1 fois 4 et 4 fois 1, sont la même chose et on peut appliquer le même raisonnement à tout autre nombre.

45. Mais lorsque, par l'énoncé de la question, le multiplicateur et le multiplicande sont des nombres concrets, il importe de distinguer le multiplicande du multiplicateur : cette at-

tention est principalement nécessaire dans la multiplication des nombres complexes, dont nous parlerons par la suite.

Au reste, cela est toujours aisé à distinguer : la question qui conduit à la multiplication dont il s'agit, fait toujours connaître quelle est la quantité qu'il s'agit de répéter plusieurs fois, c'est-à-dire, le multiplicande, et quelle est celle qui marque combien de fois on doit répéter le multiplicande, c'est-à-dire quel est le multiplicateur.

46. Comme le multiplicateur est destiné à marquer combien de fois on doit prendre le multiplicande ; il est toujours un nombre abstrait : ainsi quand on demande ce que doivent coûter 52 toises de bois, à raison de 36 livres la toise, on voit que le multiplicande est 36 liv., qu'il s'agit de répéter 52 fois, soit que ce 52 marque des toises, ou toute autre chose.

47. Le produit qui est formé de l'addition répétée du multiplicande, aura donc des unités de même nature que le multiplicande.(*).

Après cette petite digression sur la nature des unités du produit et de ses facteurs, revenons à la méthode pour trouver ce produit.

48. Les règles de la multiplication des nombres les plus composés, se réduisent à multiplier un nombre d'un seul chiffre par un nombre d'un seul chiffre. Il faut donc s'exercer à trouver soi-même le produit des nombres exprimés par un seul chiffre, en ajoutant successivement un même nombre à lui-même. On peut aussi, si on le veut, faire usage de la table suivante, qu'on attribue à *Pythagore*.

(*) Nous n'en exceptons pas même la multiplication géométrique, dont nous ne parlerons qu'en Géométrie, comme cela nous paraît assez naturel. Les unités du multiplicateur ne sont jamais que des unités abstraites, comme dans toute autre multiplication.

Table de Multiplication.

1	2	3	4	5	6	7	8	9
2	4	6	8	10	12	14	16	18
3	6	9	12	15	18	21	24	27
4	8	12	16	20	24	28	32	36
5	10	15	20	25	30	35	40	45
6	12	18	24	30	36	42	48	54
7	14	21	28	35	42	49	56	63
8	16	24	32	40	48	56	64	72
9	18	27	36	45	54	63	72	81

La première bande de cette table se forme en ajoutant 1 à lui-même successivement.

La seconde en ajoutant 2 de même.

La troisième en ajoutant 3, et ainsi de suite.

49. Pour trouver, par le moyen de cette table, le produit de deux nombres exprimés par un seul chiffre chacun, on cherchera l'un de ces deux nombres, le multiplicande, par exemple, dans la bande supérieure, et en partant de ce nombre, on descendra verticalement jusqu'à ce qu'on soit vis-à-vis du mutiplicateur qu'on trouvera dans la première colonne. Le nombre sur lequel on sera arrêté sera le produit. Ainsi pour trouver, par exemple, le produit de 9 par 6, ou combien font 6 fois 9, je descends depuis 9, pris dans la première bande, jusque vis-à-vis le 6 pris dans la première colonne : le nombre sur lequel je m'arrête est 54; par conséquent 6 fois 9 font 54.

En voilà autant qu'il en faut pour passer à la multiplication des nombres exprimés par plusieurs chiffres.

De la Multiplication par un nombre d'un seul chiffre.

50. Écrivez le multiplicateur, qu'on suppose ici d'un seul chiffre, sous le multiplicande, peu importe sous quel chiffre ; mais pour fixer les idées, supposons que ce soit sous le chiffre des unités.

Multipliez d'abord le nombre des unités par votre multiplicateur, et si le produit ne contient que des unités, écrivez ce produit au-dessous ; s'il contient des unités et des dixaines, écrivez seulement les unités, et comptant les dixaines pour autant d'unités, retenez celles-ci.

Multipliez, de même, le nombre des dixaines du multiplicande, et au produit ajoutez les unités que vous avez retenues ; écrivez le tout au-dessous, s'il peut être marqué par un seul chiffre, sinon n'écrivez que les unités de ce produit, et retenez-en les dixaines, qui sont des centaines, pour les ajouter au produit suivant qui sera pareillement des centaines.

Continuez de multiplier successivement, suivant la même règle, tous les chiffres du multiplicande ; la suite des chiffres que vous aurez écrits, marquera le produit.

EXEMPLE.

On demande combien 2864 toises valent de pieds ? La toise est de 6 pieds. La question se réduit à prendre 2864 pieds 6 fois.

J'écris donc.................. 2864 multiplicande.
                                    6 multiplicateur.
                             _____
                               17184 produit.

Et je dis, en commençant par les unités, 6 fois 4 font 24 ; j'écris 4, et je retiens deux unités pour les deux dixaines.

2°. 6 fois 6 font 36, et 2 que j'ai retenues font 38 ; je pose 8 et retiens 3.

3°. 6 fois 8 font 48, et 3 que j'ai retenues font 51; je pose 1, et je retiens 5.

4°. 6 fois 2 font 12, et 5 que j'ai retenues font 17, que j'écris en entier, parce qu'il n'y a plus rien à multiplier. Le nombre 17184 est le produit demandé, où le nombre des pieds que valent les 2864 toises, puisqu'il renferme 6 fois les 4 unités, 6 fois les 6 dixaines, 6 fois les 8 centaines, et 6 fois les 2 mille, et par conséquent 6 fois le nombre 2864.

De la Multiplication par un nombre de plusieurs chiffres.

51. Lorsque le multiplicateur a plusieurs chiffres, il faut faire successivement, avec chacun de ces chiffres, ce que l'on vient de prescrire lorsqu'il n'y en a qu'un; mais en commençant toujours par la droite. Ainsi on multipliera d'abord tous les chiffres du multiplicande par le chiffre des unités du multiplicateur, puis par celui des dixaines; et l'on écrira ce second produit sous le premier; mais comme il doit être un nombre de dixaines, puisque c'est par des dixaines qu'on multiplie, on portera le premier chiffre de ce produit sous les dixaines; et les autres chiffres, toujours en avançant sur la gauche.

Le troisième produit, qui se fera en multipliant par les centaines, se placera de même sous le second, mais en avançant encore d'une place : on suivra la même loi pour les autres.

Toutes ces multiplications étant faites, on ajoutera les produits particuliers qu'elles ont donnés, et la somme sera le produit total.

EXEMPLE.

On propose de multiplier   65487
par......................   6958
_____

     523896
     327435
     589383
     392922
_____

     455658546 produit.

Je multiplie d'abord 65487 par le nombre 8 des unités du multiplicateur, et j'écris successivement sous la barre les chiffres du produit 523896 que je trouve en suivant la règle donnée pour le premier cas (50).

Je multiplie de même le nombre 65487 par le second chiffre 5 du multiplicateur, et j'écris le produit 327435 sous le premier produit, mais en plaçant le premier chiffre 5 sous les dixaines de ce premier produit.

Multipliant pareillement 65487 par le troisième chiffre 9, j'écris le produit 589383 sous le précédent, mais en plaçant le premier chiffre 3 au rang des centaines, parce que le nombre par lequel je multiplie est un nombre de centaines.

Enfin je multiplie 65487 par le dernier chiffre 6 du multiplicateur, et j'écris le produit 392922 sous le précédent, en avançant encore d'une place, afin que son premier chiffre occupe la place des mille, parce que le chiffre par lequel on multiplie marque des mille. Enfin j'ajoute tous ces produits, et j'ai 455658546 pour le produit de 65487 multipliés par 6958, c'est-a-dire pour la valeur de 65487 pris 6958 fois. En effet, on a pris 65487, 8 fois par la première opération, 50 fois par la seconde, 900 fois par la troisième, et 6000 fois par la quatrième.

52. Si le multiplicande ou le multiplicateur, ou tous les deux étaient terminés par des zéros, on abrégerait l'opération, en multipliant comme si ces zéros n'y étaient point; mais on les mettrait ensuite tous à la suite du produit.

EXEMPLE.

On propose de multiplier   6500
par......................   350

$$\begin{array}{r} 325 \\ 195 \\ \hline 2275000 \end{array}$$

Je multiplie seulement 65 par 35, et je trouve 2275, à côté

duquel j'écris les trois zéros qui se trouvent, en tout, à la suite du multiplicande et du multiplicateur.

En effet le multiplicande 6500 représente 65 centaines : ainsi quand on multiplie 65, on doit sous-entendre que le produit est des centaines. Pareillement, le multiplicateur 350 marque 35 dixaines. Ainsi quand on multiplie par 35, on doit sous-entendre que le produit sera des dixaines ; il sera donc des dixaines de centaines, c'est-à-dire des mille ; il doit donc avoir 3 zéros. On appliquera un raisonnement semblable à tous les cas.

53. Lorsqu'il se trouve des zéros entre les chiffres du multiplicateur, comme la multiplication par ces zéros ne donnerait que des zéros, on se dispensera d'écrire ceux-ci dans le produit ; et passant tout de suite à la multiplication par le premier chiffre significatif qui vient après ces zéros, on en avancera le produit sur la gauche d'autant de places plus une, qu'il y a de zéros qui se suivent dans le multiplicateur ; c'est-à-dire de deux places s'il y a un zéro, de trois s'il y en a deux.

EXEMPLE.

Si l'on a..................... 42052
à multiplier par.............. 3006

$$
\begin{array}{r}
252312 \\
126156 \\
\hline
126408312.
\end{array}
$$

Après avoir multiplié par 6, et écrit le produit 252312, on multipliera tout de suite par 3 ; mais on écrira le produit 126156, de manière qu'il marque des mille ; il faudra donc le reculer de trois places, c'est-à-dire d'une place de plus qu'il n'y a de zéros interposés aux chiffres du multiplicateur.

De la multiplication des Parties décimales.

54. Pour multiplier les parties décimales, on observera la même règle que pour les nombres entiers, sans faire aucune attention à la virgule ; mais après avoir trouvé le produit, on

en séparera sur la droite, par une virgule, autant de chiffres qu'il y a de décimales, tant dans le multiplicande que dans le multiplicateur.

EXEMPLE I.

On propose de multiplier... 54,23
par................................. 8,3
                                    ─────
                                    16269
                                    43384
                                    ─────
                                    450,109

- Je multiplierai 5423 par 83, le produit sera 450109; et comme il y a deux décimales dans le multiplicande, et une dans le multiplicateur, je séparerai trois chiffres sur la droite de ce produit, qui par là deviendra 450,109, tel qu'il doit être.

La raison de cette règle est facile à saisir, en observant que si le multiplicateur était 83, le produit n'aurait en décimales que des *centièmes*, puisqu'on aurait répété 83 fois le multiplicande 54,23 dont les décimales sont des centièmes; mais comme le multiplicateur est 8,3 c'est-à-dire (21) dix fois plus petit que 83, le produit doit donc avoir des unités dix fois plus petites que les centièmes; le dernier chiffre de ces décimales doit donc (23) être des *millièmes*; il doit donc y avoir trois chiffres décimaux dans ce produit, c'est-à-dire autant qu'il y en a, tant dans le multiplicande que dans le multiplicateur.

On peut appliquer un raisonnement semblable à tout autre cas.

EXEMPLE II.

Si l'on avait......................... 0,12
à multiplier par................... 0,3
                                    ─────
                                    0,036.

On multiplierait 12 par 3, ce qui donnerait 36. Comme la règle prescrit de séparer ici trois chiffres, on pourrait être embarrassé à y satisfaire, puisque ce produit 36 n'en a que deux; mais si l'on reprend le raisonnement que nous avons appliqué à l'exemple précédent, on verra facilement qu'il faut, comme on le voit ici, interposer un zéro entre 36 et la virgule. En effet ; si l'on avait 0,12 à multiplier par 3, il est évident qu'on aurait 0,36 ; mais comme on n'a à multiplier que par 0,3, c'est-à-dire par un nombre dix fois plus petit que 3, on doit avoir un produit dix fois plus petit que 0,36, c'est-à-dire des millièmes, et c'est ce qui a eu lieu (28) lorsqu'on écrit 0,036.

55. Comme on n'emploie ordinairement les décimales que dans la vue de faciliter les calculs, en substituant à un calcul rigoureux une approximation suffisante, mais prompte, il n'est pas inutile d'exposer ici un moyen d'abréger l'opération, lorsqu'on n'a besoin d'avoir le produit que jusqu'à un degré d'exactitude proposé.

Supposons, par exemple, qu'ayant à multiplier 45,625957 par 28,635, je n'aie besoin d'avoir le produit qu'à moins d'un millième près. J'écris ces deux nombres comme on le voit ci-dessous, c'est-à-dire, qu'après avoir renversé l'ordre des chiffres de l'un des deux, je l'écris sous l'autre, en faisant répondre le chiffre 8 de ses unités sous la décimale immédiatement inférieure de deux degrés à celui auquel je veux borner mon produit. Je fais ensuite la multiplication, en négligeant, dans le multiplicande, tous les chiffres qui se trouvent à la droite de celui par lequel je multiplie ; et à mesure que je change de chiffre dans le multiplicateur, je porte toujours le premier chiffre du nouveau produit sous le premier chiffre du premier. L'addition de tous ces produits étant faite, je supprime les deux derniers chiffres, en observant cependant d'augmenter le dernier de ceux qui restent, d'une unité, si les deux que je supprime passent 50 ; après quoi je place la virgule au rang fixé par l'espèce de décima que je me proposais d'avoir.

EXEMPLE.

Je veux multiplier.......... 45,625957

par................................ 28,635

mais je n'ai besoin d'avoir le produit qu'à un millième d'unité près.

J'écris ainsi ces deux nombres   45,625957

                      53682

                91,251914

                36,500760

                 2 737554

                  136875

                  228101

              1306 64991̶3̶

produit...................... 1306,499

Et si l'on avait fait la multiplication à l'ordinaire, on anrait en..........
1306,499278695, qui s'accorde avec le précédent jusqu'à la troisième décimale, ainsi qu'on le demande.

S'il n'y avait pas assez de chiffres décimaux dans le multiplicande, pour
faire correspondre le chiffre des unités du multiplicateur au chiffre auquel la
règle prescrit de le faire correspondre, on y suppléerait en mettant des zéros.

EXEMPLE.

On doit multiplier.......... 54,236
par.............................. 532,27

et l'on veut avoir le produit à un centième d'unité près.

J'écris...................... 54,236000
.... 72235

$$
\begin{array}{r}
271\,180000 \\
16\,270800 \\
1\,084720 \\
108472 \\
37961 \\
\hline
288\,681983
\end{array}
$$

produit....................... 28868,20   en ajoutant une unité au dernier
chiffre, parce que les deux que l'on supprime passent 50.

Pour troisième exemple, supposons qu'on ait à multiplier

0,227538917
par...................... 0,5664178

et l'on ne veut avoir que 7 décimales au produit, on écrira

0,227538917
.87146650

$$
\begin{array}{r}
0 \\
113769455 \\
13652334 \\
1365228 \\
91012 \\
2275 \\
1589 \\
176 \\
\hline
128882069
\end{array}
$$

produit................... 0,1288821

Sur quelques usages de la Multiplication.

56. Nous ne nous proposons pas de faire connaître tous les usages que l'on peut faire de la multiplication, nous en indiquerons seulement quelques-uns qui mettront sur la voie pour les autres.

La multiplication sert à trouver, en général, la valeur totale de plusieurs unités, lorsqu'on connaît la valeur de chacune. Par exemple, 1°. combien doivent coûter 5842 toises, à raison de 54ᵗ la toise ? Il faut multiplier 54ᵗ par 5842, ou (44) 5842ᵗ par 54 : on aura 315468ᵗ pour le prix total demandé. 2°. Combien 5954 pieds cubes (*) d'eau pèsent-ils, en supposant que le pied cube pèse 72℔ ? Il faut multiplier 72℔ par 5954, ou 5954℔ par 72 : on aura 428688℔ pour le poids de 5954 pieds cubes.

57. On emploie la multiplication pour convertir les unités d'une certaine espèce en unités d'une espèce plus petite. Par exemple, pour réduire les livres en sous, et ceux-ci en deniers ; les toises en pieds, ceux-ci en pouces, ces derniers en lignes ; les jours en heures, celles-ci en minutes, ces dernières en secondes : on a souvent besoin de ces sortes de conversions. Nous en donnerons quelques exemples.

Si l'on demande de convertir 8ᵗ 17ˢ 7ᵈ en deniers ; comme la livre vaut 20ˢ, on multipliera les 8ᵗ par 20 (52); ce qui donnera 160ˢ auxquels joignant les 17ˢ, on aura 177ˢ qu'on multipliera par 12, parce que chaque sou vaut 12 deniers ; et on aura 2124 deniers, lesquels, joints aux 7 deniers donnent 2131 deniers pour la valeur des 8ᵗ 17ˢ 7ᵈ convertis en deniers.

Si l'on demande combien une année commune, ou 365 jours 5 heures, 48 minutes, ou 365ʲ 5ʰ 48ᵐ valent de minutes ; comme le jour est de 24 heures, on multipliera 24ʰ par 365, et au

---

(*) Le pied cube est une mesure d'un pied de long sur un pied de large et sur un pied de haut, avec laquelle on évalue la capacité des corps, ainsi qu'on le verra en Géométrie.

produit 8760ʰ on ajoutera 5ʰ; on multipliera le total 8765 par
60 (52), parce que l'heure contient 60 minutes, et l'on aura
525900 minutes ; auxquelles ajoutant 48 minutes, on aura
525948 pour le nombre de minutes contenues dans une année
commune.

Cette conversion des parties du temps est utile dans quelques
opérations du *pilotage*.

58. L'abréviation dont nous avons parlé (52) peut être employée pour réduire promptement en livres un certain nombre
de *tonneaux*. Comme le tonneau de poids pèse 2000 livres, si
l'on a, par exemple, 854 tonneaux, il n'y a qu'à doubler 854,
et mettre les trois zéros à la suite du produit ; on aura 1708000
pour le nombre de livres que pèsent 854 tonneaux.

Avant de terminer ce qui regarde la multiplication, faisons
observer aux commençans, que ces expressions, *doubler*, *tripler*, *quadrupler*, etc. signifient la même chose que multiplier
par 2, par 3, par 4, etc.

De la Division des Nombres entiers, et des Parties décimales.

59. Diviser un nombre par un autre, c'est en général, chercher combien de fois le premier de ces deux nombres contient
le second.

Le nombre qu'on doit diviser s'appelle *dividende*; celui par
lequel on doit diviser, *diviseur*; et celui qui marque combien de
fois le dividende contient le diviseur, s'appelle *quotient*.

On n'a pas toujours pour but dans la division, de savoir combien de fois un nombre en contient un autre ; mais on fait l'opération, dans tous les cas, comme si elle tendait à ce but; c'est
pourquoi on peut, dans tous les cas, la considérer comme l'opération par laquelle on trouve combien de fois le dividende contient le diviseur.

Il suit de là, que si l'on multiplie le diviseur par le quotient,
on doit reproduire le dividende, puisque c'est prendre ce diviseur autant de fois qu'il est dans le dividende : cela est général,

soit que le quotient soit un nombre entier, soit qu'il soit un nombre fractionnaire.

Quant à l'espèce des unités du quotient, ce n'est ni par l'espèce de celles du dividende, ni par l'espèce de celles du diviseur, ni par l'une et l'autre qu'il faut en juger ; car le dividende et le diviseur restant les mêmes, le quotient, qui sera aussi toujours le même numériquement, peut être fort différent pour la nature de ses unités, selon la question qui donne lieu à cette division.

Par exemple, s'il est question de savoir combien 8^{tt} contiennent 4^{tt}, le quotient sera un nombre abstrait qui marquera 2 fois ; mais s'il est question de savoir combien pour 8^{tt} on fera faire d'ouvrage à raison de 4^{tt} la toise, le quotient sera 2 toises, qui est un nombre concret ; et dont l'espèce n'a aucun rapport avec le dividende ni avec le diviseur.

Mais on voit, en même temps, que la question seule qui conduit à faire la division dont il s'agit, décide la nature des unités du quotient.

De la Division d'un nombre composé de plusieurs chiffres, par un nombre qui n'en a qu'un.

60. L'opération que nous allons décrire suppose qu'on sache trouver combien de fois un nombre d'un ou de deux chiffres contient un nombre d'un seul chiffre. C'est une connaissance déjà acquise, quand on sait de mémoire les produits des nombres qui n'ont qu'un chiffre. On peut aussi, pour y parvenir, faire usage de la table que nous avons donnée ci-dessus (48). Par exemple, si je veux savoir combien de fois 74 contient 9, je cherche le diviseur 9 dans la bande supérieure, et je descends verticalement jusqu'à ce que je rencontre le nombre le plus approchant de 74 : c'est ici 72 ; alors le nombre 8 qui se trouve vis-à-vis 72, dans la première colonne, est le nombre de fois, ou le quotient que je cherche.

Cela supposé, voici comment se fait la division d'un nombre qui a plusieurs chiffres, par un nombre qui n'en a qu'un.

Écrivez le diviseur à côté du dividende, séparez l'un de

l'autre par un trait, et soulignez le diviseur sous lequel vous écrivez les chiffres du quotient, à mesure que vous les trouverez.

Prenez le premier chiffre sur la gauche du dividende, ou les deux premiers chiffres, si le premier ne contient pas le diviseur.

Cherchez combien de fois ce premier ou ces deux premiers chiffres contiennent le diviseur, écrivez ce nombre de fois sous le diviseur.

Multipliez le diviseur par le quotient que vous venez d'écrire, et portez le produit sous la partie du dividende que vous venez d'employer.

Enfin retranchez le produit de la partie supérieure du dividende à laquelle il répond, et vous aurez un reste.

A côté de ce reste abaissez le chiffre suivant du dividende principal, et vous aurez un second dividende partiel, sur lequel vous opérerez comme sur le premier, plaçant le quotient à droite de celui qu'on a déjà trouvé, multipliant de même le diviseur par ce quotient, écrivant et retranchant le produit comme ci-devant.

Vous abaisserez de même, à côté du reste de cette division, le chiffre du dividende qui suit celui que vous avez descendu, et vous continuerez toujours de la même manière jusqu'au dernier inclusivement.

Cette règle va être éclaircie par l'exemple suivant.

EXEMPLE.

On propose de diviser 8769 par 7.

J'écris ces deux nombres comme on les voit ci-après.

$$
\begin{array}{r|l}
\text{dividende } 8769 & 7 \text{ diviseur} \\
\hline
7 & \\
\hline
17 & 1252\ \dfrac{5}{7} \text{ quotient} \\
14 & \\
\hline
36 & \\
35 & \\
\hline
19 & \\
14 & \\
\hline
5 &
\end{array}
$$

Et commençant par la gauche du dividende, je devrais dire, en 8 mille combien de fois 7; mais je dis simplement, en 8 combien de fois 7? Il y est une fois. Cet 1 est naturellement mille; mais les chiffres qui viendront après, lui donneront sa véritable valeur; c'est pourquoi j'écris simplement 1 sous le diviseur.

Je multiplie le diviseur 7 par le quotient 1, et je porte le produit 7 sous la partie 8 que je viens de diviser; faisant la soustraction, j'ai pour reste 1.

Ce reste 1 est la partie de 8 qui n'a pas été divisée, et est une dixaine à l'égard du chiffre suivant 7; c'est pourquoi j'abaisse ce même chiffre 7 à côté, et je continue l'opération, en disant, en 17 combien de fois 7 ? 2 fois. J'écris ce 2 à la droite du premier quotient 1 qu'a donné la première opération.

Je multiplie, comme dans la première opération, le diviseur 7 par le quotient 2 que je viens de trouver; je porte le produit 14 sous mon dividende partiel 17, et faisant la soustraction, il me reste 3 pour la partie qui n'a pas pu être divisée.

A côté de ce reste 3, j'abaisse 6, troisième chiffre du dividende, et je dis, en 36 combien de fois 7 ? 5 fois; j'écris 5 au quotient.

Je multiplie le diviseur 7 par 5; et ayant écrit le produit 35 sous mon nouveau dividende partiel, je l'en retranche, et il me reste 1.

Enfin, à côté de ce reste 1, j'abaisse le chiffre 9 du dividende. et je dis, en 19 combien de fois 7 ? 2 fois; j'écris 2 au quotient.

Je multiplie le diviseur 7, par ce nouveau quotient 2, et ayant écrit le produit 14 sous mon dernier dividende partiel 19, j'ai pour reste 5.

Je trouve donc que 8769 contiennent 7 autant de fois que le marque le quotient que nous avons écrit; c'est-à-dire 1252 fois, et qu'il reste 5.

A l'égard de ce reste, nous nous contenterons, pour le présent, de dire qu'on l'écrit à côté du quotient, comme on le voit dans cet exemple; c'est-à-dire en écrivant le diviseur au-dessous de ce reste, et séparant l'un de l'autre par un trait; et alors on prononce *cinq septièmes*. Nous expliquerons par la suite la nature de ces sortes de nombres.

61. Si dans la suite de l'opération quelqu'un des dividendes partiels se trouvait ne pas contenir le diviseur, on écrirait zéro au quotient, et omettant la multiplication, on abaisserait tout de suite un autre chiffre à côté de ce dividende partiel, et on continuerait la division.

EXEMPLE.

Il s'agit de diviser 14464 par 8.

```
14464 | 8
   8   |——————
 ———   | 1808
  64
  64
 ————
  064
   64
 ————
    o
```

Je prends ici les deux premiers chiffres du dividende, parce que le premier ne contient pas le diviseur.

Je trouve que 14 contient 8, une fois; j'écris 1 au quotient; je multiplie 8 par 1, et je retranche le produit 8 de 14, ce qui me donne pour reste 6, à côté duquel j'abaisse le troisième chiffre 4 du dividende.

Je continue en disant : en 64 combien de fois 8? huit fois; j'écris 8 au quotient, en faisant la multiplication, j'ai pour produit 64 que je retranche du dividende partiel 64, il me reste o à côté duquel j'abaisse 6, quatrième chiffre du dividende; et comme 6 ne contient pas 8, j'écris o au quotient, et j'abaisse tout de suite 4 à côté de 6 le dernier chiffre du dividende qui est ici 4, pour dire en 64 combien de fois 8? il y est 8 fois : après avoir écrit 8 au quotient, je fais la multiplication, et je retranche le produit 64; et comme il ne reste rien, j'en conclus que 14464 contiennent 8 fois 1808.

De la Division par un nombre de plusieurs chiffres.

62. Lorsque le diviseur aura plusieurs chiffres, on se conduira de la manière suivante :

Prenez sur la gauche du dividende autant de chiffres qu'il est nécessaire pour contenir le diviseur.

Cela posé, au lieu de chercher, comme ci-devant, combien la partie du dividende que vous avez prise, contient votre diviseur entier, cherchez seulement combien de fois le premier chiffre de votre diviseur est compris dans le premier chiffre de votre dividende, ou dans les deux premiers, si le premier ne suffit pas ; marquez ce quotient sous le diviseur, comme ci-devant.

Multipliez successivement, selon la règle donnée (50), tous les chiffres de votre diviseur par ce quotient, et portez à mesure les chiffres du produit sous les chiffres correspondans de votre dividende partiel. Faites la soustraction ; et à côté du reste abaissez le chiffre suivant du dividende, pour continuer l'opération de la même manière.

Nous allons éclaircir ceci par quelques exemples, et prévenir en même temps les cas qui peuvent causer quelque embarras.

EXEMPLE I.

On propose de diviser 75347 par 53.

$$
\begin{array}{r|l}
75347 & 53 \\
53 & \overline{} \\
\cline{1-1}
 & 1421\ \frac{34}{53} \\
223 & \\
212 & \\
\cline{1-1}
114 & \\
106 & \\
\cline{1-1}
87 & \\
53 & \\
\cline{1-1}
34 &
\end{array}
$$

Je prends seulement les deux premiers chiffres du dividende, parce qu'ils contiennent le diviseur, et au lieu de dire en 75 combien de fois 53, je cherche seulement combien les sept dixaines de 75 contiennent les cinq dixaines de 53, c'est-à-dire, combien 7 contient 5; je trouve une fois que j'écris au quotient.

Je multiplie 53 par 1, et je porte le produit 53 sous 75 : la soustraction faite, il reste 22, à côté duquel j'abaisse le chiffre 3 du dividende, et je poursuis, en disant, pour plus de facilité : en 22 combien de fois 5 (au lieu de dire en 223 combien de fois 53); je trouve 4 fois que j'écris au quotient.

Je multiplie successivement par 4 les deux chiffres du diviseur, et je porte le produit 212, sous mon dividende partiel 223; la soustraction faite, j'ai pour reste 11; j'abaisse à côté de ce reste, le chiffre 4 du dividende, et je dis simplement comme ci-dessus, en 11 combien de fois 5 ? 2 fois ; je l'écris au quotient, et je multiplie 53 par 2, ce qui me donne 106 que j'écris sous le dividende partiel 114; faisant la soustraction, j'ai pour reste 8, à côté duquel j'abaisse le dernier chiffre 7; je divise de même 87, et continuant comme ci-dessus, je trouve 1 pour quotient, et 34 pour reste, que j'écris à côté du quotient de la manière qui a été indiquée plus haut (60).

63. On devrait, à la rigueur, chercher combien de fois chaque dividende partiel contient le diviseur entier; mais cette recherche serait souvent longue et pénible; on se contente, comme on vient de le voir, de chercher combien la partie la plus forte de ce dividende contient la partie la plus forte du diviseur. Le quotient qu'on trouve par cette voie n'est pas toujours le véritable; parce qu'en prenant ce parti, on ne fait réellement qu'une estimation approchée; mais outre que cette estimation met presque toujours sur le but, et que dans les cas où elle n'y met pas, elle en écarte peu, la multiplication qui vient ensuite sert à redresser ce qu'il peut y avoir de défectueux dans ce jugement. En effet, si le dividende partiel contenait réellement le diviseur 3 fois, par exemple, et que par l'essai qu'on fait, on eût trouvé qu'il le contient 4 fois, il est facile de voir qu'en fai-

sant la multiplication par 4, on aurait un produit plus grand que le dividende, puisqu'on prendrait le diviseur plus de fois qu'il n'est réellement dans ce dividende, et par conséquent la soustraction deviendra impossible ; alors on diminuera le quotient successivement d'une, deux, etc. unités, jusqu'à ce qu'on trouve un produit qu'on puisse retrancher : au contraire, si l'on n'avait mis que 2 au quotient, le reste de la soustraction se trouverait plus grand que le diviseur ; ce qui prouverait que le diviseur y est encore contenu, et que par conséquent le quotient est trop faible.

Au reste, on acquiert en peu de temps l'usage de prévoir de combien on doit diminuer ou augmenter le quotient que donne la première épreuve.

EXEMPLE II.

On propose de diviser 189492 par 375.

$$
\begin{array}{r|l}
189492 & 375 \\
1875 & \\ \hline
1992 & 505 \ \frac{117}{375} \\
1875 & \\ \hline
117 &
\end{array}
$$

Je prends les quatre premiers chiffres du dividende, parce que les trois premiers ne contiennent pas le diviseur.

Je dis ensuite, en 18 seulement combien de fois trois ? il y est réellement 6 fois ; mais en multipliant 375 par 6, j'aurais plus que mon dividende 1894 ; c'est pourquoi j'écris seulement 5 au quotient. Je multiplie 375 par 5 ; et après avoir écrit le produit sous 1894, je fais la soustraction, et j'ai pour reste 19.

J'abaisse à côté de 19 le chiffre 9 du dividende ; et comme 199 que j'ai alors ne contient pas 375, je pose 0 au quotient, et j'abaisse à côté de 199 le chiffre 2 du dividende, ce qui me donne 1992 pour lequel je dis, en 19 seulement combien de fois 3 ? 6 fois. Mais par la même raison que ci-dessus, je n'écris au quotient que 5 ; et après avoir opéré comme ci-devant, j'ai pour reste 117.

3.

64. Voici une réflexion qui peut servir à éviter, dans un grand nombre de cas, les tentatives inutiles. On est principalement exposé à ces essais douteux, lorsque le second chiffre du diviseur est sensiblement plus grand que le premier. Dans ce cas, au lieu de chercher combien le premier chiffre du diviseur est contenu dans la partie correspondante du dividende, il faut chercher combien ce premier chiffre augmenté d'une unité, se trouve contenu dans la partie correspondante du dividende : cette épreuve sera toujours beaucoup plus approchante que la première.

EXEMPLE.

On propose de diviser 1832 par 288.

$$\begin{array}{r|l} 1832 & 288 \\ 1728 & \overline{} \\ \hline 104 & 6 \ \frac{104}{288} \end{array}$$

Au lieu de dire, en 18 combien de fois 2, je dirai, en 18 combien de fois 3, parce que le diviseur 288 approche beaucoup plus de 300 que de 200; je trouve 6, qui est le véritable quotient; au lieu que j'aurais trouvé 9, et j'aurais par conséquent été obligé de faire trois essais inutiles.

Moyens d'abréger la Méthode précédente.

65. C'est pour rendre la méthode plus facile à saisir, que nous avons prescrit d'écrire sous chaque dividende partiel, le produit qu'on trouve en multipliant le diviseur par le quotient; mais comme le but de l'Arithmétique doit être d'abréger les opérations, nous croyons devoir faire remarquer qu'on peut se dispenser d'écrire ces produits, et faire la soustraction à mesure qu'on a multiplié chaque chiffre du diviseur. L'exemple suivant suffira pour faire entendre comment se fait cette soustraction.

EXEMPLE.

On veut diviser 756984 par 932.

$$
\begin{array}{r|l}
756984 & 932 \\
1138 & \\
2064 & 812 \quad \dfrac{200}{932} \\
\cline{1-1}
200 &
\end{array}
$$

Après avoir pris les quatre premiers chiffres du dividende, qui sont nécessaires pour contenir le diviseur, je trouve que 75 contient 9, 8 fois, c'est pourquoi j'écris 8 au quotient, et au lieu de porter sous 7569, le produit de 932 par 8, je multiplie d'abord 2 par 8, ce qui me donne 16 ; mais comme je ne puis ôter 16 de 9, j'emprunte sur le chiffre suivant 6, une dixaine, qui jointe à 9 me donne 19, duquel ôtant 16, il me reste 3 que j'écris au-dessous.

Pour tenir compte de cette dixaine empruntée, au lieu de diminuer d'une unité le chiffre 6 sur lequel j'ai emprunté, je retiens cette unité que je vais ajouter au produit suivant ; ainsi continuant la multiplication, je dis 8 fois 3 font 24, et un que j'ai retenu font 25 ; comme je ne puis ôter 25 de 6, j'emprunte sur le chiffre suivant 5 du dividende, deux dixaines, qui, jointes à 6, me donnent 26, desquelles j'ôte 25, et il me reste 1 que j'écris sous 6 ; par là j'ai tenu compte de la première dixaine dont j'aurais dû diminuer 6, parce que j'ai retranché une dixaine de plus. Je tiendrai, de même, compte des deux dixaines que je viens d'emprunter. Je continue donc en disant : 8 fois 9 font 72, et 2 que j'ai empruntés font 74, lesquels ôtés de 75 il reste 1.

J'abaisse à côté du reste 113 le chiffre 8 du dividende, et je continue de la même manière, en disant : en 11 combien de fois 9 ? 1 fois ; puis une fois 2 fait 2, qui ôtés de 8 il reste 6 ; une fois 3 fait 3, qui ôtés de 3 il reste 0 ; une fois 9 est 9, qui ôtés de 11 il reste 2. J'abaisse le chiffre 4 à côté du reste 206, et je dis en 20 combien de fois 9 ? 2 fois ; et faisant la multiplication, 2 fois 2 font 4, qui ôtés de 4 il reste 0 ; 2 fois 3 font 6, qui ôtés de 6 reste o ; et enfin 2 fois 9 font 18, qui ôtés de 20 il reste 2.

66. Il peut arriver dans le cours de ces divisions partielles, que le dividende contienne le diviseur plus de 9 fois ; cependant on ne doit jamais mettre plus de 9 au quotient ; car si l'on pouvait seulement mettre 10, ce serait une preuve que le quotient trouvé par l'opération précédente serait faux, puisque la dixaine qu'on trouverait dans le quotient actuel, appartiendrait à ce premier quotient.

67. Si le dividende et le diviseur, étaient suivis de zéros, on pourrait en ôter à l'un et à l'autre autant qu'il y en a à la suite de celui qui en a le moins. Par exemple, pour diviser 8000 par 400, je diviserai seulement 80 par 4 ; car il est évident que 80 centaines ne contiennent pas plus 4 centaines, que 80 unités ne contiennent 4 unités.

De la Division des Parties décimales.

68. Pour ne point nous arrêter à des distinctions superflues, nous réduirons l'opération de la division des décimales à cette règle seule.

Mettez à la suite de celui des deux nombres proposés, qui a le moins de décimales, un nombre de zéros suffisant pour que le nombre des décimales soit le même dans chacun ; cela ne changera rien à la valeur de ce nombre (30) ; supprimez la virgule dans l'un et dans l'autre, et faites l'opération comme pour les nombres entiers ; il n'y aura rien à changer au quotient que vous trouverez.

EXEMPLE.

On propose de diviser 12,52 par 4,3.

J'écris..................... 12,52 | 4,3

Ou plutôt............... 12,52 | 4,30

en complétant le nombre des décimales.

Supprimant la virgule, j'ai 1252 à diviser par 430; faisant l'opération,

$$\begin{array}{r|l} 1252 & 430 \\ 392 & 2 \;\dfrac{392}{430} \end{array}$$

Je trouve 2 pour quotient, et 392 pour reste, c'est-à-dire, que le quotient est 2 et $\dfrac{392}{430}$.

Mais comme l'objet qu'on se propose, quand on se sert de décimales, est d'éviter les fractions ordinaires, au lieu d'écrire le reste 392 sous la forme de fraction, comme on vient de le faire, on continuera l'opération comme dans l'exemple suivant.

EXEMPLE.

$$\begin{array}{r|l} 1252 & 430 \\ & 2,9116 \\ 3920 & \\ 500 & \\ 700 & \\ 2700 & \\ 120 & \end{array}$$

Après avoir trouvé le quotient en entier, qui est ici 2, on mettra à côté du reste 392, un zéro qui, à la vérité, rendra ce reste dix fois trop grand; on continuera de diviser par 430, et ayant trouvé qu'il faudrait mettre 9 au quotient, on l'y mettra en effet, mais après avoir marqué la place des unités entières, en mettant une virgule après le 2; par ce moyen, le 9 ne marquera plus que des dixièmes : après la multiplication et la soustraction faites, on mettra à côté du reste 50 un zéro ce qui est la même chose que si l'on en avait mis d'abord deux à côté du dividende; mais en mettant après le 9 le quotient 1 qu'on trouvera, on lui donnera par là sa véritable valeur, puisqu'alors il marque des centièmes; on continuera ainsi tant qu'on le jugera nécessaire. En s'en tenant à deux décimales, on a la valeur du quotient à moins d'un centième d'unité près; en poussant jusqu'après trois chiffres, on a le quotient à moins d'un millième près, et ainsi de suite, puisqu'on n'aurait pas pu mettre une unité de plus ou de moins, sans rendre le quotient trop fort ou trop faible.

Tous les restes de division peuvent être réduits ainsi en décimales.

Il reste à expliquer pourquoi la suppression de la virgule dans le dividende et dans le diviseur ne change rien au quotient, lorsqu'on a rendu le nombre des décimales le même dans chacun de ces deux nombres : c'est ce qu'il est aisé d'apercevoir, parce que dans l'exemple ci-dessus le dividende 12,52, et le diviseur 4,30 ne sont autre chose que 1252 centièmes et 430 centièmes, puisque les unités entières valent des centaines de centièmes (22); or, il est clair que 1252 centièmes ne contiennent pas autrement 430 centièmes, que 1252 unités ne contiennent 430 unités; donc la considération de la virgule est inutile quand on a complété le nombre des décimales.

69. Lorsqu'on n'a besoin de connaître le quotient d'une division que jusqu'à un degré d'exactitude proposé, on peut abréger le calcul par la méthode suivante. Nous supposerons d'abord, qu'on n'a besoin de connaître ce quotient qu'à une unité près : nous ferons voir ensuite comment on doit appliquer la méthode, pour l'avoir aussi près qu'on voudra : voici la règle.

Supprimez sur la droite du dividende, autant de chiffres, moins un, qu'il y en a dans le diviseur : faites ensuite la division comme à l'ordinaire : s'il n'y a point de reste, vous mettrez à la suite du quotient autant de zéros, que vous avez supprimé de chiffres dans le dividende. Mais s'il y a un reste, vous continuerez de diviser, non pas par le même diviseur qu'auparavant, ce qui n'est plus possible, mais par ce diviseur dont vous aurez supprimé le dernier chiffre de la droite : après cette division, vous diviserez le nouveau reste par le diviseur précédent, dont vous supprimez le dernier chiffre sur la droite; et vous continuerez ainsi de diviser, en supprimant à chaque division un chiffre sur la droite du diviseur.

EXEMPLE.

On veut avoir, à moins d'une unité près, le quotient de 878923648 divisé par 64423. Je supprime les quatre premiers chiffres de la droite du dividende, et je divise 878923 par le diviseur proposé 64423.

```
878923  | 64423.
234693  | 136430.
 41424...6442
  2772...644
   195...64
     4...6
```

Je trouve d'abord 13 pour quotient, et 41424 pour reste : je divise donc 41424 par 6442, en supprimant le dernier chiffre 3 du diviseur : j'ai pour quotient 6, que j'écris à la suite du premier quotient 13; et le reste est 2772 que je divise par 644, en supprimant encore un chiffre sur la droite du diviseur primitif : j'ai pour quotient 4, que j'écris à la suite du quotient principal 136; le reste est 196 que je divise par 64, en supprimant encore un chiffre dans le diviseur : le quotient est 3, et le reste 4. Enfin, je divise par 6, et j'ai o pour quotient; en sorte que le quotient de 8789236487 divisé par 64423, est 136430, à moins d'une unité près. En effet, le quotient exact est 136430 $\dfrac{6597}{64423}$.

Il n'est pas indispensable d'écrire à chaque fois, comme nous l'avons fait, le nouveau diviseur; on peut se contenter de barrer, dans le diviseur primitif, chaque chiffre à mesure qu'on passe à une nouvelle division : ce n'a été que pour rendre l'opération plus sensible, que nous avons écrit ces diviseurs à côté des restes successifs.

70. Si le reste de la première division se trouvait plus petit que n'est le diviseur après qu'on en a supprimé le dernier chiffre, on mettrait zéro au quotient; et s'il se trouvait encore plus petit que ne serait ce diviseur, après qu'on en a encore ôté le dernier des chiffres restans, on mettrait encore un zéro au quotient, et ainsi de suite.

EXEMPLE.

Pour avoir, à moins d'une unité près, le quotient de 55106054 divisé par 643, je divise, comme à l'ordinaire, la partie 551060 qui reste après la suppression des deux derniers chiffres du dividende proposé.

$$
\begin{array}{r|l}
551060 & 643 \\
\cline{2-2}
3666 & 85701 \\
4510 & \\
009..64 & \\
9..6 & \\
3 &
\end{array}
$$

J'ai pour quotient 857, et 9 pour reste : il faut donc diviser ce reste par 64, seulement; comme 9 ne contient pas ce diviseur, je mets o au quotient, et j'ai encore pour reste 9, que je divise par 6 seulement, en sorte que le quotient cherché est 85701, à moins d'une unité près.

71. Si lorsqu'au commencement de l'opération on supprime sur la droite du dividende les chiffres que la règle prescrit de supprimer, il se trouve que les chiffres restans ne contiennent pas le diviseur, on supprimera tout de suite, sur la droite du diviseur, autant de chiffres qu'il est nécessaire pour que le diviseur y soit contenu.

On veut avoir, à moins d'une unité près, le quotient de 1611527 divisé par 64524.

Je supprime les quatre chiffres 1527 de la droite du dividende. Mais comme les chiffres restans 161 ne peuvent pas être divisés par 64524, je supprime, dans ce diviseur, les trois derniers chiffres 524 qui doivent être supprimés pour que ce diviseur soit contenu dans le dividende restant 161 ; ainsi je divise 161 par 64, en opérant comme dans l'exemple précédent,

$$
\begin{array}{r|l}
 & 64 \\
\hline
161 & 25 \\
33\ldots 6 & \\
3 &
\end{array}
$$

et j'ai 25 pour le quotient de 1611527 divisé par 64524, à moins d'une unité près : en effet, le quotient exact est $24\dfrac{62951}{64524}$ qui est beaucoup plus près de 25 que de 24.

72. A mesure qu'on supprime un chiffre dans le diviseur, il convient, pour plus d'exactitude, d'augmenter d'une unité le dernier de ceux qui restent, si celui qu'on supprime est au-dessus de 5 ou égal à 5. On augmentera, de même, d'une unité, le dernier des chiffres qui restent dans le dividende, après la suppression que la règle prescrit, si ceux-ci surpassent ou 5, ou 10, ou 50, selon qu'il y en a 1, ou 2, ou 3, etc.

On veut avoir, à moins d'une unité près, le quotient de 8657627 divisé par 1987.

Je divise donc 8658 par 1987, comme il suit :

$$
\begin{array}{r|l}
 & 1987 \\
\hline
8658 & 4357 \\
710\ldots 199 & \\
113\ldots 20 & \\
13\ldots 2 &
\end{array}
$$

c'est-à-dire, qu'au lieu de diviser le reste 710 par 198 seulement, je le divise par 199, parce que le dernier chiffre 7, que je supprime, est au-dessus de 5. Même raison pour la division suivante. Mais comme le dernier diviseur qui est contenu 6 fois $\dfrac{1}{2}$ dans 13, est un peu trop fort, je mets 7 au quotient.

73. Maintenant il est facile de voir ce qu'il y a à faire, lorsqu'on veut avoir le quotient beaucoup plus exactement. Par exemple, si l'on voulait

avoir le quotient, à un dix-millième d'unité près, la question se réduirait
à mettre autant de zéros (ici ce serait quatre) à la suite du dividende, qu'on
veut avoir de décimales au quotient; après quoi on fera la division selon la
méthode actuelle. Et lorsqu'on aura trouvé le quotient, à moins d'une unité
près, on en séparera sur la droite, par une virgule, autant de chiffres qu'on
voulait avoir de décimales.

EXEMPLE.

On veut avoir, à moins d'un dix-millième d'unité près, le quotient de
6927 divisé par 4532 ; je mets quatre zéros à la suite de 6927, et la question
se réduit à avoir, à moins d'une unité près, le quotient de 69270000 divisé
par 4532, c'est-à-dire conformément à la règle ci-dessus, à diviser 69270
par 4532, comme il suit :

$$
\begin{array}{r|l}
69270 & 4532 \\
23950 & 15285 \\
1290\ldots453 \\
384\ldots45 \\
24\ldots5
\end{array}
$$

le quotient cherché est donc 1,5285, à moins d'un dix-millième d'unité
près.

S'il y avait des décimales dans le dividende, ou dans le diviseur, ou dans
tous les deux, on les ramènerait d'abord à n'en point avoir, selon ce qui a
été dit (68); après quoi on opérerait comme dans ce dernier exemple.

Donc si l'on voulait réduire une fraction proposée, en décimales, on y par-
viendrait promptement par cette méthode, ayant égard à ce qui a été dit (71).

Ainsi, si l'on veut réduire $\frac{4253}{9678}$ en décimales, et en avoir la valeur à
moins d'un millième d'unité près, on aura 4253000 à diviser par 9678; ce
qui (69) se réduira à diviser 4253 par 9678, et (71 et 72) à diviser 4253 par
968, selon la méthode actuelle. On trouvera donc 439; en sorte qu'on aura
0,439 pour la valeur de $\frac{4253}{9678}$, à moins d'un millième près.

Il pourrait arriver néanmoins que le quotient trouvé d'après ces règles,
fût fautif de 1, 2, ou 3 unités dans le dernier chiffre. Quoique ce cas doive se
rencontrer très rarement, il n'est pas inutile de faire observer qu'on peut
toujours le prévenir facilement, en ne séparant, au commencement de l'opération, sur la droite du dividende, qu'autant de chiffres moins deux qu'il y
en a dans le diviseur, en opérant, du reste, comme ci-dessus. Lorsque le
quotient sera trouvé, on en supprimera le dernier chiffre, en observant
d'ajouter une unité au dernier de ceux qui resteront, si celui qu'on supprime est plus grand que 5.

Preuve de la Multiplication et de la Division.

74. On peut tirer de la définition même que nous avons donnée de chacune de ces deux opérations, le moyen d'en faire la preuve.

Puisque dans la multiplication on prend le multiplicande autant de fois que le multiplicateur contient d'unités, il s'ensuit que si l'on cherche combien de fois le produit contient le multiplicande, c'est-à-dire (59) si l'on divise le produit par le multiplicande, on doit trouver, pour quotient, le multiplicateur, et *vice versâ;* en général, *si l'on divise le produit d'une multiplication par l'un de ses facteurs, on doit trouver pour quotient l'autre facteur.*

Par exemple, ayant trouvé ci-dessus (50) que 2864 multiplié par 6 a donné 17184, je divise 17184 par 2864; je dois trouver, et je trouve en effet, 6 pour quotient.

Pareillement, puisque le quotient d'une division marque combien de fois le dividende contient le diviseur, il s'ensuit que si l'on prend le diviseur autant de fois qu'il est marqué par le quotient, c'est-à-dire si l'on multiplie le diviseur par le quotient, on doit reproduire le dividende, lorsque la division a été faite sans reste, et que, dans le cas où il y a un reste, si l'on multiplie le diviseur par le quotient, et qu'au produit on ajoute le reste de la division, on doit reproduire le dividende.

Par exemple, nous avons trouvé ci-dessus (63) que 189492 divisé par 375, donnait 505 pour quotient, et 117 pour reste. En multipliant 375 par 505, on trouve 189375, auquel ajoutant le reste 117, on retrouve le dividende 189492.

Ainsi la multiplication et la division peuvent se servir de preuve réciproquement.

Mais on peut vérifier ces opérations par un moyen plus prompt que nous allons exposer; il ne faut pas, pour cela, négliger les réflexions que nous venons de faire; elles seront utiles dans beaucoup d'autres occasions.

Preuve par 9.

75. Supposons qu'après avoir multiplié 65498 par 454, et trouvé que le produit est 29736092, on veuille éprouver si ce produit est exact.

On ajoutera tous les chiffres 6,5,4,9,8, du multiplicande comme s'ils ne contenaient que des unités simples, et on retranchera 9 à mesure qu'il se trouvera dans la somme : on aura un reste qui sera ici 5.

On ajoutera pareillement les chiffres 4,5,4 du multiplicateur, et retranchant pareillement tous les 9 que produira cette addition, on aura pour reste 4.

On multipliera le reste 5 du multiplicande par le reste 4 du multiplicateur, et du produit 20 on retranchera les 9 qu'il peut renfermer; il restera 2.

Si le produit est exact, il faut qu'ajoutant de même tous les chiffres 2,9,7,3,6,0,9,2, de ce produit, et retranchant tous les 9, il ne reste aussi que 2 ; ce qui a lieu en effet.

Cette règle est fondée sur ce principe que, pour avoir le reste de la soustraction de tous les 9 qu'un nombre peut renfermer, il n'y a qu'à chercher le reste que ses chiffres, ajoutés comme des unités simples, donneraient après la suppression des 9.

En effet, si d'un nombre exprimé par un seul chiffre suivi de plusieurs zéros on retranche tous les 9, le reste sera exprimé par ce seul chiffre. Si de 4000, ou de 500, ou de 60,000, vous retranchez tous les 9, le reste sera 4, ou 5, ou 6, etc., ce qui est aisé à voir.

Donc le reste que donnerait, par la suppression des 9, un nombre tel que 65498 (qui est la même chose que 60,000, plus 5000, plus 400, plus 90, plus 8) sera le même que celui que donneraient 6 plus 5, plus 4, plus 9, plus 8; c'est-à-dire le même que si l'on ajoutait ces chiffres contenant des unités simples.

En voici maintenant l'application à la preuve de la multiplication.

Puisque 65498 est composé d'un certain nombre de 9 et d'un reste 5, et que le multiplicateur 453 est composé aussi d'un certain nombre de 9 et d'un reste 4, il ne peut s'en falloir que du produit de 5 par 4 ou 20, que le produit total ne soit divisible par 9, ou, en ôtant les 9, il ne doit s'en falloir que de 2 que le produit total ne soit divisible par 9 : donc il doit rester au produit la même quantité que dans le produit des deux restes, après la suppression des 9 qu'il renferme.

On pourrait faire aussi cette épreuve de la même manière par le nombre 3.

A l'égard de la division, elle devient facile à éprouver, d'après ce qui a été dit (70) après avoir ôté du dividende le reste qu'a donné la division, on regardera le résultat comme un produit dont le diviseur et le quotient sont les facteurs, et par conséquent on y appliquera la preuve par 9, de la même manière qu'on vient de le faire.

A parler exactement, cette vérification n'est pas infaillible ; parce que dans la multiplication, par exemple, si l'on s'était trompé de quelques unités sur quelque chiffre du produit, et qu'en même temps on eût fait une erreur égale, mais en sens contraire, sur quelque autre chiffre du même produit ; comme cela ne changerait rien au reste que l'on aurait après la suppression des 9, cette règle ne ferait point apercevoir l'erreur ; mais comme il faut, ainsi qu'on le voit, au moins deux erreurs, et deux erreurs qui se compensent, ou qui ne diffèrent que d'un certain nombre de fois 9, les cas où cette vérification serait fautive, seront très rares dans l'usage.

Quelques usages de la Règle précédente.

76. La division sert non-seulement à trouver combien de fois un nombre en contient un autre, mais encore à partager un nombre en parties égales. Prendre la moitié, le tiers, le quart, le cinquième, le vingtième, le trentième, etc., d'un nombre, c'est diviser ce nombre par 2, 3, 4, 5, 20, 30, etc., ou le partager en 2, 3, 4, 5, 6, 20, 30, etc., parties égales, pour prendre une de ses parties.

La division sert encore à convertir les unités d'une certaine espèce, en unités d'une espèce supérieure ; par exemple, un certain nombre de deniers en sous, et ceux-ci en livres. Pour réduire 5864 deniers en sous, on remarquera que puisqu'il faut 12 deniers pour faire un sou, autant de fois il y aura 12 deniers dans 5864 deniers, autant il y aura de sous ; il faut donc diviser par 12, et on trouvera 488 sous et 8 deniers de reste. Pour réduire en liv. les 488 sous, on divisera 488 par 20, puisqu'il faut 20 sous pour faire la livre, et on aura en total 24 livres 8 sous 8 deniers.

A l'occasion de cette division par 20, remarquons que quand on a à diviser par un nombre suivi de zéros, on peut abréger l'opération en séparant sur la droite du dividende autant de chiffres qu'il y a de zéros ; on divise la partie qui reste à gauche par les chiffres significatifs du diviseur ; s'il y a un reste, on écrit à sa suite les chiffres qu'on a séparés, ce qui donne le reste total. Par exemple, pour diviser 5834 par 20, je sépare le dernier chiffre 4, et je divise par 2 la partie restante 583 ; j'ai pour quotient 291, et 1 pour reste ; j'écris à côté de ce reste 1, le chiffre séparé 4, ce qui me donne 14 pour reste total ; en sorte que le quotient est $291 \frac{14}{20}$.

Cette abréviation peut être appliquée à la réduction de la charge d'un navire en tonneaux de poids. Si l'on sait que la charge est de 2584954 ℔ ; pour la réduire en tonneaux, c'està-dire, pour diviser par 2000, on séparera les trois derniers chiffres de la droite, et prenant la moitié des autres, on aura 1292 tonneaux et 954 ℔.

Quand on veut évaluer en livres et sous le vingtième d'un nombre de livres proposé, il suit de cette règle, que l'opération se réduit à compter le dernier chiffre pour des sous, et prendre moitié des autres chiffres que l'on comptera pour des livres. Si en prenant cette moitié, il reste une unité, on la comptera pour une dixaine de sous qu'on placera à la gauche du chiffre qu'on a séparé d'abord. Par exemple, si l'on veut avoir le vingtième de 54672 livres, on séparera le dernier chiffre 2, que l'on comptera pour 2 sous ; et prenant la moitié de 5467, qui est 2733, avec une unité de reste, on écrira 2733 livres 12 sous : la raison de cette règle est évidente, en faisant attention que 54672 livres est 54660 livres, plus 12 livres ; or, le vingtième de 54660 est évidemment 2733, et celui de 12 livres est 12 sous, puisque le vingtième d'une livre est un sou. S'il y avait des sous et deniers dans la somme proposée, on négligerait les deniers, dont la vingtième partie ne peut jamais faire un denier. A l'égard des sous, on les triplerait; et prenant le cinquième, on le porterait aux deniers. Ainsi le vingtième de 54672 liv. 17 s. 7 d. est 2733 liv. 12 s. 10 d.

S'il s'agissait d'avoir le dixième d'un nombre de livres, on séparerait le dernier chiffre, et l'ayant doublé, on le compterait pour des sous; et on compterait comme des livres tous les chiffres restans sur la gauche. Ainsi le dixième de 67987 liv. est 6798 liv. 14 s. La raison pour laquelle on double le dernier chiffre, est que le dixième d'une livre est 2 sous.

On a assez souvent besoin de prendre les 4 deniers pour livre d'une somme proposée : cela se réduit à en prendre d'abord le vingtième, comme il vient d'être dit ; puis prendre le tiers de ce vingtième. Ainsi pour avoir les quatre deniers pour livre de 8762 livres, j'en prends le vingtième, qui est 438 liv. 2 sous, dont le tiers 146 liv. o s. 8 den. forme les quatre deniers pour livre de 8762 liv. En effet, les quatre deniers pour livre ne sont autre chose que le soixantième, puisque 4 deniers sont contenus 60 fois dans la livre. Or le soixantième est le tiers du vingtième.

Des Fractions.

77. Les fractions considérées arithmétiquement, sont des nombres par lesquels on exprime les quantités plus petites que l'unité.

78. Pour se faire une idée nette des fractions, il faut concevoir que la quantité qu'on a prise d'abord pour unité, est elle-même composée d'un certain nombre d'unités plus petites; comme l'on conçoit, par exemple, que la livre est composée de vingt parties ou de vingt unités plus petites, qu'on appelle *sous*.

Une ou plusieurs de ces parties forment ce qu'on appelle une *fraction de l'unité*. On donne aussi ce nom aux nombres qui représentent ces parties.

79. Une fraction peut être exprimée en nombres de deux manières qui sont chacune en usage.

La première manière consiste à représenter, comme les nombres entiers, les parties de l'unité que contient la quantité dont il s'agit ; mais alors on donne un nom particulier à ces parties : ainsi pour marquer 7 parties dont on en conçoit 20 dans la livre, on emploierait le chiffre 7, mais on prononcerait 7 sous, et on écrira 7^s : cette manière de marquer les parties de l'unité a lieu dans les nombres *complexes*, dont nous parlerons par la suite.

80. Mais comme il faudra un signe particulier pour chaque.

division qu'on pourrait faire de l'unité, on évite cette multipli-
cité de signes, en marquant une fraction par deux nombres
placés l'un au-dessous de l'autre, et séparés par un trait. Ainsi
pour marquer les 7 parties dont il vient d'être question, on écrit

$\frac{7}{20}$; c'est-à-dire, qu'en général, on écrit d'abord le nombre qui

marque combien la quantité dont il s'agit contient de parties de
l'unité, et on écrit au-dessous de ce nombre, celui qui marque
combien on conçoit de ces parties dans l'unité.

81. Et pour énoncer une fraction, on énonce d'abord le nombre supérieur (qui s'appelle le *numérateur*); ensuite le nombre
inférieur (qui s'appelle le *dénominateur*); mais on ajoute au
nom de celui-ci la terminaison *ième* : par exemple, pour énoncer

$\frac{7}{20}$ on prononcera *sept vingtièmes*; pour énoncer $\frac{4}{5}$, on pro-

noncera *quatre cinquièmes*; et par cette expression *quatre cinquièmes*, on doit entendre quatre parties, dont il en faudrait 5
pour composer l'unité.

Il faut seulement excepter de la terminaison générale, les
fractions dont le dénominateur est 2 ou 3, ou 4, qui se pro-
noncent *moitiés* ou *demies*, *tiers*, *quarts*. Ainsi ces fractions

$\frac{1}{2}$, $\frac{2}{3}$, $\frac{3}{4}$, se prononceraient *demi*, *deux tiers*, *trois quarts*.

82. Le numérateur marque donc combien la quantité repré-
sentée par la fraction contient de parties de l'unité; et le dénominateur fait connaître de quelle valeur sont ces parties, en
marquant combien il en faut pour composer l'unité. On lui donne
le nom de dénominateur, parce que c'est lui en effet qui donne
le nom à la fraction, et qui fait que dans ces deux fractions,
par exemple, $\frac{3}{5}$ et $\frac{2}{7}$, les parties de la première s'appellent

des *cinquièmes*; et les parties de la seconde des *septièmes*.

83. Le numérateur et le dénominateur s'appellent aussi, d'un
nom commun, les *deux termes de la fraction*.

Des Entiers considérés sous la forme de Fraction.

84. Les opérations qu'on fait sur les fractions conduisent souvent à des résultats fractionnaires, dont le numérateur est plus grand que le dénominateur, par exemple, à des résultats tels que, $\frac{8}{8}$, $\frac{27}{5}$, etc.

Ces sortes d'expressions ne sont pas des fractions proprement dites, mais ce sont des nombres entiers joints à des fractions.

85. Pour extraire les entiers qui s'y trouvent renfermés, il faut diviser le numérateur par le dénominateur. Le quotient marquera les entiers, et le reste de la division sera le numérateur de la fraction qui accompagne ces entiers. Ainsi $\frac{27}{5}$ donneront $5\frac{2}{5}$, c'est-à-dire, cinq entiers et deux cinquièmes.

En effet, dans l'expression $\frac{27}{5}$, le dénominateur 5 fait connaître que l'unité est composée de 5 parties ; donc autant de fois il y aura 5 dans 27, autant il y aura d'unités entières dans la valeur de la fraction $\frac{27}{5}$.

86. Les multiplications et les divisions des nombres entiers joints aux fractions, exigent, du moins pour la facilité, qu'on convertisse ces entiers en fraction.

On fait cette conversion en multipliant le nombre entier par le dénominateur de la fraction en laquelle on veut réduire cet entier. Par exemple, si l'on veut convertir 8 entiers en cinquièmes, on multipliera 8 par 5, et on aura $\frac{40}{5}$. En effet, lorsqu'on veut convertir 8 en cinquièmes, on regarde l'unité comme composée de 5 parties ; les 8 unités en contiendront donc 40 ; pareillement $7\frac{4}{9}$, convertis en neuvièmes, feront $\frac{67}{9}$.

Des changemens qu'on peut faire subir aux deux termes d'une Fraction sans changer sa valeur.

87. Il est visible que plus on concevra de parties dans l'unité, et plus il faudra de ces parties pour composer une même quantité.

88. Donc on peut rendre le dénominateur d'une fraction, double, triple, quadruple, etc., sans rien changer à la valeur de la fraction, pourvu qu'en même temps on rende aussi le numérateur double, triple, quadruple, etc.

On peut donc dire, en général, qu'*une fraction ne change point de valeur, quand on multiplie ses deux termes par un même nombre.*

Ainsi $\frac{3}{4}$ est la même chose que $\frac{6}{8}$; $\frac{1}{2}$ la même chose que $\frac{2}{4}$, que $\frac{3}{6}$, que $\frac{5}{10}$, etc.

89. Par un raisonnement semblable, on voit que moins on supposera de parties dans l'unité, moins il faudra de ces parties pour former une même quantité ; que par conséquent on peut, sans changer une fraction, rendre son dénominateur, 2, 3, 4, etc. fois plus petit, pourvu qu'en même temps on rende son numérateur, 2, 3, 4, etc. fois plus petit ; et en général, une *fraction ne change point de valeur quand on divise ses deux termes par un même nombre.*

Pour voir distinctement la vérité de ces deux propositions, il suffit de se rappeler ce que c'est que le dénominateur, et ce que c'est que le numérateur d'une fraction.

Remarquons donc que multiplier ou diviser les deux termes d'une fraction par un même nombre, n'est point multiplier ou diviser la fraction, puisque, comme nous venons de le dire, elle ne change point de valeur par ces opérations.

Les deux principes que nous venons de poser sont la base des deux réductions suivantes qui sont d'un très grand usage.

4..

Réduction des Fractions à un même dénominateur.

90. 1°. Pour réduire deux fractions à un même dénominateur, multipliez les deux termes de la première, chacun par le dénominateur de la seconde, et les deux termes de la seconde, chacun par le dénominateur de la première.

Par exemple, pour réduire à un même dénominateur les deux fractions $\frac{2}{3}$, $\frac{3}{4}$, je multiplie 2 et 3 qui sont les deux termes de la première fraction, chacun par 4, dénominateur de la seconde, et j'ai $\frac{8}{12}$, qui (88) est de même valeur que $\frac{2}{3}$.

Je multiplie de même les deux termes 3 et 4 de la seconde fraction, chacun par 3, dénominateur de la première, et j'ai $\frac{9}{12}$ qui est de même valeur que $\frac{3}{4}$; en sorte que les fractions $\frac{2}{3}$ et $\frac{3}{4}$ sont changées en $\frac{8}{12}$ et $\frac{9}{12}$, qui sont respectivement de même valeur que celles-là, et qui ont le même dénominateur entre elles.

Il est aisé de voir que par cette méthode le dénominateur sera toujours le même pour chacune des deux nouvelles fractions, puisque dans chaque opération le nouveau dénominateur est formé de la multiplication des deux dénominateurs primitifs.

91. 2°. Si l'on a plus de deux fractions, on les réduira toutes au même dénominateur, en multipliant les deux termes de chacune par le produit résultant de la multiplication des dénominateurs des autres fractions.

Par exemple, pour réduire à un même dénominateur les quatre fractions $\frac{2}{3}$, $\frac{3}{4}$, $\frac{4}{5}$, $\frac{5}{7}$, je multiplierai les deux termes 2 et 3 de la première, par le produit des trois dénominateurs 4, 5, 7, des autres fractions; produit que je trouve en disant : 4 fois 5 font 20, puis 7 fois 20 font 140; je multiplie donc 2 et 3 chacun par 140, et j'ai $\frac{280}{420}$ qui est de même valeur que $\frac{2}{3}$ (88).

Je multiplie pareillement les deux termes 3 et 4 de la seconde fraction, par le produit de 3, 5, 7, produit que je forme en disant : 3 fois 5 font 15, puis 7 fois 15 font 105 ; je multiplie donc 3 et 4 chacun par 105, ce qui me donne $\dfrac{315}{420}$, fraction de même valeur que $\dfrac{3}{4}$.

Passant à la troisième fraction, je multiplie ses deux termes 4 et 5 chacun par 84, produit des trois dénominateurs, 3, 4 et 7, et j'ai $\dfrac{336}{420}$ au lieu de $\dfrac{4}{5}$.

Enfin pour la quatrième, je multiplierai 5 et 7 chacun par le produit 60 des dénominateurs, 3, 4, 5, des trois premières fractions, et j'aurai $\dfrac{300}{420}$ au lieu de $\dfrac{5}{7}$, en sorte que les quatre fractions $\dfrac{2}{3}$, $\dfrac{3}{4}$, $\dfrac{4}{5}$, $\dfrac{5}{7}$ sont changées en $\dfrac{280}{420}$, $\dfrac{315}{420}$, $\dfrac{336}{420}$, $\dfrac{300}{420}$, moins simples, à la vérité que celles-là, mais de même valeur qu'elles, et plus susceptibles, par leur dénominateur commun, des opérations de l'addition et de la soustraction.

Remarquons que le dénominateur de chaque nouvelle fraction étant formé du produit de tous les dénominateurs primitifs, ce nouveau dénominateur ne peut manquer d'être le même pour chaque fraction.

Réduction des Fractions à leur plus simple expression.

92. Une fraction est d'autant plus simple, que ses deux termes sont de plus petits nombres. Il est souvent possible d'amener une fraction proposée à être exprimée par de moindres nombres, et cela lorsque son numérateur et son dénominateur peuvent être divisés par un même nombre ; comme cette opération n'en change point la valeur (89), c'est une simplification qu'on ne doit point négliger.

Voici le procédé qu'il faudra suivre.

93. On divisera le numérateur et le dénominateur chacun par 2, et on répétera cette division tant qu'elle pourra se faire exactement.

On divisera ensuite les deux termes par 3, et on continuera de diviser l'un et l'autre par 3, tant que cela pourra se faire.

On fera la même chose successivement avec les nombres 5, 7, 11, 13, 17, etc., c'est-à-dire avec les nombres qui n'ont aucun diviseur qu'eux-mêmes, ou l'unité, et qu'on appelle *nombres premiers*.

Ainsi la seule difficulté qu'il y ait est de savoir quand est-ce qu'on pourra diviser par 2, 3, 5, etc.

On pourra, dans cette recherche, s'aider des principes suivans.

94. Tout nombre qui finit par un chiffre pair est divisible par 2.

Tout nombre dont la somme des chiffres ajoutés ensemble, comme s'ils étaient des unités simples, fera 3 ou un *multiple* de 3, c'est-à-dire un nombre exact de fois 3 sera divisible par 3.

Par exemple, 54231 est divisible par 3, parce que ses chiffres 5, 4, 2, 3, 1, font 15, qui est 5 fois 3.

La même chose a lieu pour le nombre 9, si les chiffres ajoutés ensemble font 9 ou un multiple de 9.

Cette propriété du nombre 3 se démontre comme celle du nombre 9, à très peu de chose près, et l'un et l'autre se démontrent comme on l'a fait à la preuve de 9 (75).

Tout nombre terminé par un 5 ou par un zéro est divisible par 5.

A l'égard des nombres 7 et des suivans, quoiqu'il soit facile de trouver de pareilles règles, comme l'examen qu'elles supposent est aussi long que la division, il faudra essayer la division.

Proposons-nous, par exemple, de réduire la fraction $\frac{2016}{5796}$. Je divise les deux termes par 2, parce que les deux derniers chiffres de chacun sont pairs, et j'ai $\frac{1008}{2898}$. Je divise encore par

2 et j'ai $\frac{504}{1449}$. Ce qui a été dit ci-dessus m'apprend que je puis diviser par 3 ; je divise en effet et j'ai $\frac{168}{483}$; je divise encore par 3, ce qui me donne $\frac{56}{161}$; enfin j'essaie de diviser par 7 ; la division réussit et me donne $\frac{8}{23}$.

La raison pour laquelle nous prescrivons de ne tenter la division que par les nombres premiers, 2, 3, 5, 7, etc., c'est qu'après avoir épuisé la division par 2, par exemple, il est inutile de tenter de diviser par 4, puisque si celle-ci pouvait réussir, à plus forte raison la division par 2 aurait-elle pu encore se faire.

95. De tous les moyens qu'on peut employer pour réduire une fraction à une expression plus simple, le plus direct est celui de diviser les deux termes par le plus grand diviseur commun qu'ils puissent avoir : voici la règle pour trouver ce plus grand diviseur commun.

Divisez le plus grand des deux termes par le plus petit ; s'il n'y a point de reste, c'est le plus petit terme qui est le plus grand diviseur commun.

S'il y a un reste, divisez le plus petit terme par ce reste, et si la division se fait exactement, c'est ce premier reste qui est le plus grand diviseur commun.

Si cette seconde division donne un reste, divisez le premier reste par le second, et continuez toujours de diviser le reste précédent par le dernier reste, jusqu'à ce que vous arriviez à une division exacte. Alors le dernier diviseur que vous aurez employé sera le plus grand diviseur des deux termes de la fraction.

Si le dernier diviseur se trouve être l'unité, c'est une preuve que la fraction ne peut être réduite.

Prenons pour exemple la fraction $\frac{3760}{9024}$.

Je divise 9024, j'ai pour quotient 2, et pour reste 1504.

Je divise 3760 par 1504 ; j'ai pour quotient 2, et pour reste 752.

Je divise le premier reste 1504 par le second reste 752 ; la division réussit, et j'en conclus que 752 peut diviser les deux termes de la fraction $\frac{3760}{9024}$, et la réduire à sa plus simple expression, qu'on trouve, en faisant l'opération, être $\frac{5}{12}$.

En effet, on a trouvé que 752 divise 1504 ; il doit donc diviser 3760 qu'on a vu être composé de deux fois 1504 et de 752 : on voit de même qu'il doit diviser 9024, puisque 9024 est composé de deux fois 3760 et de 1504.

On voit de plus que 752 est le plus grand commun diviseur que puissent avoir 3760 et 9024; car il ne peut y avoir de diviseur commun entre 9024 et 3760, qui ne le soit en même temps de 3760 et 1504; et entre ces deux-ci il ne peut y en avoir un qui ne soit en même temps diviseur commun de 1504 et de 752; mais il est évident qu'entre ces deux-ci il ne peut y avoir de diviseur commun plus grand que 752; donc, etc.

Différentes manières dont on peut envisager une Fraction, et conséquences qu'on peut en tirer.

96. L'idée que nous avons donnée jusqu'ici d'une fraction, est que le dénominateur représente de combien de parties l'unité est composée; et le numérateur, combien il y a de ces parties dans la quantité que la fraction exprime.

On peut encore envisager une fraction sous un autre point de vue : on peut considérer le numérateur comme représentant une certaine quantité qui doit être divisée en autant de parties qu'il y a d'unités dans le dénominateur. Par exemple, dans $\frac{5}{4}$, on peut considérer 4 comme représentant 4 choses quelconques, 4 liv., par exemple, qu'il s'agit de partager en cinq parties; car il est évident que c'est la même chose de partager 4 liv. en cinq parties pour prendre une de ces parties, ou de partager une livre en cinq parties pour prendre 4 de ces parties.

97. On peut donc considérer le numérateur d'une fraction comme un dividende, et le dénominateur comme un diviseur. On voit par là ce que signifient les restes de divisions mis sous la forme que nous leur avons donnée (60).

98. Il suit de là, 1°. qu'un entier peut toujours être mis sous la forme d'une fraction, en faisant de cet entier le numérateur, et lui donnant l'unité pour dénominateur; ainsi 8 ou $\frac{8}{1}$ sont la même chose; 5 ou $\frac{5}{1}$ sont la même chose.

99. 2°. Que pour convertir une fraction quelconque en décimales, il n'y a qu'à considérer le numérateur comme un reste de division où le dénominateur était diviseur, et opérer

par conséquent comme il a été dit (68, exemple II), en observant de mettre d'abord un zéro au quotient pour tenir la place des unités ; c'est ainsi qu'on trouvera que $\frac{3}{5}$ valent en décimales

0,6 ; que $\frac{5}{9}$ valent 0,555, etc. ; que $\frac{1}{25}$ vaut 0,04, et ainsi de suite.

C'est ainsi qu'on peut réduire en décimales tout nombre complexe proposé. Par exemple, s'il s'agit de réduire $3^T 5^P 8^P 7^l$ en décimales de la toise, de manière à ne pas négliger une demi-ligne ; j'observe que la toise contient 864 lignes, et par conséquent 1728 demi-lignes ; il faut donc, pour ne pas négliger les demi-lignes, porter l'exactitude au-delà des millièmes ; c'est-à-dire jusqu'aux dix-millièmes.

Cela posé, je réduis les $5^P 8^P 7^l$ tout en lignes ; et j'ai 823 lignes ou $\frac{823}{864}$ de la toise ; réduisant cette fraction en décimales, comme il vient d'être dit, on a 0,9525, et par conséquent $3^T,9525$ pour le nombre proposé.

Des opérations de l'Arithmétique sur les Fractions.

100. On fait sur les fractions les mêmes opérations que sur les nombres entiers. Les deux premières opérations, l'addition et la soustraction, exigent le plus souvent une opération préparatoire ; les deux autres n'en exigent point.

De l'addition des Fractions.

101. Si les fractions ont le même dénominateur, on ajoutera tous les numérateurs, et l'on donnera à la somme le dénominateur commun de ces fractions. Ainsi pour ajouter $\frac{2}{7}$, $\frac{3}{7}$, $\frac{5}{7}$, j'ajoute les numérateurs 2, 3, 5, et j'ai par conséquent $\frac{10}{7}$ que je réduis à $1\frac{5}{7}$ (85).

102. Si les fractions n'ont pas le même dénominateur, on commencera par les y réduire par ce qui a été enseigné (90) et (91), après quoi on ajoutera ces nouvelles fractions de la manière qui vient d'être prescrite. Ainsi, si l'on propose d'ajouter, $\frac{3}{4}$, $\frac{2}{3}$, $\frac{4}{5}$, je change ces trois fractions en trois autres $\frac{45}{60}$, $\frac{40}{60}$, $\frac{48}{60}$, dont la somme est $\frac{133}{60}$ qui se réduit à $2\frac{13}{60}$ (85).

De la Soustraction des Fractions.

103. Si les deux fractions proposées ont le même dénominateur, on retranchera le numérateur de l'une du numérateur de l'autre, et on donnera au reste le dénominateur commun de ces deux fractions. S'il est question de retrancher $\frac{5}{9}$ de $\frac{8}{9}$, le reste sera $\frac{3}{9}$ qui se réduit à $\frac{1}{3}$ (93).

104. Si de $9\frac{5}{8}$ on voulait retrancher $4\frac{7}{8}$; comme on ne peut ôter $\frac{7}{8}$ de $\frac{5}{8}$, on emprunterait sur 9 une unité, laquelle réduite en huitièmes et ajoutée à $\frac{5}{8}$, ferait $\frac{13}{8}$, desquels ôtant $\frac{7}{8}$, il resterait $\frac{6}{8}$; ôtant ensuite 4 de 8 qui restent après l'emprunt, il resterait en tout $4\frac{6}{8}$ ou $4\frac{3}{4}$.

105. Si les fractions n'ont pas le même dénominateur, on les y réduira (90) et (91); après quoi on fera la soustraction comme il vient d'être dit. Ainsi pour ôter $\frac{2}{3}$ de $\frac{3}{4}$, je change ces fractions en $\frac{8}{12}$ et $\frac{9}{12}$, et retranchant 8 de 9, il me reste $\frac{1}{12}$.

De la multiplication des Fractions.

106. *Pour multiplier une fraction par une fraction, il faut multiplier le numérateur de l'une par le numérateur de l'autre, et le dénominateur par le dénominateur.* Par exemple, pour multiplier $\frac{2}{3}$ par $\frac{4}{5}$, on multipliera 2 par 4, ce qui donnera 8 pour numérateur, multipliant pareillement 3 par 5, on aura 15 pour dénominateur, et par conséquent $\frac{8}{15}$ pour le produit.

Pour sentir la raison de cette règle, il faut se rappeler que multiplier un nombre par un autre, c'est prendre le multiplicande autant de fois que le multiplicateur contient d'unités. Ainsi multiplier $\frac{2}{3}$ par $\frac{4}{5}$, c'est prendre $\frac{4}{5}$ de fois la fraction $\frac{2}{3}$, ou plus exactement, c'est prendre 4 fois le cinquième de $\frac{2}{3}$; or, en multipliant le dénominateur 3 par 5, on change les tiers en quinzièmes, c'est-à-dire, en parties cinq fois plus petites ; et en multipliant le numérateur 2 par 4, on prend ces nouvelles parties quatre fois ; on prend donc quatre fois la cinquième partie de $\frac{2}{3}$: on multiplie donc en effet $\frac{2}{3}$ par $\frac{4}{5}$.

107. Si l'on avait un entier à multiplier par une fraction, ou une fraction à multiplier par un entier, on mettrait l'entier sous la forme de fraction, en lui donnant l'unité pour dénominateur ; par exemple, si j'ai 9 à multiplier par $\frac{4}{7}$, cela se réduit à multiplier $\frac{9}{1}$ par $\frac{4}{7}$, ce qui, selon la règle qu'on vient de donner, produit $\frac{36}{7}$ qui se réduisent à $5\frac{1}{7}$.

On voit donc que pour multiplier une fraction par un entier, ou un entier par une fraction, l'opération se réduit à multiplier le numérateur de cette fraction par l'entier.

108. S'il y avait des entiers joints aux fractions, il faudrait, avant de faire la multiplication, réduire ces entiers chacun en fraction de même espèce que celle qui l'accompagne. Par exemple, si l'on a $12\frac{3}{5}$ à multiplier par $9\frac{3}{4}$, je change (86) le multiplicande en $\frac{63}{5}$ et le multiplicateur en $\frac{39}{4}$, et je multiplie $\frac{63}{5}$ par $\frac{39}{4}$ selon la règle ci-dessus (106); ce qui me donne $\frac{2457}{20}$ qui valent $122\frac{17}{20}$.

Division des Fractions.

109. *Pour diviser une fraction par une fraction, il faut renverser les deux termes de la fraction qui sert de diviseur, et multiplier la fraction dividende par cette fraction ainsi renversée.*

Par exemple, pour diviser $\frac{4}{5}$ par $\frac{2}{3}$, je renverse la fraction $\frac{2}{3}$, ce qui me donne $\frac{3}{2}$; je multiplie $\frac{4}{5}$ par $\frac{3}{2}$ selon la règle donnée (106), et j'ai $\frac{12}{10}$ pour le quotient de $\frac{4}{5}$ divisé par $\frac{2}{3}$.

Pour apercevoir la raison de cette règle, il faut observer que diviser $\frac{4}{5}$ par $\frac{2}{3}$, c'est chercher combien de fois $\frac{4}{5}$ contiennent $\frac{2}{3}$. Or il est facile de voir que, puisque le diviseur est 2 tiers, il sera contenu dans le dividende trois fois autant que s'il était 2 entiers; donc il faut diviser d'abord par 2, et multiplier ensuite par 3, ce qui n'est autre chose que prendre trois fois la moitié du dividende, ou le multiplier par $\frac{3}{2}$ qui est la fraction du diviseur renversée.

110. Si l'on avait une fraction à diviser par un entier, où un entier à diviser par une fraction, on commencerait par mettre l'entier sous la forme de fraction, en lui donnant l'unité

pour dénominateur : par exemple, si l'on a 12 à diviser par $\frac{5}{7}$,

on réduira l'opération à diviser $\frac{12}{1}$ par $\frac{5}{7}$, ce qui, selon la règle

qu'on vient de donner, se réduit à multiplier $\frac{12}{1}$ par $\frac{7}{5}$, et donne

$\frac{84}{5}$ ou $16\frac{4}{5}$. Pareillement, si l'on avait $\frac{3}{4}$ à diviser par 5, on ré-

duirait l'opération à diviser $\frac{3}{4}$ par $\frac{5}{1}$, c'est-à-dire, à multiplier

$\frac{3}{4}$ par $\frac{1}{5}$, ce qui donne $\frac{3}{20}$.

On voit donc que lorsqu'on a une fraction à diviser par un entier, l'opération se réduit à multiplier le dénominateur par cet entier.

111. S'il y avait des entiers joints aux fractions, on réduirait ces entiers chacun en fraction de même espèce que celle qui

l'accompagne. Par exemple, si l'on avait $54\frac{3}{5}$ à diviser par

$12\frac{2}{3}$, on changerait le dividende en $\frac{273}{5}$, et le diviseur en

$\frac{38}{3}$, et l'opération serait réduite à diviser $\frac{273}{5}$ par $\frac{38}{3}$, c'est-

à-dire (109) à multiplier $\frac{273}{5}$ par $\frac{3}{38}$, ce qui donnerait $\frac{819}{190}$, ou

$4\frac{59}{190}$.

Quelques applications des Règles précédentes.

112. Après ce que nous avons dit (96), il est aisé de voir comment on peut évaluer une fraction. Qu'on demande, par

exemple, ce que valent les $\frac{5}{7}$ d'une livre ? Puisque les $\frac{5}{7}$ d'une

livre sont la même chose (96) que le septième de 5 livres, je réduis les 5 livres en sous (57) et je divise les 100 sous qu'elles me donnent, par 7, ce qui me donne 14 sous pour quotient; et 2 sous de reste; je réduis ces 2 sous en deniers, et je divise

24 deniers par 7 ; j'ai 3 deniers $\frac{3}{7}$. Ainsi les $\frac{5}{7}$ d'une livre sont 14 sous 3 deniers et $\frac{3}{7}$ de denier.

Si l'on demandait les $\frac{5}{7}$ de 24 livres, il est visible qu'on pourrait d'abord prendre, comme nous venons de le faire, les $\frac{5}{7}$ d'une livre, et multiplier ensuite par 24 ce qu'aurait donné cette opération; mais il est plus commode de multiplier d'abord $\frac{5}{7}$ par 24 livres, ce qui (107) donne $\frac{120}{7}$ livres, et d'évaluer ensuite cette dernière fraction qu'on trouvera valoir 17 liv. 2 sous 10 deniers $\frac{2}{7}$.

113. Les fractions décimales n'ayant point de dénominateur, sont encore plus faciles à évaluer. Si l'on demande, par exemple, combien valent 0,532 de toise : comme la toise est de 6 pieds, je multiplierai 0,532 par 6, ce qui me donnera 3,192 pieds; c'est-à-dire 3^P et 0,192 de pied; multipliant cette dernière fraction par 12 pour évaluer en pouces, on aura 2,304 pouces, c'est-à-dire 2^P et 0,304 de pouce; enfin multipliant celle-ci par 12 pour réduire en lignes, on aura 3,648, ou 3^l et 0,648 de ligne, c'est-à-dire, que la valeur de la fraction 0,532 de toise sera, 3^P 2^P 3^l et 0,648 de ligne.

114. L'évaluation des factions nous conduit naturellement à parler des *fractions* de *fractions*. On appelle ainsi une suite de fractions séparées les unes des autres par l'article *de*. Par exemple, $\frac{2}{3}$ *de* $\frac{3}{4}$; $\frac{2}{3}$ *de* $\frac{3}{4}$ *de* $\frac{5}{6}$, etc., sont des fractions de fractions. On les réduit à une seule fraction, en multipliant tous les numérateurs entre eux, et tous les dénominateurs entre eux : en sorte que la fraction $\frac{2}{3}$ *de* $\frac{3}{4}$ se réduit à $\frac{6}{12}$ ou $\frac{1}{2}$; la fraction $\frac{2}{3}$ *de* $\frac{3}{4}$ *de* $\frac{5}{6}$ se réduit à $\frac{30}{72}$ ou $\frac{5}{12}$.

En effet, il est facile de voir que prendre les $\frac{2}{3}$ de $\frac{3}{4}$ n'est autre chose que multiplier $\frac{3}{4}$ par $\frac{2}{3}$, puisque c'est prendre $\frac{2}{3}$ de fois la fraction $\frac{3}{4}$. Pareillement prendre les $\frac{2}{3}$ *des* $\frac{3}{4}$ de $\frac{5}{6}$, revient à prendre les $\frac{6}{12}$ de $\frac{5}{6}$, puisque $\frac{2}{3}$ de $\frac{3}{4}$ reviennent à $\frac{6}{12}$, et ce qu'on vient de dire fait connaître que les $\frac{6}{12}$ de $\frac{5}{6}$ reviennent à $\frac{30}{72}$ ou $\frac{5}{12}$.

Si l'on demandait les $\frac{3}{4}$ *de* $5\frac{3}{8}$, on convertirait l'entier 5 en huitièmes, et la question serait réduite à évaluer la fraction de fraction $\frac{3}{4}$ *de* $\frac{43}{8}$ qu'on trouverait être $\frac{129}{32}$ ou $4\frac{1}{32}$.

Ajoutons à tous ce que nous avons dit sur les fractions, un exemple qui renferme plusieurs des règles que nous avons établies.

Supposons qu'on veut construire un vaisseau de 140 pieds $\frac{2}{3}$ de longueur, que les distances entre les sabords, en y comprenant l'espace entre le premier sabord et la rablure de l'étrave, et l'espace entre le dernier sabord et la rablure de l'étambot, fassent $108\frac{3}{4}$ pieds : on demande si l'on peut percer 12 sabords à la première batterie de chaque bord.

De 140 pieds $\frac{2}{3}$ je retranche $108\frac{3}{4}$ (103 *et suiv.*); il me reste $31\frac{11}{12}$ pour les sabords; je divise $31\frac{11}{12}$ par 12, c'est-à-dire $\frac{383}{12}$ par $\frac{12}{1}$ (86) et (110), j'ai pour quotient $\frac{383}{144}$ de pied, qui valent 2 pieds et $\frac{95}{144}$, fraction qui, évaluée en pouces et lignes, vaut 7 pouces 11 lignes; ainsi il faudrait donner à chaque sabord 2 pieds 7 pouces 1 1 ligues, c'est-à-dire 2 pieds 8 pouces à peu près ; ce qui est une mesure convenable pour un vaisseau de 140 pieds $\frac{2}{3}$.

115. Lorsqu'une fraction exprimée par des nombres un peu considérables, n'est pas réductible par la méthode donnée (95), et qu'on peut se contenter d'en avoir une valeur approchée, on peut y parvenir par la méthode suivante qui donne alternativement des fractions plus grandes et plus petites que la proposée, mais toujours de plus en plus approchées, en sorte qu'à la dernière opération on retombe sur la fraction proposée. Prenons, par exemple, la fraction $\frac{100000}{314159}$, qui, comme on le verra en Géométrie, exprime le rapport très approché du diamètre à la circonférence ; et proposons-nous d'exprimer cette fraction par d'autres fractions, moins exactes à la vérité, mais exprimées par des nombres plus simples.

Divisez le numérateur et le dénominateur par le numérateur ; vous aurez $\dfrac{1}{3\frac{14159}{100000}}$. Pour avoir une première valeur approchée, négligez la fraction qui accompagne 3, et vous aurez $\frac{1}{3}$ pour première valeur approchée, mais un peu trop forte.

Pour avoir une valeur plus approchée, divisez le numérateur et le dénominateur de la fraction qui accompagne 3, chacun par le numérateur de cette fraction, et vous aurez $\dfrac{1}{3\frac{1}{7\frac{887}{14159}}}$; négligez la fraction qui accompagne 7, et vous aurez $\dfrac{1}{3\frac{1}{7}}$, ou (86) $\frac{1}{22}$, ou (109) $\frac{7}{22}$ pour seconde valeur, qui est plus approchée que la première, mais un peu trop faible.

Pour avoir une valeur encore plus approchée, divisez le numérateur et le dénominateur de la fraction qui accompagne 7, chacun par le numérateur de cette fraction, vous aurez $\dfrac{1}{3\frac{1}{7\frac{1}{15\frac{854}{887}}}}$; supprimez la fraction qui accompagne 15, et vous aurez $\dfrac{1}{3\frac{1}{7\frac{1}{15}}}$ qui revient à $\frac{106}{333}$, valeur plus approchée, mais un peu trop forte.

Pour avoir une valeur encore plus approchée, divisez les deux termes de la fraction qui accompagne 15 chacun par le numérateur 854, et vous aurez

$$\cfrac{1}{3\cfrac{1}{7\cfrac{1}{15\cfrac{1}{1\cfrac{33}{854}}}}}$$, négligeant la fraction $\frac{33}{854}$, vous aurez pour valeur plus approchée

$\frac{113}{355}$, mais qui est un peu trop faible. On voit, à présent, comment on peut continuer.

Des Nombres complexes.

116. Quoique les règles que nous avons exposées jusqu'ici puissent servir aussi à calculer les nombres complexes, nous croyons cependant devoir considérer ceux-ci d'une manière plus particulière, parce que la division qu'on y fait de l'unité principale, en facilite souvent le calcul.

Il y a plusieurs sortes de nombres complexes, et les règles pour les calculer tiennent beaucoup à la division qu'on a faite de l'unité : cependant il n'est pas nécessaire d'examiner toutes ces espèces, pour être en état de les calculer ; mais il importe de savoir quels rapports leurs différentes parties ont tant entre elles, qu'à l'égard de l'unité principale ; c'est par cette raison que nous donnons ici une table des nombres complexes dont l'usage est le plus fréquent.

Table des unités de quelques espèces, et caractères par lesquels on représente ces différentes unités.

POUR LES MONNAIES.

# signifie................. livre.	1 livre vaut............... 20 sous.
f .... sou.	1 sou vaut............... 12 den.

POUR LES POIDS.

℔ signifie................. livre.	1 livre (poids) vaut..... 2 marcs.
M........................... marc.	1 marc............... 8 onces.
O........................... once.	1 once............... 8 gros.
G........................... gros.	1 gros..... 3 deniers ou scrupules.
D........... denier ou scrupule.	1 denier............... 24 grains.
g........................... grain.	

POUR L'ÉTENDUE DES LIGNES.

T signifie................ toise.	1 toise vaut.......... 6 pieds.
P................... pied.	1 pied............. 12 pouces.
p................... pouce.	1 pouce........... 12 lignes.
l................... ligne.	1 ligne .... 12 points.
pt................... point.	

POUR LE TEMPS.

J signifie........ jour.	1 jour vaut........ 24 heures.
H........... heure.	1 heure........ 60 minutes.
'........... minute.	1 minute......... 60 secondes.
"........... seconde.	1 seconde........ 60 tierces.

Nous donnerons en Géométrie les divisions des mesures relatives aux superficies et aux capacités des corps.

Addition des Nombres complexes.

117. Pour faire cette opération, on écrit tous les nombres proposés les uns au-dessous des autres, de manière que toutes les parties d'une même espèce se trouvent chacune dans une même colonne verticale ; et après avoir souligné le tout, on commence l'addition par les parties de l'espèce la plus petite ; si leur somme ne compose pas une unité de l'espèce immédiatement supérieure, on l'écrit sous les unités de son espèce ; si elle renferme assez de parties pour composer une ou plusieurs unités de l'espèce immédiatement supérieure, on n'écrit au-dessous de cette colonne, que l'excédant d'un nombre juste d'unités de cette seconde espèce, et l'on retient celles-ci pour les ajouter avec leurs semblables, sur lesquelles on procède de la même manière.

EXEMPLE.

On propose d'ajouter...	227^{tt}	14^s	8^d
	2549	18	5
	184	11	11
	17	10	7
	2979^{tt}	15^s	7^d somme.

La somme des deniers est 31, qui renferme deux douzaines de deniers, ou 2 sous et 7 deniers ; je pose les 7 deniers, et je retiens 2 sous que j'ajoute avec les unités de sous, ce qui donne 15 sous, dont je pose seulement le chiffre 5, et je retiens la dixaine pour l'ajouter aux dixaines ; ce qui me donne 5 ; et comme il faut deux dixaines de sous pour faire une livre, je prends la moitié de 5 qui est 2, avec 1 pour reste ; je pose ce reste, et je porte les 2 livres à la colonne des livres que j'ajoute comme à l'ordinaire.

EXEMPLE II.

On propose d'ajouter... 54^T	2^P	3p	9^l
15	5	4	11
9	4	11	11
5	2	9	10
85^T	3^P	6p	5l.

La somme des lignes monte à 41, qui font 3 pouces 5 lignes, je pose 5 lignes et je retiens les 3 pouces que j'ajoute avec les pouces ; le tout me donne 30, qui valent 2 pieds 6 pouces ; je pose les 6 pouces, et je retiens les deux pieds qui, ajoutés avec les pieds, me donnent 15 pieds qui valent 2^T 3^P ; je pose les 3^P, et j'ajoute les deux toises avec les toises : le tout monte à 85, en sorte que la somme est 85^T 3^P 6^p 5^l.

Soustraction des Nombres complexes.

118. Écrivez les nombres proposés comme dans l'addition, et commencez la soustraction par les unités de l'espèce la plus basse. Si le nombre inférieur peut être retranché du nombre supérieur, écrivez le reste au-dessous. S'il ne peut être retranché, empruntez sur l'espèce immédiatement supérieure, une unité que vous réduirez à l'espèce dont il s'agit, et que vous ajouterez au nombre dont vous ne pouvez retrancher. Faites la même chose pour chaque espèce, et lorsque vous aurez été obligé d'emprunter, diminuez d'une unité le nombre sur lequel vous avez fait cet emprunt. Enfin, écrivez chaque reste, à mesure que vous le trouverez, au-dessous du nombre qui l'a donné.

EXEMPLE I.

De........................	143^{tt}	17^s	6^a
on veut ôter...............	75	12	9
reste........	68^{tt}	4^s	9^a.

Ne pouvant ôter 9^a de 6^a, j'emprunte 1^s, qui vaut 12^a, et

5..

6 font 18, desquels ôtant 9, il reste 9; j'ôte ensuite 12^f, non pas de 17^f, mais de 16 qui restent après l'emprunt, et il reste 5; enfin je retranche 75 liv. de 143 liv., et il me reste 68 liv.

EXEMPLE II.

De......................	163^{tt}	0^f	5^ð
on veut ôter................	84^{tt}	8^f	9^ð
reste........	78^{tt}	11^f	8^ð.

Comme je ne puis pas ôter 9^ð de 5^ð, et que d'ailleurs il n'y a pas de sous sur lesquels je puisse emprunter, j'emprunte 1 liv. sur 163 liv.; mais j'en laisse, par la pensée, 19 sous à la place du zéro, après quoi j'opère comme ci-dessus.

Multiplication des Nombres complexes.

119. On peut réduire généralement la multiplication des nombres complexes, à la multiplication d'une fraction par une fraction, multiplication dont nous avons donné la règle (106). Par exemple, si l'on demande ce que doivent coûter 54^T 3^P d'ouvrage, à raison de 42 liv. 17 sous 8 den. la toise; on peut réduire le multiplicande 42 liv. 17 sous 8 den. tout en deniers (57), ce qui donnera 10292 deniers, et comme le denier est la 240e partie de la livre, le multiplicande peut être représenté par $\frac{10292}{240}$ de la livre; pareillement on réduira le multiplicateur 54^T 3^P tout en pieds, ce qui donnera 327^P, et comme le pied est la sixième partie de la toise, on aura pour multiplicateur $\frac{327}{6}$ de toise; en sorte que la question est réduite à multiplier $\frac{10292}{240}$ par $\frac{327}{6}$, ce qui (106) donnera $\frac{3365484}{1440}$ de livre, qui (112) valent 2337 liv. 2 sous 10 den.

Cette méthode s'étend à toute espèce de nombres complexes, mais elle exige plus de calcul que celle que nous allons exposer, c'est pourquoi nous ne nous y arrêterons pas davantage.

120. Un nombre qui est contenu exactement dans un autre, est dit partie *aliquote* de cet autre : ainsi 3 est partie aliquote de 12, il en est de même de 2, de 4 et de 6.

Rappelons-nous que multiplier n'est autre chose que prendre le multiplicande un certain nombre de fois ; multiplier par $8\frac{3}{4}$, par exemple, c'est prendre le multiplicande 8 fois, et le prendre encore $\frac{3}{4}$ de fois, ou en prendre les $\frac{3}{4}$. Or, on peut prendre ces $\frac{3}{4}$ ou en prenant d'abord le quart, et l'écrivant 3 fois, ou bien en prenant d'abord la moitié, et ensuite la moitié de cette moitié : ainsi, pour multiplier 84 par $8\frac{3}{4}$,

j'écrirais, ... 84

$$8\frac{3}{4}$$

$$\overline{672}$$
$$42$$
$$21$$
$$\overline{735 \text{ produit.}}$$

En multipliant 84 par 8, j'aurais d'abord 672. Ensuite pour prendre les $\frac{3}{4}$ de 84, je prendrais d'abord la moitié qui est 42 ; puis, pour prendre pour le quart restant, je prendrais la moitié de 42 qui est 21, et, réunissant ces trois produits particuliers, j'aurais 735 pour le produit total.

121. Pour appliquer ceci aux nombres complexes, il faut remarquer que les différentes espèces d'unités au-dessous de l'unité principale, sont des fractions les unes à l'égard des autres, et à l'égard de cette unité principale ; que par conséquent, pour multiplier facilement par ces sortes de nombres, il faut faire en sorte de les décomposer en parties aliquotes de l'unité principale, de manière que ces parties aliquotes puissent être employées commodément, ou de les décomposer en parties aliquotes les unes des autres ; et si cette décomposition ne fournit que des parties aliquotes qui ne soient pas commodes dans le calcul, on y suppléera par de faux produits ; c'est ce que nous allons développer dans les exemples suivans.

EXEMPLE I.

On demande combien doivent coûter $54^T 2^P$, à raison de 72 liv. la toise.

Il faut multiplier............ $72^\#$

par....................... 54^T 3^P

     $288^\#$ 0^S 0^λ

     3600

     36

     $3924^\#$ 0^S 0^λ.

On multipliera d'abord, selon les règles ordinaires, 72 liv. par 54. Ensuite pour multiplier par 3^P, qui sont la moitié de la toise, et qui par conséquent ne doivent donner que la moitié du prix de la toise, on prendra la moitié de 72 liv., et additionnant, on aura 3924 liv. pour produit total.

EXEMPLE II.

Si l'on avait....., ... $72^\#$

à multiplier par............. 54^T 5^P

     $288^\#$ 0^S 0^λ

     3600

     36

     24

     $3948^\#$ 0^S 0^λ

On multipliera d'abord 72 liv. par 54. Ensuite au lieu de multiplier par $\frac{5}{6}$, parce que 5 pieds font les $\frac{5}{6}$ de la toise, on décomposera 5^P, en 3^P et 2^P, dont le premier est la moitié, et le second le $\frac{1}{3}$ de la toise; on prendra donc d'abord la moitié de 72 liv., et ensuite le $\frac{1}{3}$ de 72 liv., et l'on aura, en réunissant tous ces produits particuliers, 3948 liv. pour produit total.

EXEMPLE III.

| Que l'on ait............ | 72# | | |
à multiplier par...........	5T	4P	8p
	360#	0s	0a
	36		
	12		
	4		
	4		
	416#	0s	0a

Après avoir multiplié par 5T, on multipliera par 4P, et pour cet effet, on décomposera ce nombre en 3P et 1P; pour 3P on prendra la moitié de 72 livres, qui est 36 liv.; et pour 1 pied, on remarquera que c'est le $\frac{1}{3}$ de 3 pieds, et par conséquent on prendra le $\frac{1}{3}$ de 36 liv., qui est de 12 liv. Ensuite, pour multiplier par 8 pouces, au lieu de comparer ces 8 pouces à la toise, on les comparera au pied, et on les décomposera en 4 pouces et 4 pouces qui sont chacun le $\frac{1}{3}$ du pied, et qui par conséquent donneront chacun le $\frac{1}{3}$ de 12 liv. Enfin réunissant, on aura 416 liv. 0 sou 0 den. pour produit.

122. Si le multiplicande est aussi un nombre complexe, on se conduira comme il va être expliqué dans l'exemple suivant.

EXEMPLE IV.

| Si l'on a............ | 72# | 6s | 6a | |
à multiplier par...........	27T	4P	8p	
	504#	0s	0a	
	1440			
	6	15	0	
	1	7	0	
	0	13	6	
	36	3	3	
	12	1	1	
	4	0	4	$\frac{1}{3}$
	4	0	4	$\frac{1}{3}$
	2009#	0s	6a	$\frac{2}{3}$

On multipliera d'abord 72 liv. par 27. Ensuite pour multiplier 6 sous par 27, on décomposera ces 6 sous en 5 sous et 1 sou. Les 5 sous faisant le quart de la livre, doivent, étant multipliés par 27 donner 27 fois le quart de la livre ou le quart de 27 liv.; on prendra donc le quart de 27 liv. qui est 6 liv. 15 sous. Pour multiplier 1 sou par 27, on remarquera qu'un sou est la cinquième partie de 5 qu'on vient de multiplier; ainsi on prendra le cinquième des 6 liv. 15 sous, qui sera 1 liv. 7 sous.

A l'égard des 6 deniers, on fera attention qu'ils sont la moitié d'un sou, et par conséquent on prendra la moitié de 1 liv. 7 sous qu'on a eue pour 1 sou.

Jusque-là tout le multiplicande est multiplié par 27.

Pour multiplier par 4 pieds, on s'y prendra de la même manière que dans l'exemple précédent, c'est-à-dire, que pour les 4^P on prendra d'abord pour 3^P la moitié de 36 liv. 3 sous 3 den. du multiplicande, et pour 1^P le tiers de ce que donnent les 3^P.

Enfin, pour 8^P on prendra 2 fois pour 4, c'est-à-dire, qu'on écrira 2 fois le tiers de ce qu'on vient d'avoir pour 1^P : en réunissant toutes ces différentes parties, on aura 2009 liv. 0 sou 6 d. $\frac{2}{3}$ pour produit total.

123. Jusqu'ici les parties du multiplicande qu'il a fallu prendre ont été assez faciles à évaluer; mais dans le cas où ces parties seraient plus composées, on se conduirait comme dans l'exemple suivant.

EXEMPLE IV.

A raison de . . . . $34^{\#}$ 10^{r} 2^{λ} la toise
combien doivent coûter . . . . 17^{T}

238$^{\#}$	0^{r}	0$^{\lambda}$
340		
8	10	
0	17	
0	2	10
586$^{\#}$	12^{r}	10$^{\lambda}$

Après avoir multiplié 34 liv. par 17, et ensuite les 10 sous par 17 en prenant la moitié de 17, on multipliera 2 deniers qui sont la sixième partie d'un sou, et par conséquent la sixième partie de la dixième partie ou (114) la 60ᵉ partie de 10 sous ; mais au lieu de prendre la 60ᵉ partie de 8 liv. 10 sous, il sera plus commode de faire un faux produit, et de prendre d'abord le dixième de ce qu'ont donné 10 sous, c'est-à-dire, le dixième de 8 liv. 10 sous ; ce dixième qui est o liv. 17 sous, est pour 1 sou ; mais comme il ne faut que pour le sixième d'un sou, on barrera ce faux produit, et on écrira le sixième au-dessous.

EXEMPLE VI.

Combien pour 34 liv. 10 sous 2 den. fera-t-on faire d'ouvrage à raison de 1 liv. pour 17 toises ?

Il faut multiplier 17 toises par 34 liv. 10 sous 2 den., c'est-à-dire, prendre 17 toises autant de fois que la livre est contenue dans 24 liv. 10 sous 2 den.

17^T					
34^{tt}	10^s	2^d			
68^T	0^P	0^P	0^l	0^{pts}	
510					
8	3				
$\emptyset$	$\emptyset$	x	z	4	$\frac{4}{8}$
o	o	10	2	4	$\frac{4}{5}$
586^T	3^P	10^P	2^l	4^{pts}	$\frac{4}{5}$

Ainsi on multipliera d'abord 17 toises par 34 ; ensuite, pour multiplier 17 toises par 10 sous, on prendra la moitié de 17 toises, parce que 10 sont la moitié de la livre, et l'on aura 8 toises 3 pieds. Pour multiplier par 2 deniers, on cherchera, pour plus de facilité, ce que donnerait 1 sou, en prenant le dixième de ce qu'ont donné 10 sous ; ce dixième est o toise

5 pieds 1 pouce 2 lignes 4 points et $\frac{8}{10}$ ou $\frac{4}{5}$ de point; on le barrera, comme ne devant pas faire partie du produit; mais on en prendra le sixième pour avoir le produit de 2 deniers, et on écrira au-dessous ce sixième qui est 0 toise, 0 pied 10 pouces.

2 lignes 4 points et $\frac{24}{30}$ ou $\frac{4}{5}$.

Nous avons donné cet exemple, principalement pour confirmer ce que nous avons dit (45), qu'il importait de distinguer le multiplicande du multiplicateur, lorsqu'ils sont tous les deux concrets. En effet, dans l'exemple précédent, ainsi que dans celui-ci, les facteurs du produit sont également 17 toises et 34 livres 10 sous 2 deniers; cependant les deux produits sont différens.

Division d'un Nombre complexe par un Nombre incomplexe.

124. Si le dividende seul est complexe, et si en même temps le dividende et le diviseur ont des unités de différente espèce, on divisera d'abord les unités principales du dividende, selon la règle ordinaire; ce qui restera de cette division, on le réduira (57) en unités de la seconde espèce, qu'on ajoutera avec celles de même espèce qui se trouveront dans le dividende, et on divisera le tout comme à l'ordinaire : on réduira pareillement le reste de cette division en unités de la troisième espèce, auxquelles on ajoutera celles de la même espèce qui se trouveront dans le dividende, et on divisera le tout comme ci-dessus; on continuera de réduire les restes en unités de l'espèce suivante, tant qu'il s'en trouvera d'inférieures dans le dividende.

EXEMPLE.

On a donné 4783 livres 3 sous 9 deniers pour paiement de 87 toises d'ouvrage; on demande à combien cela revient la toise?

$$
\begin{array}{ll}
4783^{tt}\ 3^s\ 9^d\ & |\ 87 \\
433\ & |\ \overline{54^{tt}\ 19^s\ 7^d} \\
85\ & \\
\hline
1703\ & \\
833\ & \\
50\ & \\
\hline
609^d\ & \\
000\ &
\end{array}
$$

Il faut diviser 4783 livres 3 sous 9 deniers par 87, en commençant par les livres.

Les 4783 livres divisées par 87, selon la règle ordinaire, donneront 54 livres pour quotient, et 85 livres pour reste : ces 85 livres réduites en sous (57), donneront avec les 3 sous du dividende 1703 sous, qui, divisés par 87, donneront 19 sous pour quotient, et 50 sous pour reste : ces 50 sous réduits en deniers, donnent, avec les 9 deniers du dividende, 609 deniers, lesquels divisés par 87, donnent enfin 7 deniers pour quotient.

125. Mais si le dividende et le diviseur ont des unités de même espèce, il faut, avant de faire la division, examiner si le quotient doit être ou ne pas être de même espèce qu'eux, ce que l'état de la question décide toujours.

126. Dans le cas où le dividende ou le diviseur étant de même espèce, le quotient deva aussi être de même espèce qu'eux, la division se fera précisément comme dans le cas précédent; par exemple, si l'on proposait cette question : 1243 liv. ont produit un bénéfice de 7254 livres, à combien cela revient-il par livre? Il est évident que le quotient doit avoir des unités de même espèce que le dividende et le diviseur, c'est-à-dire, doit être des livres, et qu'on doit diviser 7254 livres par 1243, en réduisant, comme dans l'exemple précédent, le reste de cette division en sous, et le second reste en deniers; et on trouvera 5 livres 16 sous 8 deniers $\frac{760}{1243}$ pour réponse à la question.

127. Mais lorsque le dividende et le diviseur étant de

même espèce, le quotient devra être d'espèce différente, alors il faudra commencer par réduire (57) le dividende et le diviseur chacun à la plus petite espèce qui soit dans le dividende ; après quoi on fera la division comme dans le cas précédent, et on y traitera les unités du dividende, comme si elles étaient de même espèce que celles que doit avoir le quotient : par exemple, si l'on proposait cette question ; combien pour 7954 livres 11 sous 8 deniers fera-t-on faire d'ouvrage, à raison de 72 liv. la toise ? Il est clair, par la nature de la question, que le quotient doit être des toises et parties de toise. On réduira donc 7954 livres 11 sous 8 deniers tout en deniers, ce qui donnera 1909099 ; on réduira pareillement 72 livres en deniers, et on aura 17280 ; on divisera 1909099 considérés comme des toises, par 17280, et on aura pour quotient 110 toises 2 pieds 10 pouces 6 lignes $\frac{19}{20}$.

Division d'un Nombre complexe par un Nombre complexe.

128. Lorsque le diviseur est aussi un nombre complexe, il faut le réduire à sa plus petite espèce (57), multiplier le dividende par le nombre qui exprime combien il faut de parties de la plus petite espèce du diviseur pour composer l'unité principale de ce même diviseur ; alors la division sera réduite au cas précédent où le diviseur était incomplexe.

EXEMPLE.

57 toises 5 pieds 5 pouces d'ouvrage ont été payés 854 livres 17 sous 11 deniers ; on demande à combien cela revient la toise ? il faut diviser 854 livres 17 sous 11 deniers par 57 toises 5 pieds 5 pouces, et pour cet effet je réduis les 57 toises 5 pieds 5 pouces en pouces, ce qui me donne 4169 pour nouveau diviseur ; et comme il faut 72 pouces pour faire la toise, qui est l'unité principale du diviseur, je multiplie le dividende proposé 854 livres 17 sous 11 deniers par 72 (121), ce qui me donne

6₁552 livres 10 sous pour nouveau dividende, en sorte que je divise comme il suit :

$$
\begin{array}{c|l}
61552^{\text{lt}}\ 10^{\text{s}} & 4169 \\
19862 & \\
3186 & 14^{\text{lt}}\ 15^{\text{s}}\ 3^{\text{d}}\ \dfrac{1833}{4169} \\
\hline
63730^{\text{s}} & \\
22040 & \\
1195 & \\
\hline
14340 & \\
1833 &
\end{array}
$$

Les 61552 livres divisées par 4169 donnent 14 livres pour quotient, et 3186 pour reste. Ces 3186 livres réduites en sous, donnent avec les 10 sous du dividende, 63740 sous, qui divisés par 4169, donnent 15 sous pour quotient, et 1195 sous de reste. Ces 1195 sous réduits en deniers valent 14340 deniers, lesquels, divisés par 4169, donnent 3 deniers pour quotient, et 1833 deniers pour reste : en sorte que le quotient est 14 livres 15 sous 3 deniers $\dfrac{1833}{4169}$ de dénier.

Pour entendre la raison de cette règle, il faut faire attention que les 57 toises 5 pieds 5 pouces valent 4169 pouces, et le pouce étant la soixante-douzième partie de la toise, le diviseur est $\dfrac{4169}{72}$ de la toise ; or, pour diviser par une fraction, il faut (109) renverser la fraction diviseur, et multiplier ensuite par cette fraction ainsi renversée ; il faut donc ici multiplier par $\dfrac{72}{4169}$; ce qui revient à multiplier d'abord par 72, et à diviser ensuite par 4169, ainsi que le prescrit la règle que nous donnons.

Comme la division par un nombre complexe se réduit, ainsi qu'on vient de le voir, à la division par un nombre incomplexe, on doit avoir les mêmes attentions à l'égard de la nature des unités que nous avons eues (126) et (127).

Ce serait ici le lieu de parler du toisé ou de la multiplication et de la division géométriques : ces opérations ne diffèrent en rien, pour le procédé, de celles que nous venons d'exposer ;

en sorte qu'il n'y aurait ici d'autre chose à ajouter, que d'expliquer quelle est la nature des unités des facteurs et du produit;
mais cela appartient à la Géométrie. Nous remettrons donc à
en parler jusqu'à ce que nous soyons arrivés à la Géométrie.

De la formation des Nombres carrés et de l'extrac-traction de leurs racines.

129. On appelle *carré* d'un nombre, le produit qui résulte
de la multiplication de ce nombre par lui-même; ainsi 25 est
le carré de 5, parce que 25 résulte de la multiplication de 25
par 5.

130. La *racine carrée* d'un nombre proposé, est le nombre
qui, multiplié par lui-même, reproduirait ce même nombre
proposé : ainsi 5 est la racine carrée de 25; 7 est la racine
carrée de 49.

131. Un nombre que l'on carre est donc tout-à-la-fois multiplicande et multiplicateur; il est donc deux fois facteur (42)
du produit; c'est pour cela qu'on appelle aussi ce produit ou
carré la *seconde puissance* de ce nombre.

Il ne faut d'autre art pour carrer un nombre, que de le multiplier par lui-même selon les règles ordinaires de la multiplication; mais pour extraire la racine carrée d'un nombre, c'est-
à-dire, pour revenir du carré à la racine, il faut une méthode,
du moins lorsque le nombre ou carré proposé a plus de deux
chiffres.

Lorsque le nombre proposé n'a qu'un ou deux chiffres, sa
racine, en nombre entier, est quelqu'un des nombres........

1, 2, 3, 4, 5, 6, 7, 8, 9,

dont les carrés sont

1, 4, 9, 16, 25, 36, 49, 64, 81.

Ainsi la racine carrée de 72, par exemple, est 8 en nombre
entier, parce que 72 étant entre 64 et 81, sa racine est entre les
racines de ceux-ci, c'est-à-dire entre 8 et 9, et elle est 8 et
une fraction; fraction qu'à la vérité on ne peut pas assigner

exactement, mais dont on peut approcher continuellement, ainsi que nous le verrons dans peu.

132. La racine carrée d'un nombre qui n'est point un carré parfait s'appelle, un nombre *sourd* ou *irrationel* ou *incommensurable*.

133. Venons aux nombres qui ont plus de deux chiffres.

C'est en observant ce qui se passe dans la formation du carré, que nous trouverons la méthode qu'on doit suivre pour revenir à la racine.

Pour carrer un nombre tel que 54, par exemple :

$$
\begin{array}{r}
54 \\
54 \\
\hline
216 \\
270 \\
\hline
2916
\end{array}
$$

Après avoir écrit le multiplicande et le multiplicateur, comme on le voit ici, nous multiplions, comme à l'ordinaire, le 4 supérieur par le 4 inférieur, ce qui fait évidemment le *carré des unités*.

Nous multiplions ensuite le 5 supérieur par le 4 inférieur, ce qui fait le *produit des dixaines par les unités*.

Nous passons après cela, au second chiffre du multiplicateur, et nous multiplions le 4 supérieur par le 5 inférieur, ce qui fait le produit des unités par les dixaines, ou (44) *le produit des dixaines par les unités.*

Enfin nous multiplions le 5 supérieur par le 5 inférieur, ce qui fait *le carré des dixaines.*

Nous ajoutons ces produits, et nous avons pour carré le nombre 2916, que nous voyons donc être composé *du carré des dixaines, plus deux fois le carré des dixaines par les unités, plus le carré des unités* du nombre 54.

134. Ce que nous venons d'observer étant une conséquence immédiate des règles de la multiplication, n'est pas plus particulier au nombre 54 qu'à tout autre nombre composé de dixaines et d'unités ; en sorte qu'on peut dire généralement que

le carré de tout nombre composé de dixaines et d'unités, renfermera les trois parties que nous venons d'énoncer ; savoir : le carré des dixaines de ce nombre, deux fois le produit des dixaines par les unités, et le carré des unités.

135. Cela posé, comme le carré des dixaines est des centaines (puisque 10 fois 10 font 100), il est visible que ce carré des dixaines ne peut faire partie des deux derniers chiffres du carré total.

Pareillement le produit du double des dixaines multipliées par les unités, étant nécessairement des dixaines, ne peut faire partie du dernier chiffre du carré total.

136. Donc pour revenir du carré 2916 à sa racine, on peut raisonner ainsi :

EXEMPLE I.

$$\begin{array}{r} 2916 \ |\ 54\ \text{racine.} \\ 416 \\ 104 \\ \hline 000 \end{array}$$

Commençons par trouver les dixaines de cette racine : or, la formation du carré nous apprend qu'il y a dans 2916 le carré de ces dixaines, et que ce carré ne peut faire partie de ses deux derniers chiffres ; il est donc dans 29 ; et comme la racine carrée de 29 ne peut être plus de 5, concluons-en que le nombre des dixaines de la racine est 5, et portons-le à côté de 2916, comme on le voit ci-dessus.

Je carre 5, et je retranche le produit 25 de 29 ; il me reste 4, à côté duquel j'abaisse les deux autres chiffres 16 du nombre proposé 2916.

Pour trouver maintenant les unités de la racine, je fais attention à ce que renferme le reste 416 ; il ne contient plus que deux parties du carré, savoir : le double des dixaines de la racine, multipliées par les unités, et le carré des unités de cette même racine. De ces deux parties, la première suffit pour nous faire trouver les unités que nous cherchons ; car puisqu'elle est formée du double des dixaines multipliées par les unités, si on la divise par le double des dixaines que nous connaissons, elle doit (74) donner pour quotient les unités : il ne s'agit donc p lu que de savoir dans quelle partie de 416 est renfermé ce double des dixaines multipliées par les unités ; or, nous avons remarqué ci-dessus qu'il ne pouvait faire partie du dernier chiffre ; il est donc dans 41 ; il faut donc diviser 41 par le double 10 des dixaines trouvées ; j'écris donc sous 41 le double 10 des dixaines, et faisant la division, le quotient 4 que je trouve est le nombre des unités que je porte à la droite des 5 dixaines trouvées, en-sorte que la racine cherchée est 54.

Mais il faut observer que quoique le quotient 4 que nous venons de trouver soit en effet celui qui convient, cependant il peut arriver quelquefois que le quotient trouvé de cette ma-nière soit plus fort qu'il ne convient ; parce que 41 (c'est-à-dire la partie qui reste après la séparation du dernier chiffre), renferme non-seulement le double des dixaines multipliées par les unités, mais encore les dixaines provenant du carré des unités ; c'est pourquoi, pour n'avoir aucun doute sur le chiffre des unités, il faut employer la vérification suivante.

Après avoir trouvé le chiffre 4 des unités, et l'avoir écrit à la racine, je le porte à côté du double 10 des dixaines, ce qui fait 104, dont je multiplie successivement tous les chiffres par le même nombre 4, et je retranche les produits successifs des parties correspondantes de 416 ; comme il ne reste rien, j'en conclus que la racine est en effet 54.

S'il restait quelque chose, la racine n'en serait pas moins la vraie racine en nombres entiers ; à moins que ce reste ne fût plus grand que le double de la racine, augmenté de l'unité ; mais c'est ce qu'on n'a point à craindre, quand on prend le quotient toujours au plus fort.

La vérification que nous venons d'enseigner est fondée sur la formation même du carré ; car, quand on multiplie 104 par 4, il est évident qu'on forme le carré des unités et le double des dixaines multiplié par les unités, c'est-à-dire, ce qui complète le carré parfait.

137. De ce que nous venons de dire, il faut conclure que

Arith., Marine et Artillerie. T. I. 6

pour extraire la racine carrée d'un nombre qui n'a pas plus de quatre chiffres, ni moins de trois, il faut, après en avoir séparé deux sur la droite, chercher la racine carrée de la tranche qui reste à gauche ; cette racine sera le nombre des dixaines de la racine totale cherchée, et on l'écrira à côté du nombre proposé, en l'en séparant par un trait.

On soustraira de cette même tranche le carré de la racine qu'on vient de trouver ; et après avoir écrit le reste au-dessous de cette tranche, on abaissera à côté de ce reste les deux chiffres qu'on avait séparés.

On séparera par un point le chiffre des unités de la tranche qu'on vient d'abaisser, et l'on divisera ce qui se trouve sur la gauche par le double des dixaines, qu'on écrira au-dessous.

On écrira le quotient à côté du premier chiffre de la racine, et on le portera ensuite à côté du double des dixaines qui a servi de diviseur.

Enfin on multipliera par ce même quotient tous les chiffres qui se trouvent sur cette dernière ligne, et on retranchera leurs produits, à mesure qu'on les trouvera, des chiffres qui leur correspondent dans la ligne au-dessus.

Achevons d'éclaircir ceci par un exemple.

EXEMPLE II.

On demande la racine carrée de 7569.

$$7\ 5.6\ 9\ |\ 87\ \text{racine.}$$
$$1\ 1\ 6.9$$
$$1\ 6\ 7$$
$$\overline{0\ 0\ 0}$$

Je sépare les deux chiffres 69, et je cherche la racine carrée de 75; elle est 8; j'écris 8 à côté; je carre 8 et je retranche de 75 le carré 64; il me reste 11 que j'écris au-dessous de 75, et j'abaisse à côté de ce même 11, les chiffres 69 que j'avais séparés.

Je sépare, dans 1169, le dernier chiffre 9, pour avoir dans 116 la partie que je dois diviser pour trouver les unités.

Je forme mon diviseur, en doublant les 8 dixaines que j'ai trouvées, et j'écris ce diviseur au-dessous de 116, la division me donne pour quotient 7 que j'écris à la racine à la droite de 8.

Je porte aussi ce quotient à côté du diviseur 16; je multiplie 167 qui forme la dernière ligne, par ce même quotient 7, et je retranche les produits à mesure que je les trouve, de 1169 : il ne reste rien, ce qui prouve que 7569 est un carré parfait et le carré de 87.

138. Il faut bien remarquer qu'on ne doit diviser par le double des dixaines, que la seule partie qui reste à gauche, après qu'on a séparé le dernier chiffre ; en sorte que si elle ne contenait pas le double des dixaines, il ne faudrait pas pour cela employer le chiffre séparé ; on mettrait 0 à la racine. Si au contraire on trouvait que le double des dixaines y est plus de 9 fois, on ne mettrait cependant pas plus de 9 ; la raison en est la même que pour la division (66).

139. Après avoir bien compris ce que nous venons de dire sur la racine carrée des nombres qui n'ont pas plus de 4 chiffres, on saisira facilement ce qu'il convient de faire lorsque le nombre des chiffres est plus grand. De quelque nombre de chiffres que la racine doive être composée, on peut toujours la concevoir composée de deux parties, dont l'une soit des dixaines et l'autre des unités ; par exemple, 874 peut être considéré comme représentant 87 dixaines et 4 unités.

Cela posé, quand on a trouvé les deux premiers chiffres de la racine, par la méthode qu'on vient d'exposer, on peut aussi trouver le troisième par la même méthode, en considérant ces deux premiers chiffres comme ne faisant qu'un seul nombre de dixaines, et leur appliquant, pour trouver le troisième, tout ce qui a été dit du premier pour trouver le second.

Pareillement, quand on aura trouvé les trois premiers chiffres, s'il doit y en avoir un quatrième, on considérera les trois premiers comme ne faisant qu'un seul nombre de dixaines, auquel on appliquera, pour trouver le quatrième, le même raisonnement qu'on appliquait aux deux premiers pour trouver le troisième, et ainsi de suite.

Mais pour procéder avec ordre, il faut commencer par partager le nombre proposé en tranches, de deux chiffres chacune, en allant de droite à gauche ; la dernière pourra n'en contenir qu'un.

La raison de cette préparation est fondée sur ce que considérant la racine comme composée de dixaines et d'unités, il faut, suivant ce qui a été dit ci-dessus (135 *et suiv.*), commencer par séparer les deux derniers chiffres sur la droite, pour avoir, dans la partie qui reste à gauche, le carré des dixaines ; mais comme cette partie est elle-même composée de plus de deux chiffres, un raisonnement semblable conduit à en séparer encore deux sur la droite, et ainsi de suite.

Donnons un exemple de cette opération.

EXEMPLE III.

On demande la racine carrée de 76807696.

```
7 6.8 0.7 6.9 6 | 8764
1 2 8.0
  1 6 7
 _____
    1 1 1 7.6
    1 7 4 6
 _____
      7 0 0 9.6
      1 7 5 2 4
 _____
        0 0 0 0 0
```

Après avoir partagé le nombre proposé en tranches de deux chiffres chacune, en allant de droite à gauche, je cherche quelle est la racine carrée de la tranche 76 qui est le plus à gauche, je trouve qu'elle est 8, et j'écris 8 à côté du nombre proposé ; je carre 8, et je retranche le carré 64 de 76 ; j'ai pour reste 12 que j'écris au-dessous de 76 ; à côté de ce reste j'abaisse la tranche 80 dont je sépare le dernier chiffre par un point ; et au-dessous de la partie 128, j'écris 16, double de la racine trouvée ; puis disant, en 128 combien de fois 16 ? je trouve qu'il y est 7 fois ; j'écris 7 à la suite de la racine 8, et à côté du double 16 ; je multiplie 167 par ce même nombre 7, et je retranche de 1280 le produit de cette multiplication ; il me reste 111, à côté duquel j'abaisse la tranche 76, ce qui forme 11176 ; je sépare le dernier chiffre 6 de ce nombre, et sous la partie 1117 qui reste à gauche, j'écris 174, double de la racine 87 ; je divise 1117 par 174, et ayant trouvé 6 pour quotient, j'écris 6 à la racine et à côté du double 174 ; je multiplie 1746 par ce même nombre 6, et je retranche 10476 de 11176, il reste 700 ; à côté de ce reste j'abaisse 96 dont je sépare le dernier chiffre ; au-dessous de 7009, qui reste à gauche, j'écris 1752, double de la racine trouvée 876 ; et divisant 7009 par 1752, je trouve pour quotient 4 que j'écris à la racine et à côté du double 1752. Je multiplie 17524 par ce même nombre 4, et je retranche de 70096, il ne reste rien ; ainsi la racine carrée de 76807696 est exactement 8764.

140. Lorsque le nombre proposé n'est point un carré parfait, il y a un reste à la fin de l'opération, et la racine carrée qu'on a trouvée est la racine carrée du plus grand carré contenu dans le nombre proposé : alors il n'est pas possible d'extraire la racine carrée exactement ; mais on peut en approcher si près qu'on le juge à propos, c'est-à-dire, de manière que l'erreur qui en résulterait dans le carré, soit au-dessous de telle quantité qu'on voudra.

Cette approximation se fait commodément par le moyen des décimales. Il faut concevoir à la suite du nombre proposé, deux fois autant de zéros qu'on voudra avoir de décimales à la racine, faire l'opération comme à l'ordinaire, et séparer ensuite par une virgule, sur la droite de la racine, moitié autant de décimales qu'on a mis de zéros à la suite du nombre proposé. En effet, (54) le produit de la multiplication devant avoir autant de décimales qu'il y en a dans les deux facteurs ensemble, le carré (dont les deux facteurs sont égaux) doit donc en avoir le double de ce qu'a l'un des facteurs ; c'est-à-dire, le double de ce que doit avoir la racine.

EXEMPLE IV.

On demande la racine carrée de 87567 à moins d'un millième près.

Pour faire des millièmes, il faut trois décimales; il faut donc mettre six zéros au carré de 87567; ainsi il faut tirer la racine carrée de 87567000000.

```
8.7 5.6 7.0 0.0 0.0 0 | 295917
4.7.5
  4 9
  3 4 6.7
  5 8 5
    5 4 2 0.0
    5 9 0 9
      1 0 1 9 0.0
      5 9 1 8 1
        4 2 7 1 9 0.0
        5 9 1 8 2 7
          1 2 9 1 1 1
```

En faisant l'opération comme dans les exemples précédens, on trouve pour racine carrée, à moins d'une unité près, le nombre 295917; cette racine est celle de 87567000000; mais comme il s'agit de celle de 87567 ou de 87567,000000; je sépare moitié autant de décimales dans la racine, que j'ai mis de zéros au carré; ce qui me donne 295,917 pour la racine carrée de 87567, à moins d'un millième près.

Pareillement, si l'on demande la racine carrée de 2 à moins d'un dix-millième près, on tirera la racine carrée de 200000000 qu'on trouvera être 14142; séparant les quatre chiffres de la droite par une virgule, on aura 1,4142 pour la racine carrée de 2, approchée à moins d'un dix-millième près.

141. On a vu (106) que pour multiplier une fraction par une fraction, il fallait multiplier numérateur par numérateur, et dénominateur par dénominateur; par conséquent pour carrer une fraction, il faut carrer le numérateur et le dénominateur; ainsi le carré de $\frac{2}{3}$ est $\frac{4}{9}$, celui de $\frac{4}{5}$ est $\frac{16}{25}$.

142. Donc réciproquement, pour tirer la racine carrée d'une fraction, il faut tirer la racine carrée du numérateur et celle du dénominateur ; ainsi la racine carrée de $\frac{9}{16}$, est $\frac{3}{4}$, parce que celle de 9 est 3, et celle de 16 est 4.

143. Mais il peut arriver que le numérateur ou le dénominateur, ou tous les deux, ne soient point des carrés parfaits ; s'il n'y a que le numérateur qui ne soit point un carré, on en tirera la racine approchée par la méthode qu'on vient d'exposer, et ayant tiré la racine du dénominateur, on la donnera pour dénominateur à la racine du numérateur ; ainsi si l'on demande la racine de $\frac{2}{9}$, on tirera la racine approchée du numérateur 2 qu'on trouvera 1,4 ou 1,41 ou 1,414 ou 1,4142, etc., selon qu'on voudra en approcher plus ou moins ; et comme la racine carrée de 9 est 3, on aura pour racine approchée de $\frac{2}{9}$, la quantité $\frac{1,4}{3}$ ou $\frac{1,41}{3}$ ou $\frac{1,414}{3}$ ou $\frac{1,4142}{3}$, etc.

Mais si le dénominateur n'est pas un carré, on multipliera les deux termes de la fraction par ce même dénominateur, ce qui ne changera rien à la valeur de la fraction, et rendra ce dénominateur carré ; alors on opérera comme dans le cas précédent. Par exemple, si l'on demande la racine carrée de $\frac{3}{5}$, on changera cette fraction en $\frac{15}{25}$; tirant la racine carrée de 15 jusqu'à 3 décimales, par exemple, on aura 3,872 ; et comme la racine carrée de 25 est 5, la racine carrée de $\frac{15}{25}$ sera $\frac{3,872}{5}$.

144. Pour ne pas avoir plusieurs sortes de fractions à la fois, on réduira le résultat $\frac{3,872}{5}$, uniquement en décimales, en divisant 3,872 par 5, ce qui donnera 0,774 pour la racine de $\frac{3}{5}$, exprimée purement en décimales (99).

145. Enfin si l'on avait des entiers joints à des fractions, on réduirait ces entiers en fractions (86), et on opérerait comme il vient d'être dit pour une fraction. Ainsi, pour tirer la racine carrée de $8\frac{3}{7}$, on changerait $8\frac{3}{7}$ en $\frac{59}{7}$, et celle-ci (143) en $\frac{413}{49}$, dont on trouverait que la racine approchée est $\frac{20,322}{7}$ ou $2,903$.

146. On peut aussi réduire en décimales la fraction qui accompagne l'entier; mais il faut observer d'y employer un nombre de décimales pair et double de celui qu'on veut avoir à la racine; parce que le produit de la multiplication de deux nombres qui ont des décimales, devant avoir autant de décimales qu'il y en a dans les deux facteurs (54), le carré d'un nombre qui a des décimales, doit en avoir deux fois autant que ce nombre. En appliquant cette méthode à $8\frac{3}{7}$, on le transforme en $8,428571$ (99) dont la racine est $2,903$, comme ci-dessus.

147. Si l'on avait à tirer la racine carrée d'une quantité décimale, il faudrait avoir soin de rendre le nombre des décimales pair, s'il ne l'est pas; ce qui se fera en mettant à la suite de ses décimales, 1, ou 3, ou 5, etc. zéros : cela n'en change pas la valeur (50). Ainsi, pour tirer la racine carrée de $21,935$ à moins d'un millième près, je tire la racine carrée de $21,935000$ qui est $4,683$; c'est aussi celle de $21,935$. On trouvera de même que celle de $0,542$ est à moins d'un millième près $0,736$, et que celle de $0,0054$ est à moins d'un millième près $0,073$.

148. Quand on a trouvé, par la méthode qui vient d'être exposée, les trois premiers chiffres de la racine, on peut en avoir plusieurs autres avec plus de facilité et de promptitude, par la division seule, en cette manière.

Prenons pour exemple 763703556823 : je commence par chercher les trois premiers chiffres de la racine, par la méthode ci-dessus : je trouve 873 pour cette racine, et 1574 pour reste : je mets à côté de ce reste les deux chiffres 55 qui suivent la partie 763703 qui a donné les trois premiers chiffres. (Je mettrais les trois chiffres suivans, si j'avais quatre chiffres de la racine; quatre sij'en avais cinq et ainsi de suite.) Je divise 157455 que j'ai alors, par le double 1746 de la racine ; je trouve pour quotient 90 ; ce sont deux nouveaux chiffres à mettre à la suite de la racine, qui par là devient 87390. Je carre cette racine, et je retranche son carré 7637012100 de la partie 7637035568 dont 87390 est la racine ; il me reste 23468.

Si je veux avoir de nouveaux chiffres à la racine, comme j'en ai déjà cinq, je puis, par la seule division, en trouver 4 ; je mettrai, pour cet effet, à la suite du reste 23468 les deux chiffres restans 23 du nombre proposé et deux zéros, et divisant 2346823oo par le double 174780 de la racine trouvée, j'aurai 1342 pour les quatre nouveaux chiffres que je dois joindre à la racine ; mais en partageant le nombre proposé, en tranches, de la manière qui a été dite ci-dessus, on voit que sa racine ne doit avoir que six chiffres pour les nombres entiers ; donc cette racine est 873901,342, à moins d'un millième près.

On peut, le plus souvent, pousser chaque division jusqu'à un chiffre de plus, c'est-à-dire, jusqu'à autant de chiffres qu'on en a déjà à la racine ; mais il y a quelques cas, rares à la vérité, où l'erreur sur le dernier chiffre, pourrait aller jusqu'à cinq unités, au lieu qu'en se bornant à un chiffre de moins, comme nous venons de le faire, on n'a jamais à craindre même une unité d'erreur sur le dernier chiffre.

Si, après avoir trouvé les premiers chiffres de la racine, par la méthode ordinaire, ce qui reste après l'opération faite, se trouvait égal au double de ces premiers chiffres, il faudrait, pour éviter tout embarras, en déterminer encore un par la même méthode ordinaire, après quoi, on trouverait les autres par la méthode abrégée que nous venons d'exposer, qui, comme on le voit assez, s'applique également aux décimales.

Si la racine devait avoir des zéros parmi ses chiffres intermédiaires, dans le cas où ces zéros seraient du nombre des chiffres qu'on détermine par la division, il peut arriver, s'ils doivent être les premiers chiffres du quotient, qu'on ne s'en aperçoive pas, parce que dans la division on ne marque pas les zéros qui doivent précéder sur la gauche du quotient : le moyen de le distinguer est de faire attention qu'on doit avoir toujours autant de chiffres au quotient qu'on en a mis à la suite du reste ; et par conséquent, quand il y en aura moins, il en faudra compléter le nombre par des zéros placés sur la gauche de ce quotient.

Au reste, l'abrégé que nous venons d'exposer est une suite de ce principe général, qu'il est aisé de déduire de ce qu'on a vu (134) ; savoir, que le carré d'une quantité quelconque composée de deux parties, renferme le carré de la première partie, deux fois la première partie multipliée par la seconde, et le carré de la seconde.

De la formation des Nombres cubes et de l'extraction de leurs Racines.

149. Pour former ce qu'on appelle *le cube* d'un nombre, il

faut d'abord multiplier ce nombre par lui-même, et multiplier ensuite par ce même nombre le produit résultant de cette première multiplication.

Ainsi le cube d'un nombre est, à proprement parler, le produit du carré d'un nombre multiplié par ce même nombre : 27 est le cube de 3, parce qu'il résulte de la multiplication de 9 (carré de 3) par le même nombre 3.

Le nombre que l'on cube est donc trois fois facteur dans le cube ; c'est pour cette raison que le cube est aussi nommé *troisième puissance*, ou *troisième degré* de ce nombre.

150. En général, on dit qu'un nombre est élevé à sa seconde, troisième, quatrième, cinquième, etc. puissance, quand on l'a multiplié par lui-même, 1, 2, 3, 4, 5, etc. fois consécutives, ou lorsqu'il est 2 fois, 3 fois, 4 fois, 5 fois, etc. facteur dans le produit.

151. La racine cubique d'un cube proposé est le nombre qui, multiplié par son carré, produit ce cube : ainsi 3 est la racine cubique de 27.

152. On n'a donc pas besoin de règles pour former le cube d'un nombre ; mais pour revenir du cube à sa racine, il faut une méthode. Nous déduirons cette méthode de l'examen de ce qui se passe dans la formation du cube.

Observons cependant qu'on n'a besoin de méthode pour extraire la racine cubique en nombres entiers, que lorsque le nombre proposé a plus de trois chiffres ; car 1000 étant le cube de 10, tout nombre au-dessous de 1000, et par conséquent de moins de quatre chiffres, aura pour racine moins que 10, c'est-à-dire, moins de deux chiffres.

Ainsi tout nombre qui tombera entre deux de ceux-ci :

$$1, 8, 27, 64, 125, 216, 343, 512, 729,$$

aura sa racine cubique, en nombre entier, entre les deux nombres correspondans de cette suite :

$$1 \quad 2 \quad 3 \quad 4 \quad 5 \quad 6 \quad 7 \quad 8 \quad 9,$$

dont la première contient les cubes.

153. Tout nombre n'a pas de racine cubique; mais on peut approcher continuellement d'un nombre qui, étant cubé, approche aussi de plus en plus de reproduire ce premier nombre ; c'est ce que nous verrons après avoir appris à trouver la racine d'un cube parfait.

154. Voyons donc de quelles parties peut être composé le cube d'un nombre qui contiendrait des dixaines et des unités.

Puisque le cube résulte du carré d'un nombre multiplié par ce même nombre, il est essentiel de se rappeler ici (134) *que le carré d'un nombre composé de dixaines et d'unités, renferme* 1°. *le carré des dixaines;* 2°. *deux fois le produit des dixaines par les unités;* 3°. *le carré des unités.*

Pour former le cube, il faut donc multiplier ces trois parties par les dixaines et par les unités du même nombre.

Afin d'apercevoir plus distinctement les produits qui en résulteront, donnons à cette opération simulée la forme suivante :

1°.

| Le carré des dixaines
Deux fois le produit des dixaines par les unités

Le carré des unités | étant multiplié par des dixaines, donnera........ | Le cube des dixaines.
Deux fois le produit du carré des dixaines multiplié par les unités.
Le produit des dixaines par le carré des unités. |

2°.

| Le carré des dixaines

Deux fois le produit des dixaines par les unités

Le carré des unités | étant multiplié par les unités, donnera......... | Le produit du carré des dixaines multiplié par les unités.
Deux fois le produit des dixaines par le carré des unités.
Le cube des unités. |

Donc en rassemblant ces six résultats, et réunissant ceux qui sont semblables, on voit que le cube d'un nombre composé de dixaines et d'unités, contient quatre parties, savoir : *le cube des dixaines, trois fois le carré des dixaines multiplié par les unités, trois fois les dixaines multipliées par le carré des unités, et enfin le cube des unités.*

Formons, d'après cela, le cube d'un nombre composé de dixaines et d'unités, de 43, par exemple,

$$
\begin{array}{r}
64000 \\
14400 \\
1080 \\
27 \\
\hline
79507
\end{array}
$$

Nous prendrons donc le cube de 4 qui est 64; mais comme ce 4 est des dixaines, son cube sera des mille, parce que le cube de 10 est 1000; ainsi le cube des quatre dixaines sera 64000.

3 fois 16, ou 3 fois le carré des 4 dixaines, étant multiplié par les 3 unités, donnera 144 centaines, parce que le carré de 10 est 100; ainsi ce produit sera 14400.

3 fois 4, ou 3 fois les dixaines, étant multipliées par le carré 9 des unités, donneront des dixaines, et ce produit sera 1080.

Enfin le cube des unités se terminera à la place des unités, et sera 27.

En réunissant ces quatre parties, on aura 79507 pour le cube de 43, cube qu'on aurait sans doute trouvé plus facilement en multipliant 43 par 43, et le produit 1849 encore par 43; mais il ne s'agit pas tant ici de trouver la valeur du cube, que de reconnaître, par l'examen des parties qui le composent, la manière de revenir à sa racine.

155. Cela posé, voici le procédé de l'extraction de la racine cubique.

EXEMPLE I.

Soit donc proposé d'extraire la racine cubique de 79507.

$$
\begin{array}{c}
\textit{Cube.} \quad \textit{Racine.} \\
7\,9.5\,0\,7 \,\big|\, 43 \\
1\,5\,5.0\,7 \\
4\,8
\end{array}
$$

Pour avoir la partie de ce nombre qui renferme le cube des dixaines de la racine, j'en sépare les trois derniers chiffres, dans lesquels nous venons de voir que ce cube ne peut être compris puisqu'il vaut des mille.

Je cherche la racine cubique de 79, elle est 4, que j'écris à côté.

Je cube 4, et j'ôte le produit 64 de 79; il me reste 15 que j'écris au-dessous de 79.

A côté de 15 j'abaisse 507, ce qui me donne 15507, dans lequel il doit y avoir 3 fois le carré des 4 dixaines trouvées, multipliées par les unités que nous cherchons, plus 3 fois ces mêmes dixaines multipliées par le carré des unités, plus enfin le cube des unités.

Je sépare les deux derniers chiffres 07; la partie 155 qui reste à gauche renferme trois fois le carré des dixaines multiplié par les unités; c'est pourquoi, afin d'avoir les unités (74), je vais diviser cette partie 155 par le triple du carré des 4 dixaines, c'est-à-dire, par 48.

Je trouve que 48 est 3 fois dans 155; j'écris donc 3 à la racine.

Pour éprouver cette racine, et connaître le reste, s'il y en a, nous pourrions composer les 3 parties du cube qui doivent se trouver dans 15507, et voir si elle forment 15507, ou de combien elles en diffèrent; mais il est aussi commode de faire cette vérification, en cubant tout de suite 43, c'est-à-dire, en multipliant 43 par 43, ce qui produit 1849, et multipliant ce produit par 43, ce qui donne enfin 79507. Ainsi 43 est exactement la racine cubique.

Si le nombre proposé a plus de 6 chiffres, on raisonnera comme dans l'exemple ci-après.

EXEMPLE II.

Soit proposé d'extraire la racine cubique de 596947688.

```
5 9 6.9 4 7.6 8 8 | 842
  8 4 9.4 7
    1 9 2
  5 9 2 7 0 4
  _____
      4 2 4 3 6.8 8
        2 1 1 6 8
    5 9 6 9 4 7 6 8 8
    _____
    0 0 0 0 0 0 0 0 0
```

On considérera sa racine comme composée de dixaines et d'unités, et par cette raison on commencera par séparer les trois derniers chiffres.

La partie 596947 qui renferme le cube des dixaines, ayant plus de trois chiffres, sa racine en aura plus d'un, et par conséquent elle aura des dixaines et des unités. Il faut donc, pour trouver le cube de ces premières dixaines, séparer les trois chiffres 947.

Cela posé, je cherche la racine cubique de 596; elle est 8, j'écris ce 8 à côté.

Je cube 8, et je retranche le produit 512 de 596, il reste 84, que j'écris au-dessous de 596.

A côté de 84 j'abaisse 947, ce qui me donne 84947, dont je sépare les deux derniers chiffres.

Au-dessous de la partie 849, j'écris 192, qui est le triple carré de la racine 8, et je divise 849 par 192; je trouve pour quotient 4 que j'écris à la racine.

Pour vérifier cette racine, et avoir en même temps le reste, je cube 84, et je retranche le produit 592704 du nombre 596947; j'ai pour reste 4243.

A côté de ce reste j'abaisse la tranche 688, et considérant la racine 84 comme un seul nombre qui marque les dixaines de la racine cherchée, je sépare les deux derniers chiffres 88 de la tranche abaissée, et je divise la partie 42436 par le triple carré de 84, c'est-à-dire, par 21168; je trouve pour quotient 2 que j'écris à la suite de 84.

Pour vérifier la racine 842, et avoir le reste, s'il y en a, je cube 842, et je retranche le produit 596947688 du nombre proposé 596947688; et comme il ne reste rien, j'en conclus que 842 est la racine exacte de 596947688.

Il faut encore observer, 1°. que dans le cours de ces opérations, on ne doit jamais mettre plus de 9 à la racine.

2°. Si le chiffre qu'on porte à la racine était trop fort, on s'en apercevrait à ce que la soustraction ne pourrait se faire, et alors on diminuerait la racine successivement de 1, 2, 3, etc. unités, jusqu'à ce que la soustraction devînt possible.

Lorsque le nombre proposé n'est pas un cube parfait, la racine qu'on trouve n'est qu'une racine approchée, et il est rare qu'il soit suffisant de l'avoir en nombres entiers. Les décimales sont encore d'un usage très avantageux pour pousser cette approximation beaucoup plus loin, et aussi loin qu'on le désire, sans que cependant on puisse jamais atteindre à une racine exacte.

156. Pour approcher aussi près qu'on le voudra de la racine cubique d'un cube imparfait, il faut mettre à la suite de ce nombre trois fois autant de zéros qu'on veut avoir de décimales à la racine ; faire l'extraction comme dans les exemples précédens, et, après l'opération faite, séparer par une virgule sur la droite de la racine, autant de chiffres qu'on voulait avoir de décimales.

EXEMPLE III.

On demande d'approcher de la racine cubique de 8755 jusqu'à moins d'un centième près. Pour avoir des centièmes à la racine, c'est-à-dire deux décimales, il faut que le cube ou le nombre proposé en ait six (54) ; il faut donc mettre six zéros à la suite de 8755.

Ainsi la question se réduit à tirer la racine cubique de 8755000000

```
8.7 5 5.0 0 0.0 0 0 | 2061
0 7.5 5
1 2
8 0 0 0
  7 5 5 0.0 0
  1 2 0 0
  8 7 4 1 8 1 6
    1 3 1 8 4 0.0 0
    1 2 7 3 0 8
    8 7 5 4 5 5 2 9 8 1
      4 4 7 0 1 9
```

Suivant ce qui a été dit ci-dessus, je partage ce nombre en tranches de trois chiffres chacune, en allant de droite à gauche.

Je tire la racine cubique de la dernière tranche 8, elle est 2, que j'écris à la racine. Je cube 2, et je retranche le produit, de 8 ; j'ai pour reste o, à côté duquel j'abaisse la tranche 755, dont je sépare les deux derniers chiffres 55 : au-dessous de la partie restante 7, j'écris 12, triple carré de la racine, et divisant 7 par 12, je trouve o pour quotient que j'écris à la racine.

Je cube la racine 20, ce qui me donne 8000 que je retranche de 8755 ; j'ai pour reste 755, à côté duquel j'abaisse la tranche 000, dont je sépare deux chiffres sur la droite ; au-dessous de la partie restante 7550 j'écris 1200, triple carré de la racine 20 ; et divisant 7550 par 1200, je trouve pour quotient 6 que j'écris à la racine.

Je cube la racine 206, et je retranche le produit, de 8755000 ; j'ai pour reste 13184, à côté duquel j'abaisse la dernière tranche 000, dont je sépare les deux derniers chiffres. Au-dessous de la partie restante 131840, j'écris 127308, triple carré de la racine trouvée 206. Je divise 131840 par 127308 ; je trouve pour quotient 1, que j'écris à la suite de 206. Je cube 2061, et ayant retranché de 8755000000, le produit 8754552981, j'ai pour reste 447019.

La racine cubique approchée de 8755000000 est donc 2061 ; donc celle de 8755,000000 est 20,61, puisque le cube a trois fois autant de décimales que sa racine (54).

Si l'on voulait pousser l'approximation plus loin, on mettrait à la suite du reste trois zéros, et on continuerait comme on a fait à chaque fois qu'on a descendu une tranche.

157. Puisque pour multiplier une fraction par une fraction il faut multiplier numérateur par numérateur, et dénominateur par dénominateur, il faudra donc, pour cuber une fraction, cuber son numérateur et son dénominateur. Donc réciproquement pour extraire la racine cubique d'une fraction, il faudra extraire la racine cubique du numérateur et la racine cubique du dénominateur. Ainsi la racine cubique de $\frac{27}{64}$ est $\frac{3}{4}$, parce que la racine cubique de 27 est 3, et celle de 64 est 4.

158. Mais si le dénominateur seul est un cube, on tirera la

racine approchée du numérateur, et on donnera à cette racine pour dénominateur la racine cubique du dénominateur.. Par exemple, si l'on demande la racine cubique de $\frac{143}{343}$, comme le numérateur n'est pas un cube, j'en tire la racine approchée, qui sera 5,22 à moins d'un centième près; et tirant la racine de 343, qui est 7, j'ai $\frac{5,22}{7}$ pour la racine approchée de $\frac{143}{343}$; ou bien, en réduisant en décimales (90), j'ai 0,74 pour cette racine approchée à moins d'un centième près.

159. Si le dénominateur n'est pas un cube, on multipliera les deux termes de la fraction par le carré de ce dénominateur, et alors le nouveau dénominateur étant un cube, on se conduira comme il vient d'être dit. Par exemple, si l'on demande la racine cubique de $\frac{3}{7}$, je multiplie le numérateur et le dénominateur par 49, carré du dénominateur 7; j'ai $\frac{147}{343}$ qui (88) est de même valeur que $\frac{3}{7}$. La racine cubique de $\frac{147}{343}$ est $\frac{5,27}{7}$, ou en réduisant purement en décimales 0,75. La racine cubique de $\frac{3}{7}$ est donc 0,75 à moins d'un centième près.

S'il y avait des entiers joints aux fractions, on convertirait le tout en fraction, et la question serait réduite à tirer la racine cubique d'une fraction. (157 et suiv.)

On pourrait aussi, soit qu'il y ait des entiers, soit qu'il n'y en ait point, réduire la fraction en décimales; mais il faut avoir soin de pousser cette réduction jusqu'à trois fois autant de décimales qu'on veut en avoir à la racine. Ainsi, si l'on demandait la racine cubique de $7\frac{3}{11}$, approchée jusqu'à moins d'un millième, on changerait la fraction $\frac{3}{11}$, en 0,272727272; en sorte que pour avoir la racine cubique de $7\dfrac{3}{11}$, on tirerait celle de 7,272727272 qu'on trouvera être 1,937.

160. Pour tirer la racine cubique d'un nombre qui aura des décimales, il faudra le préparer par un nombre suffisant de zéros mis à sa suite ; de manière que le nombre de ses décimales soit ou 3, ou 6, ou 9, etc. ; alors on en tirera la racine comme s'il n'y avait point de virgule ; et après l'opération faite, on séparera sur la droite de la racine, par une virgule, un nombre de chiffres qui soit le tiers du nombre des décimales de la quantité proposée ; en sorte que si la racine n'avait pas suffisamment de chiffres pour que cette règle eût son exécution, on y suppléerait par des zéros placés sur la gauche de cette racine. Ainsi pour tirer la racine cubique de 6,54 à moins d'un millième près, je mettrai sept zéros, et je tirerai la racine cubique de 654000000 qui sera 1870 ; j'en séparerai trois chiffres, puisqu'il y a 9 décimales au cube, et j'aurai 1,870, ou simplement 1,87 pour la racine cubique de 6,54. On trouvera de même que celle de 0,0006, approchée à moins d'un centième près, est 0,08.

161. Quand on a trouvé les quatre premiers chiffres de la racine cubique par la méthode qu'on vient d'expliquer, on peut trouver les autres plus promptement par la division, et cela de la manière suivante.

Qu'on demande la racine cubique de 5264627832723456 : j'en cherche les quatre premiers chiffres par la méthode ordinaire ; ils sont 1739, et le reste de l'opération est 5681413 ; à côté de ce reste, je mets les deux chiffres 72 qui suivent la partie 5264627832 qui a donné les quatre premiers chiffres. (Je mettrais les trois chiffres qui suivent cette même partie, si la racine trouvée avait cinq chiffres, et les quatre si elle en avait six.) Je divise 568141372 par 9072363, triple carré de la racine 1739 ; j'ai pour quotient 62, et ce sont deux nouveaux chiffres à mettre à la suite de 1739, en sorte que 173962 est, en nombres entiers, la racine cubique du nombre proposé.

Si l'on voulait pousser plus loin, on cuberait cette racine, et ayant retranché le produit du nombre proposé, on mettrait à la suite du reste quatre zéros, et on diviserait le tout par le triple du carré de 173962, ce qui donnerait quatre décimales pour la racine.

On fera ici la même observation qu'on a faite (148) sur le cas où la division ne donne pas autant de chiffres qu'elle doit en donner. Et dans ces divisions on s'aidera de la règle abrégée qui a été donnée (69 et suiv).

Des Raisons, Proportions et Progressions, et de quelques Règles qui en dépendent.

162. Les mots *raison* et *rapport* ont la même signification en Mathématiques, et l'un et l'autre expriment le résultat de la comparaison de deux quantités.

163. Si dans la comparaison de deux quantités on a pour but de connaître de combien l'une surpasse l'autre, ou en est surpassée, le résultat de cette comparaison, qui est la différence de ces deux quantités, se nomme leur *Rapport arithmétique*.

Ainsi, si je compare 15 avec 8 pour connaître leur différence 7, ce nombre 7 qui est le résultat de la comparaison, est le rapport arithmétique de 15 à 8.

Pour marquer que l'on compare deux quantités sous ce point de vue, on sépare l'une de l'autre par un point; en sorte que 15.8 marque que l'on considère le rapport arithmétique de 15 à 8.

164. Si dans la comparaison de deux quantités on se propose de connaître combien l'une contient l'autre, ou est contenue en elle, le résultat de cette comparaison se nomme leur *Rapport géométrique*. Par exemple, si je compare 12 à 3 pour savoir combien de fois 12 contient 3, le nombre 4 qui exprime ce nombre de fois, est le rapport géométrique de 12 à 3.

Pour marquer que l'on compare deux quantités sous ce point de vue, on sépare l'une de l'autre par deux points : cette expression 12:3 marque que l'on considère le rapport géométrique de 12 à 3.

165. Des deux quantités que l'on compare, celle qu'on énonce ou qu'on écrit la première, se nomme *antécédent*, et la seconde se nomme *conséquent*. Ainsi dans le rapport 12:3, 12 est l'antécédent, et 3 est le conséquent : l'un et l'autre s'appellent les *termes* du rapport

166. Pour avoir le rapport arithmétique de deux quantités,

7..

il n'y a donc autre chose à faire qu'à retrancher la plus petite de la plus grande.

167. Et pour avoir le rapport géométrique de deux quantités, il faut diviser l'une par l'autre.

168. Nous évaluerons ce rapport, dorénavant, en divisant l'antécédent par le conséquent : ainsi le rapport de 12 à 3 est 4, et le rapport de 3 à 12 est $\frac{3}{12}$ ou $\frac{1}{4}$.

169. Un rapport arithmétique ne change point quand on ajoute à chacun de ses deux termes, ou qu'on en retranche une même quantité, parce que la différence (en quoi consiste le rapport) reste toujours la même.

170. Un rapport géométrique ne change point quand on multiplie ou quand on divise ses deux termes par un même nombre ; car le rapport géométrique consistant (168) dans le quotient de la division de l'antécédent par le conséquent, est une quantité fractionnaire qui (88) ne peut changer par la multiplication ou la division de ses deux termes par un même nombre. Ainsi le rapport 3 : 12 est le même que celui 6 : 24 que l'on a en multipliant les deux termes du premier par 2 ; il est le même que celui de 1 : 4 que l'on a en divisant par 3.

171. Cette propriété sert à simplifier les rapports. Par exemple, si j'avais à examiner le rapport de $6\frac{3}{4}$ à $10\frac{2}{3}$, je dirais, en réduisant tout en fraction, ce rapport est le même que celui de $\frac{27}{4}$ à $\frac{32}{3}$, ou en réduisant au même dénominateur, le même que celui de $\frac{81}{12}$ à $\frac{128}{12}$, ou enfin en supprimant le dénominateur 12 (ce qui revient au même que de multiplier les deux termes du rapport par 12), ce rapport est le même que celui de 81 à 128.

172. Lorsque quatre quantités sont telles que le rapport des deux premières est le même que le rapport des deux dernières, on dit que ces quatre quantités forment une *proportion*, et

cette proportion est arithmétique ou géométrique, selon que le rapport qu'on y considère-est arithmétique ou géométrique.

Les quatre quantités 7, 9, 12, 14, forment une proportion arithmétique, parce que la différence des deux premières est la même que celle des deux dernières. Pour marquer qu'elles sont en proportion arithmétique, on les écrit ainsi, 7.9 : 12.14; c'est-à-dire, qu'on sépare par un point les deux termes de chaque rapport, et les deux raports par deux points. Le point qui sépare les deux termes de chaque rapport, signifie *est à*, et les deux points qui séparent les deux rapports, signifient *comme*; en sorte que pour énoncer la proportion ainsi écrite, on dit, *7 est à 9 comme 12 est à 14.*

Les quatre quantités 3, 15, 4, 20 forment une proportion géométrique, parce que 3 est contenu dans 15, comme 4 l'est dans 20. Pour marquer qu'elles sont en proportion géométrique, on les écrit ainsi, 3:15::4:20, c'est-à-dire, qu'on sépare les deux termes de chaque rapport par deux points, et les deux rapports par quatre points. Les deux points signifient *est à*, et les quatre points signifient *comme*; de sorte qu'on dit *3 est à 15, comme 4 est à 20.*

Il faut seulement observer que dans la proportion arithmétique, on fait précéder le mot *comme* du mot *arithmétiquement*.

173. Le premier et le dernier terme de la proportion se nomment les *extrémes*; le 2ᵉ et le 3ᵉ se nomment les *moyens*.

Comme il y a deux rapports, et par conséquent deux antécédens et deux conséquens, on dit, pour le premier rapport, *premier antécédent, premier conséquent;* et pour le second, *second antécédent, second conséquent.*

174. Quand les deux termes moyens d'une proportion sont égaux, la proportion se nomme proportion *continue* 3.7:7.11 forment une proportion arithmétique continue, on l'écrit ainsi ÷3.7.11.; les deux points et la barre qui précèdent, sont pour avertir que dans l'énoncé on doit répéter le terme moyen qui est ici 7.

La proportion 5:20::20:80 est une proportion géométrique

continue, que par abréviation on écrit ainsi $\div$5:20:80; l'usage dés quatre points et de la barre est le même que dans la proportion arithmétique continue.

175. Il suit de ce que nous venons de dire sur les proportions arithmétique et géométrique :

1°. Que si dans une proportion arithmétique, on ajoute à chacun des antécédens, ou si l'on en retranche la différence ou raison qui règne dans cette proportion, selon que l'antécédent sera plus petit ou plus grand que son conséquent, chaque antécédent deviendra égal à son conséquent; car c'est donner au plus petit terme de chaque rapport ce qui lui manque pour égaler son voisin; ou retrancher du plus grand ce dont il surpasse son voisin. Ainsi dans la proportion 3.7:8.12, ajoutez la différence 4, vous aurez au premier et au troisième terme 7.7:12.12, et il est aisé de sentir que cela est général.

2°. Si dans une proportion géométrique vous multipliez chacun des deux conséquens, par le rapport, vous les rendrez pareillement égaux chacun à son antécédent; car multiplier le conséquent par le rapport, c'est le prendre autant de fois qu'il est contenu dans l'antécédent : ainsi, dans la proportion 12:3::20:5, multipliez 3 et 5, chacun par 4, et vous aurez 12:12::20:20; pareillement, dans la proportion 15:9::45:27; multipliez 9 et 27 chacun par $\dfrac{15}{9}$ ou $\dfrac{5}{3}$ qui est le rapport, vous aurez 15:15 ::45:45.

Propriétés des Proportions arithmétiques.

176. La propriété fondamentale des proportions arithmétiques est que *la somme des extrêmes est égale à la somme des moyens*; par exemple, dans cette proportion 3.7:8.12, la somme 3 et 12 des extrêmes, et celle 7 et 8 des moyens, sont également 15.

Voici comment on peut s'assurer que cette propriété est générale.

Si les deux premiers termes étaient égaux entre eux et les

deux derniers aussi égaux entre eux, comme dans cette proportion :

$$7 . 7 : 12 . 12,$$

il est évident que la somme des extrêmes serait égale à celle des moyens.

Or, toute proportion arithmétique peut être ramenée à cet état (175), en ajoutant à chaque antécédent, ou en ôtant la différence qui règne dans la proportion. Cette addition qui augmentera également la somme des extrêmes et celle des moyens, ne peut rien changer à l'égalité de ces deux sommes; ainsi si elles deviennent égales par cette addition, c'est qu'elles étaient égales sans cette même addition. Le raisonnement est le même pour le cas de la soustraction.

177. Puisque dans la proportion continue les deux termes moyens sont égaux, il suit de ce qu'on vient de démontrer, que dans cette même proportion, la somme des extrêmes est double du terme moyen, ou que le terme moyen est la moitié de la somme des extrêmes. Ainsi pour avoir un moyen arithmétique entre 7 et 15, par exemple, j'ajoute 7 à 15, et prenant la moitié de la somme 22, j'ai 11 pour le terme moyen; en sorte que $\div 7 . 11 . 15$.

Propriétés des Proportions géométriques.

178. La propriété fondamentale de la proportion géométrique est que *le produit des extrêmes est égal au produit des moyens*; par exemple, dans cette proportion $3 : 15 :: 7 : 35$, le produit de 35 par 3, et celui de 15 par 7, sont également 105.

Voici comment on peut se convaincre que cette propriété a lieu dans toute proportion géométrique.

Si les antécédens étaient égaux à leurs conséquens, comme dans cette proportion :

$$3 : 3 :: 7 : 7$$

il est évident que le produit des extrêmes serait égal au produit des moyens.

Mais on peut toujours ramener une proportion à cet état (175), en multipliant les deux conséquens par la raison. Cette multiplication fera, à la vérité, que le produit des extrêmes sera un certain nombre de fois plus grand qu'il n'aurait été, ou sera un certain nombre de fois plus petit, si le rapport est une fraction ; mais elle produira le même effet sur celui des moyens ; donc, puisqu'après cette multiplication le produit des extrêmes serait égal au produit des moyens, ces deux produits doivent aussi être égaux sans cette même multiplication.

On peut donc prendre le produit des extrêmes pour celui des moyens, et réciproquement.

Donc, *dans la proportion continue, le produit des extrêmes est égal au carré du terme moyen;* car les deux moyens étant égaux, leur produit est le carré de l'un d'eux. Donc pour avoir un moyen géométrique entre deux nombres proposés, il faut multiplier ces deux nombres l'un par l'autre, et tirer la racine carrée de ce produit. Ainsi pour avoir un moyen géométrique entre 4 et 9, je multiplie 4 par 9, et la racine carrée 6 du produit 36 est le moyen proportionnel cherché.

179. De la propriété fondamentale de la proportion géométrique, il suit que si connaissant les trois premiers termes d'une proportion, on voulait déterminer le quatrième, il faudrait *multiplier le second par le troisième, et diviser le produit par le premier;* car il est évident (74) qu'on aurait le quatrième terme en divisant le produit des deux extrêmes par le premier terme ; or ce produit est le même que celui des moyens ; donc on aura aussi le quatrième terme en divisant le produit des moyens par le premier terme.

Ainsi, si l'on demande quel serait le quatrième terme d'une proportion dont les trois premiers seraient 3:8::12; je multiplie 8 par 12, ce qui me donne 96 que je divise par 3; le quotient 32 est le quatrième terme demandé ; en sorte que 3,8,12,32, forment une proportion : en effet, le premier rapport est $\frac{3}{8}$, et le second est $\frac{12}{32}$ qui (89), en divisant les deux termes par 4, est aussi $\frac{3}{8}$.

Par un semblable raisonnement, on voit qu'on peut trouver tout autre terme de la proportion, lorsqu'on en connaît trois. *Si le terme qu'on veut trouver est un des extrêmes, il faudra multiplier les deux moyens, et diviser par l'extrême connu : si, au contraire, on veut trouver un des moyens, il faudra multiplier les deux extrêmes, et diviser par le terme moyen connu.*

180. Cette propriété de l'égalité entre le produit des extrêmes et celui des moyens, ne peut appartenir qu'à quatre quantités en proportion géométrique. En effet, si l'on avait quatre quantités qui ne fussent point en proportion géométrique, en multipliant les conséquens par le rapport des deux premières, il n'y aurait que le premier antécédent qui deviendrait égal à son conséquent. Par exemple, si l'on avait 3, 12, 5, 10, en multipliant les conséquens 12 et 10 par la raison $\frac{1}{4}$ des deux premiers termes 3 et 12, on aurait 3, 3, 5, $\frac{10}{4}$ dans lesquels il est évident que le produit des extrêmes ne peut être égal à celui des moyens; donc ces produits ne pourraient pas être égaux non plus, quand même on n'aurait pas multiplié les conséquens par la raison $\frac{1}{4}$. Il est visible que ce raisonnement peut s'appliquer à tous les cas.

Donc, *si quatre quantités sont telles, que le produit des extrêmes soit égal au produit des moyens, ces quatre quantités sont en proportion.*

De là nous conclurons cette seconde propriété des proportions.

181. *Si quatre quantités sont en proportion, elles y seront encore si l'on met les extrêmes à la place des moyens, et les moyens à la place des extrêmes.*

182. La même chose aura lieu, c'est-à-dire, *que la proportion subsistera si l'on échange les places des extrêmes ou celles des moyens.*

En effet, dans tous ces cas, il est aisé de voir que le produit des extrêmes sera toujours égal à celui des moyens.

Ainsi la proportion 3:8::12:32 peut fournir toutes les proportions suivantes par la seule permutation de ses termes.

3 : 8 :: 12 : 32;   3 : 12 :: 8 : 32;   32 : 12 :: 8 : 3;   32 : 8 :: 12 : 3;
8 : 3 :: 32 : 12;   8 : 32 :: 3 : 12;   12 : 3 :: 32 : 8;   12 : 32 :: 3 : 8;

Et il en est de même de toute autre proportion.

183. Puisqu'on peut mettre le troisième terme à la place du second, et réciproquement, on doit en conclure *qu'on peut, sans troubler une proportion, multiplier ou diviser les deux antécédens par un même nombre, et qu'il en est de même à l'égard des conséquens;* car en faisant cette permutation, les deux antécédens de la proportion donnée formeront le premier rapport; et les deux conséquens, le second. Ainsi multiplier les deux antécédens de la première proportion, revient alors à multiplier les deux termes d'un rapport chacun par un même nombre, ce qui (170) ne change point ce rapport. Par exemple, si j'ai la proportion 3:7::12:28, je puis, en divisant les deux antécédens par 3, dire 1:7::4:28, parce que de la proportion 3:7::12:28 on peut (182) conclure 3:12::7:28; et en divisant les deux termes du premier rapport par 3, 1:4::7:28, qui (182) peut être changée en 1:7::4:28.

184. *Tout changement fait dans une proportion, de manière que la somme de l'antécédent et du conséquent, ou leur différence, soit comparée à l'antécédent ou au conséquent, de la même manière dans chaque rapport, formera toujours une proportion.*

Par exemple, si l'on a la proportion

$$12 : 3 :: 32 : 8$$

on en pourra conclure les proportions suivantes :

12 *plus* 3 : 3 :: 32 *plus* 8 : 8,
ou 12 *moins* 3 : 3 :: 32 *moins* 8 : 8,
ou 12 *plus* 3 : 12 :: 32 *plus* 8 : 32,
ou 12 *moins* 3 : 12 :: 32 *moins* 8 : 32;

Car si c'est au conséquent que l'on compare, il est facile de voir que l'antécédent, augmenté ou diminué du conséquent, contiendra ce conséquent une fois de plus ou une fois de moins qu'auparavant; et comme cette comparaison se fait de la même manière pour le second rapport, qui, par la nature de la proportion, est égal au premier, il s'ensuit nécessairement que les deux nouveaux rapports seront aussi égaux entre eux.

Si c'est à l'antécédent que l'on compare, le même raisonnement aura encore lieu, en concevant que dans la proportion sur laquelle on fait ce changement, on ait mis l'antécédent de chaque rapport à la place de son conséquent, et le conséquent à la place de l'antécédent; ce qui est permis (181).

185. Puisqu'en mettant le troisième terme d'une proportion à la place du second, et réciproquement, il y a encore proportion (182), on doit conclure que les deux antécédens se contiennent l'un l'autre autant de fois que les conséquens se contiennent aussi l'un l'autre.

Donc, *la somme de deux antécédens de toute proportion, contient la somme des deux conséquens, ou est contenue en elle, autant qu'un des antécédens contient son conséquent, ou est contenu en lui.*

'Par exemple, dans la proportion

$$12 : 3 :: 32 : 8$$
12 plus 32 : 3 plus 8 :: 32 : 8, ce qui est évident.

Mais pour s'en convaincre généralement, il n'y a qu'à faire attention que si le premier antécédent contient le second quatre fois, par exemple, la somme des deux antécédens contiendra le second cinq fois; et, par la même raison, la somme des conséquens contiendra le second conséquent cinq fois; donc la somme des antécédens contiendra celle des conséquens, comme le quintuple d'un des antécédens contient le quintuple de son conséquent; c'est-à-dire (170) comme un des antécédens contient son conséquent.

On prouverait de même que la différence des antécédens est à la différence des conséquens, comme un antécédent est à son conséquent.

186. Il est évident que la proposition qu'on vient de démontrer revient à celle-ci ; si l'on a deux rapports égaux, par exemple, celui

de....................................... 4 : 12
et celui de............................... 7 : 21
$$\overline{11 : 33.}$$

On aura encore le même rapport, en ajoutant antécédent à antécédent, et conséquent à conséquent.

Donc, *si l'on a plusieurs rapports égaux*, *la somme de tous les antécédens est à la somme de tous les conséquens, comme l'un des antécédens est à son conséquent.* Par exemple, si on a les rapports égaux 4 : 12 :: 7 : 21 :: 2 : 6, on peut dire que 4 *plus* 7 *plus* 2, sont à 12 *plus* 21 *plus* 6, comme 4 est à 12, ou comme 7 est à 21, etc.

Car, après avoir ajouté entre eux, les antécédens des deux premiers rapports, et leurs conséquens aussi entre eux, le nouveau rapport qui, selon ce qu'on vient de voir, sera le même que chacun des deux premiers, sera aussi le même que le troisième : par conséquent, on pourra l'ajouter de même avec celui-ci, et il en résultera encore le même rapport, et ainsi de suite.

187. On appelle *rapport composé*, celui qui résulte de deux ou d'un plus grand nombre de rapports dont on multiplie les antécédens entre eux, et les conséquens entre eux. Par exemple, si l'on a les deux rapports 12 : 4 et 25 : 5, le produit des antécédens 12 et 25 sera 300, celui des conséquens 4 et 5 sera 20 ; le rapport de 300 à 20 est ce qu'on appelle rapport composé des rapports de 12 à 4, et de 25 à 5.

188. Ce rapport est le même que si l'on avait évalué séparément chacun des rapports composans, et qu'on eût multiplié entre eux les nombres qui expriment ces rapports. En effet, le rapport de 12 à 4 est 3, celui de 25 à 5 est 5 : or, 3 fois 5 font 15, qui est le rapport de 300 à 20 ; et l'on peut voir que cela est général, en faisant attention que le rapport est mesuré (168) par une fraction qui a l'antécédent pour numérateur, et le conséquent pour dénominateur : ainsi le rapport composé doit être

une fraction qui ait pour numérateur le produit des deux antécédens, et pour dénominateur le produit des deux conséquens;
c'est donc (106) le produit des deux fractions qui expriment les
rapports composans.

189. Si les rapports que l'on multiplie sont égaux, le rapport
composé est dit *rapport doublé*, si l'on n'a multiplié que deux
rapports; *rapport triplé*, si l'on en a multiplié trois; *quadruplé*,
si l'on en a multiplié quatre, et ainsi de suite. Par exemple, si
l'on multiplie le rapport de 2 à 3 par celui de 4 à 6 qui lui est
égal, on aura le rapport composé 8 : 18 qui sera dit rapport
doublé du rapport de 2 à 3, ou de 4 à 6.

190. *Si l'on a deux proportions, et qu'on les multiplie par*
ordre, c'est-à-dire, le premier terme de l'une par le premier
terme de l'autre, le second par le second, et ainsi de suite,
les quatre produits qui en résulteront, seront en proportion.

Car, en multipliant ainsi deux proportions, c'est multiplier
deux rapports égaux par deux rapports égaux (172); donc les
deux rapports composés qui en résultent doivent être égaux;
donc les quatre produits doivent être en proportion (172).

191. Concluons de là que *les carrés, les cubes, et en général*
les puissances semblables de quatre quantités en proportion,
sont aussi en proportion; puisque pour former ces puissances,
il ne faut que multiplier la proportion par elle-même plusieurs
fois de suite.

192. *Les racines carrées, cubiques, et en général les racines*
semblables de quatre quantités en proportion sont aussi en pro-
portion; car le rapport des racines carrées des deux premiers
termes n'est autre chose que la racine carrée du rapport de ces
deux termes (142 et 167); et il en est de même du rapport des
racines carrées des deux derniers termes; donc puisque les
deux rapports primitifs sont supposés égaux, leurs racines carrées sont égales; donc le rapport des racines carrées des deux
premiers termes sera égal au rapport des racines carrées des
deux derniers. On prouvera de même pour les racines cubiques,
quatrièmes, etc.

Usage des Propositions précédentes.

193. Les propositions que nous venons de démontrer, et qu'on appelle les *Règles des proportions*, ont des applications continuelles dans toutes les parties des Mathématiques. Nous nous bornerons ici à celles qui appartiennent à l'Arithmétique, et nous commencerons par celles qu'on peut faire de ce qui a été établi (179), et qui est la base de presque toutes les autres.

De la Règle de Trois directe et simple.

194. On distingue plusieurs sortes de règles de *Trois :* elles ont toutes pour objet de faire connaître un terme d'une proportion dont on en connaît trois.

Celle qu'on appelle *règle de Trois directe et simple*, est nommée *simple*, parce que l'énoncé des questions auxquelles on l'applique, ne renferme jamais plus de quatre quantités, dont trois sont connues, et la quatrième est à trouver.

On l'appelle *directe*, parce que des quatre quantités qu'on y considère, il y en a toujours deux qui, non-seulement sont relatives aux deux autres, mais qui en dependent de manière que, de même qu'une des quantités contient l'autre, ou est contenue en elle, de même aussi la quantité relative à la première contient la quantité relative à la seconde, ou est contenue en elle ; c'est-à-dire d'une manière plus abrégée, qu'une quantité et sa relative peuvent toujours être, toutes deux, ou antécédens ou conséquens dans la proportion ; ce qui n'a pas lieu dans la règle de Trois inverse, comme nous le verrons dans peu.

La méthode pour trouver le quatrième terme d'une proportion, et par conséquent pour faire la règle de Trois directe et simple, est suffisamment exposée (179) ; mais il est à propos de faire connaître, par quelques exemples, l'usage qu'on peut faire de cette règle.

EXEMPLE I.

40 ouvriers ont fait, en un certain temps, 268 toises d'ou-

vrage, on demande combien 60 ouvriers pourraient en faire dans le même temps?

Il est clair que le nombre des toises doit augmenter à proportion du nombre des ouvriers; en sorte que celui-ci devenant double, triple, quadruple, etc. le premier doit devenir aussi double, triple, quadruple, etc. Ainsi l'on voit que le nombre de toises cherché, doit contenir les 268 toises, autant que le nombre 60, relatif au premier, contient le nombre 40 relatif au second : il faut donc chercher le quatrième terme d'une proportion qui commencerait par ces trois-ci :

$$40 : 60 :: 268^T :$$

Ou (en divisant ces deux premiers termes par 20), ce qui est permis (170), par ces trois autres :

$$2 : 3 :: 268^T :$$

Ainsi, selon ce qui a été dit (179), je multiplie 268^T par 3, et je divise le produit 804 par 2; ce qui donne pour quotient 402^T, et par conséquent 402^T pour l'ouvrage que feraient les 60 ouvriers.

EXEMPLE II.

Un navire a fait, avec un même vent, 275 lieues en 3 jours; on demande en combien de temps il en ferait 2000, toutes les autres circonstances demeurant les mêmes?

Il est évident qu'il faut plus de temps, à proportion du nombre de lieues, et que par conséquent le nombre de jours cherché doit contenir 3 jours, autant que 2000 lieues contiennent 275 lieues : il faut donc chercher le quatrième terme d'une proportion qui commence par ces trois-ci :

$$275 : 2000 :: 3 :$$

Multipliant 2000 par 3, et divisant le produit 6000 par 275, on aura 21 jours $\frac{9}{11}$.

EXEMPLE III.

, 52ᵀ 4ᴾ 5ᴾ d'ouvrage ont été payées 168ᵗ 9ˢ 4ᵃ ; on demande combien on doit payer pour 77ᵀ 1ᴾ 8ᴾ?

, Le prix de 77ᵀ 1ᴾ 8ᴾ doit contenir le prix de 168ᵗ 9ˢ 4ᵃ des 52ᵀ 4ᴾ 5ᴾ, autant que 77ᵀ 1ᴾ 8ᴾ doit contenir 52ᵀ 4ᴾ 5ᴾ. Il faut donc chercher le quatrième terme d'une proportion qui commencerait par ces trois-ci :

$$52^T\ 4^P\ 5p : 77^T\ 1^P\ 8p :: 168^{\#}\ 9^s\ 4^a :$$

C'est-à-dire, qu'il faut multiplier 168ᵗ 9ˢ 4ᵗ par 77ᵀ 1ᴾ 8ᴾ, et diviser le produit par 52ᵀ 4ᴾ 5ᴾ, ce qu'on peut faire par ce qui a été dit (122 et 128).

Mais il sera encore plus simple de réduire les deux premiers termes à leur plus petite espèce, c'est-à-dire en pouces ; et la question sera réduite à chercher le quatrième terme d'une proportion qui commencerait par ces trois autres :

$$3797 : 5564 :: 168^{\#}\ 9^s\ 4^a.$$

Alors multipliant 168ᵗ 9ˢ 4ᵃ par 5564, on aura 937348ᵗ 10ˢ 8ᵃ, et divisant par 3797, le quotient 246ᵗ 17ˢ 3ᵃ $\frac{2789}{3797}$ sera ce qu'on doit payer pour les 77ᵀ 1ᴾ 8ᴾ.

S'il y avait des fractions, après avoir réduit les deux termes de même espèce à leur plus petite unité, comme dans cet exemple, on simplifierait le rapport de ces deux termes de la manière qui a été enseignée (171).

De la règle de Trois inverse et simple.

195. La *Règle de Trois inverse et simple* diffère de la règle de Trois directe, dont nous venons de parler, en ce que des quatre quantités qui entrent dans l'énoncé de la question pour laquelle on fait cette opération, les deux principales doivent se contenir l'une l'autre, dans un ordre tout opposé à celui des deux autres quantités qui leur sont relatives ; en sorte que, lorsque par l'examen de la question, on a donné à ces quantités la disposition convenable pour former une proportion, l'une des quantités

principale et sa relative forment les extrèmes, et l'autre quantité principale, avec sa relative, forment les moyens.

Au reste, cela n'introduit aucune différence dans la manière de faire l'opération ; c'est toujours le quatrième terme d'une proportion qu'il s'agit de trouver, où du moins on peut toujours amener la chose à ce point.

Quelques arithméticiens ont prescrit, pour le cas présent, une règle assujétie à l'énoncé de la question : nous ne suivrons point leur exemple ; c'est là nature de la question, et non pas son énoncé (qui souvent est vicieux), qui doit diriger dans la résolution.

EXEMPLE I.

30 hommes ont fait un certain ouvrage en 25 jours ? combien faudrait-il d'hommes, pour faire le même ouvrage en 10 jours ?

On voit qu'il faut, dans ce second cas, d'autant plus d'hommes que le nombre de jours est moindre ; ainsi le nombre d'hommes cherché, doit contenir le nombre de 30 hommes, autant que le nombre 25 de jours, relatif à ceux-ci, contient le nombre 10 de jours, relatif à ceux-là. Il ne s'agit donc que de trouver le quatrième terme d'une proportion qui commencerait par ces trois-ci :

$$ 10j : 25j :: 30^{ho} .$$

C'est-à-dire, de multiplier 30 par 25, et de diviser le produit 750 par 10 ; ce qui donne 75 ou 75 hommes.

EXEMPLE II.

Un équipage n'a plus que pour 15 jours de vivres ; mais les circonstances doivent lui faire tenir encore la mer pendant 20 jours ; on demande à combien on doit réduire la totalité des rations par jour ?

Représentons par l'unité, la totalité des vivres que l'on consomme par jour ; on voit que ce à quoi on doit se restreindre, doit être d'autant moindre que cette unité, que le nombre 20 des jours pendant lesquels cette économie doit durer est plus grand

Arithm., Marine et Artillerie. T. I.   8

que le nombre de 15 jours ; que par conséquent, de même que 20 jours contiennent 15 jours, de même la totalité des vivres que l'on aurait consommés pendant chacun de ces 15 jours, doit contenir celle des vivres que l'on consommera pendant chacun des 20 jours ; il faut donc chercher le quatrième terme d'une proportion qui commencerait par les trois suivans :

$$20j : 15j :: 1 :$$

Ce quatrième terme sera $\frac{15}{20}$ ou $\frac{3}{4}$; il faut donc se réduire aux $\frac{3}{4}$ de ce qu'on aurait consommé par jour.

De la Règle de Trois composée.

196. Dans les deux règles de Trois que nous venons d'exposer, la quantité cherchée et la quantité de même espèce qui entre dans l'énoncé de la question, ont entre elles un rapport simple et déterminé par celui des deux autres quantités qui entrent pareillement dans l'énoncé de la question.

Dans la règle de Trois composée, le rapport de la quantité cherchée à la quantité de même espèce qui entre dans l'énoncé de la question, n'est pas donné par le rapport simple de deux autres quantités seulement, mais par plusieurs rapports simples qu'il s'agit de composer (187) d'après l'examen de la question.

Quand une fois ces rapports ont été composés, la règle est réduite à une règle de Trois simple ; les exemples suivans vont éclaircir ce que nous disons.

EXEMPLE I.

30 hommes ont fait 132 toises d'ouvrage en 18 jours ; combien 54 hommes en feront-ils en 28 jours ?

On voit que l'ouvrage dépend ici, non-seulement du nombre des hommes, mais encore du nombre des jours.

Pour avoir égard à l'un et à l'autre, il faut considérer que 30 hommes travaillant pendant 18 jours, ne font qu'autant que 18 fois 30 hommes, c'est-à-dire, que 540 hommes qui travailleraient pendant un jour.

Pareillement, 54 hommes travaillant pendant 28 jours, ne font qu'autant que feraient 28 fois 54 hommes, ou 1512 hommes travaillant pendant un jour.

La question est donc changée en celle-ci : 540 hommes ont fait 132 toises d'ouvrage, combien 1512 hommes en feraient-ils dans le même temps ? c'est-à-dire, qu'il faut chercher le quatrième terme d'une proportion qui commencerait par ces trois-ci :

$$540^h : 1512^h :: 132^T :$$

Multipliant 1512 par 132, et divisant le produit par 540, on trouvera pour réponse à la question $369^T 3^P 7^P 2^{\prime}\frac{2}{5}$.

EXEMPLE II.

Un homme, marchant 7 heures par jour, a mis 30 jours à faire 230 lieues ; s'il marchait 10 heures par jour, combien emploierait-il de jours pour faire 600 lieues, allant toujours avec la même vîtesse ?

S'il marchait pendant le même nombre d'heures par jour, dans chaque cas, on voit qu'il emploierait d'autant plus de jours qu'il a plus de chemin à faire ; mais comme il marche pendant un plus grand nombre d'heures chaque jour, dans le second cas, il lui faudra moins de temps par cette raison ; ainsi l'opération tient en partie à la règle de Trois directe, et à la règle de Trois inverse.

On la réduira à une règle de Trois simple, en considérant que marcher pendant 30 jours, en employant 7 heures chaque jour, c'est marcher pendant 30 fois 7 heures, ou 210 heures ; ainsi on peut changer la question en cette autre : il a fallu 210 heures pour faire 230 lieues ; combien en faudra-t-il pour faire 600 lieues ? Quand on aura trouvé le nombre d'heures qui satisfait à cette question, en le divisant par 10, on aura le nombre de jours demandé, puisque l'homme dont il s'agit emploie 10 heures par jour.

Ainsi il faut chercher le quatrième terme de la proportion, dont les trois premiers sont :

$$230^l : 600^l :: 210^h$$

On trouvera que ce quatrième terme est 547 heures et $\frac{19}{23}$, lesquelles divisées par 10, nombre des heures que cet homme emploie chaque jour, donnent 54 jours et $\frac{180}{230}$ ou $54\frac{18}{23}$.

De la Règle de Société.

197. La règle de Société est ainsi nommée, parce qu'elle sert à partager entre plusieurs associés, le bénéfice ou la perte résultant de leur société.

Son but est de partager un nombre proposé, en parties qui aient entre elles des rapports donnés.

La règle que l'on donne pour cet effet, est fondée sur ce que nous avons établi (186) : nous allons la déduire de ce principe, dans l'exemple suivant.

EXEMPLE I.

Supposons, par exemple, qu'il s'agisse de partager 120, en trois parties qui aient entre elles les mêmes rapports que les nombres 4, 3, 2, l'énoncé de la question fournit ces deux proportions :

4 : 3 :: la première partie est à la seconde.
4 : 2 :: la première partie est à la troisième.

Ou (182) ces deux autres :

4 est à la première partie :: 3 est à la seconde.
4 est à la première partie :: 2 est à la troisième.

De sorte qu'on a ces trois rapports égaux

4 est à la première partie :: 3 est à la seconde :: 2 est à la troisième.

Or on a vu (186) que la somme des antécédens de plusieurs rapports égaux, est à la somme des conséquens, comme un antécédent est à son conséquent : on peut donc dire ici, que la somme 9 des trois parties proportionnelles à celles que l'on cherche est à la somme 120 de celles-ci, comme l'une quelconque des trois parties proportionnelles est à la partie de 120 qui lui répond.

La règle se réduit donc, 1°. à faire une totalité des parties proportionnelles données ; 2°. à faire autant de règles de Trois qu'il y a de parties à trouver, et dont chacune aura, pour premier terme, la somme des parties proportionnelles données ; pour second terme, le nombre proposé à diviser ; et pour troisième terme, l'une des parties proportionnelles données : ainsi dans la question que nous avons prise pour exemple, on aurait ces trois règles de Trois à faire.

$$9 : 120 :: 4 :$$
$$9 : 120 :: 3 :$$
$$9 : 120 :: 2 :$$

Dont on trouvera (179) que les quatrièmes termes sont $53\frac{1}{3}$, 40, $26\frac{2}{3}$ qui ont entre eux les rapports demandés, et qui composent en effet le nombre 120.

Mais il est aisé de remarquer qu'il n'est pas absolument nécessaire de faire autant de règles de Trois qu'il y a de parties à trouver ; on peut se dispenser de la dernière, en retranchant du nombre proposé la somme des autres parties, quand on les a trouvées.

EXEMPLE II.

Trois personnes ont à partager le bénéfice de la prise d'un vaisseau. La première a fait un fonds de 20000ᵗ ; la seconde, de 60000ᵗ ; la troisième, de 120000ᵗ : on demande ce qui revient à chacune sur la prise estimée 800000ᵗ, tous frais faits.

On voit qu'il s'agit de partager 800000ᵗ, en parties qui aient entre elles les mêmes rapports que 20000, 60000, 120000ᵗ, ou (170) que 2, 6, 12, puisque chacun doit avoir proportionnéllement à sa mise ; il faut donc ajouter les trois parties proportionnelles 2, 6, 12, et faire les trois proportions suivantes, ou seulement deux.

$$20 : 800000 :: 2^t : \text{la première partie.}$$
$$20 : 800000 :: 6^t : \text{la seconde partie.}$$
$$20 : 800000 :: 12^t : \text{la troisième partie.}$$

Ces trois parties seront 80000ᵗ, 240000ᵗ, 480000ᵗ.

La question pourrait être plus compliquée, et cependant être ramenée aux mêmes principes, comme dans l'exemple qui suit.

EXEMPLE III.

Trois personnes ont mis en société, la première, 3000^{tt}, qui ont été pendant six mois dans la société ; la seconde, 4000^{tt}, qui y ont été pendant cinq mois ; et la troisième 8000^{tt}, qui y ont resté pendant neuf mois ; combien chacun doit-il avoir sur le bénéfice qui monte à 12050^{tt} ?

On réduira toutes les mises à un même temps, en cette manière :

La mise de 3000^{tt} a dû produire, pendant six mois, autant que, 6 fois 3000^{tt} ou 18000^{tt}, pendant un mois.

La mise de 4000^{tt} a dû produire pendant cinq mois, autant que 5 fois 4000^{tt} ou 20000^{tt}, pendant un mois.

Enfin la mise de 8000^{tt} a dû produire en neuf mois, autant que 9 fois 8000^{tt} ou 72000^{tt}, pendant un mois.

Ainsi la question est réduite à cette autre : les mises de trois associés sont 18000^{tt}, 20000^{tt}, 72000^{tt}, combien revient-il à chacun sur le gain de 12050^{tt} ?

En procédant comme dans l'exemple ci-dessus, on trouvera

$$1971^{tt}\,16^{s}\,4^{d}\,\frac{4}{11}, \quad 2190^{tt}\,18^{s}\,2^{d}\,\frac{2}{11}, \quad 7887^{tt}\,5^{s}\,5^{d}\,\frac{5}{11}.$$

Remarque au sujet de la Règle précédente.

198. Il n'est pas inutile d'examiner un cas qui peut embarrasser les commençans. Si l'on proposait cette question : partager 650 en trois parties, dont la première soit à la seconde :: 5 : 4 ; et dont la première soit à la troisième :: 7 : 3.

On ne peut pas appliquer ici la règle précédente, sans une préparation qui consiste à rendre la même, dans chaque rapport donné, la partie proportionnelle de l'une des trois parts cherchées ; par exemple, celle de la première ; cela s'exécute aisément, en multipliant les deux termes de chaque rapport, par le premier terme de l'autre rapport ; ainsi les deux rapports 5 : 4 et 7 : 3, seront ramenés à avoir un même premier terme, en multipliant les deux termes du premier par 7, et les deux termes du second par 5, ce qui n'en change pas la valeur (170), et donne les rapports 35 : 28 et 35 : 15 ; en sorte que la question se réduit à partager 650, en trois parties qui soient entre elles comme les nombres 35, 28 et 15 ; ce qui se fera aisément par la règle précédente.

Si l'on demandait de partager un nombre en quatre parties, dont la première fût à la seconde :: 5 : 4, la première à la troisième :: 9 : 5, et la première à la quatrième :: 7 : 3, on réduirait ces rapports à avoir un même premier terme, en multipliant les deux termes de chacun par le produit des premiers termes des deux autres ; ainsi dans cet exemple, on changerait ces trois rapports, en ces trois autres, 315 : 252, 315 : 175, 315 : 135 ; en sorte que la question se réduit à partager le nombre proposé, en quatre parties qui soient entre elles comme les nombres 315, 252, 175 et 135.

De quelques autres Règles dépendantes des Proportions.

* 199. Quoique les règles suivantes soient d'un usage moins fréquent que les précédentes, nous ne pouvons cependant les omettre absolument : outre qu'elles ne sont pas sans utilité par elles-mêmes, elles sont d'ailleurs propres à faire sentir l'étendue des usages des proportions.

200. La première dont nous parlerons est la Règle *d'une fausse position*. On l'applique souvent à résoudre des questions qui appartiennent à la règle de Société, dont elle diffère en ce qu'au lieu de prendre les parties proportionnelles telles qu'elles sont données par l'énoncé de la question, elle en prend une arbitrairement, et y subordonne les autres conformément à la question ; ce qui rend le calcul un peu plus facile.

EXEMPLE I.

Partager 640# entre trois personnes, dont la seconde ait le quadruple de la première, et la troisième deux fois et $\frac{1}{3}$ autant que les deux autres ensemble.

Je prends arbitrairement, pour représenter la première partie, le nombre 3, dont je puis prendre commodément le $\frac{1}{3}$.

La première partie étant 3, la seconde sera 12, et la troisième sera 35.

La question est réduite à partager 640 en trois parties, qui soient entre elles comme les trois nombres 3, 12 et 35, ce qui se fera comme il a été dit (197).

La règle d'une fausse position sert aussi à résoudre des questions qui sont, en quelque façon, l'inverse de celles de la règle de Société, puisqu'il s'agit de revenir de la somme de quelques parties d'un nombre à ce nombre même, comme dans l'exemple qui suit.

EXEMPLE II.

On demande de trouver un nombre dont le $\frac{1}{3}$, le $\frac{1}{5}$ et les $\frac{3}{7}$, fassent 808. Je prends un nombre dont je puisse avoir commodément le $\frac{1}{3}$, le $\frac{1}{5}$ et le $\frac{1}{7}$ (ce qui est facile en multipliant les trois dénominateurs). Ce nombre sera 105 ; j'en prends le $\frac{1}{3}$, qui est 35, le $\frac{1}{5}$ qui est 21, et les $\frac{3}{7}$ qui sont 45 ; j'ajoute ces trois nombres, et j'ai 101, qui est composé des parties de 105, de la même manière que 808 l'est de celles du nombre en question : donc le nombre en question doit avoir même rapport à 808, que 105 à 101 ; il doit donc être le quatrième terme d'une proportion qui commencerait par ces trois-ci :

$$101 : 105 :: 808 : \quad$$

Ce quatrième terme est 840, dont 808 renferme en effet le $\frac{1}{3}$, le $\frac{1}{5}$ et les $\frac{3}{7}$.

201. La seconde règle dont nous parlerons est celle des deux fausses positions, Elle sert dans les questions où il s'agit de partager, non pas le nombre même proposé, mais seulement une partie de ce nombre, en parties proportionnelles à des nombres donnés ; l'exemple suivant fera connaître la règle et son usage.

EXEMPLE.

Il s'agit de partager 6954# en trois personnes, de manière que la seconde ait autant que la première, et 54# de plus, et que la troisième ait autant que les deux autres ensemble, et 78# de plus.

Sans les 54 et les 78#, il est clair qu'il ne s'agirait que de partager le nombre proposé en parties proportionnelles aux nombres 1, 1 et 2 ; mais puisqu'il faut prélever sur la somme, 54# pour la seconde personne, et 54# plus 78# pour la troisième, il est évident qu'il n'y a qu'une partie du nombre proposé qu'on doit partager en parties proportionnelles à 1, 1 et 2 : comme cette partie, qui est facile à trouver dans l'exemple actuel, peut être plus difficile à apercevoir dans d'autres circonstances, on suit la méthode que voici :

Supposons, pour la première part, tel nombre que nous voudrons, par exemple, 1# ; la seconde part sera 1# plus 54#, c'est-à-dire 55# ; et la troisième sera 1# plus 55#, plus 78# ; c'est-à-dire 134# : la totalité de ces parts est 190#.

S'il n'eût été question que de partager en parties proportionnelles à 1, 1 et 2 ; la première part étant toujours supposée 1#, la seconde serait 1#, la troisième serait 2#, et la totalité serait 4#, dont la différence avec 190#, c'est-à-dire 186#, est ce qu'il faut prélever sur la somme proposée 6954#, ce qui la réduit à 6768#; il reste donc à partager 6768# en parties proportionnelles à 1, 1 et 2, selon les règles ci-dessus; et ayant trouvé que la première partie est 1692#, on en conclut que les deux autres parts demandées, sont 1746# et 3516#; en effet, la totalité de ces trois parts est 6954#.

202. On trouve encore, chez les Arithméticiens, plusieurs autres règles qui ne sont autre chose que l'application des règles de Trois, à différentes questions, telles que les questions d'*Intérêt*, de *Change*, d'*Escompte*, etc.

Nous n'entrerons pas dans ces détails qui ne peuvent avoir de difficulté pour ceux qui, ayant bien saisi les principes établis ci-dessus, auront en même temps l'état de la question présent à l'esprit. Nous nous bornerons à un seul exemple.

Une personne a fait à un marchand un billet de 2854#, payable dans un an; elle vient acquitter son billet au bout de 7 mois, et le marchand consent de diminuer, pour les 5 mois restans, les intérêts qui ont été compris dans le billet, à raison de 6 pour cent pour 12 mois; on demande pour quelle somme le marchand doit rendre le billet.

Puisque 12 mois produisent 6 pour 100 d'intérêt; 7 mois ont dû produire un intérêt qu'on trouvera en cherchant le quatrième terme d'une proportion, dont les trois premiers sont:

$$12 : 7 :: 6 :$$

Ce quatrième terme sera $\frac{42}{12}$ ou $3\frac{1}{2}$. Or, quand l'intérêt a été pris à 6 pour 100, on a compté pour 106# ce qui ne valait que 100#; donc quand l'intérêt est à $3\frac{1}{2}$ on compte pour $103\frac{1}{2}$, ce qui ne vaut que 100; il faut donc actuellement que ce qui devait être payé 106 ne soit plus payé que $103\frac{1}{2}$. Ainsi la somme cherchée doit être le quatrième terme d'une proportion dont les trois premiers sont.......

$$106 : 103\frac{1}{2} :: 2854\# :$$

Ce quatrième terme qui est 2786# 13ſ 9ᵈ $\frac{30}{106}$ ou $\frac{15}{53}$, est la somme que le débiteur doit donner pour retirer son billet.

De la Règle d'Alliage.

203. Les questions qui appartiennent à cette règle sont de deux sortes.

Dans l'une, il s'agit de trouver la valeur moyenne de plusieurs sortes de choses, dont le nombre et la valeur particulière de chacune sont connus.

Dans la seconde, il s'agit de connaître les quantités de chaque espèce de choses qui entrent dans un ou plusieurs mélanges, lorsqu'on connaît le prix ou la valeur de chaque espèce, et le prix ou la valeur totale de chaque mélange.

Nous réservons les questions de la seconde sorte pour l'Algèbre.

Quant aux questions de la première, voici la règle pour les résoudre.

Multipliez la valeur de chaque espèce de choses, par le nombre des choses de cette espèce, ajoutez tous les produits et divisez la somme par le nombre total des choses de toutes les espèces.

EXEMPLE.

On emploie 200 ouvriers, dont 50 sont payés à raison de 40 sous par jour, 70 à raison de 30 sous, 50 à raison de 25 sous, et 30 à raison de 20 sous; à combien chaque ouvrier revient-il par jour, l'un portant l'autre?

50 ouvriers, à 40 sous par jour, font une dépense

de...................................... 2000^s
70 à 30^s................................ 2100
50 à 25................................. 1250
30 à 20................................. 600
                                        ──────
                                        5950^s

La dépense de 200 ouvriers est donc de 5950^s par jour, et par conséquent (en divisant par 200), chaque ouvrier revient, l'un portant l'autre, à 29^s 9^d par jour. Les autres questions de cette espèce sont si faciles à résoudre d'après cet exemple, que nous croyons à propos de ne pas insister sur cette matière.

Des Progressions arithmétiques.

204. La progression arithmétique est une suite de termes dont chacun surpasse celui qui le précède, ou en est surpassé, de la même quantité.

Par exemple cette suite....

$$\div 1.4.7.10.13.16.19.22.25, \text{etc.}$$

est une progression arithmétique, parce que chaque terme y surpasse celui qui le précède, d'une même quantité qui est ici 3.

Les deux points séparés par une barre, qu'on voit ici à la tête de la progression, sont destinés à marquer qu'en énonçant cette progression, on doit répéter chaque terme, excepté le premier et le dernier, en cette manière, 1 *est à* 4 *comme* 4 *est à* 7 *comme* 7 *est à* 10, etc.

La progression est dite *croissante* ou *décroissante*, selon que les termes vont en augmentant ou en diminuant ; mais comme les propriétés de l'une et de l'autre sont les mêmes, en changeant seulement les mots *plus* en *moins*, *ajouter* en *soustraire* ; nous la considérerons ici uniquement comme croissante.

205. On voit donc, d'après la définition de la progression arithmétique, qu'avec le premier terme et la différence commune, ou la raison de la progression, on peut former tous les autres termes, en ajoutant consécutivement cette raison ; et que par conséquent :

Le second terme est composé du premier, plus la raison.

Le troisième est composé du second, plus la raison ; et par conséquent du premier, plus deux fois la raison.

Le quatrième est composé du troisième, plus la raison ; et par conséquent du premier, plus trois fois la raison, et ainsi de suite.

206. De sorte qu'on peut dire, en général, qu'*un terme quelconque d'une progression arithmétique, est composé du premier, plus autant de fois la raison qu'il y a de termes avant lui.*

207. Donc si le premier terme était zéro, tout autre terme de la progression serait égal à autant de fois la raison qu'il y aurait de termes avant lui.

208. Ce principe peut avoir les deux applications suivantes :

1°. Il sert à trouver un terme quelconque d'une progression, sans qu'on soit obligé de calculer ceux qui le précèdent. Qu'on demande, par exemple, quel serait le 100e terme de cette progression :

$$\div\ 4.9.14.19.24,\ \text{etc.}$$

Puisque ce terme cherché doit être le centième, il y a donc 99 termes avant lui ; il est donc composé du premier terme 4, et de 99 fois la raison 5 ; il est donc 4 plus 495, c'est-à-dire 499.

209. 2°. Ce même principe sert à lier deux nombres quelconques par une suite de tant d'autres nombres qu'on voudra, de manière que le tout forme une progression arithmétique ; ce qu'on appelle *insérer* entre deux nombres donnés plusieurs *moyens proportionnels arithmétiques*, ou simplement plusieurs *moyens arithmétiques*.

Par exemple, on peut lier 1 et 7 par cinq nombres qui fassent une progression arithmétique avec 1 et 7 ; ces nombres sont 2, 3, 4, 5, 6 ; mais comme il n'est pas toujours aisé de voir, du premier coup-d'œil, quels doivent être ces nombres, voici comment on peut les trouver à l'aide du principe que nous venons de poser.

Il ne s'agit que de trouver la raison qui doit régner dans cette progression.

Or le plus grand des deux nombres proposés devant être le dernier terme de la progression, doit être composé du premier, c'est-à-dire du plus petit de ces deux nombres, plus autant de fois la raison qu'il y a de termes avant lui ; donc si, du plus grand de ces deux nombres, on retranche le plus petit, le reste sera composé d'autant de fois la raison qu'il doit y avoir de termes avant le plus grand, c'est-à-dire, qu'il est le produit de la multiplication de cette raison par le nombre des termes qui précèdent le plus grand : donc (74) si l'on divise ce reste par le nombre des termes qui doivent précéder le plus grand, on aura cette raison.

Or le nombre des termes qui doivent précéder le plus grand, est plus grand d'une unité que le nombre des moyens qu'on veut insérer entre les deux ; donc, *pour insérer entre deux nombres donnés tant de moyens arithmétiques qu'on voudra, il faut retrancher le plus petit de ces deux nombres, du plus grand, et diviser le reste par le nombre des moyens augmenté d'une unité.*

Le quotient sera la différence ou la raison qui doit régner dans la progression.

Par exemple, si entre 4 et 11 on demande d'insérer 8 moyens arithmétiques, je retranche 4 de 11, il me reste 7 que je divise par 9, nombre de moyens augmenté de l'unité ; le quotient $\frac{7}{9}$ est la différence qui doit régner dans la progression qui sera par conséquent,

$$\div 4 \cdot 4\frac{7}{9} \cdot 5\frac{5}{9} \cdot 6\frac{3}{9} \cdot 7\frac{1}{9} \cdot 7\frac{8}{9} \cdot 8\frac{6}{9} \cdot 9\frac{4}{9} \cdot 10\frac{2}{9} \cdot 11.$$

Pareillement, si l'on demandait neuf moyens arithmétiques entre o et 1, retranchant o de 1, il reste 1 qu'il faudrait diviser par 10, nombre des moyens augmenté de l'unité, ce qui donne $\frac{1}{10}$ ou 0,1 pour la raison. Et par conséquent la progression sera

$$\div 0.0; 1.0, 2.0, 3.0, 4.0, 5.0; 6.0, 7.0, 8.0, 9. 1.$$

210. On voit par-là, qu'entre deux nombres, si voisins qu'ils puissent être l'un de l'autre, on peut toujours insérer tant de moyens arithmétiques qu'on voudra

Nous n'en dirons pas davantage sur les progressions arithmétiques, que nous ne traitons ici que par rapport aux logarithmes dont nous parlerons plus bas; nous aurons occasion d'y revenir ailleurs.

Des Progressions géométriques.

211. La progression géométrique est une suite de termes dont chacun contient celui qui le précède, ou est contenu en lui le même nombre de fois. Par exemple, cette suite :

$$\div\div 3 : 6 : 12 : 24 : 48 : 96 : 192$$

est une progression géométrique, parce que chaque terme contient celui qui le précède, le même nombre de fois, qui est ici 2.

Ce nombre de fois est ce qu'on appelle *la raison* de la progression.

Les quatre points qui précèdent la progression ont la même signification que les deux points qui précèdent la progression arithmétique (204). Mais on en met quatre pour avertir que la progression est géométrique.

La progression est dite *croissante* ou *décroissante*, selon que les termes vont en augmentant ou en diminuant.

Nous considérerons toujours la progression géométrique comme croissante, parce que les propriétés sont les mêmes dans l'une et dans l'autre, en changeant le mot de *multiplier* en celui de *diviser*, et celui de *contenir*, en celui de *être contenu*.

Puisque le second terme contient le premier autant de fois qu'il y a d'unités dans la raison, il est donc composé du premier multiplié par la raison.

Puisque le troisième terme contient le second autant de fois qu'il y a d'unités dans la raison, il est donc composé du second multiplié par la raison, et par conséquent du premier multiplié par la raison, et encore multiplié par la raison ; c'est-à-dire, du premier multiplié par le carré, ou la seconde puissance de la raison.

Puisque le quatrième terme contient le troisième autant de fois qu'il y a d'unités dans la raison, il est donc composé du troisième multiplié par la raison, et par conséquent du premier multiplié par le carré de la raison, et encore multiplié par la raison ; c'est-à-dire, multiplié par le cube, ou la troisième puissance de la raison.

Par exemple, dans *la progression ci-dessus*, 6 est composé du premier terme 3 multiplié par la raison 2 : 12 est composé du premier terme 3, multiplé par le carré 4 de la raison 2 ; 24 est composé du premier terme 3 multiplié par le cube 8 de la raison 2.

212. En continuant le même raisonnement, on voit qu'*un terme quelconque de la progression géométrique, est composé du premier multiplié par la raison élevée à une puissance marquée par le nombre des termes qui précèdent ce terme quelconque.*

Donc, si le premier terme de la progression est l'unité, chaque autre terme sera formé de la raison même élevée à une puissance marquée par le nombre des termes qui le précèdent, car la multiplication par le premier terme, qui est l'unité, n'augmente point le produit.

Pour élever un nombre à une puissance proposée, à la septième, par exemple, il faut, suivant l'idée que nous avons donnée des puissances, multiplier ce nombre par lui-même six fois
consécutives. Ainsi, pour élever 2 à la septième puissance, je
dirais : 2 fois 2 font 4, 2 fois 4 font 8, 2 fois 8 font 16, 2 fois
16 font 32, 2 fois 32 font 64, 2 fois 64 font 128, ce qui serait
la septième puissance de 2; mais on peut abréger l'opération en
diverses manières ; par exemple, je puis d'abord carrer 2, ce
qui fait 4; cuber ce 4, ce qui donne 64, et multiplier 64 par 2,
ce qui fait 128; ou bien je puis cuber 2, ce qui donne 8; carrer
8, ce qui donne 64, et multiplier 64 par 2, ce qui donne 128;
en un mot, peu importe de quelle façon on s'y prenne, pourvu
que 2 se trouve 7 fois facteur dans le produit.

213. Le principe que nous venons de poser (212) sur la formation d'un terme quelconque de la progression, et la remarque
que nous venons de faire, peuvent servir à calculer tel terme
qu'on voudra de la progression, sans être obligé de calculer ceux
qui le précèdent. Si l'on demande, par exemple, quel serait le
douzième terme de la progression....

$$\div\ 3 : 6 : 12 : 24 :, \text{ etc.}$$

Comme je sais (212) que ce douzième terme doit être composé du premier, multiplié par la raison élevée à une puissance
marquée par le nombre des termes qui précèdent ce douzième,
je vois que, pour le former, il faut multiplier 3 par la onzième
puissance de la raison 2. Pour former cette onzième puissance,
je cube 2, ce qui me donne 8; je cube 8, ce qui me donne 512
pour la neuvième puissance, et enfin je multiplie 512, neuvième
puissance de la raison, par 4, seconde puissance, et j'ai 2048
pour la onzième puissance de 2; je multiplie donc 2048 par 3,
et j'ai 6144 pour le douzième terme de la progression.

214. Une autre application qu'on peut faire du même principe, c'est pour trouver tant de moyens proportionnels géométriques qu'on voudra entre deux nombres donnés. Si l'on demandait trois moyens géométriques entre 4 et 64; avec un peu

d'attention, on voit que ces trois moyens géométriques sont 8, 16, 32. En effet, ÷ 4 : 8 : 16 : 32 : 64 forment une progression géométrique ; mais si l'on proposait d'autres nombres que 4 et 64, ou que l'on demandât tout autre nombre de moyens géo-métriques, on ne les trouverait pas aussi facilement.

Or, voici comment on peut les trouver en vertu du principe dont il s'agit.

La question se réduit à trouver la raison qui doit régner dans la progression, parce que quand elle sera trouvée, on formera aisément les termes par des multiplications successives par cette raison.

Qu'il soit question, par exemple, de trouver neuf moyens géométriques entre 2 et 2048.

2048 sera donc le dernier terme d'une progression géomé-trique qui commence par 2, et qui doit avoir neuf termes entre le premier et le dernier. 2048 est donc composé du premier terme 2 multiplié par la raison élevée à une puissance marquée par le nombre des termes qui doivent précéder 2048 ; donc (69) si l'on divise 2048 par le premier terme, le quotient sera la rai-son élevée à une puissance marquée par le nombre des termes qui doivent précéder 2048 ; donc en cherchant quelle est la racine de cette puissance, on aura la raison : or cette puissance doit être la dixième, puisque devant y avoir neuf termes entre 2 et 2048, il y en a nécessairement dix avant 2048 ; donc il faut extraire la racine dixième du quotient qu'aura donné le plus grand nombre 2048 divisé par le plus petit 2.

215. Comme on peut faire le même raisonnement dans tous les cas, concluons donc en général que, *pour insérer entre deux nombres donnés, tant de moyens géométriques qu'on voudra, il faut diviser le plus grand de ces deux nombres par le plus petit, ce qui donnera un quotient ; on extraira de ce quotient une racine du degré marqué par le nombre des moyens aug-menté de l'unité.*

Ainsi, pour revenir à notre exemple, je divise 2048 par 2 ;

ce qui me donne 1024, dont je cherche la racine dixième (*),
elle est 2 ; donc la racine est 2. Ainsi, pour former les moyens
en question, je multiplie le premier terme 2 continuellement
par la raison 2 ; et après avoir formé neuf moyens, je retombe
sur 2048, comme on le voit ici :

÷ 2 : 4 : 8 : 16 : 32 : 64 : 128 : 256 : 512 : 1024 : 2048.

Pareillement, si l'on demandait de trouver quatre moyens
géométriques entre 6 et 48, je diviserais 48 par 6, et du quotient 8 je tirerais la racine cinquième ; comme 8 n'a pas de
racine cinquième exacte, on ne peut jamais assigner exactement
en nombres, quatre moyens géométriques entre 6 et 48 ; mais
on peut approcher de cette racine si près qu'on le voudra,
par une méthode analogue à celles de la racine carrée et de la
racine cubique, et que nous ferons connaître dans l'Algèbre.
En attendant, il suffit qu'on conçoive qu'il est possible de trouver un nombre qui, multiplié quatre fois de suite par lui-même,
approche de plus en plus de reproduire 8 ; et qu'il en est de
même pour tout autre nombre et pour toute autre racine ;
de là nous conclurons qu'entre deux nombres quelconques, on
peut toujours trouver tant de moyens géométriques qu'on voudra, soit exactement, soit par une approximation poussée à
tel degré qu'on voudra, et c'est tout ce qu'il nous faut pour
passer aux Logarithmes.

Des Logarithmes.

216. Les *Logarithmes* sont des nombres en progression arith-

---

(*) Nous n'avons pas donné de méthode pour extraire la racine dixième d'un
nombre ; mais il en est de celle-ci comme de la racine carrée et de la racine cubique : la racine carrée ne doit avoir qu'un chiffre lorsque le nombre proposé
n'en a pas plus de 2 ; la racine cubique ne doit avoir qu'un chiffre, lorsque le
nombre proposé n'en a pas plus de trois ; pareillement la racine dixième n'aura
jamais qu'un chiffre, tant que le nombre proposé n'en aura pas plus de dix ;
il en est de même pour les autres racines ; la trentième, par exemple, n'aura
qu'un chiffre, si le nombre proposé n'a pas plus de trente chiffres ; cela se démontre, comme on l'a fait pour la racine carrée et la racine cubique.

métique, qui répondent, terme pour terme, à une pareille suite de nombres en progression géométrique. Si l'on a, par exemple, la progression géométrique et la progression arithmétique suivantes. . . . . . .

$$\div 2 : 4 : 8. : 16 : 32 : 64 : 128 : 256, \text{ etc.}$$
$$\div 3 . 5 . 7 . 9 . 11 . 13 . 15 . 17, \text{ etc.}$$

Chaque terme de la suite inférieure est dit le logarithme du terme qui est à pareille place dans la suite supérieure.

217. Un même nombre peut donc avoir une infinité de logarithmes différens, puisqu'à la même progression géométrique on peut faire correspondre une infinité de progressions arithmétiques différentes. Comme nous ne considérons ici les logarithmes que par rapport à l'usage qu'on peut en faire dans les calculs numériques, nous ne nous arrêterons pas à considérer les différentes progressions géométriques et arithmétiques qu'on pourrait comparer entre elles ; nous passons tout de suite à celles qu'on a considérées dans la formation des Tables de Logarithmes.

218. On a choisi pour progression géométrique, la progression décuple, et pour progression arithmétique, la suite naturelle des nombres ; c'est-à-dire, qu'on a choisi les deux progressions suivantes :

$$\div 1 : 10 : 100 : 1000 : 10000 : 100000 : 1000000$$
$$\div 0 . 1 . 2 . 3 . 4 . 5 . 6$$

219. Ainsi, il sera toujours aisé de reconnaître quel est le logarithme de l'unité suivie de tant de zéros qu'on voudra ; il a toujours autant d'unités qu'il y a de zéros à la suite de cette unité.

Nous n'enseignerons pas ici la méthode qu'on a suivie pour trouver les logarithmes des termes intermédiaires de la progression décuple ; elle dépend de principes que nous ne pouvons exposer ici ; mais nous allons expliquer cette formation par une voie qui, à la vérité, ne serait pas la plus expéditive pour calculer ces logarithmes ; mais qui suffit, tant pour concevoir cette formation, que pour rendre raison des usages auxquels on emploie ces nombres artificiels.

220. D'après la définition que nous avons donnée des logarithmes, on voit que pour avoir le logarithme d'un nombre quelconque, de 3, par exemple, il faut que ce nombre puisse faire partie de la progression géométrique fondamentale. Or, quoiqu'on ne voie pas que 3 puisse faire partie de la progression géométrique $\div 1 : 10 : 100$, etc. ; cependant on voit que si, entre 1 et 10, on insérait un très grand nombre de moyens géométriques (214), comme on monterait alors de 1 à 10 par des degrés d'autant plus serrés que le nombre de ces moyens serait plus grand, il arriverait de deux choses l'une : ou que quelqu'un de ces moyens se trouverait être précisément le nombre : ou que du moins il s'en trouverait deux consécutifs, entre lesquels le nombre 3 serait compris, et dont chacun différerait d'autant moins de 3, que le nombre des moyens insérés serait plus grand.

Cela posé, si l'on insérait pareillement entre 0 et 1 autant de moyens arithmétiques qu'on a inséré de moyens géométriques entre 1 et 10, chaque terme de la progression géométrique ayant pour logarithme le terme correspondant de la progression arithmétique, on prendrait dans celle-ci pour logarithme de 3, le nombre qui s'y trouverait à pareille place que 3 se trouve dans la progression géométrique ; ou si 3 n'était pas exactement quelqu'un des termes de celle-ci, on prendrait dans la progression arithmétique, le terme qui répondrait à celui de la progression géométrique, qui approche le plus du nombre 3.

C'est ainsi qu'on pourrait s'y prendre en effet, si l'on n'avait pas de moyens plus expéditifs. Quoi qu'il en soit, c'est à cela que revient le calcul des logarithmes.

221. Il faut donc se représenter qu'ayant inséré 1000000 moyens géométriques entre 1 et 10, pareil nombre entre 10 et 100, pareil nombre entre 100 et 1000, etc. on a inséré aussi pareil nombre de moyens arithmétiques entre 0 et 1, pareil

nombre entre 1 et 2, pareil nombre entre 2 et 3; qu'ayant rangé tous les premiers sur une même ligne, et tous les seconds au-dessous, on a cherché dans la première le nombre le plus approchant de 2, et on a pris dans la suite inférieure le nombre correspondant; qu'on a cherché de même dans la première le nombre le plus approchant de 3, et qu'on a pris dans la suite inférieure, le nombre correspondant; qu'on en a fait de même successivement, pour les nombres 4, 5, 6, etc.; qu'enfin ayant transporté dans une même colonne, comme on le voit dans la table ci-jointe, les nombres 1, 2, 3, 4, 5, etc., on a écrit dans une colonne à côté, les termes de la progression arithmétique, qu'on a trouvés correspondans à ceux-là; ou du moins ceux qui en approchaient le plus; alors on aura l'idée de la formation des logarithmes et de leur disposition dans les tables ordinaires.

Table des Logarithmes des Nombres naturels depuis 1 jusqu'à 200.

Nomb.	Logar.	Nomb.	Logar.	Nomb.	Logar.	Nomb.	Logar.
0	Inf. nég.	51	1,707570	102	2,008600	153	2,184691
1	0,000000	52	1,716003	103	2,012837	154	2,187521
2	0,301030	53	1,724276	104	2,017033	155	2,190332
3	0,477121	54	1,732394	105	2,021189	156	2,193125
4	0,602060	55	1,740363	106	2,025306	157	2,195900
5	0,698970	56	1,748188	107	2,029384	158	2,198657
6	0,778151	57	1,755875	108	2,033424	159	2,201397
7	0,845098	58	1,763428	109	2,037426	160	2,204120
8	0,903090	59	1,770852	110	2,041393	161	2,206826
9	0,954243	60	1,778151	111	2,045323	162	2,209515
10	1,000000	61	1,785330	112	2,049218	163	2,212188
11	1,041393	62	1,792392	113	2,053078	164	2,214844
12	1,079181	63	1,799341	114	2,056905	165	2,217484
13	1,113943	64	1,806180	115	2,060698	166	2,220108
14	1,146128	65	1,812913	116	2,064458	167	2,222716
15	1,176091	66	1,819544	117	2,068186	168	2,225309
16	1,204120	67	1,826075	118	2,071882	169	2,227887
17	1,230449	68	1,832509	119	2,075547	170	2,230449
18	1,255273	69	1,838849	120	2,079181	171	2,232996
19	1,278754	70	1,845098	121	2,082785	172	2,235528
20	1,301030	71	1,851258	122	2,086360	173	2,238046
21	1,322219	72	1,857332	123	2,089905	174	2,240549
22	1,342423	73	1,863323	124	2,093422	175	2,243038
23	1,361728	74	1,869232	125	2,096910	176	2,245513
24	1,380211	75	1,875061	126	2,100371	177	2,247973
25	1,397940	76	1,880814	127	2,103804	178	2,250420
26	1,414973	77	1,886491	128	2,107210	179	2,252853
27	1,431364	78	1,892095	129	2,110590	180	2,255273
28	1,447158	79	1,897627	130	2,113943	181	2,257679
29	1,462398	80	1,903090	131	2,117271	182	2,260071
30	1,477121	81	1,908485	132	2,120574	183	2,262451
31	1,491362	82	1,913814	133	2,123852	184	2,264818
32	1,505150	83	1,919078	134	2,127105	185	2,267172
33	1,518514	84	1,924279	135	2,130334	186	2,269513
34	1,531479	85	1,929419	136	2,133539	187	2,271842
35	1,544068	86	1,934498	137	2,136721	188	2,274158
36	1,556303	87	1,939519	138	2,139879	189	2,276462
37	1,568202	88	1,944483	139	2,143015	190	2,278754
38	1,579784	89	1,949390	140	2,146128	191	2,281033
39	1,591065	90	1,954243	141	2,149219	192	2,283301
40	1,602060	91	1,959041	142	2,152288	193	2,285557
41	1,612784	92	1,963788	143	2,155336	194	2,287802
42	1,623249	93	1,968483	144	2,158362	195	2,290035
43	1,633468	94	1,973128	145	2,161368	196	2,292256
44	1,643453	95	1,977724	146	2,164353	197	2,294466
45	1,653213	96	1,982271	147	2,167317	198	2,296665
46	1,662758	97	1,986772	148	2,170262	199	2,298853
47	1,672098	98	1,991226	149	2,173186	200	2,301030
48	1,681241	99	1,995635	150	2,176091		
49	1,690196	100	2,000000	151	2,178977		
50	1,698970	101	2,004321	152	2,181844		

Les logarithmes renfermés dans cette table n'ont que six chiffres après la virgule ; ils en ont sept dans les tables ordinaires ; mais cette différence ne nuit en rien à l'usage que nous en ferons ci-après.

222. Remarquons au sujet de cette table, que le premier chiffre de la gauche de chaque logarithme s'appelle la *Caractéristique*, parce que c'est par ce chiffre qu'on peut juger dans qu'elle décade est compris le nombre auquel appartient ce logarithme ; par exemple, si un nombre a pour caractéristique 3, je sais qu'il appartient à des mille, parce que le logarithme de 1000 est 3, et que celui de 10000 étant 4, tout nombre depuis 1000 jusqu'à 10000 ne peut avoir pour logarithme que 3 et une fraction ; il a donc 3 pour caractéristique, et les autres chiffres expriment cette fraction réduite en décimales.

Propriétés des Logarithmes.

223. Comme il ne s'agit ici que des logarithmes tels qu'ils sont dans les tables ordinaires, les propriétés que nous allons exposer ne regardent que les progressions géométriques qui ont l'unité pour premier terme, et les progressions arithmétiques qui ont zéro pour premier terme.

Comparons donc encore, terme à terme, une progression géométrique quelconque, mais dont le premier terme soit l'unité, avec une progression aussi quelconque, mais dont le premier terme soit zéro ; par exemple, les deux progressions suivantes......

$$\div 1 : 3 : 9 : 27 : 81 : 243 : 729 : 2187 : 6561, \text{ etc.}$$
$$\div 0 . 4 . 8 . 12 . 16 . 20 . 24 . 28 . 32 , \text{ etc.}$$

Il suit de la nature et de la correspondance parfaite de ces deux progressions, qu'autant de fois la raison de la première est facteur dans l'un quelconque des termes de cette progression, autant de fois la raison de la seconde est contenue dans le terme correspondant de cette seconde ; par exemple, dans le terme 2187, la raison 3 est sept fois facteur, et dans le terme 28, la raison 4 est contenue sept fois.

En effet, selon ce qui a été dit (206 et 212), la raison est facteur dans un terme quelconque de la première, autant de fois qu'il y a de termes avant celui-là ; et dans la seconde, un terme quelconque est composé d'autant de fois la raison qu'il y a de termes avant lui. Or, il y a le même nombre de termes de part et d'autre.

Concluons de là, qu'un terme quelconque de la progression géométrique aura toujours pour correspondant dans la progression arithmétique, un terme qui contiendra la raison de celle-ci, autant de fois que la raison de la première est facteur dans le terme quelconque dont il s'agit.

224. Donc, *si l'on multiplie, l'un par l'autre, deux termes de la progression géométrique, et si l'on ajoute en même temps les deux termes correspondans de la progression arithmétique, le produit et la somme seront deux termes qui se correspondront dans ces progressions.*

Car il est évident que la raison sera facteur dans le produit, autant qu'elle l'est, tant dans l'un des termes multipliés que dans l'autre ; et que la raison de la progression arithmétique sera contenue dans la somme, autant qu'elle l'est, tant dans l'un des termes ajoutés que dans l'autre.

225. Donc on peut, par l'addition seule des deux termes de la progression arithmétique, connaître le produit des deux termes correspondans de la progression géométrique, en supposant ces deux progressions prolongées suffisamment.

Par exemple, en ajoutant les deux termes 8 et 24, qui répondent à 9 et à 729, j'ai 32 qui répond à 6561 ; d'où je conclus que le produit de 729 par 9 est 6561 ; ce qui est en effet.

226. Donc, puisque les nombres naturels qui composent la première colonne de la table ci-dessus, ont été tirés d'une progression géométrique qui commence par l'unité, et puisque leurs logarithmes sont les termes correspondans d'une progression arithmétique qui commence par zéro, il faut en conclure qu'*en ajoutant les logarithmes des deux nombres, on a le logarithme de leur produit.*

De là il est aisé de conclure les usages suivans.

Usage des Logarithmes.

227. *Pour faire une multiplication par logarithmes, il faut ajouter le logarithme du multiplicande au logarithme du multiplicateur; la somme sera le logarithme du produit;* c'est pourquoi, cherchant cette somme parmi les logarithmes des tables, on trouvera le produit à côté; par exemple, si l'on propose de multiplier 14 par 13.

Je trouve dans la petite table ci-dessus que le logarithme de 14

est....................... 1,146128
et que celui de 13 est.......... 1,113943
La somme................. 2,260071

répond dans la même table au nombre 182 qui est en effet le produit.

228. Pour carrer un nombre, il suffit donc de doubler son logarithme, puisqu'il faudrait ajouter ce logarithme à lui-même, pour multiplier le nombre par lui-même.

229. Par une raison semblable, pour cuber un nombre, il faudra tripler son logarithme; et en général, pour élever un nombre à une puissance quelconque, il faudra prendre son logarithme autant de fois qu'il y a d'unités dans le nombre qui marque cette puissance; c'est-à-dire, multiplier son logarithme par le nombre qui marque cette puissance; par exemple, pour élever un nombre à la septième puissance, il faudra multiplier par 7 le logarithme de ce nombre.

230. Donc réciproquement, pour extraire la racine carrée, cubique, quatrième, etc. d'un nombre proposé, il faudra diviser le logarithme de ce nombre par 2, 3, 4, etc., c'est-à-dire, en général, par le nombre qui marque le degré de la racine qu'on veut extraire.

Par exemple, si l'on demande la racine carrée de 144; ayant trouvé, dans la table, que le logarithme de ce nombre est 2,158362, j'en prends la moitié 1,079181; je cherche parmi les logarithmes, à quel endroit se trouve 1,079181; il répond à 12, qui est par conséquent la racine carrée de 144.

Si l'on demande la racine septième de 128, je cherche dans la table, son logarithme que je trouve être 2,107210; j'en prends le septième, ou je le divise par 7, et je cherche à quoi répond dans la table le quotient 0,301030; il répond à 2 qui est en effet la racine septième de 128.

231. *Pour trouver le quotient de la division d'un nombre par un autre, il faut retrancher le logarithme du diviseur, du logarithme du dividende; chercher dans la table à quel nombre répond le logarithme restant, ce nombre sera le quotient*

Par exemple, si l'on veut diviser 187 par 17, je cherche dans la table les logarithmes de ces deux nombres, et je trouve

Le logarithme de 187.......... 2,271842
Celui de 17................... 1,230449
La différence................ 1,041393

répond, dans la table, à 11 qui est en effet le quotient.

Si la division ne pouvait pas être faite exactement, le logarithme restant ne se trouverait qu'en partie dans la table; mais nous allons enseigner, ci-après, ce qu'il faut faire dans ce cas.

La raison de cette règle est fondée sur ce que le quotient multiplié par le diviseur, devant reproduire le dividende (74), le logarithme du quotient, ajouté (227) au logarithme du diviseur, doit composer le logarithme du dividende; et par conséquent, le logarithme du quotient vaut le logarithme du dividende, moins celui du diviseur.

232. D'après ce que nous venons de dire, il est très facile de voir que pour faire une règle de Trois par logarithmes, il faut ajouter le logarithme du second terme au logarithme du troisième, et de la somme retrancher le logarithme du premier.

233. Remarquons que lorsqu'on cherche dans les tables ordinaires, un logarithme résultant de quelques opérations sur d'autres logarithmes, si l'on ne trouve de différence entre le dernier chiffre de ce logarithme et celui de la table, que sur le dernier chiffre seulement, on doit regarder cette différence comme nulle, parce que les logarithmes de tous les nombres

intermédiaires à la progression décuple, ne sont qu'approchés à environ une demi-unité décimale du septième ordre près.

Des Nombres dont les logarithmes ne se trouvent point dans les Tables.

234. Les fractions et les nombres entiers joints à des fractions, n'ont pas leurs logarithmes dans les tables ; il en est de même des racines carrées, cubiques, etc. des nombres qui ne sont pas des puissances parfaites du degré de ces racines.

Si l'on demande le logarithme d'un nombre entier joint à une fraction, il faut d'abord réduire le tout en fraction (86), et ensuite retrancher le logarithme du dénominateur, du logarithme du numérateur. Par exemple, pour avoir le logarithme de $8\frac{3}{11}$, je cherche celui de $\frac{91}{11}$, que je trouve en retranchant 1,041393 logarithme de 11, de 1,959041 logarithme de 91 ; le reste 0,917648 est le logarithme de $8\frac{3}{11}$, puisque $8\frac{3}{11}$ ou $\frac{91}{11}$, n'est autre chose que 91 divisé par 11 (96).

235. La même raison prouve que pour avoir le logarithme d'une fraction, il faut retrancher pareillement le logarithme du dénominateur, du logarithme du numérateur ; mais comme cette soustraction ne peut se faire, puisque le logarithme du dénominateur sera plus grand que celui du numérateur, on retranchera au contraire le logarithme du numérateur de celui du dénominateur ; le reste, qui marquera ce dont il s'en faut que la soustraction n'ait pu se faire, sera le logarithme de la fraction, en appliquant à ce reste un signe qui marque que la soustraction n'a pas été entièrement faite. Ce signe est celui-ci —, qu'on énonce *moins*. Ainsi le logarithme de la fraction $\frac{1}{91}$ serait — 0,917648. (*).

(*) Les nombres précédés du signe — se nomment nombres *négatifs*. Nous

236. Ce signe est destiné à rappeler dans le calcul, que les logarithmes des fractions doivent être employés selon une règle tout opposée à celle que nous avons prescrite pour les logarithmes des nombres entiers, ou des nombres entiers joints à des fractions ; c'est-à-dire, que si l'on a à multiplier par une fraction, il faut retrancher le logarithme de cette fraction ; si, au contraire, l'on a à diviser par une fraction, il faut ajouter son logarithme.

La raison en est, pour la multiplication, que multiplier par une fraction, revient à multiplier par le numérateur, et à diviser ensuite par le dénominateur : donc, lorsqu'on opère par logarithmes, on doit ajouter le logarithme du numérateur, et retrancher ensuite celui du dénominateur, ou, ce qui revient au même, on doit seulement retrancher l'excès du logarithme du dénominateur sur le logarithme du numérateur : or, cet excès est précisément le logarithme de la fraction. A l'égard de la division, la raison en est aussi facile à saisir ; en effet, diviser par $\frac{3}{4}$, par exemple, revient (109) à multiplier par $\frac{4}{3}$; donc, en opérant par logarithmes, il faut ajouter le logarithme de $\frac{4}{3}$, c'est-à-dire (234) la différence du logarithme de 4, au logarithme de 3, ou du logarithme du dénominateur de la fraction proposée, au logarithme de son numérateur.

237. Il peut arriver, et il arrive assez souvent, qu'en convertissant en une seule fraction, l'entier et la fraction dont on cherche le logarithme, il peut arriver, dis-je, que le numérateur soit un nombre qui passe les limites des tables. Par exemple, si l'on demande le logarithme de $53\frac{821}{5704}$, ce nombre réduit en fraction, revient à $\frac{303133}{5704}$, dont le numérateur passe les limites des tables les plus étendues.

les ferons connaître plus particulièrement dans l'Algèbre ; en attendant nous prévenons que c'est en prendre une idée fausse, que de les regarder comme des nombres au-dessous de zéro. Il n'y a rien au-dessous de zéro.

Il est donc à propos de savoir comment on peut trouver le logarithme d'un nombre qui passe ces limites.

La méthode que nous allons donner n'est pas rigoureuse ; mais elle est plus que suffisante pour les usages ordinaires. Avant que de l'exposer, observons :

238. 1°. Qu'en ajoutant 1, 2, 3, etc., unités à la caractéristique du logarithme d'un nombre, on multiplie ce nombre par 10, 100, 1000, etc., puisque c'est ajouter le logarithme de 10, ou de 100, ou de 1000, etc. (219 et 227).

2°. Au contraire, si l'on retranche 1, 2, 3, etc. unités de la caractéristique d'un logarithme, c'est diviser le nombre correspondant par 10, 100, 1000, etc.

239. Cela posé, qu'il soit question de trouver le logarithme de 357859, par exemple.

Je séparerai, par une virgule, sur la droite de ce nombre, autant de chiffres qu'il est nécessaire pour que le reste puisse se trouver dans les tables (*). Ici, par exemple, j'en séparerai deux, ce qui me donnera 3578,59, qui (28) est cent fois plus petit que le nombre proposé 357859.

Je cherche dans les tables le logarithme de 3578, que je trouve être 3,553603 ; je prends en même temps à côté de ce logarithme (**), la différence 1214, entre ce même logarithme et celui de 3579, après quoi je fais cette règle de Trois : si pour 1, unité de différence entre les deux nombres 3579 et 3578,

On a 1214 de différence entre leurs logarithmes ;

Combien pour 0,59, différence entre les deux nombres 3578,59 et 3578,

Aura-t-on de différence entre leurs logarithmes ? c'est-à-dire

---

(*) Nous supposons ici que l'on ait entre les mains des Tables ordinaires de logarithmes qui aillent jusqu'à 20000, ou au moins jusqu'à 10000. Celles de M. Rivard et celles de feu M. l'abbé de La Caille sont exactes et commodes.

(**) Ces différences se trouvent dans les Tables, à côté des logarithmes mêmes.

que je cherche le quatrième terme d'une proportion dont les trois premiers sont :

$$1 : 1214 :: 0,59 :$$

Ce quatrième terme est 716,26, où simplement 716, en négligeant les décimales. J'ajoute donc 716 au logarithme 3,5536403 de 3578, et j'ai 3,5537119 pour logarithme de 3578,59 ; il ne s'agit plus, pour avoir celui de 357859, que d'ajouter deux unités à la caractéristique du logarithme qu'on vient de trouver ; et on aura 5,5537119 pour le logarithme cherché, puisque 357859 est 100 fois plus grand que 3578,59.

Si les chiffres qu'on doit séparer sur la droite étaient tous des zéros, après avoir trouvé, dans les Tables, le logarithme de la partie qui reste à gauche, il n'y aurait autre chose à faire qu'à ajouter autant d'unités à la caractéristique, qu'on aurait séparé de zéros.

240. S'il s'agit du logarithme d'un nombre accompagné de décimales, on cherchera ce logarithme, comme si le nombre proposé n'avait point de virgule ; et après l'avoir trouvé, soit immédiatement dans les tables, soit par la méthode qu'on vient de donner (239), on ôtera autant d'unités à la caractéristique, qu'il y a de décimales dans le nombre proposé, parce qu'ayant considéré le nombre comme s'il n'y avait point de virgule, c'est-à-dire, comme 10, ou 100, ou 1000, etc. fois plus grand qu'il n'est, on doit le rappeler à sa valeur par une diminution convenable sur la caractéristique de son logarithme (238).

241. Enfin, s'il n'y a que des décimales dans le nombre proposé, on cherchera encore ce nombre dans les tables, comme s'il n'y avait pas de virgule ; et ayant pris le logarithme correspondant, on le retranchera d'autant d'unités qu'il y a de décimales dans ce même nombre, et on fera précéder le reste du signe — ; par exemple, pour avoir le logarithme de 0,03, je cherche celui de 3 qui est 0,477121 ; je le retranche de deux unités, et appliquant au reste le signe —, j'ai —1,522879 pour logarithme de 0,03. En effet, 0,03 n'est autre chose que $\dfrac{3}{100}$,

or, pour avoir le logarithme de $\frac{3}{100}$, il faut (235) retrancher le logarithme de 3, de celui de 100, et appliquer au reste le signe —.

Des Logarithmes dont les nombres ne se trouvent point dans les Tables.

242. Cette recherche n'est pas moins nécessaire que la précédente. Par exemple, pour la division, il arrive rarement que le quotient soit un nombre entier. Or, si l'on fait l'opération par logarithmes, on ne trouvera dans les tables le logarithme restant, que quand le quotient sera un nombre entier. Il y a une infinité d'autres cas de la même espèce.

243. Proposons-nous d'abord de trouver à quel nombre répond un logarithme proposé, soit qu'il excède les limites des tables, soit qu'il tombe entre les logarithmes des tables.

On retranchera de la caractéristique autant d'unités qu'il sera nécessaire, pour qu'on puisse trouver, dans les tables, les premiers chiffres du logarithme proposé, ainsi préparé. Si tous les chiffres se trouvent alors dans les tables, le nombre cherché sera le nombre même qu'on trouve à côté dans les tables, mais en mettant à sa suite autant de zéros qu'on aura ôté d'unités à la caractéristique (238).

Par exemple, le logarithme 7,2273467 se trouve (après avoir ôté trois unités à la caractéristique), répondre au nombre 16879; j'en conclus que le logarithme proposé 7,2273467, répond à 16879000.

Si l'on ne trouve dans les tables que les premiers chiffres du logarithme, on se conduira comme dans l'exemple qui suit.

Pour trouver à quel nombre appartient le logarithme 5,2432768, j'ôte deux unités à la caractéristique; le logarithme 3,2432768 que j'ai alors, tombe entre les logarithmes de 1750 et 1751 : le nombre auquel il répond est donc 1750 et une fraction.

Afin d'avoir cette fraction, je retranche de mon logarithme

3,2432768, le logarithme de 1750, et j'ai pour différence 2288.

Je prends aussi dans les tables, les différences 2481 entre les logarithmes de 1751 et 1750, après quoi je fais cette règle de Trois :

Si 2481 de différence entre les logarithmes de 1751 et 1750,

Répondent à 1, unité de différence entre ces nombres,

A quelle différence de nombres doit répondre la différence 2288 entre mon logarithme et celui de 1750?

Je trouve pour quatrième terme $\dfrac{2288}{2481}$; ainsi le logarithme

3,2432768 appartient au nombre 1750 $\dfrac{2288}{2481}$, à très peu de chose

près ; par conséquent, le logarithme proposé qui appartient à un nombre 100 fois plus grand (238), a pour nombre correspondant 175000 $\dfrac{228800}{2481}$; c'est-à-dire 175092 $\dfrac{548}{2481}$ ou en réduisant en décimales, il a pour nombre correspondant 175092,22.

244. Si le logarithme proposé tombait entre ceux des tables, il n'y aurait aucune unité à retrancher à la caractéristique, et par conséquent point de zéros à ajouter à la fin de l'opération, qu'on ferait d'ailleurs de la même manière.

245. Mais comme la proportion que nous employons dans cette méthode n'est pas rigoureusement exacte (*), et qu'elle n'approche de la vérité qu'autant que les nombres cherchés sont grands ; si le logarithme proposé tombait au-dessous de celui de 1500, il faudrait, pour plus d'exactitude, ajouter à sa caractéristique autant d'unités qu'on pourrait le faire sans passer les bornes des tables ; et ayant trouvé le nombre qui approche le plus d'y répondre dans ces tables, on en sépare-

_____

(*) Cette proportion suppose que les différences des logarithmes sont proportionnelles aux différences des nombres, ce qui n'est jamais exactement vrai, mais approche assez, quand les nombres sont un peu grands, et cela suffit pour les usages ordinaires.

rait sur la droite autant de chiffres par une virgule qu'on aurait ajouté d'unités à la caractéristique, ce qui suffira le plus
souvent ; mais si l'on veut avoir plus de décimales, on fera la
proportion comme ci-dessus (243), et réduisant le quatrième
terme en décimales, on mettra celles-ci à la suite de celles qu'on
a déjà trouvées.

Par exemple, si l'on demande à quel nombre appartient le
logarithme 0,5432725 ; comme ce logarithme tombe entre
ceux de 3 et de 4, et que le nombre auquel il appartient est
par conséquent beaucoup au-dessous de 1500, je cherche ce
logarithme avec trois unités de plus à sa caractéristique ; c'est-
à-dire, que je cherche 3,5432725 ; je trouve qu'il tombe entre
les logarithmes de 3493 et 3494, d'où je conclus que le nombre
cherché est 3,493, à moins d'un millième près. Mais si cette
approximation ne suffit pas, je prendrai la différence entre
mon logarithme et celui de 3493, c'est-à-dire, 739 ; je prendrai
pareillement la différence 1243 entre les logarithmes de 3494
et 3493, et je chercherai, en raisonnant comme ci-dessus (243),
le quatrième terme d'une proportion qui commencerait par ces
trois-ci :

$$1243 : 1 :: 739 :$$

Ce quatrième terme évalué en décimales est 0,594 ; donc le
nombre cherché est 3,493594.

Au reste, cette seconde approximation est bornée, parce que
les logarithmes des tables n'étant exacts qu'à environ une demi-
unité décimale du septième ordre près, les différences sont
affectées de ce léger défaut ; mais on peut toujours pousser
l'approximation avec confiance jusqu'à trois décimales : au
surplus il est rare qu'on ait besoin d'aller jusque-là ; mais la
remarque que nous faisons doit diriger aussi dans l'usage que
nous avons fait ci-dessus (239 et 243) de la même proportion.

246. Si l'on veut avoir la fraction à laquelle répond un
logarithme négatif proposé, on retranchera ce logarithme de 1,
ou 2, ou 3, ou 4, etc. unités, selon l'étendue des tables ; et
après avoir trouvé le nombre qui répond au logarithme res-

tant, on en séparera sur la droite, par une virgule, autant de chiffres qu'il y aura eu d'unités dans le nombre dont on aura retranché le logarithme.

Par exemple, si l'on demande à quelle fraction appartient — 1,532732, je retranche 1,532732 de 4, et il me reste 2,467268, qui, dans la table, se trouve entre les logarithmes de 293 et de 294; j'en conclus que la fraction cherchée est entre 0,0294 et 0,0293; c'est-à-dire, qu'elle est 0,0293, à moins d'un dix-millième près. En effet, retrancher de 4 le logarithme proposé 1,532732, c'est (236) multiplier 10000 par la fraction à laquelle appartient ce même logarithme proposé, ou (ce qui est la même chose) c'est multiplier cette fraction par 10000; donc le nombre qu'on trouve est 10000 fois plus grand; il faut donc le compter pour des dix-millièmes.

Tout ce que nous venons de dire, trouvera abondamment des applications par la suite. Bornons-nous, quant à présent, à donner une idée, par quelques exemples, de l'avantage que les logarithmes procurent pour la facilité et la promptitude des calculs.

EXEMPLE I.

On demande le quotient de 17954 divisé par 12836, approché jusqu'à moins d'un dix-millième près.

Logarithme de 17954	4,254161
Logarithme de 12836	4,108436
Reste	0,145731

Ce reste, cherché dans les tables, avec une caractéristique plus forte de quatre unités, répond à 13987; donc (238) le quotient cherché est 1,3987.

EXEMPLE II.

On demande la racine cubique de 53, à moins d'un millième près.

Le logarithme de 53 est	1,724276
Son tiers (230) est	0,574759

Ce dernier cherché dans les tables avec une caractéristique

plus forte de trois unités répond à 3756 ; donc (238) la racine cherchée est 3,756.

Pour juger de l'avantage des logarithmes, on n'a qu'à chercher cette racine par la méthode donnée (156). Il ne faut pas pour cela regarder cette dernière comme inutile ; car elle s'étend à une infinité de nombres auxquels les logarithmes n'atteindraient pas, par rapport aux bornes des tables.

EXEMPLE III.

Veut-on avoir, à moins d'un centième près, la racine cinquième du cube de 5736 ?

On triplera le logarithme 3,758609, de 5736, et on aura 11,275827, pour logarithme du cube 5736. Prenant le cinquième de ce dernier logarithme, on a 2,255165, pour logarithme de la racine cinquième du cube de 5736. Ce logarithme cherché dans les tables, avec une caractéristique plus forte de deux unités, pour avoir des centièmes, répond entre les nombres 17995 et 17996 ; la racine cherchée est donc 179,95 à moins d'un centième près.

EXEMPLE IV.

Qu'il soit question de trouver quatre moyens proportionnels géométriques entre $2\frac{2}{3}$, et $5\frac{3}{4}$.

Il faudrait (215) pour avoir la raison qui doit régner dans la progression, diviser $5\frac{3}{4}$ par $2\frac{2}{3}$, et extraire la racine cinquième du quotient.

Par logarithmes, cette opération est très simple. Je détermine, par les tables, le logarithme de $5\frac{3}{4}$ ou $\frac{23}{4}$; c'est 0,759668.

Je détermine pareillement le logarithme de $2\frac{2}{3}$; c'est 0,425969.

Je retranche donc (231) ce logarithme du premier, et j'ai 0,333699 ; prenant donc (230) le cinquième de ce dernier, j'ai

0,066740 pour le logarithme de la raison cherchée. Ce logarithme, cherché dans les tables, avec une caractéristique plus
forte de 4 unités, pour avoir 4 décimales, répond à 11661, à
moins d'une unité près; donc la raison est 1,1661, à moins d'un
dix-millième près. Il ne s'agit donc plus, pour avoir les moyens

proportionnels, que de multiplier le premier terme $2\frac{2}{3}$ par

1,1661, puis le produit par 1,1661, et ainsi de suite.

Mais ces opérations peuvent être faites beaucoup plus promptement, à l'aide des logarithmes, en ajoutant-successivement

au logarithme 0,425969 du premier terme $2\frac{2}{3}$, le logarithme

0,066740 de la raison, son double, son triple, et son quadruple;
en sorte qu'on aura 0,492709; 0,559449; 0,626189; 0,692929
pour les logarithmes des quatre moyens proportionnels demandés; et si l'on cherche ces logarithmes dans les tables, avec
trois unités de plus à la caractéristique, on trouve que ces quatre
moyens proportionnels sont 3,109; 3,626; 4,228; 4,931.

REMARQUE.

Lorsque dans une opération où l'on fait usage des logarithmes,
il s'en trouve quelques-uns que l'on doit retrancher, on peut
simplifier l'opération par l'observation suivante.

Lorsqu'on a à retrancher un nombre quelconque d'un autre
qui est l'unité suivie d'autant de zéros qu'il y a de chiffres dans
le premier, l'opération se réduit à écrire la différence entre 9
et chacun des chiffres du nombre proposé, à l'exception du
dernier, pour lequel on écrit la différence entre 10 et ce chiffre.
Par exemple, si j'ai 526927 à retrancher de 1000000, je retranche successivement les chiffres 5, 2, 6, 9, 2, de 9; et le
dernier chiffre 7, je le retranche de 10, et j'ai 473073 pour
reste.

Ce reste est ce qu'on appelle le *complément arithmétique* du
nombre proposé.

La soustraction faite de cette manière, étant trop simple

pour pouvoir être comptée pour une opération il s'ensuit que lorsqu'on aura à former un résultat de l'addition et de la soustraction de plusieurs nombres, on pourra toujours réduire l'opération à l'addition. Par exemple, s'il s'agissait d'ajouter les deux nombres 672736, 426452 et de retrancher de leur somme les deux nombres 432752, 18675, ce qui exige deux additions et une soustraction, je substitue à ces opérations la suivante.

$$
\begin{array}{lr}
& 672736, \\
& 426452 \\
\text{Complément arithmét. de } 432752 \ldots & 567248. \\
\text{Complément arithmét. de } 18675 \ldots & 981325 \\
\hline
\text{Somme} \ldots\ldots\ldots\ldots\ldots\ldots\ldots & 2647761
\end{array}
$$

C'est-à-dire, que j'ajoute ensemble les deux premiers nombres proposés, et les complémens arithmétiques des deux derniers : la somme est 2647761. Il faut en supprimer le premier chiffre 2; et les chiffres restans 647761 sont le résultat cherché.

La raison de cette opération est facile à sentir, en remarquant que si, au lieu de retrancher 432752, comme on le proposait, j'ajoute son complément arithmétique, c'est-à-dire 1000000 moins 432452, je fais en même temps la soustraction proposée, et une augmentation de 1000000, c'est-à-dire d'une dixaine au premier chiffre du résultat; donc pour chaque complément arithmétique que j'ai introduit, j'aurai une dixaine de trop à l'égard du premier chiffre du résultat.

L'application de ceci aux logarithmes est évidente.

Qu'il soit question, par exemple, de diviser 3760, par 79. Il faudrait retrancher le logarithme 79, de celui de 3760. Au lieu de cette opération, j'écris.

$$
\begin{array}{lr}
\text{Log. } 3760 \ldots\ldots\ldots\ldots\ldots\ldots\ldots & 3,575188 \\
\text{Complément arith. de log. de } 79 \ldots & 8,102373 \\
\hline
\text{Somme} \ldots\ldots\ldots\ldots\ldots\ldots\ldots & 11,677561
\end{array}
$$

Ainsi 1,677561 est le logarithme du quotient, et répond à 47,59 à moins d'un centième près.

Supposons, pour second exemple, qu'il soit question de mul-tiplier $\frac{675}{527}$ par $\frac{952}{377}$; il faudrait (106) multiplier 675, par 952, et 527, par 377 ; puis diviser le premier produit par le second. Par logarithmes, on opérera ainsi

Log. 675......................... 2,829304
Log. 952......................... 2,978637
Complément arithmét. du log. de 527. 7,278189
Complément arithmét. du log. de 377. 7,423659
$\overline{}$
Somme..................... 20,509789

Le logarithme du produit est donc 0,509789, qui, cherché avec trois unités de plus à la caractéristique, répond à 3,234.

On peut faire usage du complément arithmétique pour mettre les logarithmes des fractions sous la même forme que ceux des nombres entiers, et les employer de même dans le calcul ; par là on évitera la distinction des logarithmes négatifs et des logarithmes positifs. Il suffira de se souvenir que la caractéristique du logarithme des fractions, proprement dites, est trop forte de 10 unités.

Par exemple, pour avoir le logarithme de $\frac{3}{4}$ qui n'est (96) autre chose que 3 divisé par 4, au lieu de retrancher le loga-rithme de 4 de celui de 3, c'est-à-dire, de retrancher le loga-rithme de 3 de celui de 4, et de donner au reste le signe —, (235); au logarithme de 3, j'ajoute le complément arithmétique du logarithme de 4 ;

Log. 3........................... 0,477121
Complément arithmét. du log. 4... 9,397940
$\overline{}$
Somme..................... 9,875061

Cette somme est le logarithme de $\frac{3}{4}$, dont la caractéristique est trop forte de 10 unités. Or, il n'est pas nécessaire de faire actuellement la diminution; on peut la rejeter à la fin des opé-rations dans lesquelles on emploiera ce logarithme. La même règle s'applique aux fractions décimales; ainsi, pour avoir le

logarithme de 0,575, qui n'est autre chose que $\frac{575}{1000}$, au logarithme de 575, j'ajouterais le complément arithmétique du logarithme de 1000. En employant ainsi les compléments arithmétiques, au lieu des logarithmes négatifs des fractions, il n'en
est pas plus difficile de trouver, dans les tables, les valeurs, en
décimales, de ces mêmes fractions. Dès que je saurai qu'un
logarithme proposé est ou renferme un ou plusieurs complémens arithmétiques, je sais que sa caractéristique est trop forte
d'autant de dixaines qu'il y entre de complémens arithmétiques,
ainsi, si elle passe ce nombre de dixaines, il sera facile de la
diminuer et de trouver le nombre auquel appartient ce logarithme, et qui sera un nombre entier, ou un nombre entier
joint à une fraction. Mais si la caractéristique est au-dessous du
nombre de dixaines qu'elle est censée renfermer de trop, elle
appartient certainement à une fraction que je trouverai de cette
manière : je chercherai, par ce qui a été dit, à quel nombre
répond le logarithme proposé ; et lorsque je l'aurai trouvé, j'en
séparerai, par une virgule, autant de dixaines de chiffres sur la
droite, qu'il y aura de dixaines de trop dans la caractéristique.
Par exemple, si l'on me donnait 8,732235 pour logarithme résultant d'une opération dans laquelle il est entré un complément
arithmétique, je vois, puisque sa caractéristique est au-dessous
d'une dixaine, qu'il appartient à une fraction. Je cherche d'a-
bord (242) à quel nombre répond 8,732235, considéré comme
logarithme de nombre entier; je trouve qu'il répond à 539802500 ;
séparant 10 chiffres, j'ai 0,0539802500 pour valeur très approchée de la fraction qui répond au logarithme proposé.

Mais comme il est très rarement nécessaire d'avoir ces fractions à un tel degré de précision, on abrégera en diminuant tout
de suite la caractéristique du logarithme proposé, autant qu'il
est nécessaire pour la faire tomber parmi celles des tables, et
prenant seulement le nombre correspondant, on séparera autant de chiffres de moins que ne le prescrit la règle précédente,
autant de moins, dis-je, qu'on aura ôté d'unités à la caracté-

ristique. Ainsi, dans le cas présent, je diminuerais la caractéristique de 5 unités, et ayant trouvé que le nombre correspondant est 5398, j'en séparerais seulement 5 chiffres, et j'aurais
0,05398.

Dans les élévations aux puissances, il faudra observer qu'en
multipliant (229) le logarithme par le nombre qui marque le
degré de la puissance, il se trouvera qu'on multipliera aussi ce
dont la caractéristique se trouvera être trop forte. Ainsi, en
élevant au cube, par exemple, s'il entre un complément arithmétique dans le logarithme proposé; c'est-à-dire, si la caractéristique est trop forte de 10 unités, celle du logarithme du
cube sera trop forte de 30 unités, et ainsi des autres. Il sera donc
facile de la ramener à sa juste valeur.

Dans les extractions des racines, pour éviter toute méprise,
lorsqu'il entrera des complémens arithmétiques dans les logarithmes dont on fera usage, on aura soin d'ajouter ou d'ôter à
la caractéristique autant de dixaines qu'il est nécessaire pour que
ce dont elle sera trop forte, soit précisément d'autant de dixaines
qu'il y a d'unités dans le nombre qui marque le degré de la racine; et ayant, conformément à la règle ordinaire, divisé par
le nombre qui marque le degré de la racine, la caractéristique
sera trop forte, précisément de 10 unités. Par exemple, si l'on
demande la racine cubique de $\frac{276}{547}$, au logarithme de 276,
j'ajoute le complément arithmétique de celui de 547.

Log. 276......................... 2,440909
Complément arithmét. du log. de 547. 7,262013
Somme........................... 9,702922
à la caractéristique de laquelle j'ajoute. 20

afin qu'elle devienne trop forte de 3 dixaines, et j'ai 29,702922
dont le tiers 9,900974 est le logarithme de la racine cubique
demandée, mais avec dix unités de trop à la caractéristique,

conformément à ce qui a été observé ci-dessus, je trouve que cette racine cubique est 0,7961 à moins d'un millième près.

L'usage des complémens arithmétiques est principalement utile dans les calculs de la Trigonométrie, et par conséquent dans plusieurs des opérations du Pilotage que l'on veut faire avec une certaine exactitude.

FIN DE L'ARITHMÉTIQUE DE BEZOUT.

De l'Imprimerie de HUZARD-COURCIER, rue du Jardinet.

NOTES

SUR L'ARITHMÉTIQUE,

A L'USAGE DES CANDIDATS DE L'ÉCOLE POLYTECHNIQUE
ET DE L'ÉCOLE SPÉCIALE MILITAIRE;

PAR A. A. L. REYNAUD,

Examinateur pour l'admission à ces Écoles, Chevalier de la
Légion-d'Honneur, etc.

NEUVIÈME ÉDITION.

———

PARIS,

Mme Ve COURCIER, LIBRAIRE POUR LES SCIENCES,
Rue du Jardinet-Saint-André-des-Arcs, n° 12.

1821.

AVIS RELATIF AUX NOTES.

Les ouvrages de *Bézout* sont recommandables par leur clarté. Si l'on y rencontre des théories peu rigoureuses, c'est que l'Auteur voulut sans doute se mettre à la portée des commençans, et craignit de les rebuter en leur laissant apercevoir, dès le principe, les nombreuses difficultés que présentent les Mathématiques. Mais, parmi les jeunes gens qui étudient les *Élémens*, il en est qui voulant approfondir la science et se livrer aux parties plus élevées des *Mathématiques*, ont besoin de se familiariser de bonne heure avec l'enchaînement des idées et doivent, dès leur début, porter dans les démonstrations ce degré de rigueur qui caractérise les sciences exactes. C'est pour cette classe d'élèves que j'ai composé mes *Notes sur les ouvrages de Bézout*.

Les *Notes sur l'Arithmétique* sont divisées en six chapitres.

Le *premier chapitre* renferme le calcul des nombres entiers abstraits, et les preuves des quatre règles.

Le *deuxième chapitre* traite des fractions, du plus grand commun diviseur, et des décimales; il contient des méthodes nouvelles pour abréger la multiplication et la division.

Le *troisième chapitre* est consacré aux mesures anciennes et nouvelles, et au calcul des nombres concrets.

Le but du *quatrième chapitre* est de faire voir comment on peut résoudre tous les problèmes de l'Arithmétique, à l'aide des quatre règles et sans le secours des *proportions*; cette méthode parut pour la première fois, en 1800, sous le titre d'*Introduction à l'Algèbre*; elle présente l'avantage d'être facile à comprendre, d'exercer l'esprit des élèves, et de les préparer à l'étude de l'Algèbre.

Ces quatre premiers chapitres forment un *traité complet d'Arithmétique*.

Le *cinquième chapitre*, qui exige la connaissance de l'Algèbre, contient le calcul des nombres entiers et des fractions, et les propriétés générales de ces nombres quelle que soit la *base* du système de numération; je donne des propriétés nouvelles sur les produits, les puissances, les racines, les fractions irréductibles, les diviseurs des nombres, etc.; le problème sur les *nombres parfaits*, présente des artifices de calcul entièrement nouveaux. Je démontre que le produit de n nombres entiers consécutifs quelconques est toujours divisible par le produit des n nombres $1, 2, 3, \ldots, n$, (*). Je termine ce chapitre par la théorie des *fractions continues* (**).

Dans le *sixième chapitre*, je donne les propriétés principales des *logarithmes*, la disposition et l'usage des *tables* de logarithmes; j'applique les logarithmes à la résolution des problèmes relatifs aux intérêts des intérêts; je détermine les *limites* des erreurs qui peuvent résulter de l'emploi des logarithmes, et je fais voir que *les limites qui avaient été données jusqu'à ce jour induisent souvent en erreur*.

J'ai placé à la suite des Notes, des *Tableaux* relatifs aux mesures anciennes et nouvelles, et des *Tables de logarithmes*.

Nota. *On devra passer à la première lecture les articles dont les numéros sont précédés d'une* étoile *, mais il sera utile d'y revenir ensuite. Les numéros placés entre parenthèses indiquent des renvois aux articles correspondans des* Notes; *ainsi, dans la dernière ligne de la page 23, le signe* (n° 10) *renvoie au principe de l'article 10 (page 17). Les renvois à l'Algèbre se rapportent à la cinquième édition de mon Algèbre* (***).

(*) Cette démonstration est simple et ingénieuse; elle est due à M. *Mayer*, ancien élève de l'École Polytechnique, Professeur de Mathématiques dans plusieurs établissemens publics de Paris.

(**) Les théories exposées dans le *cinquième chapitre* parurent pour la première fois en 1799, dans mes Notes sur l'Arithmétique de *Bezout*; elles se trouvent actuellement dans plusieurs ouvrages publiés depuis cette époque.

(***) Cette édition vient de paraître; j'ai réuni dans un petit volume toute la partie de l'Algèbre qui est exigée pour l'admission à l'École Polytechnique.

TABLE DES MATIÈRES
CONTENUES DANS LES NOTES
SUR L'ARITHMÉTIQUE.

Théorie des décimales.

CHAPITRE TROISIÈME.

Mesures anciennes et nouvelles. Calcul des nombres concrets complexes et incomplexes.

MESURES ANCIENNES.

SYSTÈME DES NOUVELLES MESURES.

CHAPITRE QUATRIÈME.

Problèmes d'Arithmétique.

CHAPITRE CINQUIÈME.

Numération, calcul et propriétés des nombres entiers et des fractions, quelle que soit la base du système de numération. Fractions continues.

Théorie des fractions continues.

CHAPITRE SIXIÈME.

Propriétés principales des logarithmes. Disposition et usages des tables de logarithmes.

Théorie algébrique des logarithmes.

Les logarithmes des nombres 1, 10, 100, 1000, etc., $\frac{1}{10}$, $\frac{1}{100}$, $\frac{1}{1000}$, etc., sont 0, 1, 2, 3, etc., —1, —2, —3, etc.; les logarithmes de tous les autres nombres sont *incommensurables*. N° 130.

Les fractions continues donnent le moyen de calculer les logarithmes des nombres. Formation d'une *table de logarithmes*. N° 131.

Déterminer le degré d'exactitude qu'on peut obtenir, lorsqu'on fait usage des tables de logarithmes. N° 132.

Les logarithmes fournissent le moyen de simplifier les calculs relatifs aux extractions des racines. N° 133.

L'équation $a^x = b$, donne $x = \dfrac{lb}{la}$. N° 134.

Usage des logarithmes pour résoudre les questions relatives aux intérêts des intérêts. Problèmes sur les *rentes viagères*. N° 135.

TABLEAUX de comparaison des mesures et des monnaies étrangères, avec les mesures et les monnaies françaises.

TABLES pour convertir les mesures anciennes en mesures nouvelles, et réciproquement.

TABLES des logarithmes des nombres entiers, depuis un jusqu'à dix mille.

FIN DE LA TABLE.

ERRATA DES NOTES.

NOTES
SUR L'ARITHMÉTIQUE,
Par A. A. L. REYNAUD.

CHAPITRE PREMIER.

Numération, Addition, Soustraction, Multiplication et Division des nombres entiers.

1. **T**out ce qui est susceptible d'augmentation et de diminution se nomme *quantité*. Lorsqu'on réfléchit sur la nature des quantités, on sent qu'il serait impossible de prendre une idée exacte des grandeurs des quantités de même espèce, si l'on ne choisissait pas parmi elles une certaine quantité qui pût leur servir de terme de comparaison ; cette quantité, se nomme *unité*; l'assemblage de plusieurs unités de même grandeur, compose un *nombre*. La manière de former les nombres, de les énoncer et de les écrire, est l'objet de la *numération*; et la science qui a pour but d'enseigner à effectuer diverses opérations sur les nombres se nomme *Arithmétique*.

De la Numération.

2. Pour *former les nombres*, on part de l'unité ; l'unité ajoutée à elle-même, donne un nombre nommé *deux* ; celui-ci augmenté d'un, compose un nouveau nombre nommé *trois* ; et en ajoutant successivement l'unité à chaque nombre obtenu, on obtient les *nombres*, *quatre*, *cinq*, *six*, *sept*, *huit*, *neuf*. Ce dernier augmenté d'un, donne le nombre *dix*; la collection de dix unités forme un nouvel ordre d'unités, nommé *dixaine*;

et de même qu'on a compté depuis une unité jusqu'à neuf unités, on a compté aussi depuis une dixaine jusqu'à neuf dixaines;
mais pour abréger, au lieu des mots composés, une dixaine,
deux dixaines, trois dixaines, quatre dixaines, cinq dixaines,
six dixaines, sept dixaines, huit dixaines, neuf dixaines, on dit:
*dix, vingt, trente, quarante, cinquante, soixante, soixante-
dix, quatre-vingt, quatre-vingt-dix*. On peut substituer aux
trois derniers noms, les mots *septante, octante, nonante*, qui
désignent mieux, *sept dixaines, huit dixaines, neuf dixaines*.
Pour exprimer les neuf nombres compris entre deux dixaines
consécutives, on énonce successivement les dixaines et les unités; ainsi, la collection de trois dixaines et de sept unités, se
nomme *trente-sept*. Il faut excepter de ce système les six premiers des neuf nombres compris entre dix et vingt; car au lieu
des mots, dix-un, dix-deux, dix-trois, dix-quatre, dix-cinq,
dix-six, on dit : *onze, douze, treize, quatorze, quinze, seize*.
La collection de neuf dixaines et de neuf unités, compose le
nombre *nonante-neuf;* celui-ci augmenté d'un, donne le nombre
cent, composé de dix dixaines, et la réunion de dix dixaines
se nomme *centaine*. On compte depuis une centaine jusqu'à
neuf centaines; et pour désigner les nonante-neuf nombres compris entre deux centaines consécutives, on ajoute aux noms,
cent, deux cents, ..., neuf cents, ceux des nonante-neuf
premiers nombres. Par exemple, la collection de quatre centaines et de huit unités, se nomme *quatre cent huit*. On parvient
ainsi au nombre neuf cent nonante-neuf; celui-ci augmenté d'un,
donne dix centaines; cette collection de dix centaines, forme
une nouvelle unité principale nommée *mille;* et de même qu'on
avait compté par unités, dixaines et centaines d'unité, depuis
une unité jusqu'à mille unités, on compte par unités, dixaines
et centaines de *mille*, depuis une unité de *mille* jusqu'à mille
unités de *mille*, qu'on nomme *million*. Quant aux nombres
compris entre deux mille consécutifs, on ajoute au nom des
mille, les noms des neuf cent nonante-neuf premiers nombres.
Ainsi, la collection de sept mille et de cinq cent sept unités,
se nomme sept mille cinq cent sept. Le nombre, neuf cent no-

nante-neuf mille, neuf cent nonante-neuf, augmenté d'un, donne une collection de mille mille, appelée *million*; mille millions forment un *billion*; et ainsi de suite.

On peut observer que d'après ce système, *le nom d'un nombre ne dépend jamais que de la combinaison des noms des neuf cent nonante-neuf premiers nombres, avec les mots, unité, mille, million, billion, etc.; de sorte que l'énoncé d'un nombre n'exprime jamais plus de neuf unités, neuf dixaines et neuf centaines de chaque espèce.*

La manière d'écrire tous les mots à l'aide des diverses combinaisons des lettres de l'alphabet, fit pressentir la possibilité de représenter tous les nombres par un petit nombre de *signes*; il était même facile de prévoir que ces derniers, nommés *chiffres*, seraient en moindre nombre que les lettres, car ils ne doivent servir qu'à désigner une très petite partie des mots exprimés par les lettres. Le but qu'on s'est proposé en inventant les chiffres étant d'abréger l'écriture des nombres, on dut suivre la route déjà tracée par l'invention des mots. Ainsi, de même qu'on avait adopté neuf noms simples pour les neuf premiers nombres, on adopta neuf chiffres pour les représenter; et comme les combinaisons de ces neuf noms avec ceux des différentes unités avaient donné les noms de tous les nombres, on soumit les chiffres à la même loi, en exprimant par un même chiffre, comme on avait énoncé par le même nom, un même nombre d'unités, de dixaines, de centaines, etc. On représenta donc les neuf premiers nombres

un, deux, trois, quatre, cinq, six, sept, huit, neuf,

par les chiffres,

1, 2, 3, 4, 5, 6, 7, 8, 9.

Ce qui fournit le moyen de simplifier l'écriture des nombres, en remplaçant les nombres d'unités, de dixaines et de centaines de chaque ordre, par les chiffres qui les représentent. Ainsi, pour écrire le nombre *neuf cent quarante-sept unités*, on le décomposa en, *neuf* centaines, *quatre* dixaines et *sept* unités; ce qui conduisit à 9 *centaines* 4 *dixaines* 7 *unités*.

La nécessité de soumettre les nombres à diverses opérations, fit apercevoir que le mélange des mots, unités, dixaines, etc., avec les chiffres, compliquait l'écriture des nombres, et que par conséquent il était utile de faire entièrement disparaître les lettres. Pour y parvenir, on classa les noms des unités, dixaines et centaines de chaque ordre, suivant leur rang de formation ; les *unités simples*, furent nommées *unités du premier ordre* ; les dixaines ; *unités du deuxième ordre* ; les centaines, *unités du troisième ordre* ; etc. ; de sorte que le nombre *neuf cent quarante-sept* peut s'écrire :

_9 *unités du* 3e *ordre*, 4 *unités du* 2e *ordre*, 7 *unités du* 1er *ordre*.

Cette dernière forme, quoique la plus compliquée, fournit l'idée heureuse de disposer les chiffres de manière que le rang de chacun indiquât l'ordre des unités qu'il représente. On convint que de plusieurs chiffres mis à côté les uns des autres, le premier, à partir de la droite, exprimerait des unités du premier ordre, ou unités simples ; le deuxième, des unités du deuxième ordre, ou dixaines ; le troisième, des unités du troisième ordre, ou centaines ; et ainsi de suite. D'après cette convention, le nombre, *neuf cent quarante-sept*, peut s'écrire ainsi, 947 ; car le chiffre 9 occupant la troisième place, vaudra neuf unités du troisième ordre, où neuf centaines, ou neuf cents ; le deuxième chiffre 4, vaudra 4 unités du deuxième ordre, ou quatre dixaines, ou quarante ; enfin le premier chiffre 7, vaudra sept unités. L'assemblage 947, exprime donc *neuf cent quarante-sept* unités.

Plusieurs nombres échappent à ce système ; on ne saurait, par son moyen, écrire un nombre qui ne contiendrait pas toutes les unités des ordres inférieurs à ses plus hautes unités. Pour vaincre cette difficulté, on a inventé le chiffre *auxiliaire* o, nommé *zéro*, qui n'ayant aucune valeur par lui-même, sert seulement à conserver aux *chiffres significatifs*, 1, 2, 3, 4, 5, 6, 7, 8, 9, le rang qui convient à l'ordre de leurs unités. Ainsi, pour écrire en chiffres, le nombre *neuf cent sept*, com—

posé de neuf centaines et de sept unités, sans dixaines, on met un zéro entre 9 et 7, pour tenir la place des dixaines; ce qui donne 907.

En général : *Pour mettre en chiffres un nombre énoncé; écrivez successivement à côté les uns des autres et en commençant par la gauche, les centaines, les dixaines et les unités de chaque ordre ternaire* (*), *et remplacez par des zéros, les unités, dixaines et centaines qui pourraient manquer. Parvenu aux unités simples, le nombre énoncé sera écrit.* Appliquons cette règle au nombre

dix-sept millions cinq cent deux unités.

Les plus hautes unités de ce nombre étant des millions, il devra renfermer trois *tranches*, savoir : celle des *millions*, celle des *mille* et celle des *unités;* posant donc à chacune de ces *tranches*, les centaines, dixaines et unités énoncées et remplaçant celles qui manquent par des zéros, on écrira 17 000 502.

RÉCIPROQUEMENT : *Pour énoncer un nombre quelconque écrit en chiffres; partagez-le d'abord en tranches de trois chiffres, à partir de la droite, sauf à ne laisser qu'un ou deux chiffres dans la dernière tranche; commençant ensuite par la gauche, énoncez chaque tranche significative comme si elle était seule et donnez-lui le nom des unités de cette tranche.* Ainsi, les nombres 17 000 502, 1700, s'énoncent dix-sept millions cinq cent deux, et mil sept cents; le second nombre étant composé de 17 centaines, s'énonce aussi dix-sept cents.

En général, d'après notre système de numération, pour qu'un nombre exprime des dixaines ou des centaines ou etc., il suffit que son premier chiffre à droite représente des unités de cet ordre, ce qui revient à placer sur la droite de ce nombre un zéro, ou deux zéros, ou etc. Il en résulte que le nombre 327429 peut être considéré comme formé de 327 mille et 429

(*) Par unités des *ordres ternaires*, on entend les *unités simples*, les *mille*, les *millions*, les *billions*, etc.

unités, ou de 3274 centaines et 29 unités, ou de 32742 dixaines et 9 unités, ou etc. Cette manière de décomposer les nombres servira par la suite.

3. Un nombre est *abstrait* ou est *concret*, suivant qu'on fait *abstraction* de la nature de ses unités ou qu'on y a égard. Ainsi, 3 et 5 fois, sont des *nombres abstraits;* 3 toises et 5 lieues sont des *nombres concrets.* Les nombres concrets composés d'unités de diverses grandeurs, tels que 5 toises 3 pieds 4 pouces, sont dits *complexes,* et par opposition ceux qui ne renferment que des unités de même grandeur sont des nombres *incomplexes,* ou *entiers.*

Dans toutes les questions de l'Arithmétique, la nature des unités du résultat étant connue d'avance, il suffit d'en trouver le nombre; ce qui conduit à opérer sur des nombres abstraits.

Opérations fondamentales de l'Arithmétique sur les nombres abstraits.

ADDITION.

4. *Le but de* l'ADDITION *est de calculer un nombre nommé* SOMME, *qui contienne à lui seul toutes les unités de plusieurs autres nombres.* La somme de plusieurs nombres pourrait donc s'obtenir, en réunissant successivement toutes leurs unités. Mais, comme le calcul devient excessivement long, quand les nombres sont très grands, on fait dépendre l'addition totale, d'additions partielles plus simples. Ainsi, au lieu d'ajouter 37 fois l'unité à 42, pour découvrir la somme des nombres 42, 37, on dit : la somme des nombres 42, 37, doit contenir toutes leurs parties ; elle se compose donc des 4 dixaines et des 2 unités de 42, plus des 3 dixaines et des 7 unités de 37; réunissant les dixaines avec les dixaines et les unités avec les unités, la somme cherchée est 7 dixaines et 9 unités, ou 79.

En général : *Pour additionner plusieurs nombres, on les met les uns sous les autres, de manière que leurs unités de même ordre se trouvent dans une même colonne verticale. On place ensuite un trait sous ces nombres, pour les séparer du résultat,* qu'on mettra dessous. On fait une somme des nombres contenus dans la colonne des unités; quand cette somme n'excède pas 9, on l'écrit au résultat sous la colonne des unités; quand elle surpasse 9, on n'écrit que ses unités, et l'on retient les dixaines pour les joindre à la colonne des dixaines, sur laquelle on opère d'une manière semblable; et ainsi de suite, jusqu'à ce qu'on arrive à la dernière colonne, dont on pose la somme telle qu'on la trouve; ce qui termine l'addition. Lorsqu'une somme partielle ne contient que des dixaines, sans unités; on met un zéro sous la colonne qui l'a fourni, pour tenir la place des unités de cette colonne et conserver aux chiffres du résultat le rang qui convient à la nature de leurs unités. L'addition de plusieurs nombres est ainsi réduite à ajouter successivement un nombre d'un seul chiffre à un nombre quelconque. Voici des exemples :

Nombres à ajouter	1 234	8 706	37	26 467
	4 253	987	63	43 585
Sommes	5 487	9 693	100	70 052

REMARQUE. *Pour effectuer l'addition, il est plus commode de commencer par la droite que par la gauche.* En effet; lorsqu'on commence par la droite, l'addition de chaque colonne donne un chiffre du résultat. Il n'en serait pas toujours de même si l'on commençait par la gauche, car alors, si l'addition d'une colonne donnait plus de 9, il faudrait écrire les unités et ajouter les dixaines de surplus au chiffre déjà placé sous la colonne précédente; ce qui ne pourrait se faire qu'en changeant ce chiffre.

SOUSTRACTION.

5. *La* SOUSTRACTION *a pour but, connaissant la somme de deux nombres et l'un de ces nombres, de déterminer l'autre nombre,* nommé RESTE *ou* DIFFÉRENCE. La différence entre deux nombres, ajoutée au plus petit de ces nombres, doit donc donner le plus grand. Par conséquent, la soustraction peut s'effectuer en ôtant du plus grand des deux nombres donnés, toutes

les unités du plus petit, ou en cherchant ce qu'il faut ajouter au plus petit des nombres donnés pour obtenir le plus grand. Le résultat exprime le reste cherché. Par exemple, on obtiendra la différence 32, entre 59 et 27, en ôtant 27 fois l'unité de 59, ou en cherchant combien il faut ajouter d'unités à 27 pour trouver 59. Mais on peut abréger le calcul, car ôter 27 unités de 59 unités, revient à ôter 2 dixaines et 7 unités, de 5 dixaines et 9 unités; retranchant donc, 2 dixaines de 5 dixaines, et 7 unités de 9 unités, le reste, composé de 3 dixaines et 2 unités, sera 32.

Lorsque des chiffres du nombre à soustraire sont plus grands que ceux du même rang dans le nombre dont on soustrait, on rend les soustractions partielles possibles à l'aide d'*emprunts;* ainsi, pour ôter 29 de 67, on *emprunte* une des 6 dixaines de 67; ce qui revient à décomposer 67, en 5 dixaines et 17 unités; la question est réduite à retrancher 2 dixaines et 9 unités, de 5 dixaines et 17 unités; ce qui donne le *reste* 3 dixaines plus 8 unités, ou 38.

Il est un cas qui pourrait encore embarrasser; c'est celui où le chiffre sur lequel on devrait emprunter serait un zéro. En voici un exemple :

De ...8005, ou 7 mille, 9 centaines, 9 dixaines, 15 unités.
ôtez ...467, ou ... 4 centaines, 6 dixaines, 7 unités.
Reste. 7538, ou 7 mille, 5 centaines, 8 dixaines, 8 unités.

Comme on ne peut ôter 7 de 5, il faut *emprunter;* or l'emprunt ne peut se faire que sur le premier chiffre significatif 8; on emprunte donc un mille sur les 8; ce mille valant 10 centaines, on en laisse 9 sur les centaines; la centaine qui reste, valant 10 dixaines, on en laisse 9 au rang des dixaines; la dixaine qui reste, jointe aux 5 unités, donne 15 unités; le mille emprunté se trouve ainsi décomposé en 9 centaines, 9 dixaines et 10 unités. On voit que cela se réduit à diminuer d'un le chiffre 8, sur lequel on emprunte, à compter les zéros qui le précèdent pour des 9, et à ajouter 10 aux 5 unités. Retranchant 7 unités de 15 unités, 6 dixaines de 9 dixaines, 4 centaines de 9 centaines ; et diminuant le 8 de l'unité de mille empruntée, on trouve que le reste demandé est 7538.

En général : *Pour retrancher un nombre d'un autre, placez le plus petit sous le plus grand, de manière que les unités de même ordre se correspondent; mettez un trait sous les deux nombres, pour les séparer du résultat que vous placerez dessous; retranchez chaque chiffre inférieur du chiffre supérieur correspondant en commençant par la droite, et placez chaque reste partiel sous la colonne qui l'a fourni. Quand le chiffre inférieur ne surpassera pas le chiffre supérieur correspondant, posez leur différence dessous ; lorsque le chiffre inférieur manquera, ou sera zéro, posez au résultat le chiffre supérieur correspondant, en ayant soin de le diminuer d'un, si vous avez emprunté sur lui pour effectuer les soustractions précédentes ; enfin, quand le chiffre inférieur sera plus grand que le chiffre supérieur correspondant, empruntez une des unités du premier chiffre significatif à gauche, qui devra par conséquent être diminué d'un; augmentez de dix le chiffre supérieur sur lequel vous opérez, et s'il y a des zéros compris entre ce chiffre et celui sur lequel vous avez emprunté, comptez ces zéros pour des neuf. Lorsque vous serez parvenu à la dernière colonne, vous poserez dessous le reste qu'elle aura fourni; ce qui terminera l'opération.* Voici des exemples :

De........	5 487	9 693	100	70 052	900100	10000
Ôtez........	1 234	8 706	37	26 467	870123	9999
Reste......	4 253	987	63	43 585	29977	1

On voit que pour être en état d'effectuer les soustractions les plus composées; il suffit de savoir retrancher les nombres d'un seul chiffre des nombres moindres que 19. Sous ce point de vue, la soustraction est plus facile à exécuter que l'addition.

REMARQUE. *Quand le nombre à soustraire est moindre que celui dont on veut le soustraire, on peut toujours effectuer la soustraction en la commençant par la droite. Il n'en serait pas de même en la commençant par la gauche ; car alors, si quelques chiffres du nombre à soustraire étaient plus grands que les*

chiffres correspondans du nombre dont on veut le soustraire ;
comme les chiffres précédens seraient employés par les soustractions précédentes, on ne pourrait plus, quand un chiffre
inférieur serait plus grand que le chiffre supérieur correspondant, rendre la soustraction possible, par un *emprunt* sur le
chiffre supérieur précédent.

MULTIPLICATION.

6. *Le but de la* MULTIPLICATION *est de calculer un nombre
nommé,* PRODUIT, *qui soit composé avec un nombre connu,
nommé* MULTIPLICANDE, *de la même manière qu'un nombre
donné, nommé* MULTIPLICATEUR, *est composé avec l'unité.* De
sorte que pour obtenir le produit, il suffit d'effectuer sur le multiplicande les mêmes opérations qu'il faudrait faire sur l'unité
pour former le multiplicateur. Le multiplicande et le multiplicateur sont les *facteurs* du produit. Ainsi, pour multiplier 5
par 3, on observe que le multiplicateur 3 étant composé de
trois fois l'unité, le produit doit être composé de trois fois le
multiplicande 5 ; ce produit est donc 5 plus 5 plus 5, ou 15.
En général, *lorsque le multiplicateur est un nombre entier,
la multiplication se réduit à répéter le multiplicande, autant
de fois qu'il y a d'unités dans le multiplicateur.*

Le multiplicateur est toujours abstrait, car il marque combien de fois on doit prendre le multiplicande.

Le produit est de la nature du multiplicande, car il exprime la somme de plusieurs nombres égaux au multiplicande.

La multiplication pouvant s'effectuer par l'addition, il est
facile de former tous les produits deux à deux des nombres d'un
seul chiffre. Ces produits sont réunis dans la *table* suivante,
attribuée à *Pythagore.*

1	2	3	4	5	6	7	8	9
2	4	6	8	10	12	14	16	18
3	6	9	12	15	18	21	24	27
4	8	12	16	20	24	28	32	36
5	10	15	20	25	30	35	40	45
6	12	18	24	30	36	42	48	54
7	14	21	28	35	42	49	56	63
8	16	24	32	40	48	56	64	72
9	18	27	36	45	54	63	72	81

Le produit de deux nombres d'un seul·chiffre se trouve à la rencontre de la ligne horizontale et de la ligne verticale, dont chacune commence par l'un des deux facteurs. Ainsi, le produit 48, de 6 par 8, est à la rencontre des deux lignes, dont l'une commence par 6 et l'autre par 8.

7. On voit que *le produit de deux nombres d'un seul chiffre ne change pas de valeur dans quelque ordre, qu'on effectue la multiplication. Cette propriété convient à tous les nombres;* car pour former le produit d'un nombre par un autre, il suffit de multiplier successivement chaque unité du premier nombre par le second, ce qui donne le second nombre répété autant de fois qu'il y a d'unités dans le premier, c'est-à-dire, le second nombre multiplié par le premier. Par exemple, le produit de 3 par 4 est égal à, 1 plus 1 plus 1 multiplié par 4, ou à 4 plus 4 plus 4, ou à 4 multiplié par 3.

8. *Le produit de deux nombres quelconques ne dépend que des produits deux à deux des nombres d'un seul chiffre.* En effet; soit proposé de multiplier 567, par 234; après avoir disposé le calcul de la manière suivante :

567	*multiplicande.*
234	*multiplicateur.*
2 268	1er *produit partiel, de* 567 *par* 4
17 010	2e *produit partiel, de* 567 *par* 30
113 400	3e *produit partiel, de* 567 *par* 200
132 678	*somme des produits partiels, ou produit total de* 567 *par* 234,

on observera que pour obtenir le produit demandé, il suffit de prendre le multiplicande, 234 fois, ou 200 fois, plus 30 fois, plus 4 fois ; ce qui revient à multiplier successivement 567 par les parties 200, 30 et 4, du multiplicateur ; la somme de ces produits partiels sera le produit total de 567 par 234. Voyons donc comment on forme ces trois produits partiels ; l'ordre est indifférent, mais on commence ordinairement par les unités du multiplicateur.

1°. Pour obtenir le produit de 567 par 4, on pourrait écrire 4 fois 567 ; la somme 2268 serait le produit demandé ; mais comme cette addition revient à prendre, 4 fois les 7 unités, 4 fois les 6 dixaines, et 4 fois les 5 centaines, du multiplicande, on se dispense d'écrire 4 fois 567, et l'on dit : 4 fois 7 font 28, je pose 8 et je retiens 2 dixaines ; 4 fois 6 dixaines font 24 dixaines et 2 de retenue, valent 26 dixaines ; ou 2 centaines plus 6 dixaines ; j'écris donc les 6 dixaines, et j'ajoute les 2 centaines de retenue à 4 fois 5 centaines ; ce qui me donne 22 centaines, que je pose.

2°. Le produit de 567 par 30 est composé de 30 fois 567, ou de 567 fois 30, ou de 567 fois 3 dixaines ; mais *les unités d'un produit sont de la nature des unités du multiplicande ;* les unités du produit, 567 fois 3 *dixaines,* seront donc des *dixaines,* et leur nombre sera 567 fois 3, ou 3 fois 567. Cela démontre que pour multiplier 567 par 30, il suffit de multiplier 567 par 3, et de poser le produit 1701 au rang des *dixaines.*

3°. On prouverait de même que multiplier 567 par 200 se réduit à multiplier 567 par 2, et à mettre le produit 1134 au rang des centaines.

La somme des trois produits partiels, ainsi obtenus, compose le produit total 132 678. On voit donc que pour multiplier 567 par 234, il suffit de multiplier successivement 567 par chacun des chiffres 4, 3, 2, du multiplicateur, et de placer le premier chiffre de chaque produit partiel de manière qu'il exprime des unités de même grandeur que le chiffre qui a servi de multi-plicateur.

En général : *Pour multiplier un nombre par un autre, écrivez* le multiplicateur sous le multiplicande, et mettez un trait sous ces deux nombres pour les séparer des produits partiels ; multipliez le multiplicande successivement par chaque chiffre significatif du multiplicateur, et placez le premier chiffre de chaque produit partiel de manière qu'il exprime des unités de même grandeur que le chiffre qui a servi de multiplicateur ; mettez un trait sous les produits partiels ; leur somme, que vous poserez dessous, sera le produit total. Voici des exemples :

Multiplicandes	302	78	467 800 400 988 999
Multiplicateurs......	78	302	909
	2 416	156	4 210 203 608 900 991
	21 140	23 400	421 020 360 890 099 100
Produits...........	23 556	23 556	425 230 564 499 000 091

Il en résulte que *pour multiplier un nombre par* 10, *ou par* 100, *ou par* 1000, *ou etc. ; il suffit de mettre sur sa droite un zéro, ou deux zéros, ou trois zéros, ou etc.* Cela est d'ailleurs évident ; car de cette manière, tous les chiffres du nombre expriment des unités dix fois, ou cent fois, ou mille fois, on etc. fois plus grandes qu'auparavant.

Pour *former le produit de plusieurs nombres*, on multiplie le premier nombre par le second ; on multiplie ensuite le produit des deux premiers nombres par le troisième ; et ainsi de suite, jusqu'à l'entier épuisement des facteurs ; le dernier de ces produits est le produit demandé. Ainsi, pour obtenir le produit 30, des trois nombres 2, 3, 5, on multiplie 2 par 3 ; le résultat 6, multiplié par 5, donne 30.

REMARQUE. *Quand les facteurs d'un produit sont terminés par des zéros sur la droite, on abrège le calcul en effectuant d'abord la multiplication sans avoir égard à ces zéros, et on met ensuite tous ces zéros sur la droite du produit obtenu.* Par exemple, pour trouver le produit de 8400 par 360, on multiplie 84 par 36, et l'on écrit trois zéros sur la droite du produit 3024 ; le résultat 3024000, exprime le produit demandé ; cela est évident, car d'après le principe du n° 7, 360 fois 8400 est égal à 360 fois 84 centaines ; ou à 84 fois 360 centaines, ou à 84 fois

36 mille ; de sorte qu'il suffit de multiplier 84 par 36, et d'exprimer que le produit représente des mille, ce qui revient à mettre trois zéros sur sa droite.

Les divers produits d'un nombre par 2, 3, 4, 5, etc., s'appellent des *multiples* de ce nombre.

DIVISION.

9. La DIVISION *a pour but, connaissant un produit de deux facteurs, nommé* DIVIDENDE, *et un de ses facteurs appelé* DIVISEUR, *de trouver l'autre facteur nommé* QUOTIENT.

Le *quotient* exprime *combien de fois* le diviseur est contenu dans le dividende, car le diviseur répété autant de fois qu'il y a d'unités dans le quotient, doit donner le dividende. Ainsi, le quotient 3, de la division de 12 par 4, exprime que 4 est contenu 3 fois dans 12.

Le dividende étant un produit dont le diviseur et le quotient sont les facteurs, nous formerons d'abord un produit pour en déduire le moyen de le décomposer. En voici un exemple :

Multiplication ou formation d'un produit.	*Division ou décomposition d'un produit.*	
567 multiplicande.	Dividende 132 678	567 diviseur.
234 multiplicateur.	113 4	
2 268		2 centaines ⎫ quotiens
17 01	1er reste.. 19 278	3 dixaines ⎬ partiels.
113 4	17 01	4 unités ⎭
132 678 produit.	2e reste... 2 268	234 quotient total.
	2 268	
	3e reste.... 0	

Pour composer le produit total de 567 par 234, on a successivement multiplié le multiplicande 567, par les chiffres 4, 3, 2, du multiplicateur 234 ; la somme des produits partiels 2268 unités, 1701 dixaines, 1134 centaines, a donné le produit total 132 678. Il s'agit de faire voir, étant donné ce produit et le facteur 567, comment on peut retrouver ces produits partiels, pour en déduire les chiffres du quotient 234.

L'ordre des plus hautes unités du quotient est facile à déter-

miner, car le dividende 132 678, étant compris entre 56700 et 567000, c'est-à-dire entre 567×100 et 567×1000 (*), le quotient est nécessairement compris entre 100 et 1000; les plus hautes unités du quotient sont donc des centaines.

Pour *déterminer le chiffre des plus hautes unités du quotient*, on observe que le produit partiel des centaines du quotient par le diviseur étant des centaines, ne peut se trouver que dans les 1326 centaines du dividende; ces 1326 centaines sont donc composées du produit des centaines du quotient par le diviseur et de la retenue des centaines, qu'a pu fournir la multiplication des dixaines et des unités du quotient par le diviseur; le *multiple* de 567 immédiatement au-dessous de 1326 exprimera donc le produit de 567 par le chiffre des centaines du quotient; or en formant une *table* des produits du diviseur 567 par les nombres d'un seul chiffre

1, 2, 3, 4, 5, 6, 7, 8 et 9,

on trouve que ces produits sont

567, 1134, 1701, 2268, 2835, 3402, 3969, 4536 et 5103;

1326 tombant entre 567×2 et 567×3, le chiffre des centaines du quotient est 2. Le quotient cherché est donc composé de 2 centaines, de dixaines et d'unités. Cela est d'ailleurs évident, car d'après le calcul précédent : le dividende 132 678, tombant entre 567 fois 2 centaines et 567 fois 3 centaines, le quotient tombe entre 2 et 3 centaines.

La table des produits du diviseur par les nombres d'un seul chiffre détermine donc directement le premier chiffre à gauche du quotient. Cela posé : si du dividende 132 678, qui contenait les trois produits partiels des centaines, des dixaines et des unités du quotient par le diviseur, on retranche le produit 1134 centaines, des 2 centaines du quotient par le diviseur, le 1er reste 19 278 ne renfermera plus que les deux produits partiels des dixaines et des unités du quotient par le diviseur. On peut donc considérer le 1er reste 19 278, comme un nouveau dividende partiel, composé du produit du diviseur 567 par un quotient

---

(*) Le signe × signifie *multiplié par*.

partiel dont les unités et les dixaines sont celles du quotient total; la question est donc réduite à diviser 19278 par 567. Or, nous savons que les plus hautes unités du quotient sont des dixaines, leur produit par le diviseur ne peut donc se trouver que dans les 1927 dixaines de 19278; mais ces 1927 dixaines sont formées du produit des dixaines du quotient par le diviseur, et de la retenue de dixaines qu'a pu fournir la multiplication des unités du quotient par ce diviseur; le multiple de 567 immédiatement au-dessous de 1927, sera donc le produit du diviseur par le nombre des dixaines du quotient; or la *table* ci-dessous fait voir que ce multiple est le produit 1701 de 567 par 3; le chiffre des dixaines du quotient est donc 3. Si du dividende partiel 19278, composé des produits partiels du diviseur, par les dixaines et par les unités du quotient, on retranche le produit 1701 dixaines, des 3 dixaines du quotient par le diviseur, le 2ᵉ *reste* 2268 sera le produit du chiffre des unités du quotient par le diviseur; la *table* indique que ce chiffre est 4. Retranchant du 2ᵉ reste, le produit du diviseur par le chiffre des unités du quotient, on obtient *zéro* pour 3ᵉ *reste*. L'opération est terminée et la réunion des quotiens partiels, 2 centaines 3 dixaines 4 unités, compose le quotient total 234.

Si l'on examine attentivement le mécanisme des opérations précédentes et si l'on n'écrit que les chiffres nécessaires à ces opérations, on verra qu'elles peuvent s'exécuter de cette manière abrégée :

```
132 678 | 567
113 4   |------
        | 234
 19 27
 17 01
  2 268
  2 268
  ----------
        0
```

Table des multiples du diviseur.

Les produits de 567, par les nombres d'un seul chiffre

1,   2,   3,   4,   5,   6,   7,   8 et 9;

sont

567, 1134, 1701, 2268, 2835, 3402, 3969, 4536 et 5103;

Après avoir formé la *table* des multiples du diviseur, on sépare assez de chiffres sur la gauche du dividende pour que le nombre 1326 qui en résulte, considéré comme des unités simples, contienne le diviseur 567 : la *table* fait voir que le multiple de 567 immédiatement inférieur à 1326 est le produit 1134 de 567 par 2 ; le premier dividende partiel 1326 contient donc 2 fois 567 ; le chiffre des plus hautes unités du quotient est donc 2. On écrit le multiple 1134, sous 1326, on retranche le second nombre du premier, et sur la droite du reste 192 on abaisse le chiffre suivant, 7, du dividende ; cela donne le second dividende partiel 1927, sur lequel on opère comme sur le précédent ; on voit que 1927 tombe entre 567 × 3 et 567 × 4 ; de sorte que le second chiffre du quotient est 3 ; on écrit sous 1927 le produit 1701 de 567 par 3 ; on retranche 1701 de 1927 et sur la droite du reste 226 on abaisse 8, qui est le chiffre suivant du dividende total ; ce qui donne le troisième dividende partiel 2268 ; la *table* des multiples du diviseur montre que ce dividende contient 4 fois 567 ; le troisième chiffre du quotient est donc 4. On retranche 4 fois 567 de 2268, le *reste* est zéro, et tous les chiffres du dividende ayant été employés, le quotient total est 234.

Lorsqu'on a formé la TABLE *des produits du diviseur par les nombres d'un seul chiffre*, l'inspection de cette *table* fait connaître combien de fois chaque dividende partiel contient le diviseur et *la division s'exécute sans aucun tâtonnement*.

10. *Dans tout le cours d'une division ; le dividende est égal au produit du diviseur par le quotient obtenu, plus le reste qui correspond à ce quotient partiel*. En effet ; on parvient à ce *reste* en ôtant successivement du dividende, les produits partiels du diviseur par les chiffres obtenus au quotient ; ce qui revient à retrancher du dividende le produit total du diviseur par le quotient obtenu ; le *reste*, qui correspond à ce quotient, exprime donc l'excès du dividende sur le produit du diviseur par le quotient déjà obtenu. Ce qui démontre le principe énoncé. Par exemple, lorsqu'en divisant 132 678 par 567, on a obtenu le quotient 23 dixaines ou 230, le *reste* correspondant est 2268, et

Notes, Arith. 2

le dividende 152 678 est effectivement égal au produit 130 410
de 567 par 230, augmenté du reste 2268.

11. Les raisonnemens précédens conduisent à cette règle générale : *Pour diviser un nombre par un autre, écrivez le diviseur
sur la droite du dividende et placez un trait entre ces deux
nombres ; mettez un autre trait sous le diviseur pour le séparer
du quotient demandé que vous poserez dessous. Prenez assez de
chiffres sur la gauche du dividende, pour que le nombre qui en
résulte, considéré comme des unités simples, contienne le diviseur ; cherchez combien de fois ce dividende partiel contient le
diviseur ; ce nombre de fois sera le premier chiffre à gauche
du quotient ; il exprimera des unités de l'ordre du dernier chiffre
à droite du dividende partiel qui l'aura fourni. Écrivez le
premier chiffre du quotient sous le diviseur, multipliez le diviseur par ce chiffre, et mettez le produit sous le premier dividende partiel, de manière que les unités de même ordre se correspondent ; placez un trait sous ces deux nombres, retranchez
le plus petit du plus grand, écrivez dessous le reste, et abaissez
sur sa droite le premier des chiffres du dividende qui n'ont pas
encore été employés. Vous obtiendrez un nouveau dividende
partiel, sur lequel vous opérerez comme sur le précédent ; ce
qui déterminera le second chiffre du quotient que vous écrirez
à la suite du premier. Vous répéterez les mêmes opérations jusqu'à l'entier épuisement des chiffres du dividende. Quand,
comme on le suppose, le dividende sera le produit du diviseur
par un nombre entier, le quotient obtenu sera exact et le reste
correspondant sera zéro. Lorsqu'un dividende partiel sera
moindre que le diviseur, le chiffre correspondant du quotient
sera un zéro ; vous écrirez ce chiffre au quotient, afin que les
chiffres significatifs du quotient conservent le rang qui convient
à l'espèce des unités qu'ils représentent ; de cette manière, chacun des chiffres du dividende total qui suivent le premier dividende partiel, donne un chiffre du quotient total.* De sorte que,
le nombre des chiffres du quotient est égal au nombre des chiffres
du dividende, diminué du nombre des chiffres du diviseur, ou à
ce nombre diminué d'un. Voici des exemples :

19 551	399	39 285	873	23 556	302	23 556	78
15 96	49	34 92	45	21 14	78	23 4	302
3 591		4 365		2 416		15	
3 591		4 365		2 416		156	
reste 0		reste 0		reste 0		156	
						reste 0	

12. La règle précédente est susceptible de simplifications que nous allons faire connaître :

On peut éviter de former la table des produits du diviseur par les nombres d'un seul chiffre, en cherchant *combien de fois* le premier chiffre à gauche du diviseur est contenu dans le premier chiffre du dividende partiel que l'on considère, ou dans les deux premiers chiffres, si le premier chiffre du dividende est moindre que le premier chiffre du diviseur; ce *nombre de fois* exprime le véritable chiffre du quotient, ou un chiffre trop fort; il ne donne jamais un chiffre trop petit. Pour vérifier si le chiffre obtenu est celui qui convient, on multiplie le diviseur par ce chiffre; quand le produit n'excède pas le dividende partiel, le chiffre essayé est exact; lorsque ce produit surpasse le dividende partiel, le chiffre obtenu est trop fort, et on le diminue successivement d'une unité, jusqu'à ce qu'il donne un produit qui n'excède pas le dividende. Ainsi, dans l'exemple de la page 16, au lieu de chercher combien de fois le premier dividende partiel 1326 contient le diviseur 567, il suffit de voir combien de fois 13 contient 5, le résultat 2 exprime le premier chiffre du quotient 234; on obtient de même les deux autres chiffres 3, 4, du quotient en cherchant combien de fois le 1er chiffre 5 du diviseur est contenu dans les deux premiers chiffres 19, 22, des deux autres dividendes partiels 1927, 2268. Dans cet exemple, la méthode abrégée fournit directement chaque chiffre du quotient; cela n'aurait pas lieu si l'on cherchait le quotient 49 de la division de 19551 par 399, car 19 contient 6 fois 3, et cependant le premier chiffre du quotient est 4; on s'apercevrait que 6 et 5 sont trop forts, car les produits de 399, par 6 et par 5, surpassent le premier dividende partiel 1955; le second di-

2..

vidende partiel serait 3591, ses deux premiers chiffres 35, contiennent 11 fois le 1ᵉʳ chiffre 3 du diviseur; mais *on ne doit jamais essayer au quotient un nombre plus grand que 9*, car autrement le chiffre précédent du quotient total serait trop faible au moins d'une unité, ce qui est contre l'hypothèse; on essayera donc le chiffre 9, et retranchant 9 fois 399 de 3591, le reste zéro indiquera que le quotient obtenu 49 est exact.

On diminue souvent le nombre des essais en cherchant combien de fois le nombre exprimé par le premier chiffre ou les deux premiers chiffres de chaque dividende partiel, contient le premier chiffre du diviseur augmenté d'un; ainsi, dans la division de 19551 par 399, le premier dividende partiel étant 1955, on divise 19, par 4, ce qui donne le premier chiffre 4 du quotient; le second dividende partiel étant 3591, la division de 35 par 4 détermine un chiffre 8 qui est trop faible d'une unité, on s'en aperçoit facilement, car en retranchant 8 fois 399 de 3591, le reste 399 n'étant pas moindre que le diviseur, le quotient peut être augmenté d'un.

Pour simplifier l'écriture des calculs, on se dispense d'écrire les produits partiels du diviseur par les différens chiffres du quotient, et l'on effectue la soustraction à mesure qu'on multiplie chaque chiffre du diviseur par le chiffre du quotient. La méthode que nous allons indiquer est fondée sur cette propriété évidente que *diminuer le nombre dont on soustrait de plusieurs unités, revient à augmenter le nombre à soustraire de ce même nombre d'unités.* Par exemple, pour diviser 39285, par 873, on exécute ainsi le calcul :

$$\begin{array}{r|l} 39\ 285 & 873 \\ 4\ 365 & \overline{45} \\ \hline 000 & \end{array}$$

On sépare d'abord assez de chiffres sur la gauche du dividende, pour que le résultat contienne au moins une fois le diviseur, ce qui fournit le 1ᵉʳ dividende partiel 3928; la division de 39 par le 1ᵉʳ chiffre 8 du diviseur détermine le 1ᵉʳ chiffre 4 du quotient. Pour soustraire 4 fois 873 de 3928, il suffit d'ôter successivement de 3928, les produits partiels 12, 28, 32, des chiffres 3, 7, 8, du diviseur, par le chiffre 4 obtenu au quotient, en ayant égard à l'ordre des unités de chacun de ces produits; or, on ne peut ôter 4 fois 3, du 1er chiffre 8 du dividende 3928; on rend la soustraction possible en *empruntant* une dixaine sur le second chiffre 2 du dividende 3928, et ajoutant cet *emprunt* aux 8 unités du dividende, on retranche 12 de 18, ce qui fournit un reste 6 qu'on écrit sous le 1er chiffre 8 du dividende 3928; pour soustraire le second produit partiel 4 fois 7 ou 28, on pourrait observer que le chiffre 2 ayant été diminué d'une unité, dans la soustraction précédente, ne vaut plus que 1, on emprunterait 3 dixaines sur le chiffre suivant 9 du dividende, et retranchant 28 de 31, on obtiendrait le reste 3; mais il est plus simple d'augmenter 4 fois 7, de l'emprunt 1, et de conserver le chiffre 2 du dividende; on emprunte 3 dixaines sur le chiffre 9, et retranchant 29 de 32, on trouve le même reste 3, qu'on écrit sous le chiffre 2 correspondant. Enfin, d'après ce dernier procédé, pour soustraire 4 fois 8, ou 32, on augmente ce produit des 3 unités empruntées sur le 9, dans la soustraction précédente, ce qui donne 35, et ôtant 35 de 39, on écrit le reste 4, sous le chiffre 9 correspondant. On est parvenu au même reste 436, que si l'on eût retranché 4 fois 873 de 3928, par la méthode ordinaire. Pour trouver le second chiffre du quotient, on abaisse le chiffre suivant, 5, du dividende total, ce qui donne le second dividende partiel 4365; la division de 43 par 8, fournit le second chiffre 5 du quotient, et retranchant 5 fois 873 de 4365, par la méthode abrégée, le *reste* zéro indique que le quotient obtenu, 45, est exact. La règle générale du n° 11, conduit plus longuement au même résultat.

Lorsqu'en faisant usage de cette méthode abrégée, on ne peut pas soustraire le produit partiel du premier chiffre à gauche du diviseur, par le chiffre placé au quotient, il faut en conclure que ce dernier chiffre est trop fort; on le diminue successivement d'assez d'unités pour que toutes les soustractions partielles puissent s'exécuter.

Dans tout le cours de la division, *on peut facilement recon* naître si un chiffre mis au quotient est celui qui convient. En effet; 1°. quand le produit du diviseur par le chiffre placé au quotient surpasse le dividende partiel correspondant, le chiffre écrit au quotient est trop fort ; 2°. lorsque ce produit retranché du dividende partiel, donne un *reste* moindre que le diviseur, le chiffre écrit au quotient est exact ; 3°. enfin, quand ce *reste* n'est pas plus petit que le diviseur, le chiffre du quotient est trop faible, au moins d'une unité, car le dividende partiel contient au moins une fois de plus le diviseur.

Lorsque le dividende et le diviseur sont terminés par des zéros sur la droite, on peut supprimer un même nombre de zéros sur la droite de ces deux nombres ; le quotient ne change pas de valeur. Ainsi, le quotient 120 de la division de 720000 par 6000 est le même que celui de la division de 720 par 6, car il est évident que 720 mille contiennent 6 mille, autant de fois que 720 unités contiennent 6 unités.

Il est toujours facile de déterminer la partie du dividende qui renferme le produit du diviseur par le chiffre des plus hautes unités du quotient, et on en déduit quel est ce chiffre. Mais, les produits partiels du diviseur par les autres chiffres du quotient, étant confondus dans le dividende total, il n'est pas possible d'apercevoir ces produits dans le dividende total, ce qui empêche de trouver directement les autres chiffres du quotient, avant d'avoir obtenu celui de ses plus hautes unités. *Il est donc indispensable de commencer par la recherche du premier chiffre à gauche du quotient.*

Quand on divise un nombre par 2 ; ou par 3, ou par 4, ou par 5, ou par 6, ou etc., on dit qu'on en prend la *moitié*, ou le *tiers*, ou le *quart*, ou le *cinquième*, ou le *sixième*, ou etc. Ainsi, le tiers de 12 est 4, le sixième de 18 est 3 ; etc.

Remarque. Les méthodes précédentes donnent le moyen d'effectuer l'*addition*, la *soustraction*, la *multiplication* et la *division* de deux nombres entiers quelconques ; ces *quatre règles* sont les *opérations fondamentales* de l'Arithmétique ; on verra par la suite que *tous les calculs sur les nombres, ne dépendent que de ces quatre règles.*

Preuves des quatre règles.

13. Le but de la *preuve* est de vérifier le résultat par une opération différente de celle qui l'a fourni.

Pour faire la *preuve de l'addition*, on cherche la somme des unités de chaque colonne verticale, en commençant par la première à gauche; on retranche chaque somme partielle de celle qu'elle est censée avoir donnée, on écrit chaque reste sous la colonne correspondante; quand la *somme* est exacte, le dernier *reste* est zéro. Le reste placé sous chaque colonne, exprime des dixaines d'unités de la colonne suivante. En voici un exemple :

$$
\left.\begin{array}{r} 989 \\ 878 \end{array}\right\} \text{ nombres à ajouter}
$$

$$
\begin{array}{ll} 1867 & \text{somme} \\ 110 & \text{retenues.} \end{array}
$$

Pour vérifier si 1867 est la *somme* des nombres 989, 878, on commence par la gauche, et l'on dit : la colonne des centaines en contient 9 plus 8, ou 17; mais la somme totale renferme 18 centaines; la centaine de surplus provient donc d'une *retenue* de 10 dixaines, faite dans l'addition de la colonne des dixaines; cette colonne devrait donc renfermer 16 dixaines; mais elle n'en contient que 8 plus 7, ou 15; la dixaine de surplus résulte donc d'une *retenue* de 10 unités, faite dans l'addition de la colonne des unités qui doit conséquemment renfermer 17 unités, car n'étant précédée d'aucune colonne à droite, elle ne peut avoir été augmentée par aucune *retenue*; cette colonne contient effectivement 17 unités ; de sorte que la *retenue* placée au rang des unités est zéro. La *somme* obtenue est donc exacte.

Pour faire la *preuve de la soustraction*, on ajoute le reste au plus petit nombre; la somme doit être égale au plus grand nombre. La *preuve de la multiplication* s'effectue en divisant le produit par l'un de ses facteurs, le quotient doit être égal à l'autre facteur. Pour faire la *preuve de la division*, il suffit de multiplier le diviseur par le nombre entier obtenu au quotient et d'ajouter le dernier *reste* à ce produit; la somme doit être égale au dividende (n° 10).

CHAPITRE DEUXIÈME.

Numération et calcul des fractions. Plus grand commun diviseur. Théorie des décimales.

14. Lorsque le dividende est le produit du diviseur par un nombre entier, la règle du n° 11 conduit à un *reste* nul, et le quotient correspondant est exact. Mais, cette condition n'est pas toujours remplie ; quelquefois le dernier *reste* n'est pas zéro ; dans ce cas, *le reste exprime l'excès du dividende sur le produit du diviseur par le nombre entier obtenu au quotient ;* le dividende n'est pas le produit exact du diviseur par un nombre entier, le quotient total se compose du nombre entier obtenu au quotient et d'une quantité moindre que l'unité. Par exemple, le quotient de la division de 25 par 7 doit être tel que multiplié par 7, il donne 25 ; or 25 tombe entre 7 fois 3 et 7 fois 4 ; le quotient demandé est donc plus grand que 3 et moindre que 4 ; il n'est donc pas assignable en nombre entier. Pour prendre une idée exacte de ce quotient, on observe que 25 étant égal à 21 plus 4, on obtiendra le quotient de la division de 25 par 7, en réunissant celui de 21 par 7, à celui de 4 par 7. Or, le quotient de 21 par 7 est 3 ; il reste donc à diviser 4 par 7. Pour évaluer ce dernier quotient, on conçoit l'unité divisée en 7 parties égales ; chacune de ces parties exprime le quotient de 1 par 7, puisque l'une d'elles prise 7 fois, donne le dividende 1. Mais, 4 est égal à 1 plus 1 plus 1 plus 1 ; on obtiendra donc le quotient de 4 par 7, en prenant 4 fois le *septième* de 1 ; de sorte que *le septième de 4 est la même chose que 4 fois le septième d'un.* Ajoutant les deux quotiens partiels de 21 par 7 et de 4 par 7, on voit que le quotient total de la division de 25 par 7 est formé de 3 unités, plus de 4 des 7 parties égales dont on peut concevoir l'unité composée.

La partie qu'on ajoute aux unités du quotient, étant toujours moindre que l'unité, a reçu le nom de *fraction*.

Pour énoncer *les fractions*, on donne des noms particuliers aux diverses subdivisions de l'unité. Selon que l'unité est divisée en 2, 3, 4, parties égales, chacune de ces parties est appelée *un demi, un tiers, un quart;* ainsi, les fractions $\frac{1}{3}$, $\frac{3}{4}$, s'énoncent *un tiers, trois quarts.* Lorsque l'unité est divisée en plus de quatre parties égales, on forme le nom de chaque partie, en ajoutant la terminaison *ième*, au mot qui désigne le nombre de ces parties ; de sorte que les fractions $\frac{1}{7}$, $\frac{3}{7}$, s'énoncent un septième, trois septièmes. Comme dans une fraction, le nombre inférieur ne sert qu'à *dénommer* l'espèce des parties d'unité qui entrent dans la fraction, tandis que le nombre supérieur en désigne le *nombre,* le premier s'appelle *dénominateur,* et l'autre *numérateur.* Le numérateur et le dénominateur sont les *deux termes* de la fraction.

15. *Lorsque le dividende ne contient pas exactement le diviseur, le quotient total se compose d'un nombre entier, et d'une* FRACTION *qui exprime la valeur du dernier reste divisé par le diviseur.* Ainsi, la division de 25 par 7 donnant 3 unités au quotient et 4 de *reste*, le quotient total de 25 par 7 est égal à 3, plus le septième de 4, ou ce qui revient au même à 3 plus $\frac{4}{7}$, car on vient de voir que le septième de 4 équivaut à 4 fois le septième d'un, ou à $\frac{4}{7}$. Le nombre *entier* qu'on obtient au quotient se nomme le *quotient entier,* ou les *unités du quotient,* ou la *partie entière* du quotient.

En général : *Une fraction peut être considérée : ou comme indiquant le quotient de la division du numérateur par le dénominateur, ou comme exprimant que l'unité a été divisée en autant de parties égales qu'il y a d'unités dans le dénominateur et qu'on prend autant de ces parties qu'il y a d'unités dans le numérateur.* Nous considérerons les fractions sous ce dernier point de vue, parce qu'il est le seul qui convienne à leur calcul.

16. *Une fraction ne change pas de valeur quand on multiplie ou quand on divise ses deux termes par un même nombre.* En effet, soit la fraction $\frac{3}{7}$; si le dénominateur 7 restant le même, on multiplie le numérateur 3, par 2, la fraction $\frac{3}{7}$ deviendra $\frac{6}{7}$, et sera rendue deux fois plus grande, car la seconde fraction contient deux fois plus de parties que la première, et ces parties sont de même grandeur dans les deux fractions. Si le numérateur 3 de la fraction $\frac{3}{7}$ ne changeant pas, on multiplie le dénominateur 7, par 2, elle deviendra $\frac{3}{14}$ et sera rendue deux fois plus petite, car elle renfermera autant de parties que la fraction $\frac{3}{7}$, et chaque partie sera deux fois plus petite puisque l'unité sera divisée en deux fois plus de parties égales. Cela posé : puisqu'en multipliant le numérateur de la fraction $\frac{3}{7}$ par 2, on la rend deux fois plus grande, tandis qu'on la rend deux fois plus petite en multipliant son dénominateur par 2, il en résulte qu'elle ne change pas de valeur quand on multiplie ses deux termes par 2. Des raisonnemens analogues conviennent au cas où l'on diviserait les deux termes de la fraction par un même nombre. Ce qui démontre le principe énoncé.

17. *La somme de plusieurs fractions de même dénominateur est égale à une fraction dont le numérateur est la somme des numérateurs des fractions proposées, et dont le dénominateur est le même que celui de ces fractions.* En effet, les dénominateurs étant égaux, les fractions sont composées de parties de même grandeur ; or chacun des numérateurs indique le nombre de ces parties ; on obtiendra donc leur nombre total en formant la somme des numérateurs, et pour exprimer que cette somme est formée de parties de même grandeur que celles des fractions

proposées, on devra lui donner le dénominateur de ces fractions; ce qui démontre le principe énoncé. Ainsi, la somme des fractions $\frac{2}{7}$, $\frac{3}{7}$, est composée de 2 parties plus 3 parties égales à $\frac{1}{7}$, ou de 5 parties égales à $\frac{1}{7}$, ou de $\frac{5}{7}$.

On démontrerait de même que *pour soustraire l'une de l'autre deux fractions de même dénominateur, il suffit de prendre la différence entre ces numérateurs et de l'affecter du dénominateur commun*. La différence entre $\frac{5}{7}$ et $\frac{2}{7}$ est donc $\frac{3}{7}$.

18. *Lorsqu'on veut ajouter ou soustraire des fractions qui ont des dénominateurs différens, on les réduit d'abord au même dénominateur, en multipliant les deux termes de chacune d'elles par le produit des dénominateurs différens de toutes les autres*, ce qui ne change pas leurs valeurs (n° 16), et la question est ramenée à la précédente. Par exemple, pour calculer la somme des fractions $\frac{2}{3}$, $\frac{4}{5}$, $\frac{6}{7}$, on les réduit d'abord au même dénominateur; ce qui donne les fractions équivalentes $\frac{70}{105}$, $\frac{84}{105}$, $\frac{90}{105}$; la somme des numérateurs 70, 84, 90, étant 244, la somme des fractions proposées est $\frac{244}{105}$.

REMARQUE. *On peut souvent obtenir un dénominateur commun moindre que le produit des dénominateurs des fractions proposées*. Par exemple, les nombres 35, 42, 60, étant respectivement égaux à 5×7, $2 \times 3 \times 7$, $2 \times 2 \times 3 \times 5$, il est évident que *le plus petit dénominateur commun possible* des fractions $\frac{3}{35}$, $\frac{5}{42}$, $\frac{1}{60}$, *est le plus petit nombre* $2 \times 2 \times 3 \times 5 \times 7$, *exactement divisible par chacun des dénominateurs des fractions proposées*. Ces fractions, réduites à ce dénominateur commun, deviennent $\frac{36}{420}$, $\frac{50}{420}$ et $\frac{7}{420}$.

19. *Le produit de plusieurs fractions est exprimé par une fraction dont le numérateur est le produit des numérateurs des fractions proposées, et dont le dénominateur est le produit des dénominateurs des mêmes fractions.* En effet, soit proposé de multiplier $\frac{2}{3}$ par $\frac{4}{5}$; le multiplicateur $\frac{4}{5}$ étant les $\frac{4}{5}$ de l'unité, le produit demandé sera les $\frac{4}{5}$ du multiplicande $\frac{2}{3}$, (n° 6); or le cinquième de $\frac{2}{3}$ est $\frac{2}{3 \times 5}$, les $\frac{4}{5}$ de $\frac{2}{3}$ valent donc 4 fois $\frac{2}{3 \times 5}$, ou $\frac{2 \times 4}{3 \times 5}$. La règle énoncée convient donc à deux fractions. On en déduit que cette règle est générale; par exemple, pour obtenir le produit des fractions $\frac{2}{3}$, $\frac{4}{5}$, $\frac{6}{7}$, il suffit de multiplier le produit $\frac{2 \times 4}{3 \times 5}$ des deux premières, par la troisième, ce qui donne $\frac{2 \times 4 \times 6}{3 \times 5 \times 7}$. Et ainsi de suite.

REMARQUE. Lorsqu'on multiplie plusieurs fractions entre elles, on prend des *fractions de fractions.* Par exemple, former le produit des fractions $\frac{2}{3}$, $\frac{4}{5}$, $\frac{7}{11}$, c'est prendre les $\frac{7}{11}$ des $\frac{4}{5}$ de $\frac{2}{3}$, car pour effectuer cette multiplication dans l'ordre indiqué, il faut d'abord multiplier $\frac{2}{3}$ par $\frac{4}{5}$, c'est-à-dire prendre les $\frac{4}{5}$ de $\frac{2}{3}$, ce qui donne $\frac{2 \times 4}{3 \times 5}$; on doit ensuite multiplier ce produit par $\frac{7}{11}$, c'est-à-dire en prendre les $\frac{7}{11}$; ce qui donne $\frac{2 \times 4 \times 7}{3 \times 5 \times 11}$; on a donc pris les $\frac{7}{11}$ des $\frac{4}{5}$ de $\frac{2}{3}$. En général, pour *évaluer une fraction de fraction,* on effectue le produit de toutes les fractions ordinaires qui entrent dans son énoncé.

20. *La division d'une fraction par une autre s'effectue en multipliant la fraction dividende par la fraction diviseur* REN-

VERSÉE. En effet, soit proposé de diviser $\frac{2}{3}$ par $\frac{4}{5}$; le quo-

tient doit être tel que multiplié par le diviseur $\frac{4}{5}$, il donne un

produit égal au dividende $\frac{2}{3}$; les $\frac{4}{5}$ du quotient sont donc égaux

à $\frac{2}{3}$; le cinquième du quotient est donc le quart de $\frac{2}{3}$, ou

$\frac{2}{3 \times 4}$; le quotient demandé est donc égal à 5 fois $\frac{2}{3 \times 4}$, ou

à $\frac{2 \times 5}{3 \times 4}$, ou à $\frac{2}{3} \times \frac{5}{4}$. Ce qui démontre la règle énoncée.

On en déduit que, *pour diviser l'une par l'autre deux frac-*
tions de même dénominateur, il suffit de diviser le numérateur
de la première, par celui de la seconde, et que *pour diviser*
deux fractions de même numérateur, il suffit de diviser le dé-
nominateur de la seconde par celui de la première.

21. Les *fractions*, d'après leur origine, sont moindres que
l'unité ; mais leur calcul conduit quelquefois à des expressions
de même forme qui sont plus grandes que l'unité ; la somme $\frac{9}{7}$

des fractions $\frac{6}{7}$, $\frac{3}{7}$, est de cette espèce, car il ne faut que 7 sep-

tièmes pour composer l'unité ; $\frac{9}{7}$ est une *expression fraction-*

naire, ou un *nombre fractionnaire*. Les propriétés précédentes
convenant également aux fractions et aux expressions fraction-
tionnaires, nous comprendrons ces deux classes de quantités

sous le nom générique de *fractions*. Ainsi, $\frac{2}{7}$, $\frac{9}{7}$ et $\frac{7}{7}$, seront des

fractions.

Une fraction a une valeur d'autant plus grande que son nu-
mérateur est plus grand et que son dénominateur est plus petit.
Suivant que le numérateur est moindre ou plus grand que le
dénominateur, ou est égal au dénominateur, la valeur de la
fraction est moindre ou plus grande que l'unité, ou est égale à

l'unité. Ces propriétés résultent de la définition même des fractions.

Par conséquent, *pour comparer entre elles les grandeurs de plusieurs fractions,* il suffit de les réduire au même dénominateur.

22. *Pour transformer un nombre entier en une fraction ordinaire équivalente qui ait un dénominateur donné, on multiplie le nombre entier par le dénominateur, le produit exprime le numérateur de la fraction demandée,* car cela se réduit à multiplier et à diviser le nombre donné, par un même nombre, ce qui ne change pas sa valeur. Ainsi, le nombre 5 est équivalent à $\dfrac{5 \times 3}{3}$, à $\dfrac{5 \times 7}{7}$, à $\dfrac{5}{1}$, etc.

23. Un nombre entier étant équivalent à une fraction dont le numérateur est ce nombre entier et le dénominateur est l'unité, on déduit des règles des n°s 16, 19 et 20, que *pour multiplier une fraction par un nombre entier, il suffit de multiplier son numérateur ou de diviser son dénominateur par ce nombre entier; que réciproquement, la division d'une fraction par un nombre entier s'effectue en multipliant son dénominateur ou en divisant son numérateur par ce nombre entier,* et que *le quotient de la division de l'unité par une fraction est égal à cette fraction* RENVERSÉE. Ces diverses propriétés peuvent d'ailleurs se démontrer directement par des raisonnemens analogues à ceux des n°s 16 et 20.

24. Une fraction étant égale au quotient de la division de son numérateur par son dénominateur (n° 15), les principes des n°s 16, 21 et 23 démontrent les propriétés suivantes : *Le quotient ne change pas quand on multiplie ou quand on divise le dividende et le diviseur par un même nombre; le quotient est d'autant plus grand que le dividende est plus grand, et que le diviseur est plus petit; suivant que le dividende est moindre ou plus grand que le diviseur, ou égal au diviseur, le quotient est moindre ou plus grand que l'unité, ou est égal à l'unité; pour multiplier le quotient par un nombre, il suffit de multiplier le dividende ou de diviser le diviseur par ce nombre; réciproquement, le quotient est di-*

visé par un nombre, en divisant le dividende ou en multipliant le diviseur par ce nombre.

25. *Pour trouver les entiers contenus dans un nombre frac-tionnaire, on effectue la division du numérateur par le déno-minateur.* Soit le nombre fractionnaire $\frac{13}{5}$; la division de 13 par 5 donnant le quotient 2 et le *reste* 3, ce nombre fractionnaire est composé de 2 unités plus $\frac{3}{5}$, ou de $2\frac{3}{5}$.

26. Les principes précédens comprennent tout le *calcul des fractions.* Lorsqu'on veut *opérer sur des fractions jointes à des nombres entiers*, on effectue le calcul de la manière que nous allons indiquer :

1°. Dans l'*addition des entiers joints à des fractions*, on calcule d'abord la somme des fractions qui accompagnent les entiers; on en extrait les unités qu'elle peut contenir, on joint à cette somme les nombres entiers qui accompagnent les frac-tions; le résultat exprime la somme demandée. Ainsi, pour ajouter $7\frac{15}{9}$ à $3\frac{8}{9}$, on extrait de la somme $\frac{23}{9}$ des fractions $\frac{15}{9}$, $\frac{8}{9}$, les deux unités qu'elle contient; ce qui donne $2\frac{5}{9}$; ajoutant à $2\frac{5}{9}$, les entiers 7, 3, le résultat $12\frac{5}{9}$, est la somme demandée.

2°. Dans la *soustraction des entiers joints à des fractions*, on retranche directement la fraction de la fraction et le nombre entier du nombre entier. Quand la fraction à soustraire est la plus grande, on *emprunte* une ou plusieurs unités sur le nombre dont on soustrait. En voici des exemples :

de	$8\frac{5}{7}$	de	$6\frac{2}{7}$
ôtant	$2\frac{3}{7}$	ôtant	$3\frac{4}{7}$
reste	$6\frac{2}{7}$	reste	$2\frac{5}{7}$

Pour ôter $2\frac{3}{7}$ de $8\frac{5}{7}$, on retranche $\frac{3}{7}$ de $\frac{5}{7}$ et 2 de 8; la réunion des restes partiels $\frac{2}{7}$, 6, compose le reste total $6\frac{2}{7}$. Pour soustraire $3\frac{4}{7}$, de $6\frac{2}{7}$, on emprunte une des six unités du plus grand nombre; cette unité, qui vaut $\frac{7}{7}$, jointe aux $\frac{2}{7}$ qu'il y avait déjà, donne $\frac{9}{7}$, desquels ôtant $\frac{4}{7}$, il reste $\frac{5}{7}$; or on a emprunté 1 sur le 6; on ôtera donc 3 de 5; ce qui donnera le reste 2; la réunion des restes partiels $\frac{5}{7}$, 2, compose le reste total $2\frac{5}{7}$.

Les preuves des quatre règles sur les fractions s'exécutent comme s'il s'agissait de nombres entiers, avec cette seule différence que pour l'addition, il faut ajouter à la colonne des fractions la retenue placée sous les unités.

Théorie du plus grand commun diviseur.

27. Lorsque les deux termes d'une fraction sont des nombres considérables, il est difficile de se former une idée de la grandeur de cette fraction. Par exemple, la petitesse d'un millième de toise ne permet pas d'apprécier la grandeur des $\frac{800}{1000}$ d'une toise; mais si l'on réduisait cette fraction à sa plus simple expression, on aurait une idée assez exacte de la fraction équivalente $\frac{4}{5}$ de toise; on est donc conduit à chercher une méthode pour *réduire une fraction à sa plus simple expression*. On dit qu'une fraction est *irréductible*, ou réduite à sa plus simple expression, quand elle ne peut pas être exprimée par une fraction de même valeur ayant des termes moindres. Une fraction irréductible n'a donc jamais de facteur commun à ses deux termes. On démontrera par la suite que la réciproque est vraie, c'est-à-dire que *lorsque les deux termes d'une fraction n'ont pas de facteur commun, cette fraction est* IRRÉDUCTIBLE.

Quand on connaît le plus grand nombre qui divise à la fois les deux termes d'une fraction, la division de ces deux termes par ce *plus grand commun diviseur* donne une fraction irréductible et équivalente à la proposée. Ainsi, en divisant le numérateur et le dénominateur de la fraction $\frac{24}{36}$ par leur plus grand commun diviseur 12, on obtient la fraction irréductible $\frac{2}{3}$ qui est égale à $\frac{24}{36}$.

Lorsque les deux termes d'une fraction sont très grands, il n'est pas possible d'apercevoir leur plus grand commun diviseur; la méthode générale qui sert à le déterminer repose sur les principes suivans :

1°. *Quand plusieurs nombres ont un diviseur commun, leur somme a le même diviseur;* car le quotient de la division de chaque nombre par le diviseur commun étant un nombre entier, la réunion de ces quotiens partiels est un nombre entier, et ce nombre exprime le quotient total de la division de la somme des nombres proposés par le diviseur commun. Ainsi, les nombres 6, 9, 12, étant divisibles par 3, leur somme 27 est divisible par 3. Il en résulte que *tout diviseur d'un nombre divise les multiples de ce nombre.*

2°. *Lorsqu'une somme est composée de deux parties, tout nombre qui divise séparément la somme et l'une de ses parties, divise l'autre partie.* En effet, si l'on divise la somme par son diviseur, le quotient sera un nombre entier qui devra être égal à la réunion des quotiens partiels des deux parties par le même diviseur; mais par hypothèse, le premier de ces quotiens partiels est un nombre entier, le deuxième est donc nécessairement un nombre entier.

Ces principes établis, passons à la *recherche du plus grand commun diviseur,* et pour fixer les idées, considérons les nombres 48, 18. Le plus grand diviseur commun à ces deux nombres ne saurait surpasser le plus petit, puisqu'il doit le diviser exactement; on est donc conduit à essayer si le plus petit nombre 18 divise le plus grand nombre 48, car dans le cas où la division réussirait, 18 serait le plus grand commun diviseur demandé; cela n'arrive pas dans notre exemple, 48 divisé par 18 donne 2 au quotient et 12 de *reste*. D'après le principe du n° 10,

48 est égal à 2 fois 18, plus 12.

Cette égalité démontre que le plus grand commun diviseur de 48 et 18 est le même que celui des nombres 18 et 12. En effet, le plus grand diviseur commun à 48 et 18 divise la somme 48 et 2 fois 18 qui est l'une de ses parties, il doit donc diviser l'autre partie 12 ; divisant 18 et 12, il ne peut surpasser le plus grand commun diviseur de 18 et 12; mais ce dernier divisant 12 et 2 fois 18, divise la somme 48, il divise donc 48 et 18; il ne peut donc surpasser le plus grand commun diviseur de 48 et 18, ces deux plus grands communs diviseurs ne pouvant pas être plus grands l'un que l'autre sont égaux.

Les mêmes raisonnemens étant applicables à des nombres quelconques, on voit que *le plus grand commun diviseur de deux nombres est le même que celui qui existe entre le plus petit de ces nombres et le reste de la division du plus grand nombre par le plus petit.*

Cela posé : le plus grand commun diviseur de 48 et 18 étant le même que celui des nombres 18 et 12, la difficulté est diminuée, car il ne s'agit plus que de trouver le plus grand commun diviseur de deux nombres 18 et 12, respectivement moindres que 48 et 18. Opérant donc sur 18 et 12 comme sur les nombres proposés, on divise 18 par 12, ce qui donne 1 au quotient et 6 de reste ; or le plus grand commun diviseur de 48 et 18 est le même que celui des nombres 18 et 12, et ce dernier est le même que le plus grand commun diviseur de 12 et 6 ; le plus grand diviseur commun à 48 et 18 est donc le même que celui des nombres 12 et 6; pour l'obtenir, on divise 12 par 6, ce qui donne le quotient exact 2 ; 6 est donc le plus grand diviseur commun à 12 et 6 ; ce plus grand commun diviseur est celui des nombres proposés 48, 18; et en effet, si l'on divise 48 et 18 par 6, les quotiens 8 et 3 n'auront plus de facteurs communs.

On en déduit cette règle générale : *Pour trouver le plus grand commun diviseur de deux nombres, divisez le plus grand par le plus petit; si le reste est zéro, le plus petit nombre sera le plus grand commun diviseur cherché; s'il y a un reste, divisez le plus petit des nombres proposés par ce premier reste; si le reste de cette nouvelle division est zéro, le premier reste sera le diviseur cherché; dans le cas contraire, divisez le premier reste par le deuxième; si le troisième reste est zéro, le deuxième sera le diviseur cherché; s'il n'est pas zéro, divisez le deuxième reste par le troisième. Continuez à diviser les restes successifs les uns par les autres, jusqu'à ce que vous parveniez à un quotient exact; le reste qui divisera exactement le reste précédent sera le plus grand commun diviseur demandé. Quand ce reste est l'unité, les nombres proposés n'ont pas d'autres facteurs communs que l'unité, car le plus grand commun diviseur doit diviser tous les restes.* On dispose ordinairement les calculs de la manière indiquée dans les exemples suivans :

Quotiens	1	2	2			1	1	8	
Dividendes et diviseurs {	462	330	132	66		17	9	8	1
Restes.	132	66	0			8	1	0	

Dans la première opération, où l'on cherche le plus grand commun diviseur de 462 et 330, on divise 462 par 330; cela donne le quotient 1 et le reste 132; on divise 330 par 132, ce qui fournit le quotient 2 et le reste 66; la division de 132 par 66 conduit au reste zéro, le quotient exact est 2; le reste 66, qui a divisé exactement le reste précédent 132, est le plus grand commun diviseur demandé.

Dans la seconde opération, on veut obtenir le plus grand diviseur commun de 17 et 9; à cet effet, on divise 17 par 9; le reste étant 8, on divise 9 par 8; le reste 1 divisant 8, le plus grand commun diviseur cherché est 1; les nombres 17 et 9, n'ont donc pas de facteurs communs.

3..

REMARQUE. *Le nombre de divisions à effectuer pour obtenir le plus grand commun diviseur, ne peut jamais excéder la moitié du plus petit des deux nombres proposés;* car lorsqu'on parvient à deux restes consécutifs dont la différence est l'unité, la division de ces deux restes l'un par l'autre conduit au reste 1, ce qui indique que les nombres donnés n'ont pas de facteurs communs; et par conséquent, toutes les fois que les nombres proposés ont un plus grand commun diviseur, les restes successifs diminuent au moins de deux unités à chaque division.

Le plus grand diviseur commun à plusieurs nombres étant le produit de tous les facteurs égaux et inégaux communs à ces nombres (*), on en déduit cette règle générale : *Pour trouver le plus grand commun diviseur de plusieurs nombres, cherchez successivement le plus grand commun diviseur entre le premier nombre et le second, entre le commun diviseur qui en résulte, et le troisième nombre; et ainsi de suite jusqu'au dernier des nombres donnés; le plus grand commun diviseur fourni par la dernière opération sera celui des nombres donnés.* Si les nombres proposés sont 48, 18 et 15, on dira : le plus grand commun diviseur cherché doit diviser 48 et 18, il ne peut donc pas être plus grand que leur plus grand commun diviseur 6; les facteurs communs aux nombres proposés, le sont donc nécessairement à 6 et 15; mais le seul facteur commun à 6 et 15 est 3; le plus grand commun diviseur demandé est donc 3; et en effet, si l'on divise 48, 18 et 15, par 3, les quotiens 16, 6, 5, n'auront plus de facteurs communs.

Pour *abréger les calculs*, on peut classer les nombres donnés par ordre de grandeur, en commençant par les plus petits. Par exemple, pour calculer le plus grand commun diviseur des nombres 120, 60, 84, on les prend dans cet ordre, 60, 84, 120; on cherche le plus grand commun diviseur 12 entre 60 et 84; le plus grand commun diviseur 12, des nombres 12 et 120, est le plus grand commun diviseur demandé.

_____

(*) Par exemple, les nombres 60, 84, 120, étant respectivement égaux à $2 \times 2 \times 3 \times 5$, $2 \times 2 \times 3 \times 7$, $2 \times 2 \times 2 \times 3 \times 5$, leur plus grand commun diviseur est $2 \times 2 \times 3$, ou 12.

Théorie des décimales.

28. La simplicité du calcul des nombres entiers, comparée à la complication du calcul des fractions, fait apercevoir combien il serait utile d'assujétir les subdivisions de l'unité principale à une loi de décroissement uniforme, car on conçoit que c'est de cette uniformité que dépend la facilité des opérations de l'Arithmétique sur les nombres entiers; on y est parvenu en subdivisant l'unité principale en parties de dix en dix fois plus petites; ces parties ont été nommées *fractions décimales*, ou *unités décimales*, ou *décimales*. Ce mode de décroissement était celui qu'indiquait la nature de notre système de numération. Ainsi, l'unité principale se divise en dix parties égales nommées *dixièmes*, chaque dixième vaut dix *centièmes*, un centième vaut dix *millièmes*, etc.

Le système adopté pour écrire les nombres entiers s'applique aux décimales, le premier chiffre à droite des unités exprime des dixièmes, le second des centièmes, le troisième des millièmes, etc. Je distinguerai le chiffre des unités principales en mettant sur sa droite une *virgule* de la forme ,.

Le *nombre décimal* 23,45 vaut donc 23 unités plus 4 dixièmes plus 5 centièmes; les chiffres placés à droite de la virgule sont les *chiffres décimaux* où les *décimales* de ce nombre; ainsi, le nombre 23,457 contient trois chiffres décimaux ou trois décimales, sa *partie décimale* est 457, et 23 s'appelle sa *partie entière* ou ses *unités entières*.

29. D'après ces conventions, *un nombre décimal est multiplié ou est divisé autant de fois par le facteur dix, qu'on avance la virgule de rangs vers la droite ou vers la gauche de ce nombre*. Ainsi, en avançant la virgule de deux rangs vers la droite de 3,456, on multiplie ce nombre par 10 × 10, ou par 100, car chacun des chiffres du résultat 345,6 exprime des unités cent fois plus grandes.

30. *Tout nombre décimal est équivalent à une fraction ordinaire dont le numérateur est le nombre décimal abstraction*

faite de la virgule, et dont le dénominateur est l'unité suivie
d'autant de zéros qu'il y a de chiffres à droite de la virgule.
En effet, supprimer la virgule dans un nombre décimal revient
à avancer la virgule d'autant de rangs à droite qu'il y a de décimales, on multiplie donc ce nombre par l'unité suivie d'autant
de zéros qu'il y a de chiffres à droite de la virgule, il faut donc
diviser le résultat par l'unité suivie de ce même nombre de zéros ;
ce qui démontre la règle énoncée. Par exemple, lorsqu'on supprime la virgule dans le nombre $3,45$, le résultat 345 est 100
fois plus grand que $3,45$; $3,45$ est donc égal à $\dfrac{345}{100}$.

Il en résulte qu'on *peut mettre des zéros à droite ou à gauche*
d'un nombre décimal sans changer sa valeur. Ainsi, les nombres $3,04$, $3,0400$, $003,04$, ont la même valeur, car ils sont
exprimés par les fractions $\dfrac{304}{100}$, $\dfrac{30400}{10000}$, $\dfrac{00304}{100}$, qui sont équivalentes entre elles.

31. *Pour convertir en décimales une fraction ordinaire dont*
le dénominateur est l'unité suivie de plusieurs zéros, il suffit
d'écrire le numérateur et de séparer autant de décimales sur
la droite de ce numérateur qu'il y a de zéros dans le dénomina-
teur, car cela revient à effectuer la division du numérateur par
le dénominateur (n° 29). Ainsi, la fraction $\dfrac{345}{100}$ est égale à $3,45$.

Remarque. Quand le numérateur ne contient pas le nombre
de chiffres nécessaires au placement de la *virgule*, on y supplée
en mettant des zéros sur la gauche du numérateur. Par exemple,
le dénominateur de la fraction $\dfrac{405}{100000}$ contenant cinq zéros, la
règle prescrit de séparer cinq décimales sur la droite du numérateur 405 ; on remplacera donc 405 par le nombre équivalent
000405, et séparant les cinq décimales, le résultat $0,00405$
exprimera la fraction proposée.

32. *Pour écrire en chiffres un nombre décimal énoncé, on*
place successivement au rang des dixièmes, des centièmes, etc.,
les chiffres qui désignent combien ce nombre contient de dixièmes

de centièmes, etc. *Quand le nombre proposé renferme des unités entières, on les met à la gauche de la virgule ; lorsqu'il manque d'unités d'un certain ordre, on met un zéro pour tenir leur place et pour conserver aux autres chiffres le rang qui leur convient.* Ainsi, les nombres quatre cent cinq dix-millièmes et dix-sept mille vingt-sept millièmes, s'écrivent 0,0405 et 17,027.

RÉCIPROQUEMENT, *pour énoncer un nombre décimal écrit en chiffres, on distingue deux cas :* 1°. *Quand on veut confondre l'énoncé de la partie entière avec celui de la partie décimale, il suffit d'énoncer le nombre, abstraction faite de la virgule, et d'ajouter le nom de l'espèce des unités du premier chiffre à droite ;* 2°. *lorsqu'on veut séparer l'énoncé de la partie entière de celui de la partie décimale, on énonce d'abord la partie entière comme si elle était seule, et ensuite la partie décimale en procédant comme dans le premier cas.* D'après cette règle, le nombre 17,027 peut s'énoncer dix-sept mille vingt-sept millièmes, ou dix-sept unités vingt-sept millièmes; et en effet, 17,027 est équivalent à $\dfrac{17027}{1000}$, ou à 17 plus $\dfrac{27}{1000}$.

33. Les méthodes que nous avons données pour l'*addition* et la *soustraction* des nombres entiers sont fondées sur ce principe, qu'en allant de droite à gauche, dix unités d'un ordre quelconque en valent une de l'ordre suivant; les unités décimales étant soumises à la même loi, on peut leur appliquer les mêmes procédés. Ainsi :

L'ADDITION *et la* SOUSTRACTION *des nombres décimaux s'effectuent d'après les règles des n°* 4 *et* 5, *en ayant soin de placer les unités de mêmes grandeurs les unes sous les autres.* En voici des exemples :

Nombres à ajouter....	$\begin{cases} 97,876 \\ 45,121 \end{cases}$	$\begin{matrix} 9,87 \\ 45,6 \end{matrix}$	$\begin{matrix} 3705,2 \\ 89,7501 \end{matrix}$	$\begin{matrix} 9000,40070012 \\ 8210,5673 \end{matrix}$
Sommes...........	142,997	55,47	3794,9501	17210,96800012
Soustractions........	$\begin{cases} \text{de....} \ 142,997 \\ \text{ôtez...} \ 97,876 \\ \text{reste...} \ 45,121 \end{cases}$	$\begin{matrix} 100,21 \\ 47,873 \\ 52,337 \end{matrix}$	$\begin{matrix} 17210,96800012 \\ 9000,40070012 \\ 8210,5673 \end{matrix}$	

34. *Pour* MULTIPLIER *ou pour* DIVISER *un nombre décimal par l'unité suivie de plusieurs zéros, il suffit d'avancer la virgule d'autant de rangs vers la droite du multiplicande ou vers la gauche du dividende, qu'il y a de zéros à la suite de l'unité* (n° 29). Ainsi, le produit de 34,052 par 100 est 3405,2, le quotient de la division de 3405,2 par 1000 est 3,4052. Pour diviser 4,25 par 1000, on remplace 4,25 par le nombre équivalent 0004,25, et l'on avance ensuite la virgule de trois rangs à gauche; le résultat 0,00425 exprime le quotient demandé.

35. *Pour former le produit de plusieurs nombres décimaux, on effectue la multiplication comme s'il n'y avait pas de virgule, et l'on sépare ensuite autant de décimales sur la droite du produit qu'il y a de chiffres décimaux dans tous les facteurs réunis.* Cela résulte des principes des n° 30, 19 et 31. En effet, chaque facteur est équivalent à une fraction dont le numérateur est ce facteur dans lequel on fait abstraction de la virgule et dont le dénominateur est l'unité suivie d'autant de zéros qu'il y a de décimales dans ce facteur ; le produit demandé est donc équivalent à une fraction ordinaire dont le numérateur est le produit de tous les nombres entiers qui résultent de la suppression de la virgule dans les facteurs proposés, et dont le dénominateur est l'unité suivie d'autant de zéros qu'il y a de décimales dans tous les facteurs ; pour convertir cette fraction en décimales, il suffit d'écrire son numérateur et de séparer autant de chiffres décimaux sur sa droite qu'il y a de zéros dans le dénominateur; ce qui démontre la règle énoncée. Ainsi, pour multiplier 0,04 par 0,0012, on forme le produit 48 de 4 par 12; la règle prescrivant de séparer six décimales sur la droite de ce produit, on remplace 48 par le nombre équivalent 0000048, et séparant ensuite les six décimales, le résultat 0,000048 exprime le produit demandé; on peut d'ailleurs le vérifier, car les facteurs 0,04, 0,0012, sont équivalens aux fractions $\frac{4}{100}$, $\frac{12}{10000}$, dont le produit est $\frac{48}{1000000}$ ou 0,000048.

36. *Lorsqu'on veut diviser deux nombres décimaux l'un par*

l'autre, on met d'abord assez de zéros sur la droite du nombre qui contient le moins de décimales, pour que le nombre des chiffres décimaux soit le même dans le dividende et dans le diviseur ; on effectue ensuite la division comme s'il n'y avait pas de virgule, et le résultat exprime le quotient demandé. En effet, lorsque le dividende et le diviseur ont été ramenés à contenir le même nombre de décimales, ils sont équivalens à des fractions de même dénominateur dont le quotient s'obtient en divisant le numérateur de la première par celui de la seconde, et ces numérateurs sont les nombres décimaux dans lesquels on a fait abstraction de la virgule. Ainsi, pour diviser 6,8 par 0,034, on remplace ces nombres par les nombres équivalens 6,800, 0,034, et la division de 6800 par 0034 ou par 34, fournit le quotient 200 demandé ; on peut d'ailleurs s'en assurer, car les nombres proposés sont équivalens aux fractions ordinaires $\frac{68}{10}$, $\frac{34}{1000}$, dont le quotient est $\frac{68000}{340}$ ou 200.

Les opérations de l'Arithmétique sur les nombres décimaux se vérifient d'après les règles données pour les nombres entiers.

37. *Pour opérer sur des nombres entiers et décimaux combinés avec des fractions, on réduit ces nombres en fractions ordinaires.* S'il s'agit des nombres 3,7, $2\frac{3}{4}$, on les remplacera d'abord par les fractions équivalentes $\frac{37}{10}$, $\frac{11}{4}$; ajoutant, retranchant, multipliant et divisant ces deux fractions, les résultats $\frac{129}{20}$, $\frac{19}{20}$, $\frac{407}{40}$, $\frac{74}{55}$, exprimeront respectivement, la somme, la *différence*, le *produit* et le *quotient* des nombres donnés.

38. La *réduction d'une fraction ordinaire en décimales* présente trois cas que nous allons successivement examiner :

1er CAS.- *Quand le dénominateur est l'unité suivie de plusieurs zéros vers la droite, la règle du n° 31 détermine le nombre décimal qui est équivalent à la fraction proposée.*

2ᵉ CAS. *Lorsque le dénominateur ne contient que les facteurs* 2 *et* 5, *de* 10, *la fraction peut toujours s'exprimer exactement en décimales*, car en multipliant les deux termes de la fraction un certain nombre de fois par 2 ou par 5, de manière que chacun des facteurs 2 et 5 entre le même nombre de fois dans le nouveau dénominateur, on la transforme en une fraction équivalente dont le dénominateur est l'unité suivie de plusieurs zéros. La fraction $\frac{7}{40}$ est de cette espèce, car

$$\frac{7}{40} = \frac{7}{2\times2\times2\times5} = \frac{7\times5\times5}{2\times2\times2\times5\times5\times5} = \frac{7\times5\times5}{10\times10\times10} = \frac{175}{1000} = 0{,}175 \;(^*).$$

REMARQUE. Le dénominateur de la fraction $\frac{7}{40}$ contenant *trois* fois le facteur 2 et une fois le facteur 5, pour transformer cette fraction en une autre qui renferme *trois* fois chacun des facteurs 2 et 5, c'est-à-dire trois fois le facteur 10, il suffit d'introduire deux fois le facteur 5 ; ce qui fournit une fraction équivalente à la proposée et dont le dénominateur est l'unité suivie de *trois* zéros ; cette nouvelle fraction est exprimée par un nombre décimal qui a *trois* chiffres décimaux.

Par des raisons semblables, si le dénominateur d'une fraction irréductible était le produit de 5 pris *quatre* fois facteur, par 2 pris un plus petit nombre de fois comme facteur, on pourrait multiplier les deux termes de la fraction assez de fois par 2, pour que chacun des facteurs 2, 5, entrât *quatre* fois dans le nouveau dénominateur ; de sorte que la fraction proposée serait exprimée par un nombre qui contiendrait *quatre* chiffres décimaux.

En général : *Lorsque le dénominateur d'une fraction irréductible ne renferme que les facteurs* 2 *et* 5, *pour découvrir combien il y aura de chiffres décimaux dans le nombre décimal qui exprime la fraction proposée, il suffit de chercher quel est celui de ces facteurs qui entre le plus grand nombre de fois dans le dénominateur, ce nombre de fois indique le nombre des chiffres décimaux demandé.*

(*) Le *signe* = signifie *égale*.

La division du numérateur d'une fraction, par son dénominateur conduit directement à l'expression décimale de cette fraction. En effet, soit la fraction $\frac{7}{40}$, on exécutera le calcul de la manière suivante :

Dividende 7		40 diviseur
70	dixièmes	
300	centièmes	0,175 quotient
200	millièmes	

Le quotient ne contenant pas d'unités, on met un zéro pour tenir la place des unités ; on convertit le dividende 7, en 70 dixièmes ; la division de 70 dixièmes par 40 donne le quotient 1 dixième et le reste 30 dixièmes que l'on convertit en 300 centièmes ; divisant 300 centièmes par 40, on obtient le quotient 7 centièmes ; le reste 20 centièmes converti en 200 millièmes et divisé par 40, fournit le quotient exact 5 millièmes ; l'opération est terminée et le résultat 0,175 exprime la valeur du quotient de la division de 7 par 40, ou de la fraction $\frac{7}{40}$.

39. En général : *Pour réduire une fraction en décimales, on divise le numérateur par le dénominateur, en ayant soin lorsqu'on a obtenu les unités du quotient de mettre une virgule sur leur droite et de convertir les restes successifs en dixièmes, en centièmes, en millièmes, etc., (ces conversions s'effectuent en mettant un zéro sur la droite de chaque reste). Les chiffres qu'on obtient à la suite des unités du quotient expriment les dixièmes, les centièmes, les millièmes, etc., du nombre décimal qui est équivalent à la fraction proposée.*

40. 3e CAS. *Quand le dénominateur d'une fraction irréductible contient d'autres facteurs que 2 et 5, la fraction ne peut jamais se réduire exactement en décimales.* En effet, les deux termes de la fraction proposée n'ayant pas de facteurs communs, les facteurs, autres que 2 et 5, qui entrent dans le dénominateur y resteront toujours quand on multipliera les deux termes par un même nombre ; on ne pourra donc pas transformer la fraction donnée en une fraction décimale ayant pour dénominateur l'unité suivie de plusieurs zéros ; la fraction proposée ne se réduira

donc pas exactement en décimales, car tout nombre décimal est équivalent à une fraction dont le dénominateur est l'unité suivie de plusieurs zéros. La fraction $\frac{3}{11}$ est de cette espèce, la division de 3 par 11 donne le quotient indéfini 0,27 27 27 etc. Voici le calcul :

1er dividende......... 3 unités.	11 diviseur.
2e dividende partiel... 30 dixièmes.	1er quotient partiel... 0 unités.
3e dividende partiel... 80 centièmes.	2e quotient partiel... 2 dixièmes.
4e dividende partiel... 30 millièmes.	3e quotient partiel... 7 centièmes.
5e dividende partiel... 80 dix-mill.	4e quotient partiel... 2 millièmes.
etc................ etc.	5e quotient partiel... 7 dix-mill.
	etc.................. etc.
	Quotient total....... 0,27 27 27 etc.

La comparaison du quatrième dividende partiel avec le second, fait voir que *les chiffres 2, 7, obtenus au quotient doivent se reproduire à l'infini et dans le même ordre*, car le second dividende partiel 30 dixièmes, ayant donné le quotient 27 centièmes et le reste 30 millièmes, le quatrième dividende partiel 30 millièmes, qui est cent fois plus petit que le second, déterminera un quotient cent fois plus petit, 27 dix-millièmes, avec un reste cent fois plus petit, 30 cent-millièmes ; et ainsi de suite ; ce qui conduira au quotient indéfini 0,27 27 27 etc.

On approche d'autant plus de la valeur de la fraction $\frac{3}{11}$, *qu'on calcule plus de décimales au quotient.* En effet, les restes alternatifs 8, 3, diminuent très rapidement de valeur, car ils représentent successivement des dixièmes, des centièmes, etc. ; et comme en les divisant par 11, on obtient ce qui manque au quotient obtenu pour être exact, on peut toujours prendre assez de chiffres décimaux au quotient pour que la valeur de la fraction décimale qui en résulte diffère d'aussi peu qu'on voudra de $\frac{3}{11}$.

On trouvera de même que les fractions $\frac{36}{11}$, $\frac{1354}{99000}$, sont exprimées par les nombres décimaux 3,27 27 etc., 0,013 67 67 etc.

REMARQUE. Les fractions décimales dans lesquelles plusieurs chiffres se répètent dans le même ordre et à l'infini, ont reçu le nom de *fractions décimales périodiques*, et la partie du quotient qui se reproduit périodiquement s'appelle la *période*. Lorsque la période commence au chiffre des dixièmes, on dit que la fraction est *périodique simple*; quand la période ne commence qu'après un certain nombre de décimales, la fraction est *périodique mixte*. Ainsi, 0,27 27 27 etc. est une fraction décimale périodique *simple* dont la *période* est 27; l'expression...... 0,013 67 67 etc. est une fraction décimale périodique *mixte*, la *période* est 67, la *partie non périodique* est 013.

41. Les trois cas que nous venons d'examiner donnant le moyen de réduire les fractions ordinaires en décimales, d'une manière exacte ou approchée, passons à la solution du problème inverse qui consiste à *convertir les nombres décimaux en fractions ordinaires*.

1°. Lorsque le nombre proposé ne renferme pas une infinité de décimales, sa conversion en fraction ordinaire s'exécute d'après la règle du n° 30:

2°. Quand ce nombre renferme une infinité de chiffres décimaux, on ne peut l'évaluer exactement que lorsqu'il est périodique. Nous n'avons donc plus qu'à nous occuper des fractions décimales périodiques simples et mixtes.

Soit la *fraction décimale périodique simple* 0,27 27 27 etc. ; si l'on pouvait en déduire une autre expression composée de la même partie périodique, la différence entre ces deux expressions serait facile à évaluer, car elle ne renfermerait plus qu'un nombre fini de chiffres. On peut y parvenir de plusieurs manières, voici la plus simple :

De 100 fois 0,27 27 27 etc., ou 27,27 27 etc.,
ôtant une fois 0,27 27 27 etc., ou 0,27 27 etc.,

il reste 99 fois 0,27 27 27 etc., ou 27.

Le produit de la fraction 0,27 27 etc. par 99 étant 27, la fraction 0,2727 etc. est égale à la 99ième partie de 27, ou à $\dfrac{27}{99}$.

42. Les mêmes raisonnemens pouvant s'appliquer à tout autre exemple et conduisant à des résultats de même forme, nous établirons cette règle générale : *Toute fraction décimale périodique simple, moindre que l'unité, est équivalente à une fraction ordinaire qui a pour numérateur la période et pour dénominateur un nombre composé d'autant de 9 qu'il y a de chiffres dans la période.* Ainsi, la fraction décimale périodique simple 0,307692 307692 etc., dont la période est 307692, est équivalente à $\dfrac{307692}{999999}$; cette dernière fraction se réduit à $\dfrac{4}{13}$.

43. Pour *convertir une fraction décimale périodique mixte en fraction ordinaire*, on place successivement la virgule à droite et à gauche de la première période, ce qui donne deux nombres composés de la même partie périodique ; la différence entre ces deux nombres ne contenant plus la partie périodique, il est facile d'en déduire la valeur de la fraction proposée. Par exemple, soit la fraction décimale périodique mixte 8,013 67 67 etc. dont la période est 67, en désignant sa valeur par x, on aura

$$100\ 000 \text{ fois } x = 8013{\scriptstyle\,}67{\scriptstyle\,}67 \text{ etc.}$$
$$1\ 000 \text{ fois } x = 8013{\scriptstyle\,}67{\scriptstyle\,}67 \text{ etc.}$$

Retranchant 1000 fois x, de 100 000 fois x, il restera

$$99\ 000 \text{ fois } x = 801367 - 8013 \,(^*); \quad \text{d'où} \quad x = \frac{801367 - 8013}{99\ 000}.$$

La comparaison de cette valeur de x, avec le nombre, 8,013 67 67 etc., conduit à la règle suivante : *Pour convertir une fraction décimale périodique mixte en fraction ordinaire, transportez successivement la virgule à droite et à gauche de la première période ; la différence entre les parties* ENTIÈRES *des nombres décimaux qui en résultent, exprime le numérateur de la fraction demandée. Pour former le dénominateur, prenez un nombre composé d'autant de 9 qu'il y a de chiffres dans la période, et mettez autant de zéros sur la droite de ce nombre qu'il y a de chiffres entre la virgule et la première période. Cette*

(*) Le *signe* — signifie *moins*.

règle convient également aux fractions décimales périodiques simples plus grandes que l'unité. Ainsi

$$3_{1}201\ 257\ 257\ \text{etc.} = \frac{31201257 - 31201}{99900} = \frac{31170056}{99900},$$

$$3_{1}27\ 27\ 27\ \text{etc.} = \frac{327 - 3}{99} = \frac{324}{99} = \frac{36}{11},$$

$$0_{1}010\ 36\ 36\ 36\ \text{etc.} = \frac{1036 - 10}{99000} = \frac{1026}{99000} = \frac{57}{5500},$$

$$0_{1}00\ 307692\ 307692\ \text{etc.} = \frac{307692}{99999900} = \frac{1}{325},$$

$$307_{1}\ 692307\ 692307\ 692\ \text{etc.} = \frac{307\ 692307 - 307}{999999}$$

$$= \frac{307692000}{999999} = \frac{4000}{13}.$$

44. REMARQUE. La règle du n° 42 fait voir que *la fraction décimale périodique* $0_{1}999$ etc. *est égale à* $\frac{9}{9}$ ou à l'unité. Divisant donc successivement $0_{1}999$ etc., par 10, 100, 1000 etc., les quotiens $0_{1}0999$ etc., $0_{1}00999$ etc., $0_{1}000999$ etc., auront pour valeurs $0_{1}1$, $0_{1}01$, $0_{1}001$, etc. Il en résulte que les nombres $2_{1}9999$ etc., $5_{1}23999$ etc., $99_{1}999$ etc., qui renferment une infinité de 9, ont pour valeurs exactes 3, 5,24 et 100.

45. *Pour obtenir la valeur d'un nombre à moins d'une unité décimale d'un ordre donné, il suffit de supprimer les chiffres qui expriment des unités inférieures à cet ordre.* Par exemple, la valeur de $2_{1}7564$ etc., à moins d'un centième d'unité près, est 2,75; car la partie négligée $0_{1}0064$ etc. est moindre que $0_{1}00999$ etc., ou que 0,01.

46. *Pour approcher le plus possible de la valeur d'un nombre décimal, en supprimant plusieurs chiffres sur sa droite, distinguez trois cas :* 1°. *si le premier chiffre à supprimer est moindre que* 5, *supprimez-le avec ceux qui le suivent;* 2°. *s'il est plus grand que* 5, *ou si étant* 5 *il est suivi d'autres chiffres significatifs, augmentez d'un le dernier chiffre conservé;* 3°. *s'il est égal à* 5 *et n'est pas suivi d'autres chiffres significatifs, vous*

pourrez laisser le dernier chiffre à conserver tel qu'il est, ou l'augmenter d'un. Dans ces trois cas, l'erreur ne peut excéder une demi-unité du dernier ordre conservé. Par exemple, suivant qu'on ne veut conserver que deux ou trois décimales, la valeur la plus approchée possible de 5,6237 etc. est 5,62 ou 5,624; car dans le premier cas, en prenant 5,62 la partie négligée 0,0037 etc. est moindre que 0,005 ou qu'un demi-centième, et dans le second cas 0,0007 etc. étant plus grand que 0,0005, ce qu'il faut ajouter à 5,6237 etc. pour obtenir 5,624 est moindre que 0,0005, ou qu'un demi-millième.

47. *Pour trouver la valeur d'une fraction ordinaire à moins d'une unité décimale d'un ordre donné, il suffit d'effectuer la division du numérateur par le dénominateur et de continuer le calcul jusqu'au chiffre du quotient qui exprime des unités de l'ordre donné. Mais, quand on veut approcher le plus possible de la valeur de la fraction, en ne conservant qu'un nombre déterminé de décimales, on calcule une décimale de plus, afin de pouvoir appliquer la règle du n° 46.* Ainsi, le quotient de la division de 2 par 7 étant 0,2857 etc., la valeur de $\frac{2}{7}$ à moins d'un millième d'unité près est 0,285, et quand on ne veut conserver que trois décimales, la valeur la plus approchée possible de $\frac{2}{7}$ est 0,286.

REMARQUE. Les règles des n°s 39, 46 et 47, donnent le moyen d'exprimer en décimales, d'une manière exacte ou approchée, le quotient de la division d'un nombre par un autre. On trouve ainsi que le quotient de la division de 728 par 400 est 1,82; que le quotient de la division de 0,00048 par 0,0012, qui est le même que celui de 48 par 1200, est 0,04; enfin la division de 13,54 par 990 conduit au quotient périodique 0,013 67 67 etc.; la valeur de ce dernier quotient à moins d'un millième d'unité près est 0,013, et suivant qu'on ne veut conserver que deux ou trois décimales, sa valeur la plus approchée possible est 0,01 ou 0,014.

Méthodes abrégées pour calculer, avec une approximation donnée, le produit et le quotient de la division de deux nombres.

* 48. Nous terminerons la théorie des décimales en faisant voir comment on peut *abréger la multiplication et la division de deux nombres qui contiennent un grand nombre de chiffres, quand on n'a besoin que d'une valeur approchée du produit ou du quotient.*

Par exemple, pour *déterminer le produit de* $8{,}7462349102567_3$ etc. *par* $2{,}3456785$ etc., *à moins d'un dixième d'unité près*, on observe que cela se réduit à chercher des valeurs assez approchées des produits partiels du multiplicande par les chiffres du multiplicateur, pour que la somme des erreurs qui en résultent soit moindre qu'un dixième. Cette condition sera remplie en négligeant les chiffres du multiplicande et du multiplicateur qui donnent dans les produits partiels des unités décimales inférieures aux millièmes. Or, les produits des unités par les millièmes et des dixièmes par les centièmes, donnent des millièmes; les produits des unités décimales des ordres inférieurs fourniraient des unités moindres que les millièmes; par conséquent, si l'on effectue les multiplications en négligeant les produits partiels moindres que les millièmes, on sera conduit au calcul suivant :

| Multiplicande | $8{,}7462349$ etc. |
| Multiplicateur | $2{,}3456785$ etc. |

2 fois $8{,}746$ donnent	$17{,}492$
$0{,}3$ fois $8{,}74$ donnent	$2{,}622$
$0{,}04$ fois $8{,}7$ donnent	$0{,}348$
$0{,}005$ fois 8 donnent	$0{,}040$
Somme	$20{,}502$

Dans la multiplication du multiplicande par le chiffre des unités du multiplicateur, on a négligé les unités du multiplicande inférieures aux millièmes; en opérant ainsi sur des facteurs quelconques, l'erreur correspondante est moindre que 9 fois $0{,}000999$ etc., ou que 9 fois $0{,}001$, (n° 44), ou que $0{,}009$, car le chiffre des unités du multiplicateur ne surpasse jamais 9, et l'on suppose que le multiplicande n'est pas terminé par une infinité de 9. On verra de même que dans les multiplications par les chiffres des dixièmes, des centièmes et des millièmes du multiplicateur, on peut négliger les chiffres du multiplicande qui sont respectivement inférieurs aux centièmes, aux dixièmes et aux unités, car chaque erreur est moindre que $0{,}009$. Par conséquent, dans la somme $20{,}502$ des quatre produits partiels ainsi formés, l'erreur est moindre que 4 fois $0{,}009$ ou que $0{,}036$. Il ne s'agit plus que de multiplier le multiplicande par le reste $0{,}0006785$ etc. du multiplicateur; ce produit sera nécessairement moindre que $9{,}999$ etc. $\times 0{,}000999$ etc., ou que $10 \times 0{,}001$, ou que $0{,}01$; on peut donc le négliger, car l'erreur commise dans la multiplication du multiplicande par 2,345 étant moindre que 0,036, l'erreur totale sera plus petite que 0,046 (*). Pour faciliter l'exécution des calculs, on écrit chaque chiffre du multiplicateur sous le chiffre du multiplicande à partir duquel il faut commencer la multiplication pour obtenir des millièmes au produit; on néglige les chiffres des facteurs qui fourniraient des produits inférieurs aux millièmes; et l'on fait abstraction de la *virgule*; de sorte que la multiplication s'exécute de cette manière:

$$
\begin{array}{r}
8\ 746 \\
5\ 432 \\
\hline
17\ 492 \\
2\ 622 \\
348 \\
40 \\
\hline
20\ 502
\end{array}
$$

On multiplie successivement 8746 par 2, 874 par 3, 87 par 4 et 8 par 5; les produits partiels 17492, 2622, 348, 40, exprimant des millièmes, leur somme 20502 représente des millièmes; elle vaut donc 20,502; le produit cherché est donc 20,5.

On en déduit que *pour obtenir le produit de deux nombres décimaux à moins d'une unité décimale d'un ordre déterminé, il suffit d'effectuer les produits partiels du multiplicande par les chiffres du multiplicateur en négligeant les chiffres des facteurs qui donnent dans les produits partiels des unités décimales moindres que celles qui sont de deux rangs au-dessous de l'approximation demandée.* Par exemple, pour déterminer le produit de 345,67892 par 0,0123456789, à moins d'un centième d'unité près, on exécute ainsi le calcul:

$$
\begin{array}{r}
34\ 567 \\
54\ 321 \\
\hline
34\ 567 \\
6\ 912 \\
1\ 035 \\
136 \\
15 \\
\hline
42\ 665
\end{array}
$$

(*) Si l'on était conduit à multiplier par dix chiffres du multiplicateur, l'erreur correspondante serait moindre que dix fois 0,009 ou que 0,09; mais la multiplication du multiplicande par les autres chiffres du multiplicateur, donnerait un produit moindre que 0,01; l'erreur totale serait donc moindre que 0,09 plus 0,01 ou que 0,1.

Le produit demandé est 4,26; et en effet le produit des facteurs proposés est 4,267 640 948 818 788.

REMARQUE. Il est facile de voir, par des raisonnemens analogues aux précédens, que ce procédé fournit le produit avec l'approximation demandée, quand on n'est pas conduit à multiplier par plus de dix chiffres du multiplicateur. Lorsque le nombre des chiffres à prendre dans le multiplicateur tombera entre dix et cent, ce qui arrive très rarement, on appliquera la même règle, avec cette seule différence qu'il faudra calculer la valeur approchée du produit avec une décimale de plus que dans le cas précédent.

49. Si le dividende et le diviseur contenant un grand nombre de chiffres, on veut trouver le quotient avec une approximation donnée, on abrègera le calcul par la méthode que nous allons indiquer. Nous supposerons d'abord qu'on cherche le quotient à moins d'une unité près; nous verrons ensuite comment on le détermine à moins d'une unité décimale d'un ordre quelconque.

1er EXEMPLE. Pour obtenir le quotient de la division de 8 789 236 487 par 64 423, à moins d'une unité près, on peut exécuter le calcul de la manière suivante :

$$
\begin{array}{c|c}
\begin{array}{l} 878924 \\ 234694 \\ 41425 \end{array} & \dfrac{64423}{13}
\qquad
\begin{array}{l} 41425 \\ 2773 \end{array} \Big| \dfrac{6442}{6}
\qquad
\begin{array}{l} 2773 \\ 197 \end{array} \Big| \dfrac{644}{4}
\qquad
\begin{array}{l} 197 \\ 5 \end{array} \Big| \dfrac{64}{3}
\qquad
5 \Big| \dfrac{6}{0}
\end{array}
$$

On supprime d'abord sur la droite du dividende autant de chiffres moins un qu'il y en a dans le diviseur, en ayant soin d'augmenter d'une unité le dernier chiffre conservé si le premier des chiffres qu'on supprime surpasse 5 ; (ce qui a lieu dans l'exemple actuel); on divise le résultat 878924 par le diviseur 64423, cela fournit le quotient 13 et le 1er reste 41425. On supprime ensuite le premier chiffre à droite du diviseur et l'on divise le 1er reste 41425 par le nombre 6442 qui en résulte; on trouve le quotient 6 et le 2e reste 2773. Continuant à diviser chaque reste par le diviseur correspondant privé de son premier chiffre à droite, on divise 2773 par 644, cela donne le quotient 4 et le reste 197 qu'on divise par 64; on obtient le quotient 3 et le reste 5 qu'on divise par 6; le quotient de cette dernière division ne contenant pas d'unités, on met un zéro à ce quotient. Pour composer le quotient total, il suffit d'écrire les quotiens partiels 13, 6, 4, 3, 0, les uns à la suite des autres; le résultat 136430 exprime le quotient demandé; et en effet, le quotient exact de la division de 8789236487 par 64423 est 136430 $\dfrac{6597}{64423}$.

On dispose ordinairement les calculs de la manière suivante :

$$
\begin{array}{r|l}
878\ 924 & 64\ 423 \\
234\ 694 & 136\ 430 \\
41\ 425 & 64\ 42 \\
2\ 773 & 64\ 4 \\
197 & 64 \\
5 & 6
\end{array}
$$

4.

Lorsqu'on appliquera cette règle, on aura égard aux observations suivantes :

1°. Il faut continuer l'opération jusqu'à ce qu'on parvienne à diviser par le chiffre des plus hautes unités du diviseur, le quotient correspondant exprime le dernier chiffre du quotient total.

2°. Quand le premier chiffre à supprimer sur la droite d'un diviseur surpasse 5, on ajoute une unité au chiffre précédent.

2e EXEMPLE. Pour calculer le quotient de la division de 8657627 par 1987, à moins d'une unité près, on divise 8658 par 1987, ce qui donne le quotient 4 et le reste 710; on supprime le chiffre 7 du diviseur et l'on augmente de 1 le chiffre précédent, 8, ce qui donne le second diviseur 199; la division de 710 par 199 fournit le quotient 3 et le reste 113 qu'on divise par 20; on trouve le quotient 5 et le reste 13 qu'on divise par 2; ce dernier diviseur étant un peu trop fort, le quotient $6\frac{1}{2}$ est trop petit; on écrit donc 7 au quotient; les quotiens partiels 4, 3, 5, 7, fournissent le quotient total 4357 demandé; le quotient exact est $4357\frac{268}{1987}$.

3°. Lorsqu'un dividende partiel est moindre que le diviseur correspondant, le chiffre du quotient qui correspond à ce diviseur est zéro.

3e EXEMPLE. On trouve de cette manière que le quotient de la division de 1720842015 par 74803 est 23005, à moins d'une unité près; ce quotient est trop grand, mais l'erreur est moindre que $\frac{1}{2}$, car le quotient exact $23004\frac{73803}{74803}$, approche plus de 23005 que de 23004. Voici le calcul :

172084	74803
	23005
22478	7480
38	748
38	75
38	7

4e EXEMPLE. Si les nombres qu'il s'agit de diviser l'un par l'autre sont 8 787 266 487 et 64 423, les dividendes partiels seront 878 727, 41 228, 2 576, o et o, les diviseurs correspondans seront 64 423, 6442, 644, 64 et 6; ce qui conduira aux quotiens partiels 13, 6, 4, 0, 0; le quotient demandé est donc 136 400; et en effet le quotient exact $136399\frac{33710}{64423}$ est plus près de 136400 que de 136399.

4°. Quand le premier dividende partiel est moindre que le diviseur primitif, la règle indiquée donne des zéros sur la gauche du chiffre des plus hautes unités du quotient demandé, la suppression de ces zéros ne changeant pas la valeur du quotient, il est plus simple de supprimer assez de chiffres sur la droite du diviseur primitif, pour que le nouveau diviseur qui en résulte ne soit pas plus grand que le premier dividende partiel.

5e EXEMPLE. Si l'on demande le quotient de la division de 1 611 527 par

64 524, à moins d'une unité près, au lieu de diviser 161 par 64 524, ce qui fournirait trois zéros sur la gauche du quotient total, on divise 161 par 65; et continuant l'opération comme à l'ordinaire, on trouve que le quotient demandé est 25; et en effet, le quotient exact $24\,\dfrac{62951}{64524}$ est beaucoup plus près de 25 que de 24.

Pour *calculer le quotient de la division d'un nombre entier par un autre, à moins d'une unité décimale d'un ordre déterminé*, on met autant de zéros sur la droite du dividende qu'on veut trouver de décimales au quotient; on effectue la division de ce nouveau dividende par le diviseur, d'après la méthode précédente, et lorsqu'on a obtenu le quotient à moins d'une unité près, on sépare sur sa droite le nombre de décimales indiqué par l'approximation demandée.

6e Exemple. Pour déterminer le quotient de la division de 878924 par 64 423, à moins d'un dix-millième d'unité près, c'est-à-dire avec quatre décimales, on cherchera le quotient de 8789240000 par 64 423, à moins d'une unité près; ce dernier quotient étant 136430, le quotient demandé est 13,6430.

On serait conduit au même calcul, si l'on voulait obtenir la valeur de la fraction $\dfrac{878.924}{64\,423}$, à moins d'un dix-millième d'unité près.

Quand le dividende et le diviseur contiennent des décimales, on ramène la question à opérer sur des nombres entiers (n° 36).

7e Exemple. Soit proposé de déterminer le quotient de la division de 8789,24 par 6,4423, à moins d'un centième d'unité près; ce quotient est le même que celui de 8789,2400 par 6,4423, ou de 87892400 par 64423; la règle précédente conduit à chercher le quotient de la division de 8789240000 par 64423, à moins d'une unité près; ce quotient étant 136430, le quotient demandé est 1364,30.

Remarque. La méthode que nous venons d'indiquer est très rarement en défaut, cependant il arrive quelquefois que le dernier chiffre qu'elle donne au quotient est trop grand ou trop petit de 1, 2 ou 3 unités. On évite toujours cet inconvénient, en ne séparant sur la droite du dividende proposé qu'autant de chiffres moins deux qu'il y en a dans le diviseur; on exécute ensuite le calcul, comme on l'a indiqué, avec cette seule différence qu'on doit prendre pour dernier diviseur le nombre exprimé par les deux premiers chiffres à gauche du diviseur proposé; le quotient correspondant est le dernier chiffre du quotient total.

8e Exemple. Pour calculer le quotient de la division de 8 657 627 par 1987 à moins d'une unité près, au lieu de diviser d'abord 8658 par 1987, ce qui conduirait au quotient 435, on divise 86576 par 1987; les dividendes partiels sont 86576, 1135 et 140, les diviseurs sont 1987, 199 et 20, les quotiens correspondans sont 43, 5 et 7; de sorte que le quotient cherché est 4357;

et en effet le quotient exact est $4357\,\dfrac{268}{1987}$.

CHAPITRE TROISIÈME.

Mesures anciennes et nouvelles. Calcul des nombres complexes et incomplexes.

Mesures anciennes.

50. LES *anciennes mesures* sont composées d'un grand nombre d'unités différentes; les subdivisions de ces unités ne sont soumises à aucune loi constante. Nous nous bornerons pour l'instant à indiquer les mesures qui étaient le plus en usage.

1°. Les *longueurs* s'évaluent en *toises*, *pieds*, *pouces*, *lignes*, *points*, et en *aunes*. La *lieue* et le *mille* servent à évaluer les *distances*:

La toise se divise en 6 pieds, le pied en 12 pouces, le pouce en 12 lignes et la ligne en 12 points. L'aune est de 3 pieds 7 pouces 10 lignes $\frac{5}{6}$. La *lieue de-poste* vaut 2000 toises ou 2 *milles*.

2°. Les *surfaces* de peu d'étendue se mesurent avec des *toises quarrées* (*), des pieds et des pouces quarrés, etc. L'*aune quarrée* est une surface qui a une aune de long sur une aune de large; cette largeur se divise habituellement en *tiers*, en *quarts* et en *huitièmes*. Une aune de drap à $\frac{5}{8}$ est une surface qui a une aune de long, sur $\frac{5}{8}$ d'aune de large. Ainsi, une *aune quarrée* vaut 3 aunes à $\frac{1}{3}$, ou 4 aunes à $\frac{1}{4}$, ou 8 aunes à $\frac{1}{8}$.

Les surfaces des terrains s'évaluent en *arpens* et en *perches*;

(*) Les définitions exactes du *quarré* et du *cube* ne peuvent se donner qu'en *Géométrie*.

la *perche* n'est pas la même dans tous les départemens ; la *perche* de Paris est un quarré dont chaque côté a 18 pieds ; cette surface est de 324 pieds quarrés. L'arpent de Paris vaut 100 perches quarrées.

3°. Les *volumes* s'évaluent en *toises cubes*, en *pieds cubes*, etc. On mesure les *matières sèches*, telles que les *grains*, avec le *setier* qui se divise en 12 *boisseaux* et le boisseau qui vaut 16 *litrons*. Pour mesurer les *liquides*, on fait usage du *muid* et de la *pinte*; le muid de Paris vaut 288 pintes.

4°. L'unité de *poids* est la *livre poids* qui vaut 16 onces, l'once vaut 8 gros; le gros vaut 3 *deniers* et le denier vaut 24 *grains*.

5°. L'ancienne *unité monétaire* est la *livre tournois* qui se décompose en 20 *sols*; un sou vaut 12 *deniers*. Les *anciennes monnaies d'or* sont, le *Louis* de 24 livres tournois, le *double-Louis* de 48 livres, et le *demi-Louis* de 12 livres. Les *monnaies d'argent* sont, l'*écu* de 6 livres, le *petit écu* de 3 livres, les *pièces* de 24 sous, de 12 sous et de 6 sous. Les *monnaies de cuivre* sont, le *liard*, le *petit sou* de 4 liards, le *gros sou* de 8 liards, les petites pièces de 6 liards et de 2 sous. On comptait par livres, sous et deniers. La *pistole* vaut 10 livres.

6°. Les *mesures temporaires* ou de *durée* sont l'*année* qui se divise en 365 *jours*, le jour qui se divise en 24 *heures*, l'heure qui vaut 60 *minutes*, et la minute qui vaut 60 *secondes* (*). La collection de 100 années se nomme un *siècle*.

(*) Le temps employé par la *Terre* pour revenir d'un point quelconque de la courbe qu'elle décrit autour du *Soleil* au même point est ce qu'on nomme l'*année solaire*, ce temps est composé de 365 jours 5 heures 48 minutes 45 secondes. Pour plus de simplicité, on néglige les heures, les minutes et les secondes, et l'on compte 365 jours dans l'*année commune*. Si l'année solaire était de 365 jours 6 heures, ces 6 heures de plus formeraient un jour de plus tous les quatre ans, de sorte qu'on devrait ajouter un jour à chaque quatrième année que l'on nomme *bissextile*; mais comme au lieu de 6 heures, il n'y a réellement que 5 heures 48 minutes 45 secondes, c'est-à-dire 11 minutes 15 secondes de moins, cette erreur répétée 4 fois donne 45 minutes; le jour qu'on ajoute tous les 4 ans à chaque année bissextile est donc trop grand

On a adopté des *signes* particuliers pour *simplifier l'écriture des diverses mesures*. Ainsi, pour désigner 2 toises 3 pieds 4 pouces 5 lignes, on écrit $2^T 3^{pi} 4^{po} 5^{li}$; l'expression $12^{\#} 3^s 5^{\lambda} \frac{2}{11}$ représente 12 livres tournois 3 sous 5 deniers plus $\frac{2}{11}$ de denier ; pour indiquer 15 livres poids 7 onces 4 gros 2 deniers 9 grains, ou 2 heures 3 minutes 5 secondes, on écrit $15\text{lb } 7^o 4^G 2^{\lambda} 9^g$, ou $2^h 3' 5''$. Et ainsi de suite.

On déduit de ce qui précède que

$$1^T = 6^{pi} = 72^{po} = 864^{li}, \quad 1\text{lb} = 16^o = 128^G = 384^{\lambda} = 9216^g, \quad 1^{\#} = 20^s = 240^{\lambda}.$$

51. Le *calcul des nombres concrets incomplexes* n'offre aucune difficulté, car il suffit toujours d'opérer sur les nombres abstraits qui expriment combien il y a d'unités dans les nombres donnés. Ce calcul repose sur les principes suivans :

Pour opérer sur des nombres concrets, on doit d'abord examiner s'ils satisfont aux conditions qui leur sont imposées par la nature de chaque règle ; lorsque ces conditions sont remplies, on opère sur les nombres en faisant abstraction de l'espèce de leurs unités, le nombre abstrait qu'on obtient exprime de combien d'unités le résultat cherché se compose ; l'espèce de ces unités est déterminée par l'état de la question. Ainsi, dans l'*addition* comme dans la *soustraction*, les nombres concrets incomplexes sur lesquels on opère, doivent être composés d'unités concrètes de même grandeur, et les unités du résultat sont de même grandeur que les unités des nombres sur lesquels on a opéré. Dans la *multiplication*, le multiplicateur est essentiellement abstrait,

---

de 45 minutes, ou de $\frac{3}{4}$ d'heure, ou de $\frac{1}{32}$ de jour ; de sorte que sur 32 années bissextiles, c'est-à-dire tous les 128 ans, l'année *bissextile* est trop longue d'un jour ; on ne doit donc la compter que de 365 jours. Ainsi, pour que les années communes se retrouvent d'accord tous les 4 ans avec les années solaires, il faut que chaque quatrième année commune soit bissextile, c'est-à-dire de 366 jours ; et tous les 128 ans, l'année cesse d'être bissextile et ne doit être que de 365 jours. Dans les années *bissextiles*, le mois de février a 29 jours, au lieu de 28 jours.

et les unités du produit sont de même grandeur que celles du multiplicande. Dans la *division*, lorsque le dividende et le diviseur sont composés d'unités concrètes de même grandeur, le quotient est un nombre abstrait qui exprime combien de fois le dividende contient le diviseur; quand le diviseur est abstrait, le quotient est de la nature du dividende, ce quotient n'indique plus combien de fois le diviseur est contenu dans le dividende, mais multiplié par le diviseur, il reproduit le dividende. Il serait absurde d'ajouter ou de soustraire des nombres concrets de différente nature, de multiplier deux nombres concrets l'un par l'autre, de diviser l'un par l'autre deux nombres concrets de nature différente, ou un nombre abstrait par un nombre concret. Ainsi, 2^{t} plus 3^{t} valent 5^{t}; de 5^{t} ôtant 3^{t}, il reste 2^{t}; le produit de 5^{t} par 2 est 10^{t}; le quotient de 10^{t} par 5^{t} est 2 et celui de 10^{t} par 2 est 5^{t}; on ne peut ajouter 3^{t} à 5 toises. Le produit de 2^{t} par 3^{t} n'existe pas, car le multiplicateur est essentiellement abstrait; le quotient de la division de 6^{t} par 2 toises ne peut exister, car le diviseur 2 toises multiplié par un nombre ne peut jamais donner un produit égal au dividende 6^{t}.

Ces exemples suffisent pour mettre en état d'effectuer les opérations de l'Arithmétique sur les nombres incomplexes; occupons-nous des *nombres complexes*.

52. Pour *additionner des nombres complexes*, on écrit les unités de même grandeur les unes sous les autres, et l'on ajoute successivement ces unités en commençant par les plus petites. On exécute la *preuve* comme dans le n° 13, en commençant par les plus hautes unités et convertissant chaque retenue en unités de l'ordre immédiatement inférieur. Voici des exemples :

Nombres à ajouter	7^{T}	5^{pi}	11^{po}	$\frac{3}{4}$	18^{tt}	12^{s}	10^{λ}	$\frac{2}{3}$
	9	4	10	$\frac{4}{5}$	13	7	4	$\frac{2}{3}$
Sommes	17^{T}	4^{pi}	10^{po}	$\frac{11}{20}$	37^{tt}	0^{s}	3^{λ}	$\frac{1}{3}$
Preuves	1^{T}	1^{pi}	1^{po}	0	1^{tt}	1^{s}	1^{λ}	0

Pour effectuer la première addition, on a commencé par

la colonne des fractions de pouce, et l'on a dit : $\frac{3}{4}$ plus $\frac{4}{5}$ valent

$\frac{31}{20}$ ou $1 + \frac{11}{20}$ (*); on a posé $\frac{11}{20}$, et la retenue 1^{po} jointe aux 21^{po},

contenus dans la colonne des pouces a donné 22^{po} ou $1^{pi} 10^{po}$;
on a mis les 10^{po} dans la colonne des pouces, et la retenue
1^{pi} jointe à $5^{pi} + 4^{pi}$ a donné 10^{pi} ou $1^T 4^{pi}$; on a écrit les 4^{pi},
et la colonne des toises augmentée de la retenue 1^T a donné 17^T.

Pour vérifier si $17^T 4^{pi} 10^{po} \frac{11}{20}$ est la somme des nombres

proposés, on a fait l'addition dans le sens inverse, et l'on a
dit : la colonne des toises contient 16^T, on a posé 17^T, la
toise de surplus provient donc d'une *retenue* de 1^T ou 6^{pi} faite
dans l'addition des pieds; mais on a posé 4^{pi}, on a donc trouvé
10^{pi}; l'addition des pieds ne donnant que 9^{pi}, on avait retenu 1^{pi} ou 12^{po}; on a écrit 10^{po}, on a donc trouvé 22 pouces;
l'addition des pouces ne donnant que 21^{po}, on avait rete-
nu 1 pouce; la somme des fractions de pouces doit donc être

$1 + \frac{11}{20}$ ou $\frac{31}{20}$; retranchant $\frac{3}{4} + \frac{4}{5}$ de $\frac{31}{20}$, le reste zéro in-

dique que la somme; $17^T 4^{pi} 10^{po} \frac{11}{20}$, est exacte.

On a effectué la seconde addition d'après les mêmes principes.
Pour *soustraire deux nombres complexes*, *l'un de l'autre*,
on prend les différences entre les unités de même grandeur de
ces nombres, en commençant par les plus petites afin de rendre
les *emprunts* possibles. Voici des exemples :

De..............	17^T	4^{pi}	10^{po}	$\frac{11}{20}$	Dé.............	37^{tt}	0^s	3^{d}	$\frac{1}{3}$
ôtez..........	9	4	10	$\frac{4}{5}$	ôtez..........	18	7	4	$\frac{2}{3}$
Reste.........	7^T	5^{pi}	11^{po}	$\frac{3}{4}$	Reste.........	18^{tt}	12^s	10^d	$\frac{2}{3}$
Preuve	17^T	4^{pi}	10^{po}	$\frac{11}{20}$	Preuve	37^{tt}	0^s	3^d	$\frac{1}{3}$

Dans le premier exemple, comme on ne peut ôter $\frac{4}{5}$ ou $\frac{16}{20}$

_____

(*) Le *signe* $+$ signifie *plus*.

de $\frac{11}{20}$, on a *emprunté* 1^{po} sur les 10^{po}, cet *emprunt* joint à $\frac{11^{po}}{20}$,

a donné $\frac{31^{po}}{20}$; on a ôté $\frac{16}{20}$ de $\frac{31}{20}$, ce qui a donné le reste $\frac{15}{20}$

ou $\frac{3}{4}$, que l'on a écrit au rang des fractions de pouce du

résultat. Le nombre dont on soustrait ne contenant plus que 9 pouces, on a emprunté 1^{pi} sur les 4^{pi}, et l'on a retranché les 10^{po} de $1^{pi} 9^{po}$, ou de 21^{po}; on a écrit le reste 11 pouces. Passant à la colonne des pieds, on a emprunté 1^{T} ou 6^{pi} et l'on a retranché 4^{pi} de $1^{T} 3^{pi}$ ou de 9^{pi}, ce qui a donné 5^{pi}. Enfin, on a obtenu les 7 toises du reste total, en retranchant 9^{T} de 16^{T}. Le reste $7^{T} 5^{pi} 11^{po} \frac{3}{4}$ est exact, car ajouté à $9^{T} 4^{pi} 10^{po} \frac{4}{5}$, il

donne $17^{T} 4^{pi} 10^{po} \frac{11}{20}$.

On a effectué la seconde soustraction d'après les mêmes principes.

53. Pour *multiplier un nombre complexe par un nombre entier abstrait*, il suffit d'effectuer la multiplication de chaque partie du multiplicande par le multiplicateur, en commençant par les plus petites unités.

EXEMPLE. S'il s'agit d'obtenir le produit de $12^{tt} 2^{f} 3^{\lambda} \frac{2}{11}$ par 12, on disposera le calcul de la manière suivante:

Multiplicande.................	12^{tt}	2^{f}	3^{λ}	$\frac{2}{11}$
Multiplicateur.................	12			
Produit.................	145^{tt}	7^{f}	2^{λ}	$\frac{2}{11}$

et l'on dira : 12 fois $\frac{2}{11}$ valent $\frac{24}{11}$ ou $2\frac{2}{11}$, j'écris $\frac{2}{11}$ et je retiens les 2^{λ} pour les joindre à 12 fois 3^{λ}; cela me donne 38^{λ} ou $3^{f} 2^{\lambda}$; je pose 2^{λ} au produit, et ajoutant la retenue 3^{f}, à 12 fois 2^{f}, je trouve 27^{f} ou $1^{tt} 7^{f}$; j'écris 7^{f} et la retenue 1^{tt} augmentée de 12 fois 12^{tt} donne 145^{tt}. Le produit total est donc $145^{tt} 7^{f} 2^{\lambda} \frac{2}{11}$.

54. Pour *diviser un nombre concret, complexe ou incomplexe, par un nombre entier abstrait*, on commence par les plus hautes unités du dividende, et l'on convertit chaque *reste* en unités de l'ordre immédiatement inférieur.

EXEMPLE. Pour diviser $145^{\#} 7^{ſ} 2^{à} \frac{2}{11}$ par 12, on dit : $145^{\#}$ divisé par 12 donne le quotient $12^{\#}$ et le reste $1^{\#}$; on convertit ce reste en sols, ce qui donne $20^{ſ}$; on ajoute les $7^{ſ}$ du dividende, la somme $27^{ſ}$ divisée par 12 fournit le quotient $2^{ſ}$ et le reste $3^{ſ}$ ou $36^{à}$; ajoutant les $2^{à}$ du dividende, on divise $38^{à}$ par 12, ce qui conduit au quotient $3^{à}$ et au reste $2^{à}$; on divise $2^{à} \frac{2}{11}$ ou $\frac{24^{à}}{11}$ par 12, le quotient est $\frac{2^{à}}{11}$; la somme de ces quotiens partiels détermine le quotient total $12^{\#} 2^{ſ} 3^{à} \frac{2}{11}$.

La *multiplication* et la *division d'un nombre complexe par une fraction* se déduisent de ce qui précède.

55. La division d'un nombre complexe par un nombre entier abstrait, donne le moyen de *simplifier les calculs relatifs à la multiplication d'un nombre complexe par un nombre entier abstrait;* on décompose le multiplicande de manière que les produits partiels se déduisent les uns des autres. Ainsi, dans l'exemple du n° 53, on dispose le calcul comme il suit :

Multiplicande.......................	$12^{\#} 2^{ſ} 3^{à} \frac{2}{11}$
Multiplicateur.......................	12

12 fois $12^{\#}$, font.....................	$144^{\#} 0^{ſ} 0^{à}$
12 *fois* $1^{\#}$, *donneraient* $12^{\#}$	
12 fois $2^{ſ}$, donnent donc le 10^{ieme} de $12^{\#}$, ou	1 4 0
12 fois $3^{à}$, donnent le 8^{ieme} de $1^{\#} 4^{ſ}$, ou..	0 3 0,
12 *fois* $2^{à}$, *donneraient* $2^{ſ}$,	
12 fois $\frac{2^{à}}{11}$, donnent donc le 11^{ieme} de $2^{ſ}$, ou	0 0 2 $\frac{2^{à}}{11}$
12 fois $12^{\#} 2^{ſ} 3^{à} \frac{2}{11}$, font donc.......	$145^{\#} 7^{ſ} 2^{à} \frac{2}{11}$

et l'on dit : 12 fois $12^{\#}$ font $144^{\#}$; 12 fois $1^{\#}$ donneraient $12^{\#}$, mais 2^s est le dixième de 1^{tt}; 12 fois 2^s donneront donc le dixième de 12^{tt}, ou $1^{tt} 4^s$; et comme 3^λ est le huitième de 2^s, 12 fois 3^λ donneront le huitième de $1^{tt} 4^s$, ou 3^s. Enfin, 12 fois 2^s ayant donné $1^{tt} 4^s$ ou 24^s, et 2^λ étant le douzième de 2^s, le produit de 2^λ par 12, est le douzième de 24^s, ou 2^s ou 24^λ; le produit de $\frac{2}{11}$ de denier par 12, sera donc le onzième de 24^λ ou $2^\lambda \frac{2}{11}$. La somme des produits partiels des différentes parties du multiplicande, par le multiplicateur, détermine le produit total $145^{tt} 7^s 2^\lambda \frac{2}{11}$. On a obtenu ce produit en décomposant le multiplicande en *parties aliquotes* les unes des autres, c'est-à-dire en parties qui sont contenues exactement les unes dans les autres. Ce procédé est connu sous le nom de *méthode des parties aliquotes*, on ne doit en faire usage que lorsque le multiplicateur est plus grand que 12.

La méthode des parties aliquotes peut servir à effectuer la multiplication d'un nombre complexe par le nombre des unités et parties d'unités abstraites indiqué par un autre nombre complexe.

1er EXEMPLE. *Déterminer le prix de* $12^T 5^{pi} 8^{po}$ *d'un ouvrage dont la toise coûte* $12^{tt} 2^s 3^\lambda \frac{2}{11}$.

On effectue le calcul de la manière suivante :

Le prix d'une toise étant..................... 12^{tt}	2^s	3^λ	$\frac{2}{11}$
Quel est le prix de......................... 12^T	5^{pi}	8^{po}	
1°. Prix des 12 toises..................... 145^{tt}	7^s	2^λ	$\frac{2}{11}$
2°. Prix des 5^{pi} { Prix de 3^{pi} ou de $\frac{1^T}{2}$ 6	1	1	$\frac{13}{22}$
{ Prix de 2^{pi} ou de $\frac{1^T}{3}$ 4	0	9	$\frac{2}{33}$
3°. Prix de 8^{po}, ou de $\frac{1}{3}$ de 2^{pi}.............. 1	6	11	$\frac{2}{99}$
Prix total des $12^T 5^{pi} 8^{po}$.................. 156^{tt}	15^s	11^λ	$\frac{169}{198}$

Le prix d'une toise, répété 12 fois, fournit le prix des 12 toises. Pour trouver le prix de 5^{pi}, on décompose 5^{pi} en 3^{pi} plus 2^{pi}; la moitié du prix d'une toise donne le prix des 3 pieds, et le tiers du prix de la toise exprime le prix des 2 pieds. Enfin, 8 pouces étant le tiers de 2 pieds, le tiers du prix des 2 pieds détermine le prix des 8 pouces. La somme des prix de 12^T de 3^{pi} de 2^{pi} et de 8^{po}, donne le prix total des 12^T 5^{pi} 8^{po}.

Ce calcul se réduit à décomposer l'ouvrage dont on cherche le prix, en parties *aliquotes* les unes des autres, de manière que le prix de chaque partie de l'ouvrage devienne une partie aliquote d'un prix déjà obtenu.

2e EXEMPLE. *Une toise d'ouvrage coûtant* 18^{tt} 18^s $9^{\text{à}}$, *trouver le prix de 4 pieds 8 pouces 8 lignes?*

On obtiendrait le résultat demandé en cherchant les prix des *parties aliquotes* 3^{pi}, 1^{pi}, 6^{po}, 2^{po}, 6^{li} et 2^{li}, mais il est plus simple de décomposer l'ouvrage total en 2^{pi}, 2^{pi}, 8^{po}, 8^{li}, car le tiers du prix d'une toise exprime le prix de 2^{pi} ou de 24^{po}, le tiers de ce dernier prix donne le prix des 8^{po}, et le douzième du prix de 8^{po} est le prix de 8 lignes. On trouve ainsi que le prix cherché est 14^{tt} 18^s $1^{\text{à}}\dfrac{1}{12}$.

56. Occupons-nous de la *division de deux nombres complexes l'un par l'autre.* Les nombres complexes qui déterminent le dividende et le diviseur pouvant être de même nature ou de nature différente, nous allons traiter ces deux cas.

1er EXEMPLE. *Une toise d'ouvrage coûte* 9^s $10^{\text{à}}\dfrac{14}{31}$; *combien aura-t-on de toises pour* 1^{tt} 5^s $6^{\text{à}}$? Le prix d'une toise multiplié par le nombre de toises cherché doit être 1^{tt} 5^s $6^{\text{à}}$; on obtiendra donc ce nombre de toises en divisant $1^{tt}5^s$ $6^{\text{à}}$ par 9^s $10^{\text{à}}\dfrac{14}{31}$.

Le quotient ne changeant pas quand on multiplie le dividende et le diviseur par un même nombre, on peut ramener la question à diviser deux nombres entiers l'un par l'autre. En effet : on fera d'abord disparaître le dénominateur 31, en multipliant le dividende et le diviseur par 31; les produits seront 39^{tt} 10^s $6^{\text{à}}$

et 15[#] 6ˢ ; on fera disparaître successivement les deniers et les sols, en multipliant ces produits par 2, et les résultats par 20 ; ce qui donnera 1581[#] et 612[#]. Le nombre de toises cherché étant $\dfrac{1581^{\#}}{612^{\#}}$ ou $\dfrac{1581}{612}$ ou $\dfrac{31}{12}$, on divisera 31 toises par 12 ; le quotient 2 toises 3 pieds 6 pouces sera le résultat cherché.

2ᵉ EXEMPLE. Pour *trouver le prix de la toise*, *lorsque 2 toises 3 pieds 6 pouces coûtent* 1[#] 5ˢ 6ᵈ, on dira :

2ᵀ 3ᵖⁱ 6ᵖᵒ, coûtant 1[#] 5ˢ 6ᵈ,

2 fois 2ᵀ 3ᵖⁱ 6ᵖᵒ ou 5ᵀ 1ᵖⁱ, coûtent 2 fois 1[#] 5ˢ 6ᵈ ou 2[#] 11ˢ,

6 fois 5ᵀ 1ᵖⁱ ou 31ᵀ, coûtent 6 fois 2[#] 11ˢ ou 15[#] 6ˢ.

Une toise coûte donc la 31ième partie de 15[#] 6ˢ, ou 9ˢ 10ᵈ $\dfrac{14}{31}$.

Ce qui s'accorde avec l'exemple précédent.

On voit que *la division de deux nombres complexes, l'un par l'autre, peut toujours se ramener à diviser un nombre concret par un nombre entier abstrait.*

57. Le procédé du n° 54 donne le moyen de *convertir une fraction* CONCRÈTE *en nombre complexe*, car il suffit d'effectuer la division du numérateur par le dénominateur. On trouve de cette manière que les *fractions concrètes*

$$\dfrac{51^{\#}}{40}, \qquad \dfrac{153^{\#}}{310}, \qquad \dfrac{31^{T}}{12}.$$

sont exprimées par les nombres complexes

$$1^{\#} \; 5^{s} \; 6^{d}, \quad 9^{s} \; 10^{d} \dfrac{14}{31}, \quad 2^{T} \; 3^{pi} \; 6^{po}.$$

RÉCIPROQUEMENT, *tout nombre complexe peut être converti en fraction de l'une quelconque de ses unités.* Par exemple, pour transformer le nombre 2 toises 3 pieds 6 pouces en fraction de la toise, on observe qu'une toise valant 6 pieds, les 2ᵀ 3ᵖⁱ forment 15ᵖⁱ, ou 15 fois 12 pouces, ou 180 pouces ; les 2ᵀ 3ᵖⁱ 6ᵖᵒ valent donc 186 pouces ; et comme 1ᵖᵒ est le 72ᵉ d'une toise, les 186ᵖᵒ valent $\dfrac{186}{72}$ de toise, ou $\dfrac{186^{T}}{72}$, ou $\dfrac{31^{T}}{12}$. Si l'on voulait convertir le nombre complexe proposé, en fraction de pied, on dirait : $2^T 3^{pi}$ font 15^{pi}; 6 pouces font $\frac{1^{pi}}{2}$; les $2^T 3^{pi} 6^{po}$ valent

donc $15^{pi}\frac{1}{2}$, ou $\frac{31^{pi}}{2}$.

On trouvera de même que les nombres complexes

$$1^{tt} 5^{s} 6^{\lambda}, \quad 9^{s} 10^{\lambda}\frac{14}{31}, \quad 2^T 3^{pi} 6^{po},$$

sont exprimés par les *fractions concrètes irréductibles*

$$\frac{51^{tt}}{40}, \quad \frac{153^{tt}}{310}, \quad \frac{31^T}{12}.$$

REMARQUE. La conversion des nombres complexes en fractions ordinaires ferait dépendre le calcul des nombres complexes
de celui des fractions, mais on parvient plus simplement au.
résultat en opérant directement sur les nombres complexes
proposés.

1ᵉʳ EXEMPLE. *Une toise d'ouvrage coûte* $0^{tt} 9^{s} 10^{\lambda}\frac{14}{31}$,
combien aura-t-on de toises de cet ouvrage pour $1^{tt} 5^{s} 6^{\lambda}$.

On remplacera ces nombres par les fractions équivalentes
$\frac{153^{tt}}{310}$, $\frac{51^{tt}}{40}$; le nombre de toises cherché sera $\frac{51^{tt}}{40}$ divisé par
$\frac{153^{tt}}{310}$, ou $\frac{51 \times 310}{40 \times 153}$, ou $\frac{31}{12}$; la réponse à la question est donc
$\frac{31^T}{12}$, ou $2^T 3^{pi} 6^{po}$.

2ᵉ EXEMPLE. *Déterminer le prix de la toise, lorsque*
$2^T 3^{pi} 6^{po}$ *coûtent* $1^{tt} 5^{s} 6^{\lambda}$. On mettra pour ces nombres leurs
valeurs $\frac{31^T}{12}$, $\frac{51^{tt}}{40}$, et l'on dira

$\frac{31^T}{12}$ coûtant $\frac{51^{tt}}{40}$,

$\frac{1^T}{12}$ coûte le 31ᵢᵉᵐᵉ de $\frac{51^{tt}}{40}$, ou $\frac{51^{tt}}{40 \times 31}$,

1^T coûte donc 12 fois $\frac{51^{tt}}{40 \times 31}$, ou $\frac{51^{tt} \times 12}{40 \times 31}$, ou $\frac{153^{tt}}{310}$.

. Divisant 153^{tt} par 310, le quotient 0^{tt} 9^s 10^d$\frac{14}{31}$ exprime

le prix cherché.

Les résultats obtenus dans ces deux exemples s'accordent avec ceux du n° 56.

'58. Les méthodes précédentes donnent le moyen de *convertir les fractions concrètes et les nombres complexes en fractions décimales de l'une quelconque des unités de ces nombres.* Par exemple, pour transformer 1^{tt} 5^s 6^d en décimales de la livre, on exprime d'abord ce nombre en fraction de la livre ; ce qui donne $\frac{51^{tt}}{40}$; le quotient de la division de 51 par 40 étant 1,275, le nombre proposé vaut 1^{tt},275, c'est-à-dire 1^{tt} plus les $\frac{275}{1000}$ de 1^{tt}. On trouvera de même que le nombre 2^T 3^{pi} 6^{po} est exprimé par la fraction décimale périodique mixte 2^T,58333 etc.

SYSTÈME DES NOUVELLES MESURES.

59. La *complication du calcul des nombres complexes qui expriment les anciennes mesures* étant due au peu d'uniformité des subdivisions de chaque espèce d'unité concrète, on a été conduit à chercher s'il ne serait pas possible de *soumettre les subdivisions de chaque espèce d'unité concrète à une même loi;* le *système des nouvelles mesures,* que nous allons exposer, fera connaître comment on y est parvenu.

Pour *donner à un système de mesures toute la perfection possible,* il faudrait satisfaire aux conditions suivantes ; 1°. choisir une unité principale qui pût se vérifier dans tous les temps et dans tous les pays où elle serait établie, et en faire dépendre toutes les mesures ; 2°. prendre pour valeurs des multiples et des subdivisions de chaque espèce d'unité concrète, celles qui ont le plus de rapport avec notre système de numération décimale, et qui conduisent par conséquent aux calculs les plus simples ; 3°. composer la nomenclature du plus petit nombre de mots possible ; 4°. donner aux multiples et aux subdivisions

Notes, Arithm.   \5

de chaque espèce d'unité concrète des noms qui indiquent leur rapport avec l'unité principale; 5°. éviter le plus possible les fractions, en subdivisant chaque espèce d'unité concrète de la manière la plus convenable à ses usages.

L'étendue de cet ouvrage ne me permettant pas de rendre compte des travaux immenses qui ont été exécutés pour établir le *système des nouvelles mesures* je me bornerais à en présenter les résultats. On verra qu'*on est parvenu à simplifier en même temps la nomenclature et les calculs, en diminuant le nombre des noms, et en réduisant tout le calcul des nombres complexes à celui des nombres décimaux.*

L'unité de longueur est le *mètre*, l'unité de *superficie* se nomme *are*, l'unité de *volume* est le *stère*, l'unité de *capacité* est le *litre* (*), l'unité de *poids* est le *gramme*, et l'unité *monétaire* est le *franc*.

Pour déterminer le *mètre*, on a mesuré la distance du *pôle boréal* à l'équateur; cette distance est de 5 130 740 toises ou de 30 784 440 pieds (**), on l'a divisée par dix millions et le quotient $3^{pi},0784440$ ou 3 pieds $11^{lig},295936$ ou $3^{pi} 11^{lig} \frac{296}{1000}$, a exprimé la longueur du mètre à moins d'un millième de ligne près. Voici comment on en a déduit les valeurs des autres unités. Le *quarré* dont chaque côté a dix mètres de longueur forme

---

(*) L'*are* remplace l'*arpent*, pour mesurer les surfaces des terrains. Le *mètre quarré* remplace l'*aune*, pour mesurer les toiles, les draps, etc. Le *stère* et le *litre*, mesurent des volumes, mais le stère sert aux corps durs, et l'on fait usage du litre quand on veut mesurer des fluides, ou des matières sèches qui prennent la forme du vase dans lequel on les mesure.

(**) MM. *Delambre* et *Méchain* ont mesuré l'arc du méridien terrestre, qui passe par Paris, compris entre *Dunkerque* et *Barcelonne*; MM. *Arago* et *Biot* ont continué la mesure de cet arc jusqu'à l'île *Formentera*. Ces savans en ont déduit que la longueur du quart de ce méridien est de 5 130 740 toises. Ce résultat comparé à des expériences faites au *Pérou*, a prouvé que l'aplatissement de la Terre à ses *pôles* est la 334ᵉᵐᵉ partie de son grand axe.

l'*are*, il équivaut à cent mètres quarrés, c'est-à-dire à cent quarrés d'un mètre de côté; le *mètre cube* forme le *stère*; le *litre* contient un décimètre cube; le poids d'un centimètre cube d'eau distillée donne le *gramme* (*) ; une pièce d'argent, pesant cinq grammes et alliée d'un dixième de cuivre, détermine le *franc* (**).

La division décimale a été adoptée pour remplacer dans chaque espèce d'unité concrète les divisions qu'on en avait faites jusqu'ici. On compose des mesures plus grandes ou plus petites que l'unité principale, en faisant précéder le nom de cette unité, des mots,

Myria, *kilo*, *hecto*, *déca*, *déci*, *centi*, *milli*

qui désignent respectivement,

dix-mille, *mille*, *cent*, *dix*, *dixième*, *centième*, *millième*.

D'après ces conventions, le *myria*-mètre vaut *dix mille* mètres, le *kilo*-mètre vaut *mille* mètres, un *hecto*-mètre vaut *cent* mètres, le *déca*-mètre vaut *dix* mètres, le *déci*-mètre est la *dixième* partie du mètre, le *centi*-mètre est le *centième* du mètre et le *milli*-mètre vaut la *millième* partie du mètre. Les

---

(*) Cette eau est supposée dans le vide et ramenée à son *maximum* de densité; ce maximum a lieu vers quatre degrés du thermomètre centigrade, au-dessus de la congélation. Les expériences qui ont fourni ce résultat, ont été faites par MM. *Lefèbvre-Gineau* et *Fabroni*.

(**) Les dimensions de nos pièces d'or de 20 francs et de 40 francs peuvent servir à déterminer la longueur du mètre. En effet, les diamètres respectifs de ces pièces étant de 21 millimètres et de 26 millimètres, on formera la longueur du mètre en mettant à côté les unes des autres, 8 pièces de 20 francs et 32 pièces de 40 francs, ou 34 pièces de 20 francs et 11 pièces de 40 francs ; car dans les deux cas, la somme des diamètres de ces pièces est égale à un mètre. Suivant qu'on dispose les pièces de l'une ou de l'autre manière, le nombre total des pièces, ou la somme qu'elles représentent, est un *minimum*. Le problème n'admet que ces deux solutions, (*voyez* le problème de la page 303 de la cinquième édition de mon Algèbre).

Le *pendule* donne le moyen de *déterminer la longueur du mètre*, car on a trouvé, par des expériences très exactes faites à l'Observatoire de Paris, que la longueur du pendule qui fait cent mille oscillations par jour est la millionième partie de 741 887 mètres.

multiples et les subdivisions des autres unités concrètes suivent
la même loi; pour exprimer dix litres, on dit un *décalitre;* de
même, pour énoncer dix mille grammes, on dit un *myria-
gramme.* Dix milli-mètres valent un centimètre, car dix millièmes valent un centième; dix centimètres valent un décimètre,
dix décimètres valent un mètre, dix mètres valent un décamètre,
dix décamètres valent un hectomètre, dix hectomètres composent un kilomètre, et dix kilomètres forment un myria-
mètre.

60. *La numération et le calcul des nombres décimaux conviennent aux nombres complexes qui expriment les nouvelles
mesures,* car ces mesures sont soumises à la subdivision décimale.

Pour *mettre en chiffres le nombre complexe qui exprime une
nouvelle mesure,* on écrit d'abord ce nombre d'après la règle
du n° 32, en faisant abstraction de l'espèce de l'unité concrète;
on place ensuite sur la droite du chiffre des unités la lettre
initiale du nom de l'unité concrète; c'est-à-dire une *m,* ou une
f, ou un *g,* ou une *l,* suivant qu'il s'agit de mètres, ou de
francs, ou de grammes, ou de litres. Si l'énoncé était, deux
cent vingt-sept grammes trente-neuf centigrammes, on écrirait $227^g{,}39$.

Réciproquement : Pour *énoncer une nouvelle mesure exprimée par un nombre décimal concret,* on énonce d'abord le
nombre décimal en faisant abstraction de la nature de ses
unités; et l'on remplace ensuite dans cet énoncé l'unité abstraite
par l'unité concrète dont il s'agit. Par exemple, le nombre
abstrait $34{,}72$ ayant pour énoncé 34 unités 72 centièmes, ou
3 dixaines 4 unités 7 dixièmes 2 centièmes, ou 3472 centièmes,
si l'on remplace l'unité abstraite par le *mètre,* le nombre
concret $34^m{,}72$ aura pour énoncé, 34 mètres 72 centimètres, ou
3 décamètres 4 mètres 7 décimètres 2 centimètres, ou 3472
centimètres.

Pour *rapporter une nouvelle mesure exprimée par un nombre
décimal à l'une quelconque des unités concrètes de son espèce,*
il suffit de transporter la virgule sur la droite du chiffre qui

exprime des unités de l'ordre demandé. Si l'on veut convertir $4567^m,8$ en hectomètres, ou en centaines de mètre, on transportera la *virgule* sur la droite du chiffre 5 des centaines de mètre, et l'on écrira $45^{hectom}.,678$. Cette règle s'applique au cas où le nombre proposé est déjà rapporté à un multiple ou à une subdivision de l'unité principale; par exemple, on convertit $45^{hectom}.,678$ en mètres, en transportant la *virgule* sur la droite du chiffre, 7, des centièmes d'hectomètre ou des mètres; ce qui donne $4567^m,8$. Si le nombre des chiffres nécessaires au déplacement de la *virgule* n'était pas suffisant, on y suppléerait par des zéros; pour convertir $5.décam.,27$ en *kilomètres*, on écrit o *kilóm.*,0527.

L'*addition* et la *soustraction* des nombres rapportés à la même unité concrète s'effectuent d'après la règle du n°. 33. Quand les nombres expriment des unités de grandeurs différentes, on ramène la question à la précédente en les rapportant à la même unité. Ainsi, pour additionner ou soustraire les nombres 377 *décim.*,4 et o *kilom.*,009368, on les rapporte d'abord à la même unité, au *mètre* par exemple; ce qui donne $37^m,74$ et $9^m,368$; effectuant le calcul sur ces deux derniers nombres, on trouve que la somme des nombres proposés est $47^m,108$ et que leur différence est $28^m,372$.

La *multiplication* et la *division* s'exécutent d'après les règles des n°s 34, 35 et 36; on trouve que le produit de $o^m,04$ par $0,0012$ est $o^m,000048$, que le quotient de la division de $o^m,000048$ par $o^m,04$ est le même que celui de $0,000048$ par $0,04$, ou $0,0012$, et que le quotient de la division de $o^m,000048$ par $0,04$ est $o^m,0012$.

Les règles des n°s 45, 46, 47, 48 et 49, s'appliquent aux nouvelles mesures; la valeur de $3^m,57842$ à moins d'un décimètre ou d'un centimètre près est $3^m,5$ ou $3^m,57$; la valeur la plus approchée possible de ce nombre, en ne conservant que deux ou trois décimales, est $3^m,58$ ou $3^m,578$, l'erreur est moindre qu'un demi-centimètre ou qu'un demi-millimètre. Le produit, à moins d'un décimètre près, de $8^m,7462349$ etc. par $2,3456785$ etc. est $20^m,5$; et le quotient, à moins d'un centimètre près, de

la division de 8789^m,24 par 6,4423 est 1364^m,30 (7e exemple;
page 53).

61. Le calcul des nouvelles mesures ne pouvant plus offrir
de difficulté, nous allons faire voir comment on détermine les
rapports des mesures anciennes aux nouvelles, et réciproquement.

1°. Les rapports de la toise et de ses subdivisions au mètre,
de l'aune au mètre, etc. sont faciles à évaluer. En effet, on a
vu (page 66) que

5130740 toises = 10000000 mètres;

donc, 1^T = $\frac{10000000^m}{5130740}$ = 1^m,949036591212963 etc. (*)

et 1^m = $\frac{5130740^T}{10000000}$ = 0^T,513074.

Le *pied* étant la sixième partie de la toise, vaut le sixième
de 1^m,94903 etc., ou 0^m,32483943,868827 etc.; *un pouce* vaut
le douzième de.0^m,32483 etc., ou 0^m,027069952655735 etc.; et
une *ligne* vaut le douzième de 0^m,027069952655735 etc., ou
0^m,002255829387977 etc.

La. *toise* valant 6 pieds, on convertira les toises en pieds
en multipliant le nombre des toises par 6; un mètre vaut donc
6 fois 0^{pi},513074, ou 3^{pi},078444. On trouve de cette manière que

Un mètre = 0^T,513 074 = 3^{pi},078 444 = 36^{po},941 328 = 443^{li},295 936.

Pour calculer les *rapports de l'aune au mètre et du mètre à
l'aune*, on dira : une *aune* vaut 3 pieds 7 pouces 10' lignes $\frac{5}{6}$,

où les $\frac{3161}{6}$ d'une *ligne*, et une ligne vaut 0^m,002 255 829 etc.; par

conséquent l'aune vaut les $\frac{3161}{6}$ de 0^m,002 255 829 387 977 etc.;

ce qui se réduit à 1^m,18844611'58 etc. Il en résulte que le mètre

est équivalent à $\frac{1^{aune}}{1,1884461158 \text{ etc.}}$, ou à 0^{aune},841434867 etc..

(*) On effectuera les multiplications et les divisions d'après les règles abrégées des n°s 48 et 49.

La *lieue de poste* vaut 2000 toises, ou 2000 fois la longueur $1^m,9490365g121$ etc. d'une toise, ou $3898^m,07318242$ etc.; ou $3^{myriam},89807318$ etc. On en déduit que la valeur du *myria-mètre* en lieues de poste est $0^{lieue},25$ etc.

2°. Les *rapports du kilogramme à la livre-poids et de la livre-poids au kilogramme*, se déduisent du rapport du kilogramme au *grain*. On a trouvé, par des expériences très exactes, que le *kilogramme* pèse $18827^{grains},15$; mais on a vu (page 56) que

$$1^{grain} = \frac{1 lb}{9216}; \text{ donc } 1^{kilog.} = 18\,827,15 \text{ fois } \frac{1 lb}{9216} = 2 lb,042\,876,519 \text{ etc.}$$

Il en résulte que $\quad 1 lb = \dfrac{1^{kilog.}}{2,042\,876\,519 \text{ etc.}} = 0^{kilog.},489\,505\,846$ etc.

Or, $1 lb = 16^{onces}$, $1^{once} = 8^{gros}$, etc.; donc

$$1^{kilog.} = 2 lb,042\,876\,519 \text{ etc.} = 32^{onces},686\,024\,3 \text{. etc.},$$
$$1^{once} = 0^{kilog.},030\,594\,115 \text{ etc.,} \quad 1^{gros} = 0^{kilog.},003\,824\,264 \text{ etc.}$$

3°. Pour calculer les *rapports de la livre tournois au franc et du franc à la livre tournois*, on dira :

$$1^{kilog.} = 18\,827^{grains},15; \quad \text{donc} \quad 1^{gramme} = 18^{grains},82715.$$

Une pièce d'un franc pèse 5 grammes, ou $94^{grains},13575$; mais le franc contient en argent fin les $\dfrac{9}{10}$ de son poids, c'est-à-dire les $\dfrac{9}{10}$ de $94^{grains},135\,75$, ou $84^{grains},722\,175$; la *livre tour-nois*, calculée d'après l'écu de 6^{lt}, contient $83^{grains},675\,936$ d'argent fin. Par conséquent,

Un grain d'argent fin vaut $\dfrac{1^{franc}}{84,722\,175}$ ou $\dfrac{1^{lt}}{83,675\,936}.$

Réduisant ces deux fractions au même dénominateur, les numérateurs devront être égaux; ce qui donnera

$$83^f,675936 = 84^{lt},722\,175; \text{ d'où}$$
$$1^{lt} = \frac{83\,675\,936^f}{84\,722\,175} = 0^f,987\,650\,942\,625 \text{ etc.},$$
$$1^f = \frac{84\,722\,175^{lt}}{83\,675\,936} = 1^{lt},012\,503\,463\,361 \text{ etc.,}$$

62. Pour faciliter les conversions des anciennes mesures en mesures nouvelles et réciproquement, on a calculé des tables qui renferment les mesures anciennes exprimées en mesures nouvelles, et réciproquement (*). La formation de ces tables ne présente aucune difficulté, car une toise étant égale à $1^m,9490365g$ etc., 9 toises valent 9 fois $1^m,9490365g$ etc., ou $17^m,541329$ etc.; et ainsi de suite.

Si l'on réfléchit sur la nature du système des nouvelles mesures et sur les effets produits par le déplacement de la virgule dans un nombre décimal (n° 29), on en déduira facilement les usages des tables.

1ᵉʳ EXEMPLE. Pour convertir 907 toises en mètres, on décompose ce nombre en 900^T plus 7^T; les conversions de ces parties en mètres s'effectuent à l'aide de la première table et du déplacement de la virgule; voici le détail du calcul :

9 toises valent $17^m,54133$; les 900^T valent donc $1754^m,133$
les 7 toises valent........................... $13^m,64326$

les 907 toises valent donc.................. $1767^m,77626.$

2ᵉ EXEMPLE. Pour évaluer $9^T,07$ en mètres, on fait d'abord abstraction de la virgule; le résultat 907 toises, converti en mètres, donne $1767^m,77626$; le nombre proposé, qui est 100 fois plus petit, vaut donc $17^m,6777626.$

3ᵉ EXEMPLE. Pour convertir $1767^m,776$ en toises, on décompose ce nombre en ses différens ordres d'unités, et l'on exprime en toises les valeurs de ces unités; leur somme étant $906^T,99$ etc., les $1767^m,776$ valent 907^T à moins d'un centième de toise près.

63. Les tables placées à la fin de ce volume donnent la solution de tous les problèmes relatifs aux mesures anciennes et nouvelles.

1ᵉʳ EXEMPLE. Trouver le prix du mètre, lorsqu'une toise coûte 12^{fr}. On cherche d'abord combien il faut de toises pour composer un mètre; on trouve dans la première table qu'un

---

(*) Ces tables sont placées à la fin du volume.

mètre vaut $0^T,51307$; multipliant le prix 12^{tt} d'une toise par le nombre abstrait $0,51307$ qui exprime combien il faut de toises pour composer un mètre, le produit $6^{tt},15684$ ou $6^{tt} 3^s 1^d,6$.etc. est le prix du mètre.

2ᵉ EXEMPLE. *Déterminer le prix de la toise, quand le mètre coûte* $6^{tt} 3^s 1^d,6$. On convertit $3^s 1^d,6$ en décimales de la livre; ce qui donne $0^{tt},15666$ etc.; on cherche ensuite combien il faut de mètres pour composer une toise; on voit qu'une toise vaut $1^m,94904$; multipliant le prix $6^{tt},15666$ etc. d'un mètre par le nombre $1,94904$ qui indique combien il y a de mètres dans une toise, on trouve que le prix cherché est 12^{tt}, à moins d'un millième de livre près.

3ᵉ EXEMPLE. *On propose de convertir des livres tournois en* *francs, et réciproquement*. La solution de ce problème peut se déduire des relations

$$1^{tt} = 0^f,987\ 650\ 942\ 625 \text{ etc.}, \quad 1^f = 1^{tt},012\ 503\ 463\ 361 \text{ etc.};$$

elles donnent

$$980^{tt},1 = 0^f,987650942625 \text{ etc.} \times 980,1 = 967^f,99966888 \text{ etc.}$$
$$967^f,99966888 \text{ etc.} = 1^{tt},012503463361 \text{ etc.} \times 967,99966888 \text{ etc.} = 980^f,10999 \text{ etc.}$$

Les *tables* conduiraient plus simplement aux mêmes résultats.

Enfin, l'égalité $1^f = 1^{tt},012\ 503\ 463\ 361$ etc., donnant $80^f = 81^{tt}$, à moins de $0^{tt},0003$ près, on voit que *pour convertir des livres en francs, il suffit de diminuer le nombre des livres de leur* 81ième *partie* (*), et que *pour convertir des francs en livres, il n'y a qu'à augmenter le nombre des francs de leur* 80ième *partie*. On obtient la 81ième partie d'un nombre en le divisant d'abord par 9, et en prenant le 9ième du quotient. On trouve la 80ième partie d'un nombre en le divisant d'abord par 10 et en prenant le huitième du quotient.

(*) Quand le nombre renferme des livres, sous et deniers, on le transforme d'abord en décimales, en convertissant les sous et deniers en décimales de la livre; on applique ensuite la règle indiquée à ce nombre décimal.

CHAPITRE QUATRIÈME.

Problèmes d'Arithmétique (*).

64. Ce chapitre est destiné à faire voir comment on peut résoudre les problèmes d'Arithmétique les plus compliqués, à l'aide des seules combinaisons des quatre règles. Nous supposerons, pour plus de simplicité, que les fractions qui entrent dans les énoncés des problèmes ont été réduites au même dénominateur.

Règles de Trois simples et composées.

65. 1er PROBLÈME. *Quatre ouvriers ont fait 20 mètres d'ouvrage; combien 9 ouvriers en feront-ils ?* L'ouvrage fait est d'autant plus grand qu'il y a plus d'ouvriers (**); or,

4 ouvriers ont fait 20^m,
1 ouvrier ferait le quart de 20^m, ou 5^m,
les 9 ouvriers feront donc 9 fois 5^m, ou 45^m.

2e PROBLÈME. *Il a fallu 4 journées de travail pour faire 20 mètres d'ouvrage; combien faudra-t-il de journées pour faire 45 mètres du même ouvrage ?*

Puisque 20^m d'ouvrage sont faits en 4 journées,

1^m serait fait dans le 20e de 4^j, ou en $\frac{4^j}{20}$, ou en $\frac{1^j}{5}$,

les 45^m seront donc faits en 45 fois $\frac{1^j}{5}$, ou en 9 journées.

3e PROBLÈME. *Trois ouvriers ont fait un ouvrage en*

(*) La méthode indiquée dans ce chapitre pour résoudre les problèmes, parut pour la première fois en 1800, sous le titre d'*Introduction à l'Algèbre.*

(**) On suppose que tout est d'ailleurs égal, c'est-à-dire que les ouvriers sont de même force et qu'ils travaillent pendant le même temps. Cette observation s'applique à tous les problèmes. *Les résultats ne dépendent que des quantités énoncées.*

15 *heures ; combien 5 ouvriers mettraient-ils d'heures à faire le même ouvrage ?*

Le temps employé à faire l'ouvrage doit être d'autant plus grand que le nombre des ouvriers est plus petit; mais,

3 ouvriers ont fait l'ouvrage en 15 heures ,
1 ouvrier ferait cet ouvrage en 3 fois 15^h, ou en 45^h,

les 5 ouvriers feront donc l'ouvrage en $\frac{45^h}{5}$, ou en 9 heures.

4e PROBLÈME. *Il a fallu trois journées à 15 heures de travail par jour pour exécuter un ouvrage ; combien faudrait-il de journées pour faire le même ouvrage, si l'on ne travaillait que 9 heures par jour ?*

Puisqu'en travaillant   15^h par jour, il faut 3 journées ,
si l'on ne travaillait que   1^h par jour, il faudrait 15 fois 3j, ou 45 journées;
donc, lorsqu'on travaille   9^h par jour, il faut le 9e de 45j, ou 5 journées.

REMARQUE. La règle qui servait à résoudre les quatre problèmes précédens était connue sous le nom de *règle de trois*, parce que l'inconnue dépend de *trois* quantités données ; nous allons traiter quelques problèmes dont la résolution dépend de celle des précédens ; la méthode qu'on employait pour les résoudre se nommait *règle de trois composée.*

5e PROBLÈME. *Deux ouvriers qui travaillent 3 heures par jour ont fait en 5 jours 90 mètres d'ouvrage; combien 3 ouvriers qui travailleraient 7 heures par jour, feraient-ils du même ouvrage en 2 jours ?*

2 ouvriers travaillant 3 heures par jour, font en 5 jours... 90 mètres.
1 ouv. travaill. 3 heures par jour, fait en 5 j., la moitié de 90^m, ou 45^m
1 ouv. travaill. 1 heure par jour, fait en 5 j., le tiers de 45^m, ou 15^m
1 ouv. travaill. 1 heure par jour, fait en 1 j., le 5e de... 15^m, ou 3^m
3 ouv. travaill. 1 heure par jour, feront en 1 jour, 3 fois 3^m, ou 9^m
3 ouv. travaill. 7 heures par jour, feront en 1 jour, 7 fois 9^m, ou 63^m
Les 3 ouv. trav. 7 heur. par jour, feront en 2 jours, 2 fois 63^m, ou 126^m.

6e PROBLÈME. *Deux ouvriers qui travaillent 3 heures par jour ont fait en 5 jours 90 mètres d'ouvrage; combien faudra-t-il de jours à 3 ouvriers qui travaillent 7 heures par jour, pour faire 126 mètres du même ouvrage ?*

90^m sont faits par 2 ouv., travaill. 3 h. par j., pendant $\quad$ 5 jours

1^m sera fait par 2 ouv., travaill. 3 h. par j., pendant $\frac{5}{90}$ j. on $\frac{1}{18}$ j.

1^m sera fait par 1 ouv., travaill. 3 h. par j., pendant $\frac{2}{18}$ j. ou $\frac{1}{9}$ j.

1^m sera fait par 1 ouv., travaill. 1 h. par j., pendant $\frac{3}{9}$ j. ou $\frac{1}{3}$ j.

126^m seront faits par 1 ouv., travaill. 1 h. par j., pendant $\frac{126}{3}$ j. ou 42 j.

126^m seront faits par 3 ouv., travaill. 1 h. par j., pendant $\frac{42}{3}$ j. ou 14 j.

Les 126^m seront faits par 3 ouv. travaill. 7 h. par j., pendant $\frac{14}{7}$ j. ou 2 j.

7e PROBLÈME. *Combien faut-il prendre de mètres de toile à $\frac{5}{8}$, pour doubler 30 mètres de drap à $\frac{6}{8}$?*

Si la toile avait $\frac{6}{8}$ de large, il en faudrait.................. 30^m,

si la toile n'avait que $\frac{1}{8}$, il en faudrait 6 fois plus, ou......... 180^m,

la toile ayant $\frac{5}{8}$, il n'en faut que le 5e de 180^m, ou........... 36^m.

Cela est d'ailleurs évident, car 30^m à $\frac{6}{8}$ équivalent à 180^m à $\frac{1}{8}$, et 36^m à $\frac{5}{8}$ valent aussi 180^m à $\frac{1}{8}$.

8e PROBLÈME. *Trente mètres de toile à $\frac{6}{8}$ ont coûté 180 francs. Quel est le prix de 36 mètres à $\frac{5}{8}$?*

La question précédente fait voir que le prix demandé est 180 francs; on peut parvenir directement au même résultat, car

30^m à $\frac{6}{8}$ ayant coûté.................................. 180^f,

1^m à $\frac{6}{8}$ coûterait le 30e de 180 francs, ou................. 6^f,

1^m à $\frac{1}{8}$ coûterait le 6e de 6 francs, ou................... 1^f,

1^m à $\frac{5}{8}$ coûterait 5 fois 1 franc, ou..................... 5^f,

les 36^m à $\frac{5}{8}$ coûtent donc 36 fois 5 francs, ou............... 180^f.

9ᵉ PROBLÈME. *Trente mètres de drap de première qualité* à $\frac{9}{12}$ *coûtent 720 francs. Quel doit être le prix de 50 mètres de drap de seconde qualité à* $\frac{8}{12}$? *On suppose qu'à dimensions égales le prix d'un mètre de drap de seconde qualité est les* $\frac{15}{16}$ *du prix d'un mètre de drap de première qualité.*

30ᵐ de 1ʳᵉ qualité à $\frac{9}{12}$, coûtant........................... 720ᶠ

1ᵐ de 1ʳᵉ qualité à $\frac{9}{12}$, coûte le 30ᵉ de 720ᶠ, ou.......... 24ᶠ

1ᵐ de 1ʳᵉ qualité à $\frac{1}{12}$, coûte le 9ᵉ de 24ᶠ, ou $\frac{24^f}{9}$, ou.... $\frac{8^f}{3}$

1ᵐ de 1ʳᵉ qualité à $\frac{8}{12}$, coûte 8 fois $\frac{8^f}{3}$, ou.............. $\frac{64^f}{3}$

1ᵐ de 2ᵉ qualité à $\frac{8}{12}$, coûte les $\frac{15}{16}$ de $\frac{64^f}{3}$, ou........... 20ᶠ.

les 50ᵐ de 2ᵉ qualité à $\frac{8}{12}$, coûteront donc 50 fois 20ᶠ, ou.... 1000ᶠ.

10ᵉ PROBLÈME. *Trois ouvriers ont fait 2 toises 5 pieds d'ouvrage; combien 5 ouvriers feront-ils de mètres du même ouvrage?* On convertira d'abord les 2ᵀ 5ᵖⁱ en mètres, et l'on trouvera, au moyen des *tables* placées à la fin du volume, que 2ᵀ 5ᵖⁱ valent 5ᵐᵉᵗʳᵉˢ,52227 ; de sorte que la question est réduite à déterminer combien 5 ouvriers feront de mètres d'ouvrage, lorsque 3 ouvriers ont fait 5ᵐ,52227.

3 ouvriers ayant fait   5ᵐ,52227 d'ouvrage,
1 ouvrier fera le tiers de   5ᵐ,52227, ou 1ᵐ,840756 etc,
les 5 ouvriers feront donc 5 fois 1ᵐ,840756, ou 9ᵐ,2037 etc.

11ᵉ PROBLÈME. *Le prix de 9 aunes de toile à* $\frac{7}{8}$ *étant* 13ᵗ 6ˢ 8ᵈ, *combien 7 mètres de toile à* $\frac{5}{8}$ *coûteront-ils de francs?* On convertira d'abord les anciennes mesures en mesures nouvelles, et les *tables* placées à la fin du volume conduiront aux résultats suivans :

$$10^{\#} = 9^f{}_{|}87650 \text{ etc.}$$
$$3^{\#} = 2^f{}_{|}96295 \text{ etc.}$$
$$6^{\int} = 0^f{}_{|}29629 \text{ etc.}$$
$$8^{\lambda} = 0^f{}_{|}03292 \text{ etc.}$$

$$13^{\#}\ 6^{\int}\ 8^{\lambda} = 13^f{}_{|}1686 \text{ etc.}$$
$$9 \text{ aunes} = 10^m{}_{|}69601 \text{ etc.}$$

La question est réduite à la suivante : $10^m{}_{|}69601$ etc. *de toile à* $\frac{7}{8}$ *ont coûté* $13^f{}_{|}1686$ *etc.; trouver le prix de 7 mètres à* $\frac{5}{8}$.

Pour simplifier les calculs, on ne conservera que trois décimales et l'on dira :

$10^m{}_{|}696$ à $\frac{7}{8}$ ayant coûté $\quad 13^f{}_{|}168$

1^m à $\frac{7}{8}$ vaut $\quad \dfrac{13^f{}_{|}168}{10{}_{|}696} \text{ ou } \dfrac{13168^f}{10696}$

1^m à $\frac{1}{8}$ vaut le 7e de $\quad \dfrac{13168^f}{10696} \text{ ou } \dfrac{13168^f}{10696 \times 7}$

7^m à $\frac{1}{8}$ valent 7 fois $\quad \dfrac{13168^f}{10696 \times 7} \text{ ou } \dfrac{13168^f}{10696}$

les 7^m à $\frac{5}{8}$ valent donc 5 fois $\dfrac{13168^f}{10696} \text{ ou } \dfrac{65840^f}{10696} \text{ ou } 6^f{}_{|}155 \text{ etc.}$

Règles d'intérêt.

66. L'argent rapportant un certain bénéfice à celui qui le fait valoir, l'homme qui emprunte une somme d'argent doit en la rendant, y joindre une rétribution qui dédommage le prêteur des avantages que cette somme lui eût procurés, si elle avait été employée par lui-même ; cette rétribution se nomme *intérêt* ; pour la déterminer, on convient de ce qu'une somme rapporte pendant un certain temps, l'intérêt d'une somme quelconque s'en déduit avec facilité. *Nous supposerons que le* TAUX *de l'intérêt de l'argent est connu* ; nous verrons par la suite comment, dans chaque genre de spéculation, on peut déduire ce taux du *calcul des probabilités*.

On distingue deux sortes d'*intérêts*, l'intérêt *simple* et l'intérêt *composé. L'intérêt simple est celui qui ne porte plus intérêt ;* de sorte que l'intérêt d'un capital pendant plusieurs années, s obtient en multipliant l'intérêt d'une année par le nombre des années. *Lorsque l'intérêt de chaque année se joint au capital pour porter lui-même intérêt pendant l'année suivante,* on dit que l'intérêt est *composé.*

Quand le *taux* de l'argent est connu, les questions relatives à l'intérêt de l'argent se réduisent à quatre essentiellement différentes, car il s'agit de trouver, ou ce que de l'*argent comptant* vaudra après un certain temps, ou ce qu'une somme payable après un certain temps vaut en *argent comptant;* et comme dans ces deux questions, l'intérêt peut être *simple* ou *composé,* il en résulte quatre problèmes. Si l'on observe que *la valeur d'une somme composée de francs, peut s'obtenir en répétant la valeur d'un franc autant de fois qu'il y a de francs dans cette somme,* on sera conduit à résoudre les quatre problèmes suivans :

12° PROBLÈME. *On demande combien* 1^f *vaudra après plusieurs années ; le taux de l'argent est connu et l'on n'a égard qu'aux intérêts simples.*

Pour fixer les idées, proposons-nous de trouver la valeur de 1^f après 3 ans, l'intérêt étant à 20 pour 100 par an (*).

L'intérêt de 100^f en un an étant.......................... 20^f,

l'intérêt de 1^f en un an est $\frac{20^f}{100}$, ou........................ $\frac{1^f}{5}$,

l'intérêt de 1^f en trois ans est 3 fois $\frac{1^f}{5}$, ou.............. $\frac{3^f}{5}$,

1^f vaudra donc dans 3 ans, 1^f plus son intérêt $\frac{3^f}{5}$, ou $\frac{8^f}{5}$.

En général : *l'intérêt annuel de* 100^f, *divisé par* 100, *donne pour quotient l'intérêt annuel de* 1^f ; *ce dernier intérêt multiplié par le nombre des années, détermine l'intérêt de* 1^f *pendant ce nombre d'années; ajoutant l'intérêt au capital* 1^f, *la somme exprime la valeur de* 1^f *après le temps donné.*

_____

(*) Nous supposerons dans tous les exemples du n° 66 que l'argent est à 20 pour 100 par an.

1er EXEMPLE. *Combien* 1500f *argent comptant vaudront-ils dans trois ans?* Le capital 1f vaudra $\frac{8^f}{5}$ dans 3 ans ; les 1500f comptant vaudront donc après trois ans 1500 fois $\frac{8^f}{5}$, ou 2400f ; l'intérêt de 1500f pendant 3 ans est donc 2400f moins 1500f, ou 900f ; et en effet, comme pour trois ans, l'intérêt de 1f est $\frac{3^f}{5}$, l'intérêt des 1500f doit être 1500 fois $\frac{3^f}{5}$ ou 900f.

2e EXEMPLE. *Combien* 1500f *vaudront-ils après* 41 *mois?* L'intérêt de 1f est $\frac{1^f}{5}$ pour 12 mois, $\frac{1^f}{60}$ par mois, et $\frac{41^f}{60}$ pour 41 mois ; le capital 1f vaut donc après 41 mois, 1f plus $\frac{41^f}{60}$, ou $\frac{101^f}{60}$; le capital 1500f vaut donc après 41 mois, 1500 fois $\frac{101^f}{60}$, ou 2525f.

13e PROBLÈME. *On demande combien une somme payable dans plusieurs années, vaut en argent comptant ; on n'a égard qu'aux intérêts simples.*

Une somme payable dans plusieurs années étant le produit de la valeur de 1f après ce temps, par le nombre des francs du capital, si l'on divise une somme payable au bout d'un certain temps, par la valeur de 1f après ce temps, le quotient exprimera le nombre des francs du capital cherché.

1er EXEMPLE. *Combien* 2400f *payables dans trois ans, valent-ils en argent comptant?* Si l'on divise les 2400f payables dans trois ans, par la valeur de 1f après trois ans qui est $\frac{8^f}{5}$, le quotient 2400f $\times \frac{5}{8}$ ou 1500f, exprimera le capital cherché.

2e EXEMPLE. *Combien* 2525f *payables dans* 41 *mois valent-ils en argent comptant?* Si l'on divise les 2525f payables dans 41 mois, par la valeur $\frac{101^f}{60}$ de 1f après ce temps, le quotient 1500 sera le nombre des francs du capital demandé.

14ᵉ PROBLÈME. *On demande combien le capital* 1^f *vaudra après plusieurs années, en ayant égard aux intérêts des intérêts.*

L'argent étant à 20 pour 100 par an, l'intérêt annuel de 1^f est $\frac{1^f}{5}$; de sorte que 1^f vaut après un an 1^f plus $\frac{1^f}{5}$, ou les $\frac{6}{5}$ du capital 1^f.

Par conséquent : *Pour trouver ce qu'une somme placée au commencement d'une année, vaut à la fin de cette année, il suffit de multiplier cette somme par* $\frac{6}{5}$.

Les $\frac{6^f}{5}$ placés au commencement de la 2ᵉ année, valent donc à la fin de cette année $\frac{6^f}{5} \times \frac{6}{5}$; ces $\frac{6^f}{5} \times \frac{6}{5}$ placés au commencement de la 3ᵉ année, valent à la fin de cette année... $\frac{6^f}{5} \times \frac{6}{5} \times \frac{6}{5}$, ou $1^f \times \frac{6}{5} \times \frac{6}{5} \times \frac{6}{5}$, ou $\frac{216^f}{125}$; et ainsi de suite.

La loi des accroissemens du capital 1^f est évidente. On en déduit cette règle générale : *Pour obtenir la valeur de* 1^f *après plusieurs années, calculez la fraction qui exprime combien* 1^f *vaut à la fin de l'année, et multipliez* 1^f *par cette fraction* ABSTRAITE (*) *prise autant de fois facteur qu'il y a d'unités dans le nombre des années; le produit sera la valeur de* 1^f *après le temps donné.*

1ᵉʳ EXEMPLE. *Combien* 1500^f *vaudront-ils après trois ans?*

Comme 1^f vaut après trois ans $\frac{216^f}{125}$, le capital 1500^f vaudra dans trois ans, 1500 fois $\frac{216^f}{125}$ ou 2592^f. Et en effet, l'argent étant à 20 pour 100 par an, l'intérêt annuel est le cinquième du capital; les 1500^f placés au commencement de la 1ʳᵉ année valent donc à la fin de cette année, 1500^f plus leur intérêt 300^f, ou 1800^f; les 1800^f placés au commencement de

---

(*) Par exemple, si la fraction *concrète* est $\frac{6^f}{5}$, la fraction *abstraite* sera $\frac{6}{5}$.

la 2ᵉ année valent à la fin de cette année, 1800ᶠ plus leur intérêt 360ᶠ, ou 2160ᶠ ; enfin, les 2160ᶠ placés au commencement de la 3ᵉ année valent à la fin de cette année, 2160ᶠ plus leur intérêt 432ᶠ, ou 2592ᶠ.

REMARQUE. Lorsqu'on a égard aux intérêts des intérêts, le capital 1500ᶠ augmente de 1092ᶠ en 3 ans, tandis que l'augmentation due aux intérêts simples ne serait que de 900ᶠ.

La règle précédente s'applique également à des années, à des mois, à des jours, etc. Par exemple, pour *trouver combien* 1500ᶠ *vaudront après 3 ans 5 mois,* on dira : l'intérêt de 1ᶠ est de $\dfrac{1^f}{5}$ pour 12 mois, de $\dfrac{1^f}{60}$ par mois, de $\dfrac{5^f}{60}$ ou $\dfrac{1^f}{12}$ pour 5 mois. Par conséquent, 1ᶠ payable à une époque quelconque vaut 5 mois plus tard, 1ᶠ plus $\dfrac{1^f}{12}$ ou $\dfrac{13^f}{12}$; donc 1ᶠ payable dans 3 ans vaudra dans 3 ans 5 mois, $\dfrac{13^f}{12}$; mais on a vu que 1ᶠ vaut $\dfrac{216^f}{125}$ après 3 ans ; ces $\dfrac{216^f}{125}$ payables dans 3 ans vaudront donc dans 3 ans 5 mois, les $\dfrac{216}{125}$ de $\dfrac{13^f}{12}$ ou $\dfrac{234^f}{125}$. Puisque 1ᶠ vaut $\dfrac{234^f}{125}$ après 3 ans 5 mois, les 1500ᶠ vaudront dans 3 ans 5 mois, 1500 fois $\dfrac{234^f}{125}$ ou 2808ᶠ.

15ᵉ PROBLÈME. *On demande combien une somme payable dans plusieurs années vaut en argent comptant, en ayant égard aux intérêts des intérêts.*

D'après ce qu'on a vu dans le 13ᵉ problème (page 80), il suffit de diviser la somme donnée, par la valeur de 1ᶠ après le temps indiqué, le quotient exprime le nombre des francs du capital primitif.

1ᵉʳ EXEMPLE. *Combien 2592ᶠ payables dans 3 ans, valent-ils en argent comptant?* Si l'on divise les 2592ᶠ payables dans 3 ans, par la valeur de 1ᶠ après trois ans, qui est $\dfrac{216^f}{125}$, le quotient, $2592 \times \dfrac{125}{216}$ ou 1500, sera le nombre des francs du capital primitif.

2ᵉ EXEMPLE. *Calculer combien* 2808ᶠ *payables dans* 3 *ans* 5 *mois, valent en argent comptant.* On divisera les 2808ᶠ payables dans 3 ans 5 mois, par la valeur de 1ᶠ après ce temps, qui est $\dfrac{234^{\mathrm{f}}}{125}$; le quotient, $2808 \times \dfrac{125}{234}$ ou 1500, exprimera le nombre des francs du capital demandé.

67. Les quatre problèmes précédens donnent le moyen de résoudre les diverses questions relatives aux intérêts simples et composés. En voici des exemples :

16ᵉ PROBLÈME. *Un capital augmenté des intérêts simples, vaut* 1235ᶠ *après* 5 *mois, et* 1312ᶠ *après* 16 *mois ; il faut trouver le capital et le taux de l'argent.* Comme le capital primitif vaut 1235ᶠ après 5 mois, et 1312ᶠ après 16 mois, il s'est accru de 77ᶠ en 11 mois, de 7ᶠ en un mois, et de 35ᶠ en 5 mois ; mais après cet accroissement il vaut 1235ᶠ ; le capital primitif était donc 1200ᶠ. On en déduit le *taux* de l'argent, car l'intérêt de 1200ᶠ étant de 35ᶠ pour 5 mois, ou de 7ᶠ pour un mois, 1200ᶠ rapportent 84ᶠ par an ; l'intérêt de 100ᶠ par an est donc 7ᶠ ; c'est-à-dire que l'*argent est à* 7 *pour* 100 *par an ;* et en effet, lorsque l'argent est à ce *taux,* on trouve que 1200ᶠ valent 1235ᶠ après 5 mois, et 1312ᶠ après 16 mois, comme l'exige la question.

17ᵉ PROBLÈME. *Un courtier vend des marchandises pour* 753 *francs de plus qu'il ne les avait achetées ; à ce marché, il gagne* 15 *pour* 100 *sur le prix de vente. Quel est le prix d'achat des marchandises ?*

Le gain 15ᶠ correspondant au prix de vente 100ᶠ,

le gain 1ᶠ correspond au prix de vente $\dfrac{100^{\mathrm{f}}}{15}$ ou $\dfrac{20^{\mathrm{f}}}{3}$;

le gain 753ᶠ correspond donc au prix de vente 753 fois $\dfrac{20^{\mathrm{f}}}{3}$, ou 5020ᶠ.

6..

Le courtier a donc vendu ses marchandises pour 5020^f; le prix d'achat est donc 5020^f moins 753^f, ou 4267^f.

Règles d'escompte.

18e PROBLÈME. *On propose d'évaluer en argent comptant deux sommes, l'une de* 6000^f *payable dans* 25 *mois; l'autre de* 27000^f *payable dans* 4 *mois; l'intérêt simple de l'argent est à* 2 *pour* 100 *par mois.*

L'intérêt de 100^f est de 2^f pour un mois, de 50^f pour 25 mois et de 8^f pour 4 mois; par conséquent, 100^f valent 150^f après 25 mois, et 108^f après 4 mois. Cela posé :

Puisque 150^f payables dans 25 mois, valent 100^f en argent comptant,

1^f payable dans 25 mois vaut en argent comptant $\frac{100^f}{150}$, ou $\frac{2^f}{3}$.

les 6000^f payables dans 25 mois valent donc en argent comptant, 6000 fois $\frac{2^f}{3}$, ou 4000 francs.

On trouverait de même que les 27000^f payables dans 4 mois valent 25000^f en argent comptant.

On voit que chaque somme éprouve une diminution de 2000^f ; cette diminution prend quelquefois le nom d'*escompte*.

19e PROBLÈME. *Un militaire qui a besoin d'argent comptant, se présente chez un banquier avec deux lettres de change, l'une de* 6000^f *payable dans* 25 *mois, l'autre de* 27000^f *payable dans* 4 *mois. Le banquier prend un intérêt ou* ESCOMPTE *de* 2 *pour* 100 *par mois. Combien le banquier doit-il donner au militaire? On n'a égard qu'aux intérêts simples.* Ce problème ne différant du précédent que par la forme de l'énoncé, chaque lettre de change éprouvera une perte ou *escompte* de 2000^f ; de sorte que le militaire recevra 4000^f plus 25000^f, ou 29000^f.

Voici une *solution plus directe.* L'escompte de 100^f est de 2^f pour un mois, de 50^f pour 25 mois, et de 8^f pour 4 mois; par conséquent : 100^f valent 150^f après 25 mois, et 108^f après 4 mois; deux lettres de change, l'une de 150^f payable dans 25 mois, l'autre de 108^f payable dans 4 mois, ne vaudraient donc chacune que 100^f argent comptant; les *escomptes* relatifs à ces lettres de change seraient donc 50^f et 8^f. La solution du problème se déduit de cette remarque; en effet, puisque pour 25 mois,

l'escompte de 150^f est.................................... 50^f

l'escompte de 1^f sera $\frac{50^f}{150}$, ou............................. $\frac{1^f}{3}$

l'escompte des 6000^f sera $\frac{6000^f}{3}$, ou...................... 2000^f.

On verrait de même que l'escompte de 27000^f est 2000^f.

Problèmes sur les annuités.

20e **Problème.** *Un particulier qui doit une rente perpétuelle de* 2200^f, *au capital de* 11000^f, *voudrait acquitter en* 2 *ans la rente et le capital, au moyen de deux paiemens égaux effectués à la fin de chaque année. Quelle doit être la valeur de chaque paiement? On a égard aux intérêts des intérêts.* La rente 2200^f. étant le cinquième du capital, 1^f placé au commencement d'une année vaut à la fin de cette année 1^f plus $\frac{1^f}{5}$ ou $\frac{6^f}{5}$ ou 1$^f \times \frac{6}{5}$; les 11000^f argent comptant vaudront donc 11000$^f \times \frac{6}{5} \times \frac{6}{5}$ ou 15840^f, à la fin de la 2e année; les deux paiemens réunis, évalués à cette dernière époque, doivent donc valoir 15 840^f. Mais le 1er paiement effectué à la fin de la 1re année vaut à la fin de la 2e, les $\frac{6}{5}$ de sa valeur; le 2e paiement effectué à la fin de la 2e année, vaut à cette époque les $\frac{5}{5}$ de sa valeur; les deux paie- mens réunis, évalués à la fin de la 2e année, valent donc les $\frac{6}{5}$ plus les $\frac{5}{5}$ ou les $\frac{11}{5}$ du 1er paiement. Puisque les $\frac{11}{5}$ du 1er paiement valent 15840^f, le cinquième du 1er paiement est $\frac{15840^f}{11}$ ou 1440^f, et le 1er paiement est égal à 5 fois 1440^f, ou à 7200^f. *On acquittera donc la rente et le capital, au moyen de* deux paiemens, chacun de 7200^f, effectués l'un à la fin de la première année, l'autre à la fin de la seconde. Et en effet : le 1er paiement effectué à la fin de la 1re année est 7200^f ; on doit 2200^f pour la rente des 11000^f ; on n'acquitte donc réellement que 5000^f sur le capital 11000^f qui par là se trouve réduit à 6000^f ; ainsi, on ne doit tenir compte pendant la 2e année que de l'intérêt 1200^f des 6000^f qui restent dûs ; cet intérêt joint aux 6000^f, donne 7200^f pour ce qui reste dû à la fin de la 2e année ; le second paiement de 7200^f, effectué à cette époque, acquitte donc le reste de la dette.

21e PROBLÈME. *On propose d'acquitter* 3310^f *en trois paiemens égaux effectués à la fin de chaque année ; l'argent est à* 10 *pour* 100 *par an, et l'on a égard aux intérêts des intérêts.* Si l'on raisonne comme dans l'exemple précédent, on trouvera que chaque paiement doit être de 1331^f.

Problème sur les spéculations.

68. 22e PROBLÈME. *On offre à un marchand : 3o mètres d'un drap de* 1re *qualité à* $\frac{9}{12}$ *pour* 720^f *argent comptant, ou* 5o *mètres d'un drap de* 2e *qualité à* $\frac{8}{12}$ *pour* 1200^f *payables dans deux ans ; à dimensions égales, le prix d'une aune de drap de* 2e *qualité est les* $\frac{15}{16}$ *du prix de l'aune de* 1re *qualité ; l'argent est à* 10 *pour* 100 *par an, et l'on a égard aux intérêts des intérêts. Le marchand voudrait connaître la spéculation qui lui sera la plus avantageuse.* Pour résoudre ce problème, il faut chercher quel serait aux conditions du premier marché, le prix des 5o^m de drap de 2e qualité à $\frac{8}{12}$; ce prix comparé à celui qui résulte du second marché, fera connaître la *spéculation la plus avantageuse.* Effectuons les calculs :

Aux conditions du premier marché, 3o^m *de drap de* 1re *qualité à* $\frac{9}{12}$, *coûtent* 720^f *argent comptant ; les* 5o^m *de drap de* 2^e

qualité à $\frac{8}{12}$, coûtent donc 1000^f en argent comptant (9e problème, page 77), ou 1210^f payables dans deux ans. Ainsi, 50^m de drap de 2e qualité à $\frac{8}{12}$, payables dans deux ans, coûtent au marchand, 1210^f aux conditions du 1er marché, et 1200^f aux conditions du 2e marché. La seconde spéculation est donc la plus avantageuse.

Règle de compagnie ou de société.

69. 23e PROBLÈME. *Les mises de trois associés sont* 300^f, 500^f *et* 700^f ; *le gain total est* 4500^f. *On demande le gain de chaque associé.* Si le gain relatif à la mise 1^f était connu, il suffirait de le multiplier par le nombre des francs de chaque mise, pour obtenir les gains demandés ; mais la somme des mises est 1500^f ; on peut donc dire :

la mise totale 1500^f procurant un bénéfice de 4500^f

la mise . 1^f procure le gain, $\frac{4500}{1500}$ ou 3^f

la mise 300^f procure le gain 300 fois 5^f ou 900^f

la mise 500^f procure le gain 500 fois 3^f ou 1500^f

la mise 700^f procure le gain 700 fois 3^f ou 2100^f.

Les gains des associés sont donc 900^f, 1500^f et 2100^f. Ces nombres satisfont à toutes les conditions du problème, car la somme des gains partiels est égale au gain total, et le gain total étant le triple de la mise totale, les gains des associés sont triples de leurs mises.

24e PROBLÈME. *Les mises de trois associés sont* 100^f, 250^f *et* 50^f ; *la première mise est restée* 3 *mois dans la société, la seconde* 2 *mois, et la troisième* 14 *mois ; le gain total est* 4500^f. *Quel est le gain relatif à chaque mise ?* Le gain de chaque associé dépend de sa mise et du temps qu'elle est restée dans la société. Si toutes les mises étaient restées le même temps, les gains seraient faciles à déterminer ; il faut donc chercher quelles doivent être les mises pour que chacune d'elles restant le même temps dans la société, elles procurent les gains demandés. Or,

100^f placés pendant 3 mois, doivent rapporter autant que 3 fois 100^f ou 300^f, en un mois ; 250^f placés pendant 2 mois, et 50^f placés pendant 14 mois, doivent rapporter autant que 2 fois 250^f ou 500^f, et 14 fois 50^f ou 700^f, pendant un mois. Les gains sont donc les mêmes que dans la question précédente.

Problèmes sur les changes.

70. Les *tables* placées à la fin de ce volume, donnent le moyen de résoudre les questions relatives aux *changes étrangers*. En voici des exemples :

1er EXEMPLE. Pour *calculer combien* 15000 *francs valent de guinées*, on dira : 100 guinées valent 2647^f; par conséquent, un franc vaut $\frac{100}{2647}$ guinées, et les 15000^f valent 15000 fois $\frac{100}{2647}$ guinées ou 566^{guin},67 etc.

2e EXEMPLE. *Cent* PIASTRES *d'Espagne valent* 543 *francs, et* 100 DUCATS *de Hollande valent* 1193 *francs ; combien* 3579 *piastres valent-elles de ducats ?* D'après cet énoncé, une piastre vaut $\frac{543^f}{100}$, et 1^f vaut $\frac{100}{1193}$ ducats ; la piastre vaut donc les $\frac{543}{100}$ de $\frac{100}{1193}$ ducats, ou $\frac{543}{1193}$ ducats ; et les 3579 pias-tres valent 3579 fois $\frac{543}{1193}$ ducats, ou 1629 ducats.

REMARQUE. On calculerait de même combien l'unité de monnaie de l'un quelconque des pays désignés, vaut en mon-naie des autres pays, car ayant trouvé que

$$1^{piastre} = \frac{543^f}{100} = \frac{543^{ducats}}{1193}$$, on en déduit que

$$1^f = \frac{100^{piastres}}{543} = \frac{100^{ducats}}{1193}, \quad 1^{ducat} = \frac{1193^f}{100} = \frac{1193^{piastres}}{543}$$

25e PROBLÈME. *Un marchand veut échanger du drap contre du basin ; on suppose que* 2 *mètres de drap valent* 3 *mètres de casimir, et que* 5 *mètres de casimir valent* 7 *mètres de basin. Combien faudra-t-il donner de mètres de basin, pour 60 mètres de drap ?* D'après cet énoncé ,

1^m de drap vaut $\frac{3^m}{2}$ de casimir, et 1^m de casimir vaut $\frac{7^m}{5}$ de basin ;

1^m de drap vaut donc les $\frac{3}{2}$ de $\frac{7^m}{5}$ de basin, ou $\frac{21^m}{10}$ de basin ;

les 60^m de drap valent donc 60 fois $\frac{21^m}{10}$ de basin, ou 126^m de basin.

La règle que l'on donnait pour résoudre les trois questions précédentes était connue sous le nom de *règle conjointe*.

Problèmes sur les fluides.

71. **26ᵉ Problème.** *Un corps plongé dans un vase qui contient 100 pintes d'eau, perd 12℔ de son poids ; combien faut-il faire dissoudre de livres de sel, pour que ce corps plongé dans l'eau salée, perde 19℔ de son poids ; 100 pintes d'eau douce pèsent 60℔. On sait qu'un corps plongé dans un fluide, perd une partie de son poids égale au poids du fluide qu'il déplace, et l'on suppose que le sel en se dissolvant ne change pas le volume de l'eau.* Comme le corps perd 12℔ de son poids dans l'eau douce, il déplace un volume d'eau douce dont le poids est 12℔ ; ce volume est facile à déterminer, car

60℔ exprimant le poids de 100 pintes d'eau douce,

1℔ est le poids de $\frac{100}{60}$ pintes, ou de $\frac{5}{3}$ pintes,

12℔ est le poids de 12 fois $\frac{5}{3}$ pintes, ou de 20 pintes.

Le corps déplace donc un volume d'eau douce de 20 pintes, dont le poids est 12℔. Pour que le poids des 20 pintes déplacées par le corps, devienne 19℔, il faut ajouter 7℔ de sel à ces 20 pintes. Par conséquent, sur les 100 pintes d'eau douce que contient le vase, il faudra mettre 5 fois 7℔ ou 35℔ de sel.

27ᵉ Problème. *Un bassin est alimenté par deux fontaines ; la première coulant seule le remplirait en $\frac{3}{2}$ heures, et la se-*

conde en $\frac{3}{4}$ d'heure; la totalité de l'eau qu'il peut contenir sor-

tirait en 3 heures par une ouverture pratiquée à ce bassin; en

combien de temps le bassin, supposé vide, sera-t-il rempli lors-

que l'eau coulera par les trois ouvertures à la fois?

La 1re fontaine remplit en $\frac{3}{2}$ heures une fois le bassin, en

3 heures 2 fois le bassin, et en une heure les $\frac{2}{3}$ du bassin. On

verrait de même qu'en une heure, la 2e fontaine remplit les $\frac{4}{3}$ du

bassin, et que la 3e ouverture vide $\frac{1}{3}$ du bassin. Ainsi, quand

l'eau coule par ces trois ouvertures à la fois, la partie du bassin

qui se remplit en une heure est $\frac{2}{3}$ plus $\frac{4}{3}$ moins $\frac{1}{3}$, ou $\frac{5}{3}$; le

bassin serait donc rempli 5 fois en 3 heures; il sera donc rempli

une fois en $\frac{3}{5}$ d'heure, ou en 36 minutes.

Problèmes sur les mobiles.

72. 28e PROBLÈME. *Deux courriers vont dans le même sens;
le premier a une avance de 138 lieues, il fait 3 lieues en 4 heures,
et part 40 heures avant le second qui parcourt 6 lieues en
7 heures. On demande dans combien de temps les courriers se
joindront, et quelles seront les distances des points de départ au
point de rencontre.* Puisque le 1er courrier parcourt 3 lieues en

4 heures, il fait $\frac{3}{4}$ de lieue par heure. On verrait de même que

le 2e courrier fait $\frac{6}{7}$ de lieue par heure. Mais, le 1er courrier part

40 heures avant le 2e, il fait donc pendant ce temps 40 fois $\frac{3}{4}$

de lieue, ou 30 lieues. Ainsi, lorsque le 2e courrier se met en route,
le 1er a une avance de 138 lieues plus 30 lieues ou de 168 lieues;
le 2e courrier n'atteindra donc le 1er que lorsqu'il s'en sera rap-
proché de 168 lieues. Or, les courriers se rapprochent pendant

une heure de $\frac{6}{7}$ moins $\frac{3}{4}$ ou $\frac{3}{28}$ de lieue; ils se rapprocheront

donc de 3 lieues en 28 heures, ou d'une lieue en $\frac{28}{3}$ d'heure, ou

de 168 lieues en 168 fois $\frac{28}{3}$ d'heure, c'est-à-dire en 1568 heures.

Le 2ᵉ courrier rencontrera donc le 1ᵉʳ après 1568 heures de marche; pendant ce temps, le 2ᵉ courrier aura parcouru 1568

fois $\frac{6}{7}$ lieues, ou 1344 lieues; le 1ᵉʳ courrier, qui part 40 heures

avant le 2ᵉ, aura marché pendant 1608 heures et aura parcouru

1608 fois $\frac{3}{4}$ lieue, ou 1206 lieues; la différence 138 lieues

entre ces espaces, est effectivement égale à la distance des points de départ des courriers.....

29ᵉ PROBLÈME. *Deux courriers vont dans le même sens; le 1ᵉʳ a une avance de 200 lieues, il fait 3 lieues en 4 heures, et part 40 heures avant le second qui fait 6 lieues en 7 heures. Après combien d'heures de marche le 2ᵉ courrier ne sera-t-il plus en arrière du 1ᵉʳ que de 62 lieues?* Si l'on répète les calculs du problème précédent, on trouvera que le 1ᵉʳ courrier par-

court $\frac{3}{4}$ de lieue par heure, et qu'il a fait 30 lieues avant le dé-

part du 2ᵉ courrier; ajoutant ces 30 lieues aux 200 lieues que le 1ᵉʳ courrier avait d'avance, le résultat 230 lieues exprime l'avance totale du 1ᵉʳ courrier. Par conséquent, pour que les deux courriers ne soient plus distans que de 62 lieues, le 2ᵉ doit se rapprocher du 1ᵉʳ de 230 lieues moins 62 lieues ou de 168 lieues. On vient de voir que ce rapprochement aura lieu après 1568 heures de marche.

30ᵉ PROBLÈME. *Un lévrier poursuit un lièvre qui a 82 sauts de lièvre d'avance. Pendant que le lièvre fait 13 sauts, le lévrier n'en fait que 9; mais 3 sauts de lévrier en valent 5 de lièvre. Combien le lévrier doit-il faire de sauts pour attraper le lièvre?* D'après cet énoncé, 9 sauts de lévrier en valent 15 de lièvre; par conséquent, si le lièvre fait 13 sauts par minute, pendant ce temps le lévrier fait 9 sauts qui valent 15 sauts de lièvre; le lévrier se rapproche donc du lièvre de 2 sauts de lièvre par minute; pour s'en rapprocher des 82 sauts de lièvre dont il est en arrière, il lui faudra donc 41 minutes; pendant ce temps, le lévrier aura fait 41 fois 9 sauts ou 369 sauts, et le lièvre aura fait 41 fois 13 sauts ou 533 sauts. Ainsi, le lévrier attrapera le lièvre en 369 sauts. Et en effet, 3 sauts de lévrier en valent 5 de lièvre, un saut de lévrier vaut $\frac{5}{3}$ de saut de lièvre,

les 369 sauts de lévrier valent donc 369 fois $\frac{5}{3}$ de saut de lièvre

ou 615 sauts de lièvre; or le lièvre n'a fait pendant le même temps que 533 sauts, c'est-à-dire 82 sauts de moins que le lévrier; le lévrier a donc effectivement gagné sur le lièvre, les 82 sauts de lièvre dont il était en arrière.

31ᵉ PROBLÈME. *Une montre marque midi ; il faut trouver combien de fois les aiguilles se rencontreront depuis midi jusqu'à minuit, et à quelle heure chaque rencontre aura lieu.*
Pendant une heure, l'aiguille des minutes parcourt les 60 divisions du cadran, et l'aiguille des heures parcourt les 5 divisions qui séparent deux heures consécutives; les aiguilles se rapprochent donc de 55 divisions par heure, ou d'une division en

$\frac{1}{55}$ d'heure. Cela posé : si l'aiguille des heures restait sur midi, celle des minutes ne la joindrait qu'après avoir parcouru les 60 divisions du cadran; l'aiguille des minutes, pour joindre celle des heures, doit donc parcourir 60 divisions de plus, c'est-à-dire s'en rapprocher de 60 divisions; mais pour s'en rapprocher

d'une division, il lui faut $\frac{1}{55}$ d'heure; pour s'en rapprocher des 60

divisions, il lui faudra donc $\frac{60}{55}$ d'heure. Les époques des autres rencontres s'en déduisent avec facilité, car les aiguilles marchant toujours avec la même vitesse, le temps écoulé depuis chaque séparation des aiguilles jusqu'à leur rencontre, reste

constamment égal à $\frac{60^h}{55}$; on trouve ainsi que la onzième rencontre a lieu à 12 heures, c'est-à-dire sur le point de départ des aiguilles.

32ᵉ PROBLÈME. *Une montre indique les heures, les minutes et les secondes. Combien de fois ces aiguilles se rencontreront-elles, deux à deux et trois à trois, depuis midi jusqu'à minuit.* En raisonnant comme dans l'exemple précédent, on trouvera que la première rencontre des trois aiguilles n'a lieu que dans 12 heures, que pendant ce temps l'aiguille des minutes a rencontré 11 fois celle des heures, que l'aiguille des secondes a rencontré 719 fois celle des heures, et que l'aiguille des secondes a rencontré 708 fois celle des minutes. L'*Algèbre* conduira plus simplement aux mêmes résultats (*voyez* l'exemple de la page 94 de mon Algèbre).

Problèmes divers.

73. 33ᵉ PROBLÈME. *Un père de famille laisse par testament la moitié de son bien à son fils, le tiers à sa fille, et les 10000 francs qui restent à sa veuve; il faut trouver le bien du défunt et la part de chaque enfant.* La part du fils jointe à celle de la fille, composent la moitié plus le tiers ou les $\frac{5}{6}$ de l'héritage; les 10000ᶠ qui restent à la mère expriment donc le sixième du bien total; ce bien est donc 60000ᶠ; le fils en prend la moitié ou 30000ᶠ, la fille en prend le tiers ou 20000ᶠ; il reste effectivement 10000ᶠ à la veuve.

34ᵉ PROBLÈME. *Diophante, l'auteur du plus ancien livre d'Algèbre qui nous reste, passa dans l'enfance la sixième partie du temps qu'il vécut, et dans l'adolescence la douzième partie du même temps; ensuite il se maria et passa dans cette union le septième de sa vie augmenté de cinq ans, avant d'avoir un fils auquel il survécut quatre ans et qui n'atteignit que la moitié de l'âge auquel son père parvint. On demande l'âge qu'avait Diophante quand il mourut.* Diophante passa le 6ᵉ de sa vie dans l'enfance, le 12ᵉ dans l'adolescence, le 7ᵉ plus 5 ans dans le mariage avant d'avoir un fils, la moitié de sa vie avec son fils, et 4 ans après la mort de son fils; ce qui fait les

$\frac{75}{84}$ de sa vie, plus 9 ans; mais il passa sa vie entière dans ces divers états ; par conséquent, les $\frac{9}{84}$ de l'âge de Diophante sont 9 ans ; $\frac{1}{84}$ de cet âge est donc un an ; Diophante vécut donc 84 ans. Si l'on fait la *preuve*, on trouvera que Diophante passa 14 ans dans l'enfance, 7 ans dans l'adolescence, 17 ans dans le mariage avant d'avoir un fils, 42 ans avec son fils, et 4 ans après la mort de son fils ; ce qui fait en tout 84 ans.

35e PROBLÈME. *Un homme entre dans une église avec une somme d'argent composée d'écus de 3^{tt} ; il donne autant de pièces de 12^s qu'il a d'écus. Dieu change les écus de 3^{tt} qui lui restent en pièces de 5^{tt}. Le dévot sort de l'église avec un nombre exact de pistoles, et donne 1^{tt} par pistole ; il lui reste un nombre exact de demi-louis. Dieu change ces demi-louis en pièces de 21^{tt}. Le dévot ayant dépensé 3^{tt}, rentre chez lui avec le double de ce qu'il avait en entrant dans l'église. Quelle somme d'argent avait-il d'abord?* Le dévot entre dans l'église avec une certaine somme d'argent; il donne 12^s par écu de 3^{tt}, c'est-à-dire le cinquième de ce qu'il a ; il ne lui reste donc que les $\frac{4}{5}$ de ce qu'il avait d'abord. Dieu change les écus de 3^{tt} qui lui restent en pièces de 5^{tt}; mais 5^{tt} valent les $\frac{5}{3}$ de 3^{tt}; le dévot a donc, après ce changement, les $\frac{5}{3}$ de ce qui lui restait, c'est-à-dire les $\frac{5}{3}$ des $\frac{4}{5}$ de la somme primitive, où les $\frac{4}{3}$ de cette somme; il donne 1^{tt} par pistole, c'est-à-dire le dixième de ce qu'il a ; il ne lui reste donc que les $\frac{9}{10}$ de son argent, et comme cet argent est les $\frac{4}{3}$ de la somme primitive, il ne lui reste que les $\frac{9}{10}$ des $\frac{4}{3}$ de cette-somme, c'est-à-dire les $\frac{36}{30}$ ou les $\frac{6}{5}$ de son argent primitif. Dieu change ses pièces de 12^{tt}, en pièces de 21^{tt};

or 21^{tt} sont les $\frac{7}{4}$ de 12^{tt}; le dévot a donc après ce change-

ment, les $\frac{7}{4}$ de ce qui lui restait, c'est-à-dire les $\frac{7}{4}$ des $\frac{6}{5}$ de son

argent primitif, ou les $\frac{21}{10}$ de cet argent. Mais, le dévot doit

rentrer avec le double de l'argent qu'il avait d'abord, c'est-à-

dire avec les $\frac{20}{10}$ de cet argent; les 3^{tt} qu'il dépense expriment

donc le dixième de son argent primitif; la somme qu'il avait

en entrant dans l'église était donc 30^{tt}. Ce nombre satisfait à

toutes les conditions du problème, car le dévot entre dans

l'église avec 30^{tt} ou 10 écus de 3^{tt}; il donne aux pauvres 10

pièces de 12^{f} ou 6^{tt}, il lui reste 24^{tt} ou 8 écus de 3^{tt}; ces 8 écus

de 3^{tt} se changent en 8 pièces de 5^{tt}, qui valent 40^{tt} ou 4 pis-

toles; il donne 1^{tt} par pistole, c'est-à-dire 4^{tt} sur 4 pistoles; il

ne lui reste donc que 36^{tt} ou 3 demi-louis; chaque demi-louis se

change en une pièce de 21^{tt}, les 3 demi-louis deviennent donc

3 pièces de 21^{tt} ou 63^{tt}; le dévot dépense 3^{tt}; il lui reste donc

le double des 30^{tt} qu'il avait en entrant dans l'église, comme

l'exige la question proposée.

74. 36ᵉ PROBLÈME. *Trois joueurs conviennent que le perdant*
doublera l'argent des deux autres. Chaque joueur ayant perdu
une partie, dans l'ordre indiqué par le rang des joueurs, il
reste 24^{f} au 1er joueur, 28^{f} au 2e joueur et 14^{f} au 3e joueur.
Combien chaque joueur avait-il d'argent en se mettant au jeu ?
D'après cet énoncé :

à *la fin de la 1re partie, le 1er joueur a 24^{f}, le 2e a 28^{f}, et le 3e a 14^{f}.*

Il est facile d'en déduire combien chaque joueur avait d'argent à la fin de la seconde partie, car le 3e joueur ayant perdu
la 3e partie a doublé l'argent des deux autres; ceux-ci n'avaient
donc à la fin de la 2e partie que la moitié de ce qu'ils ont à la
fin de la 3e, c'est-à-dire 12^{f} et 14^{f}; le 3e joueur avait les 26^{f} qu'il
a perdus avec les deux autres, augmentés des 14^{f} qui lui
restent, c'est-à-dire 40 francs. Ainsi :

à *la fin de la 2e partie, le 1er joueur a 12^{f}, le 2e a 14^{f} et le 3e a 40^{f}.*

Des raisonnemens analogues conduiront aux résultats suivans :

à la fin de la 1re partie, le 1er joueur a 6f, le 2e a 40f et le 3e a 20f,
en se mettant au jeu, le 1er joueur a 36f, le 2e a 20f et le 3e a 10f.

37e PROBLÈME. *Quatre joueurs conviennent que le perdant doublera l'argent des trois autres. Chaque joueur ayant perdu une partie, dans l'ordre indiqué par le rang des joueurs, les sommes d'argent qui leur restent sont* 40f, 20f, 10f *et* 5f. *Combien chaque joueur avait-il d'argent en se mettant au jeu ?*

Si l'on raisonne comme dans la question précédente, on sera conduit à ces résultats :

à la fin de la 4e partie, le 1er joueur a 40f, le 2e...20f, le 3e...10f, le 4e... 5f
à la fin de la 3e partie, le 1er joueur a 20f, le 2e...10f, le 3e... 5f, le 4e...40f
à la fin de la 2e partie, le 1er joueur a 10f, le 2e... 5f, le 3e...40f, le 4e...20f
à la fin de la 1re partie, le 1er joueur a. 5f, le 2e...40f, le 3e...20f, le 4e...10f
en se mettant au jeu, le 1er joueur a 40f, le 2e...20f, le 3e...10f, le 4e... 5f.

De sorte qu'à la fin de la 4e partie, chaque joueur a autant d'argent qu'il en avait en se mettant au jeu (*).

Règles d'une fausse position.

75. On est parvenu, sans tâtonnement, aux solutions des questions précédentes ; mais *il existe des problèmes qui échappent aux méthodes directes.* Si l'on essayait des nombres pris au hasard, on pourrait faire beaucoup de tentatives inutiles ; *on assure alors la marche du raisonnement, à l'aide d'hypothèses qui sont arbitraires et qui donnent quelquefois le moyen de détruire les erreurs.* En voici des exemples :

38e PROBLÈME. *Un père de famille laisse* 11000 *francs à partager entre sa veuve, deux fils et trois filles. Le testament porte que la part de la mère sera double de celle d'un fils, et qu'un fils recevra le double d'une fille. On propose d'effectuer ce partage.* D'après cet énoncé, si une fille prenait 1f, un fils

---

(*) L'Algèbre conduira à une solution plus compliquée de ces deux problèmes (*voyez*, pages 53 et 58 de mon Algèbre).

prendrait 2^f et la mère 4^f; les 3 filles prendraient donc 3^f, les 2 fils 4^f et la mère 4^f; ce qui fait 11^f en tout. Pour en déduire chaque part, on dira :

Sur 11^f, la mère prendrait...... 4^f, les 2 fils... 4^f, et les 3 filles... 3^f.
Sur 11000^f, la mère prendra donc 4000^f, les 2 fils 4000^f, et les 3 filles 3000^f.

39e PROBLÈME. *On a des pièces de 2^f et de 5^f; il s'agit de payer 26 francs avec dix de ces pièces.* Si les dix pièces étaient de 2^f, elles vaudraient 20^f au lieu de 26^f; il faut donc augmenter de 6^f la valeur de ces dix pièces, sans en changer le nombre ; ce qui aura lieu en remplaçant des pièces de 2^f par des pièces de 5^f. Mais, chaque pièce de 5^f, substituée à une pièce de 2^f, augmente de 3^f la valeur des dix pièces ; par conséquent, pour augmenter cette valeur de 6^f ou de 2 fois 3^f, il faut substituer 2 pièces de 5^f à 2 pièces de 2^f; on formera donc les 26^f avec 8 pièces de 2^f et 2 pièces de 5^f.

Si l'on voulait payer les 26^f avec 7 pièces, il faudrait prendre 3 pièces de 2^f et 4 pièces de 5^f.

Il n'y a pas d'autres manières de composer 26^f avec des pièces de 2^f et de 5^f (*Algèbre*, page 88, 1er exemple).

40e PROBLÈME. *On propose de mêler ensemble de la poudre à 24^s et à 14^s la livre, de manière que le mélange revienne à 20^s la livre.*

Pour résoudre ce problème, on prendra un nombre arbitraire pour le poids total du mélange, 10℔ par exemple, et l'on dira : les 10℔ de mélange à 20^s la livre valent 200^s; or 10℔ à 24^s coûteraient 240^s; il faut donc diminuer ce dernier prix de 40^s, en remplaçant de la poudre à 24^s par de la poudre à 14^s. Mais, pour chaque livre de poudre à 24^s remplacée par une livre à 14^s, le prix 240^s des dix livres diminue de 10^s; il diminuera donc de 40^s, en remplaçant 4℔ à 24^s par 4℔ à 14^s; les dix livres du mélange doivent donc être composées de 4℔ à 14^s et de 6℔ à 24^s; et comme 4 est les $\frac{2}{3}$ de 6, la quantité de poudre à 14^s doit être les $\frac{2}{3}$ de la quantité de poudre à 24^s. Par exemple, si l'on prend 9℔ à 24^s, la quantité de poudre

Notes, Arithm. 7

à 14^s devra être les $\frac{2}{3}$ de 9℔, ou 6℔; et en effet, 9℔ à 24^s mê‑ lées avec 6℔ à 14^s, composent un mélange de 15℔ qui vaut 300^s; de sorte que ce mélange revient à 20^s la livre.

La méthode employée pour résoudre les trois problèmes précédens a reçu le nom de *règle d'une fausse position*, parce qu'elle conduit au résultat à l'aide d'*une fausse supposition.*

Règle de double fausse position.

76. 41ᵉ **PROBLÈME**. *Un joueur, interrogé sur ce qu'il a dans sa bourse, répond que l'excès du quintuple de ses louis sur 30, est égal à l'excès du double de ces mêmes louis sur 6. Combien le joueur avait-il de louis?* Pour résoudre ce problème, on don‑ nera une valeur arbitraire au nombre des louis; si ce nombre ne jouit pas des propriétés énoncées, il produira une certaine *erreur* que l'on détruira à l'aide d'une seconde hypothèse. Voici le détail du calcul :

1ʳᵉ *hypothèse* .... 20 louis.	2ᵉ *hypothèse* .... 19 louis.
l'excès de 5 fois 20 sur 30 est.... 70,	l'excès de 5 fois 19 sur 30 est..., 65,
l'excès de 2 fois 20 sur 6. est.... 34,	l'excès de 2 fois 19 sur 6 est... 32,
l'*erreur* correspondante est donc 36.	l'*erreur* correspondante est donc 33.

Pour diminuer l'erreur 36 de 3, il faut diminuer de 1 le nombre 20 des louis, pour diminuer l'erreur 36 de 36, il faut diminuer de 12 le nombre 20 des louis.

Le joueur avait donc 8 louis. Et en effet, l'excès du quin‑ tuple de 8 sur 30 est 10, et l'excès du double de 8 sur 6 est également 10, comme l'exige l'énoncé.

42ᵉ **PROBLÈME**. *Un père, interrogé sur l'âge de son fils, ré‑ pond : mon âge est le triple de celui de mon fils, et il y a dix ans qu'il en était le quintuple. On demande l'âge du fils.*

Supposons d'abord que l'âge du fils soit 24 ans, celui du père sera 72 ans; il y a dix ans, le fils avait 14 ans et le père 62 ans; or le quintuple de 14 surpasse 62 de 8, l'erreur est donc 8. On verra de même, que si l'âge du fils diminue d'une année, l'er‑ reur 8 diminuera de 2. Par conséquent, pour que cette erreur devienne nulle, il faut que l'âge du fils diminue de 4 années. Le fils a donc 20 ans et le père 60 ans; il y a dix ans, le fils avait

10 ans et le père 50 ans ; l'âge du père était donc en effet le quintuple de l'âge du fils.

43ᵉ PROBLÈME. *Une dévote entre dans une église avec une certaine somme d'argent ; Dieu double cette somme, et en sortant de l'église la dévote donne* 10ᶠ *aux pauvres ; elle entre dans une seconde église, Dieu double son argent ; elle sort de cette église et donne* 20ᶠ *aux pauvres. Le double de l'argent qui lui reste après cette dernière aumône est autant au-dessous de* 200ᶠ, *que le triple de cet argent est au-dessus de* 200ᶠ. *Il faut trouver l'argent qu'avait la dévote en entrant dans la première église?* Calculons d'abord l'argent qui restait à la dévote, après sa dernière aumône ; nous en déduirons ce qu'elle avait à son entrée dans la première église.

Le double de l'argent qui reste à la dévote, après sa dernière aumône, est autant au-dessous de 200ᶠ que le triple de cet argent est au-dessus de 200ᶠ ; le *reste* que l'on obtient en ôtant de 200ᶠ le double de l'argent qu'avait la dévote, après sa dernière aumône, doit donc être égal au triple de cet argent, diminué de 200ᶠ. Faisons deux hypothèses sur l'argent qui reste à la dévote, après sa dernière aumône :

1ʳᵉ *hypothèse*............ 70ᶠ.	2ᵉ *hypothèse*............ 71ᶠ.
De 200ᶠ, ôtant 2 fois 70ᶠ, reste 60ᶠ.	De 200ᶠ, ôtant 2 fois 71ᶠ, reste 58ᶠ.
De 3 fois 70ᶠ, ôtant 200ᶠ, reste 10ᶠ.	De 3 fois 71ᶠ, ôtant 200ᶠ, reste 13ᶠ.
Première erreur............ 50ᶠ.	*Seconde erreur*............ 45ᶠ.

Pour dim. l'erreur 50ᶠ, de 5ᶠ, il faut augm. de 1ᶠ la 1ʳᵉ hypothèse 70ᶠ.
Pour dim. l'erreur 50ᶠ, de 50ᶠ, il faut augm. de 10ᶠ la 1ʳᵉ hypothèse 70ᶠ.

L'argent cherché est donc 70ᶠ plus 10ᶠ, ou 80 francs.

Cela posé : puisque la dévote après avoir donné 20ᶠ a encore 80ᶠ, elle avait 100 francs en sortant de la 2ᵉ église, et 50ᶠ en y entrant ; mais avant d'y entrer, elle avait donné 10ᶠ aux pauvres ; elle avait donc 60ᶠ avant cette dernière aumône, et par conséquent 30ᶠ en entrant dans la 1ʳᵉ église. Ce nombre satisfait à toutes les conditions du problème, car la dévote entre dans la 1ʳᵉ église avec 30ᶠ, elle en sort avec le double 60ᶠ, elle donne 10ᶠ, il lui reste 50ᶠ en entrant dans la 2ᵉ église ; elle en sort avec 100ᶠ, elle donne 20ᶠ, il lui reste 80ᶠ ; le double de ce

7··

reste est au-dessous de 200^f, de 40^f ; et le triple de cet argent
est de 40^f au-dessus de 200^f, comme l'exige l'énoncé.

REMARQUE. La méthode qui a servi à résoudre les trois questions précédentes, se nomme *règle de double fausse position ;*
parce qu'elle conduit au résultat à l'aide de *deux fausses sup-*
positions ; cette règle n'est applicable qu'aux questions dans les-
quelles les erreurs diminuent proportionnellement aux hypothèses
faites sur les valeurs des inconnues. Quand cette condition n'a
pas lieu, le calcul l'indique, en conduisant à un nombre qui ne
satisfait pas au problème, et la question est du ressort de l'*Algèbre.*

Pour en donner un exemple, proposons-nous de *trouver le*
nombre par lequel on doit diviser 12, *pour que le quotient soit*
égal au diviseur augmenté de 1. Le nombre cherché devant
diviser 12, nous essayerons deux diviseurs de 12, tels que 2 et
4; si le nombre cherché était 2, le quotient de 12 par ce nombre
serait 6; or ce quotient doit être égal au diviseur 2 augmenté
de 1, ou à 3; il y a donc 3 d'erreur. On trouverait de la même
manière que l'erreur correspondante à l'hypothèse 4, est 2; mais
l'hypothèse 2 a donné 3 d'erreur. On dira donc : pour diminuer
l'erreur 3 de 1, il faut augmenter de 2, l'hypothèse 2; pour diminuer de 3, l'erreur 3, il faut donc augmenter l'hypothèse 2,
de 3 fois 2; ce qui donne 8. Le nombre 8 ne satisfait pas aux
conditions du problème, puisque le quotient de la division de
12 par 8, n'est pas égal au diviseur 8 augmenté de 1; cependant le problème admet une solution, car le nombre 3 satisfait
à la question proposée. L'Arithmétique ne peut fournir aucune
solution des problèmes de cette espèce.

Problèmes qui admettent plusieurs solutions.

77. 44ᵉ PROBLÈME. *Les neuf Muses, portant chacune le même*
nombre de couronnes de fleurs, rencontrent les trois Grâces et
leur offrent des couronnes ; la distribution faite, les Grâces et
les Muses ont chacune le même nombre de couronnes. On de-
mande combien les Muses portaient de couronnes et combien
elles en donnèrent. Le nombre des Muses étant triple de celui
des Grâces, la totalité des couronnes qui restent aux Muses

après la distribution est le triple de ce qu'elles ont donné aux Grâces; les Muses portaient donc le quadruple de ce qu'elles ont donné aux Grâces. Par conséquent, le nombre total des couronnes est divisible par 4, et les Muses ont donné le quart de ce qu'elles portaient. Or, chacune des neuf Muses avait d'abord un même nombre de couronnes; le nombre total des couronnes est donc divisible par 9; nous avons prouvé qu'il est aussi divisible par 4; il doit donc être divisible par 4 fois 9, ou par 36; et en effet, tous les multiples de 36 satisfont à la question. Par exemple, si les neuf Muses portant 72 couronnes, en donnent le quart aux Grâces, il restera 54 couronnes aux neuf Muses, et les trois Grâces en auront 18; chaque Muse et chaque Grâce portera donc 6 couronnes après la distribution (*).

45ᵉ Problème. *Partager huit litres de vin en deux parties égales avec trois vases inégaux, dont le premier peut contenir 8 litres, le second 5 litres et le troisième 3 litres; les vases sont vides.* Pour abréger, désignez le vase de 8 litres par A, celui de 5 litres par B, et celui de 3 litres par C. Mettez les 8 litres de vin dans A; versez de A en C, de C en B, de A en C, de C en B, de B en A, de C en B, et de A en C; il restera 4 litres dans A. On peut trouver d'autres solutions de cette question.

46ᵉ Problème. *Deviner la somme de plusieurs nombres?*

Faites poser trois nombres de quatre chiffres; mettez dessous trois autres nombres, tels que leurs chiffres expriment ce qu'il faut ajouter à chacun des chiffres des trois nombres donnés pour obtenir 9; la somme des six nombres qui en résulteront sera évidemment égale à 3 fois 9999 ou à 29997.

Par exemple, si les nombres posés arbitrairement sont

$$2222, \quad 1205 \quad \text{et} \quad 3004,$$

on placera dessous leurs *complémens* à 9999, c'est-à-dire ce qu'il faut ajouter à chacun de ces nombres pour obtenir 9999; ces *complémens* sont

$$7777, \quad 8794 \quad \text{et} \quad 6995;$$

(*) L'*Algèbre* conduira directement au même résultat, (voyez le 3ᵉ *exemple*, page 89 de mon Algèbre).

la somme de ces six nombres sera nécessairement égale à 3 fois 9999, ou à 29997 ; on pouvait donc écrire cette somme, avant de faire poser les trois premiers nombres. Ce qui fournit une des solutions de la question proposée.

47ᵉ PROBLÈME. *On pose trois bijoux sur une table ; chacun de ces bijoux est pris par une personne ; il faut deviner quel est l'objet choisi par chaque personne.*

Si les trois bijoux sont un *étui*, un *anneau* et une *montre*, on les désignera par les lettres initiales, *e, a, m* ; on prendra 24 jetons, on en donnera un à la 1ʳᵉ personne, 2 à la 2ᵉ et 3 à la 3ᵉ ; on posera sur la table les 18 jetons qui resteront. Pour deviner l'objet pris par chaque personne, vous direz : que la personne qui a l'étui prenne sur la table (à votre insu) autant de jetons qu'elle en a dans la main, que celle qui a l'anneau prenne le double des jetons qu'elle a dans la main, et enfin que la personne qui a la montre prenne le quadruple des jetons qu'elle a dans la main ; demandez alors combien il reste de jetons sur la table ; ce reste sera un des nombres 1, 2, 3, 5, 6, 7 ; vous rapporterez ces nombres aux mots

1	2	3	5	6	7
eaux	*aériennes*	*émues*	*amoncelées*	*ménagez*	*Marseille.*

La 1ʳᵉ lettre du mot qui correspond au nombre des jetons qui restent sur la table est la lettre initiale de l'objet pris par la 1ʳᵉ personne, et la 2ᵉ lettre du même mot est la lettre initiale de l'objet pris par la 2ᵉ personne. Par exemple, lorsqu'il reste 6 jetons, le mot *ménagez*, placé sous le reste 6, exprime que la 1ʳᵉ personne a la *montre* et que la seconde a l'*étui*.

REMARQUE. L'exactitude de cette règle est facile à vérifier, car trois objets ne peuvent se combiner que de six manières différentes, et en appliquant la règle, on trouve que les six *restes* correspondans sont, 1, 2, 3, 5, 6, 7.

On peut exécuter ce tour de plusieurs manières, en changeant le nombre des jetons ; tout se réduit à choisir des nombres de jetons tels, que chaque combinaison conduise à un reste différent.

CHAPITRE CINQUIÈME (*).

*Numération et calcul des nombres entiers et fraction-
naires, quand la base est un nombre entier positif
quelconque ; propriétés de ces nombres. Fractions
continues.*

78. D'ANS tout système de numération, le nombre b des
chiffres est la *base* du système ; les $b - 1$ chiffres significatifs
expriment les nombres 1, 2, 3, 4,..., $b - 1$; le chiffre *auxiliaire* o, nommé *zéro*, n'a aucune valeur par lui-même, il sert
à conserver aux chiffres significatifs la place qu'ils doivent
occuper. Pour écrire tous les nombres avec ces b chiffres, il
suffit de convenir qu'*en avançant successivement d'un rang vers
la gauche d'un nombre, ses chiffres expriment des unités de b
en b fois plus grandes.* Ainsi, chaque unité du 1er ordre vaut 1,
l'unité du 2e ordre vaut b, l'unité du 3e ordre vaut $b \times b$ ou b^2;
et en général, chaque unité du $n^{ième}$ ordre vaut b^{n-1}. Les nombres, b, b^2, b^3, etc., sont représentés par $(10)_b$, $(100)_b$,
$(1000)_b$, etc. ; *l'unité suivie de α zéros représente le nombre b^α.*

Les nombres 1, 2, 3,..., $b - 1$, sont exprimés par un seul
chiffre ; si l'on ajoute l'unité à $b - 1$, on formera le nombre b,

---

(*) Ce Chapitre est destiné aux Élèves qui savent l'*Algèbre*. Pour éviter
des répétitions inutiles, nous adopterons la *notation* suivante : b désignera
la *base* du système de numération ; pour indiquer qu'un nombre est écrit dans
ce système, on place ce nombre entre parenthèses et l'on met b à droite de la
parenthèse et un peu au-dessous ; les nombres qui ne sont pas entre parenthèses
sont écrits dans le système *décimal*. Ainsi, $(23)_b$ est écrit dans le système dont
la base est b, et 14 dans le système décimal. Lorsqu'on dira qu'un nombre
est écrit *dans la base b*, on sous-entendra que ce nombre est écrit *dans le
système dont la base est b*.

qui est représenté par $(10)_b$. Mettant successivement tous les chiffres à la première et à la seconde place, on obtiendra les nombres de deux chiffres ; et ainsi de suite.

On parviendra de cette manière à *écrire tous les nombres entiers*. Cela se réduit à faire voir qu'un nombre-entier n étant écrit dans ce système, on peut toujours écrire le nombre $n+1$. Lorsque le premier chiffre à droite de n est moindre que $b-1$, on passe de n à $n+1$, en augmentant ce chiffre d'une unité. Si le 1er chiffre est $b-1$, en l'augmentant de 1, on forme une unité du 2e ordre ; quand le 2e chiffre est moindre que $b-1$, on peut lui ajouter cette unité du 2e ordre ; lorsque le 2e chiffre est $b-1$, en ajoutant une unité du 2e ordre, on obtient b unités du 2e ordre qui valent une unité du 3e ordre. Par conséquent, toutes les fois que chacun des chiffres du nombre n n'est pas $b-1$, on passe de n à $n+1$ en ajoutant l'unité à un des chiffres de ce nombre. Lorsque n est composé de α chiffres égaux à $b-1$, le nombre $n+1$ est égal à l'unité suivie de α zéros ou à b^{α}, car la collection de b unités d'un ordre quelconque, vaut une unité de l'ordre immédiatement supérieur. Ce qui démontre le principe énoncé.

Il en résulte que *dans le système dont la base est b, la valeur du plus grand nombre de α chiffres est $b^{\alpha}-1$.*

Quand un nombre est écrit dans la base b, pour l'écrire dans le système décimal, on multiplie le 1er chiffre à droite par 1, le 2e par b, le 3e par b^2, et ainsi de suite jusqu'au dernier chiffre ; la somme de ces produits est le nombre demandé. RÉCIPROQUEMENT, *lorsqu'un nombre est donné dans le système décimal, pour l'écrire dans la base b, on divise ce nombre par b, le reste exprime le 1er chiffre à droite du nombre demandé, et le quotient désigne des unités du 2e ordre ; divisant ce quotient par b, le reste est le 2e chiffre du nombre cherché, et le nouveau quotient exprime des unités du 3e ordre. Continuant à opérer de la même manière, on parviendra à un quotient moindre que b, qui sera le dernier chiffre du nombre demandé.* Ces propriétés résultent de ce que b unités d'un ordre quelconque valent une unité de l'ordre immédiatement supérieur. Ainsi, le nombre $(275)_8$ vaut $5 + 7 \times 8 + 2 \times 8^2$ ou 189. Pour écrire 189 dans la *base* 8, on divise 189 par 8, ce qui donne le *reste* 5 et le quotient 23 ; divisant 23 par 8, le *reste* est 7 et le quotient est 2 ; les chiffres du nombre demandé sont donc 2, 7 et 5 ; de sorte que ce nombre est exprimé par $(275)_8$.

REMARQUE. *Quand un nombre est écrit dans un système, pour l'écrire dans tout autre système, on exprime d'abord le nombre dans le système décimal, et on écrit ensuite ce nombre décimal dans le nouveau système.*

1er PROBLÈME. *Connaissant les chiffres d'un nombre inconnu écrit dans deux systèmes différens, trouver la valeur z de ce nombre, et les bases x, y, des systèmes?*

Si les chiffres du nombre z écrit dans le premier système étant α, β, γ, etc., ceux du même nombre écrit dans le second système sont A, B, C, etc., on aura

$$z = \alpha + \beta x + \gamma x^2 + \text{etc.} \quad \text{et} \quad z = A + By + Cy^2 + \text{etc.}$$

Ces équations exprimant toutes les conditions du problème, l'une des inconnues, x, y, z, est arbitraire ; il faut seulement observer que chacune des *bases* x, y, doit être un nombre entier positif plus grand que les chiffres du nombre écrit dans ce système. Les valeurs de x et y dépendent de l'équation

$$(1)\ldots \alpha + \beta x + \gamma x^2 + \text{etc.} = A + By + Cy^2 + \text{etc.}$$

Si les valeurs de z sont $(78)_x$ et $(67)_y$, on aura

$$z = 8 + 7x = 7 + 6y ; \text{ d'où } x = 6e - 1, y = 7e - 1, \quad (Alg. \text{ n}^\circ 100).$$

Toutes les solutions du problème se déduiront de ces équations, en donnant à l'indéterminée e les valeurs 2, 3, 4, etc. L'hypothèse $e = 2$, donne $x = 11$, $y = 13$, $z = 85$; et en effet, dans les systèmes dont les *bases* sont 11 et 13, les expressions du nombre 85 sont $(78)_{11}$ et $(67)_{13}$.

2e PROBLÈME. *Connaissant la valeur a d'un nombre, et ses chiffres,* a, a_1, a_2, a_3, ..., a_n, *déterminer la base x du système dans lequel ce nombre est écrit.* On a,

$$a + a_1x + a_2x^2 + a_3x^3 + \ldots + a_nx^n = \alpha,$$

et on ne doit prendre que les valeurs entières positives de x, plus grandes que chacun des chiffres a, a_1, a_2, a_3, ..., a_n.

Ce problème ne peut jamais admettre plus d'une solution (*Algèbre* n° 302, page 330).

EXEMPLE. Soit $(275)_x = 189$; on aura $5 + 7x + 2x^2 = 189$.

La seule racine réelle positive de cette équation étant 8, la *base* du système demandé est 8; on peut le vérifier, car

$$(275)_8 = 5 + 7 \times 8 + 2 \times 8^2 = 5 + 56 + 128 = 189.$$

79. *Les méthodes qui ont été données pour opérer sur les nombres écrits dans le système décimal, s'appliquent à tous les systèmes;* il suffit de se rappeler que la *base* étant b, b unités d'un ordre en valent une de l'ordre suivant. Les *preuves* des quatre règles et le calcul des fractions s'exécutent comme dans le système décimal. On trouvera de cette manière que la base étant sept, la *somme* des nombres $(354)_7$, $(26)_7$, est $(413)_7$, que leur *différence* est $(325)_7$, et que leur *produit* est $(13563)_7$.

Pour *diviser* $(13563)_7$ par $(26)_7$, on effectuera le calcul de la manière suivante (*) :

13563	26		Multiples du diviseur
114	354		$26 \times 1 = 26$
216			$26 \times 2 = 55$
202			$26 \times 3 = 114$
143			$26 \times 4 = 143$
143			$26 \times 5 = 202$
0			$26 \times 6 = 231$

Le 1er dividende partiel 135 tombe entre 114 et 143, c'est-à-dire entre 26×3 et 26×4; le 1er chiffre du quotient est donc 3 ; on retranche 114 de 135, et sur la droite du reste 21 on abaisse le chiffre suivant 6 du dividende; le 2e dividende

(*) On suppose, dans toute cette division, que les nombres sont écrits dans le système dont la base est sept.

partiel 216 qui en résulte , tombant entre 202 et 231 , c'est-à-dire entre 26 × 5 et 26 × 6, le 2ᵉ chiffre du quotient est 5; on retranche 202 de 216, et sur la droite du reste 14 on abaisse le chiffre suivant 3 du dividende ; le 3ᵉ dividende partiel 143 qui en résulte étant le produit de 26 par 4, le 3ᵉ chiffre du quotient est 4; on ôte 4 fois 26 de 143, le reste 0 indique que le quotient obtenu 354 est exact. On pourrait simplifier les calculs par les méthodes abrégées du n° 12, mais l'opération sera toujours plus facile à exécuter en faisant usage de la *table* des produits du diviseur par les nombres d'un seul chiffre.

Lorsqu'un nombre est écrit dans la base b, pour multiplier ce nombre par b^n, c'est-à-dire par l'unité suivie de n zéros, on met n zéros sur la droite du nombre donné, car chaque chiffre avançant de n rangs vers la gauche, exprime des unités b^n fois plus grandes.

80. *Le produit de plusieurs quantités ne change pas de valeur dans quelque ordre qu'on effectue les multiplications.*

Nous prouverons successivement que cette propriété convient aux *nombres entiers*, aux *fractions*, et aux quantités *incommensurables*.

1ᵉʳ CAS. Lorsque *les facteurs sont des nombres entiers*, la démonstration repose sur les trois principes suivans :

1°. *Un produit ne change pas de valeur quand on transpose les deux derniers facteurs.* En effet , si p désigne le produit de plusieurs facteurs, et a un nombre entier, on aura

$$p \times a = a \text{ fois } p = p + p + p + \text{etc.} ; \text{ d'où}$$
$$p \times a \times b = pb + pb + pb + \text{etc.} = pb \text{ répété } a \text{ fois} = pba.$$

2°. *Le produit de deux nombres conserve sa valeur, quand on change l'ordre des facteurs* , car en supposant $p = 1$, l'égalité $p \times a \times b = p \times b \times a$, donne $1 \times a \times b = 1 \times b \times a$, ce qui revient à $a \times b = b \times a$.

3°. *Si le produit de n facteurs ne change pas de valeur quand on change l'ordre de ces facteurs, le produit de $n + 1$ facteurs jouira de la même propriété*, car pour faire occuper aux $n + 1$ facteurs toutes les places possibles, il suffit de transposer successivement les deux derniers facteurs et les n premiers, ce qui n'altère pas la valeur du produit.

Cela posé : le produit de deux facteurs ne changeant pas de valeur quand on transpose les facteurs (2°.), celui de trois facteurs jouit de la même propriété (3°.); et ainsi de suite, en introduisant chaque fois un nouveau facteur. Le principe est donc démontré quand les facteurs sont des nombres entiers.

2° CAS. *La propriété énoncée convient aux fractions*, car les numérateurs et les dénominateurs étant des nombres entiers, le produit des numérateurs reste le même ainsi que celui des dénominateurs, quand on change l'ordre des facteurs, et ces produits sont les deux termes de la fraction qui exprime le produit des fractions proposées.

Il en résulte que *le produit d'un nombre quelconque de facteurs commensurables ne change pas de valeur dans quelque ordre qu'on effectue les multiplications.*

3° CAS. Enfin, *lorsque les facteurs, a, b, c, etc., du produit, sont incommensurables*, il existe des quantités commensurables, a', b', c', etc., qui approchent autant qu'on veut de ces facteurs; faisant donc

$$(1)\ldots a = a' + \delta,\ b = b' + \delta',\ c = c' + \delta'',\ \text{etc.},$$

δ, δ', δ'', etc., seront des quantités incommensurables qu'on pourra supposer très petites, et on pourra prendre ces quantités avec le signe $+$ ou avec le signe $-$.

Cela posé : si les produits $a \times b$, $b \times a$, ne sont pas égaux, on aura $ab = ba + r$ ou $ba = ab + r$, r désignant une quantité positive. La démonstration étant la même dans ces deux cas, soit $ab = ba + r$; on en déduira

$$(2)\ldots (a' + \delta)(b' + \delta') = (b' + \delta')(a' + \delta) + r;$$

effectuant les multiplications indiquées et observant que $a'b' = b'a'$; on trouvera

$$(3)\ldots (\delta b' - b'\delta) + (a'\delta' - \delta'a') + (\delta\delta' - \delta'\delta) = r.$$

Les quantités δ, δ', étant aussi petites qu'on veut, et les signes de ces quantités étant arbitraires, on pourra toujours rendre le premier membre de l'équation (3) positif et plus petit que le second membre; l'équation (2) ne peut donc pas subsister quand r n'est pas nul; les produits $a \times b$, $b \times a$, sont donc égaux.

Cette démonstration s'applique à un nombre quelconque de facteurs incommensurables. En général, *lorsque des propriétés conviennent à tous les états de grandeur de quantités commensurables qui approchent indéfiniment de certaines quantités incommensurables, ces dernières jouissent des mêmes propriétés.*

81. *Pour multiplier une quantité a, par le produit $\mathfrak{C}$ des facteurs, a, b, c, ..., k, l, il suffit de multiplier successivement a par a, aa par b, aab par c, ...; et enfin, $aabc...k$ par l; le dernier résultat exprime le produit demandé; la réciproque est vraie.* En effet, les propriétés du n° 80 donnent :

$$a \times \beta = \beta \times a = a \times b \times c \times ... \times k \times l \times a = a \times a \times b \times c \times ... \times k \times l,$$
$$a \times a \times b \times c \times ... \times k \times l = a \times b \times c \times ... \times k \times l \times a = \beta \times a = a \times \beta.$$

Ce principe démontre qu'un produit *renferme tous les facteurs du multiplicande et du multiplicateur.*

82. *Le produit de plusieurs nombres entiers contient au plus autant de chiffres qu'il y en a dans tous ses facteurs réunis; le nombre des chiffres de ce produit ne peut être moindre que le nombre total des chiffres des facteurs, diminué du nombre des facteurs et augmenté de 1.* En effet, si l'on désigne le produit par p, les facteurs par a_1, a_2, a_3, ..., a_m, les nombres de chiffres contenus dans ces facteurs par α, $\mathfrak{6}$, γ, ..., ω, le nombre total des chiffres des m facteurs par s, et la *base* du système de numération par b, il s'agira de prouver qu'on a, $p < b^s$ et $p > b^{s-m}$; car b^s exprimant l'unité suivie de s zéros, les nombres moindres que b^s contiennent s chiffres au plus; et b^{s-m} étant égal à l'unité suivie de $s - m$ zéros, tout nombre plus grand que b^{s-m} renferme au moins $(s - m + 1)$ chiffres. Cela posé : les nombres de chiffres des facteurs, a_1, a_2; a_3, ..., a_m, étant α, $\mathfrak{6}$, γ, ..., ω, on a

$$a_1 < b^\alpha, \quad a_2 < b^{\mathfrak{6}}; \quad a_3 < b^\gamma, ..., a_m < b^\omega,$$
$$a_1 > b^{\alpha-1}, \quad a_2 > b^{\mathfrak{6}-1}, \quad a_3 > b^{\gamma-1}, ..., a_m > b^{\omega-1}.$$

Multipliant ces inégalités membre à membre, et observant que

$$a_1 \times a_2 \times a_3 \times \ldots \times a_m = p, \quad \alpha + \mathcal{C} + \gamma + \ldots + \omega = s, \quad \text{on trouve}$$

$$p < b^\alpha \times b^{\mathcal{C}} \times b^\gamma \times \ldots \ldots \times b^\omega, \text{ ou } p < b^{\alpha + \mathcal{C} + \gamma + \ldots + \omega}, \text{ ou } p < b^s,$$

$$p > b^{\alpha - 1} \times b^{\mathcal{C} - 1} \times b^{\gamma - 1} \times \ldots \times b^{\omega - 1}, \text{ ou } p > b^{\alpha + \mathcal{C} + \gamma + \ldots + \omega - m}, \text{ ou } p > b^{s - m},$$

Ce qui démontre le principe énoncé.

Il en résulte que *la $m^{ième}$ puissance d'un nombre entier composé de n chiffres, contient $m \times n$ chiffres au plus, et $mn - m + 1$ chiffres au moins.* Les nombres, mn, $mn - m + 1$, étant équivalens à n fois m et à $(n - 1)$ fois m, plus 1, on voit que la $m^{ième}$ puissance d'un nombre de n chiffres ne contient jamais plus de n *tranches* de m chiffres, et qu'en partageant le nombre qui exprime cette puissance en $(n - 1)$ tranches de m chiffres, il restera au moins un chiffre.

Par conséquent, *pour déterminer combien la racine $m^{ième}$ d'un nombre entier renferme de chiffres, il suffit de diviser ce nombre en tranches de m chiffres à partir de la droite (la dernière tranche à gauche peut ne contenir qu'un seul chiffre); le nombre des tranches exprime le nombre des chiffres de la racine. On suppose que la racine est commensurable.*

83. *La somme des quarrés de deux nombres entiers, multipliée par la somme des quarrés de deux autres nombres entiers, est égale à la somme des quarrés de deux nombres entiers.* En effet, on a

$$(a + b\sqrt{-1})(a - b\sqrt{-1}) = a^2 + b^2, \; (a' + b'\sqrt{-1})(a' - b'\sqrt{-1}) = a'^2 + b'^2,$$

$$(a + b\sqrt{-1})(a - b\sqrt{-1})(a' + b'\sqrt{-1})(a' - b'\sqrt{-1}) = (a^2 + b^2)(a'^2 + b'^2),$$

$$(a + b\sqrt{-1})(a' + b'\sqrt{-1}) = (aa' - bb') + (ab' + a'b)\sqrt{-1},$$

$$(a - b\sqrt{-1})(a' - b'\sqrt{-1}) = (aa' - bb') - (ab' + a'b)\sqrt{-1},$$

$$(a + b\sqrt{-1})(a' + b'\sqrt{-1}) \times (a - b\sqrt{-1})(a' - b'\sqrt{-1}) = (aa' - bb')^2 + (ab' + a'b)^2;$$

donc, $(1)\ldots(a^2 + b^2) \times (a'^2 + b'^2) = (aa' - bb')^2 + (ab' + a'b)^2.$

Lorsque a, b, a' et b', sont des nombres entiers, $aa' - bb'$ et $ab' + a'b$, sont deux nombres entiers α, $\mathcal{C}$; on a

$$(a^2 + b^2) \times (a'^2 + b'^2) = \alpha^2 + \mathcal{C}^2.$$

Ce qui démontre la propriété énoncée.

EXEMPLE. Soient $a = 3$, $b = 2$, $a' = 7$, $b' = 5$; on trouvera $a = 11$, $6 = 29$; et en effet

$$(3^2 + 2^2) \times (7^2 + 5^2) = 11^2 + 29^2.$$

PROBLÈME. *Déterminer deux nombres, x, y, dont la somme des quarrés soit un quarré.* L'identité

$$(a^2 - b^2)^2 + (2ab)^2 = (a^2 + b^2)^2,$$

démontre qu'on satisfera à la question en faisant $x = a^2 - b^2$ et $y = 2ab$, car en donnant des valeurs arbitraires aux indéterminées a, b, on aura toujours $x^2 + y^2 = (a^2 + b^2)^2$.

EXEMPLE. Soient $a = 3$, $b = 2$, on trouvera $x = 5$, $y = 12$; et en effet, $5^2 + 12^2 = 13^2$.

REMARQUE. Si la différence des quarrés des nombres x, y, devait être un quarré, on prendrait

$$x = a^2 + b^2 \text{ et } y = 2ab; \text{ d'où } x^2 - y^2 = (a^2 - b^2)^2.$$

84. Lorsqu'on donne successivement à l'indéterminée n les valeurs 0, 1, 2, 3, etc., l'expression $2n$ détermine les *nombres pairs* 0, 2, 4, 6, 8, 10, 12, 14, etc., et $2n + 1$ donne les *nombres impairs*, 1, 3, 5, 7, 9, 11, 13, 15, etc.

Le produit de deux nombres impairs $2n + 1$, $2n' + 1$, *est un nombre impair* $2(n + n' + 2nn') + 1$; *et celui d'un nombre pair* $2n$ *par un nombre impair* $2n' + 1$ *est un nombre pair* $2n(2n' + 1)$. Par conséquent, *le produit de plusieurs nombres impairs est impair, et quand un des facteurs est pair, le produit est pair.*

85. *Lorsqu'une fraction* $\dfrac{B}{A}$ *est égale à une fraction* IRRÉDUCTIBLE $\dfrac{b}{a}$, *les deux termes de la première sont respectivement égaux aux deux termes de la seconde multipliés par un même nombre entier.* Il s'agit de faire voir que q désignant un nombre entier, on a $B = bq$ et $A = aq$.

L'égalité $\dfrac{B}{A} = \dfrac{b}{a}$, donne $\dfrac{B}{b} = \dfrac{A}{a}$.

La question se réduit donc à prouver que le quotient de la division de B par b, est un nombre entier. Si cela n'était pas, cette division donnerait un quotient entier q, et un reste r plus grand que zéro; la division de A par a conduirait au même quotient entier et au reste r', car $\frac{A}{a} = \frac{B}{b}$; on aurait

$$\frac{B}{b} = q + \frac{r}{b}, \quad \frac{A}{a} = q + \frac{r'}{a}; \quad \text{or } \frac{B}{b} = \frac{A}{a}; \quad \text{donc } \frac{r}{b} = \frac{r'}{a}, \quad \text{d'où } \frac{b}{a} = \frac{r}{r'}.$$

Mais, les restes r, r', sont respectivement moindres que les diviseurs, b, a; la fraction irréductible $\frac{b}{a}$ serait donc égale à une fraction $\frac{r}{r'}$, dont les termes seraient moindres, ce qui est absurde; et comme cette absurdité résulte de ce qu'on a supposé que r n'était pas nul, il faut que $r = 0$; d'où

$$\frac{B}{b} = q; \quad \text{or } \frac{A}{a} = \frac{B}{b}, \quad \text{donc } \frac{A}{a} = q; \quad \text{d'où } B = bq \text{ et } A = aq.$$

86. *Les seules opérations qui n'altèrent pas la valeur d'une fraction, sont donc celles qui produisent le même effet que la multiplication ou la division des deux termes de cette fraction par un même nombre.*

87. *Quand les deux termes,* B, A, *d'une fraction* $\frac{B}{A}$, *n'ont pas de facteurs communs, cette fraction est* IRRÉDUCTIBLE; car si elle ne l'était pas, il existerait une fraction irréductible $\frac{b}{a}$ qui serait égale à $\frac{B}{A}$ et dont les termes, b, a, seraient respectivement moindres que B et A; on aurait $B = bq$, $A = aq$, q désignant un nombre entier (n° 85); B et A auraient donc un facteur commun, ce qui est contre l'hypothèse.

88. *Lorsque le produit* $a \times \mathfrak{c}$ *est divisible par un nombre* γ *qui n'a pas de facteur commun avec* $\mathfrak{c}$, *on est certain que* γ *divise* a. En effet, si le quotient de la division de $a\mathfrak{c}$ par γ est q, on aura

$$a6 = \gamma q; \text{ d'où } \frac{6}{\gamma} = \frac{q}{a}.$$

Or, 6 et γ étant premiers entre eux, la fraction $\frac{6}{\gamma}$ est *irréductible*; on a donc $q = 6n$ et $a = \gamma n$ (n° 85); γ divise donc a.

89. *Quand un nombre premier γ divise le produit* P *de plusieurs nombres entiers, ce nombre premier divise nécessairement un des facteurs.* En effet, soient a, b, c,..., h, k, l, les facteurs du produit P; si γ ne divise pas le facteur l, les nombres γ, l, seront premiers entre eux; désignant par p le produit des autres facteurs, on aura $P = p \times l$; or γ divise $p \times l$; γ divise donc le produit p des autres facteurs (n° 88). Par une raison semblable, si γ ne divise pas le facteur k, de p, γ divisera le produit des autres facteurs a, b, c,..., h, de p; et en continuant ce raisonnement, on voit que si γ ne divise aucun des facteurs l, k, h,..., c, b, il faudra que γ divise a; ce qui démontre la propriété énoncée.

Par conséquent, *lorsque 6^m est divisible par un nombre premier, ce nombre premier divise nécessairement 6.*

90. *Lorsque la fraction $\frac{b}{a}$ est irréductible, la fraction $\frac{b^m}{a^n}$ est également irréductible*; car si cela n'était pas, b^m et a^n seraient divisibles par un nombre premier a; a diviserait donc b et a; ce qui est contre l'hypothèse.

Par conséquent, *toutes les puissances d'une fraction irréductible sont des fractions irréductibles.*

91. *Lorsque a et 6 sont des nombres entiers premiers entre eux, les restes des divisions des multiples* $1a$, $2a$, $3a$,..., $(6-1)a$, $6a$, *par 6, sont* 1, 2, 3,..., $6-1$ *et* 0; *les restes peuvent se présenter dans un autre ordre, mais on est sûr d'obtenir tous ces restes* (*). Il suffit de faire voir que les 6 restes sont différens. Si, γ' et γ désignant des nombres entiers moindres que 6,

————————————————

(*), a et 6 étant premiers entre eux, 6 ne peut diviser aucun des multiples a, $2a$, $3a$,..., $(6-1)a$; la division de $6a$ par 6, donne le reste zéro.

Notes, Arithm. 8

les divisions des multiples γa, $\gamma' a$, par 6, donnaient deux restes égaux à r, et des quotiens q, q', on aurait

$$\gamma a = 6q + r, \ \gamma' a = 6q' + r; \ \text{d'où} \ \frac{6}{a} = \frac{\gamma - \gamma'}{q - q'}.$$

Or, $\gamma - \gamma'$ est moindre que $\overset{\frown}{6}$; la fraction irréductible $\frac{6}{a}$ serait donc égale à une fraction qui aurait des termes moindres; ce qui est absurde; on ne peut donc pas trouver deux restes égaux.

EXEMPLE. 5 et 7 étant premiers entre eux, si l'on divise 5, 5×2, 5×3, 5×4, 5×5, 5×6 et 5×7, par 7, les *restes* seront $5, 3, 1, 6, 4, 2$ et 0; on trouve donc effectivement les restes $0, 1, 2, 3, 4, 5, 6$.

92. *Le reste d'une division ne change pas, lorsque le dividende augmente ou diminue d'un multiple du diviseur.* En effet, si la division de a par b donne le quotient q et le reste r, on aura

$$a = bq + r, \ (a \pm mb) = (q \pm m) b + r;$$

la comparaison de ces équations démontre le principe énoncé.

93. PROBLÈME. *Connaissant un nombre entier* N *dans le système dont la base est* b, *déterminer le reste de la division de* N *par le nombre entier* d, *sans effectuer la division.*

Si les chiffres du nombre N, sont c, c_1, c_2, c_3, etc., on aura

$$N = c + c_1 b + c_2 b^2 + c_3 b^3 + c_4 b^4 + c_5 b^5 + \text{etc.}$$

1er CAS. *Quand le diviseur* d *est moindre que la base* b, en désignant la différence $b - d$ par δ, on peut mettre N sous la forme

$$N = (b - \delta) c_1 + (b^2 - \delta^2) c_2 + \text{etc.} + (c + c_1 \delta + c_2 \delta^2 + \text{etc.}).$$

Chacun des binomes $b - \delta$, $b^2 - \delta^2$, etc., étant divisible par $b - \delta$, c'est-à-dire par d, le nombre N est un multiple de d, augmenté de $(c + c_1 \delta + c_2 \delta^2 + \text{etc.})$. Le reste de la division de N par d est donc le même que celui de la division de $(c + c_1 \delta + c_2 \delta^2 + \text{etc.})$ par d.

On en déduit cette règle générale : *Pour trouver le reste de5 la division d'un nombre entier* N , *par un diviseur d moindre que la base b, prenez la différence δ entre b et d; multipliez le* 1er *chiffre à droite de* N *par* 1, *le* 2e *par* δ, *le* 3e *par* δ^2, *et ainsi de suite jusqu'au dernier chiffre; calculez la somme* N' *de ces produits; le reste de la division de* N *par d , sera le même que celui de la division de* N' *par d. Opérant sur* N', *comme on a opéré sur* N, *et continuant le calcul jusqu'à ce qu'on obtienne une somme moindre que b, cette dernière somme diminuée du plus grand multiple de d qu'elle pourra contenir, exprimera le reste demandé.*

EXEMPLE. Lorsque la base étant *dix*, on demande le reste de la division du nombre N par 9, on a $b = 10$, $\delta = 1$, et N' devient la somme des chiffres de N. Par conséquent : *Pour obtenir le reste de la division d'un nombre entier par* 9, *il suffit d'additionner les chiffres du nombre proposé comme des unités simples. Quand la somme des chiffres est moindre que* 9, *elle exprime le reste cherché; lorsqu'elle est égale à* 9, *le reste est zéro; quand elle surpasse* 9, *on opère sur elle comme sur le nombre proposé, en additionnant les chiffres; et ainsi de suite, jusqu'à ce qu'on parvienne à une somme qui n'excède pas* 9; *si cette dernière somme est moindre que* 9, *elle exprimera le reste cherché; si elle est égale à* 9, *le reste sera zéro et le nombre proposé sera divisible par* 9. *Dans les additions successives, on peut omettre tous les* 9. Ainsi, pour calculer le *reste* de la division de 3509600g par 9, on dit : 3 et 5 font 8, 8 et 6 valent 14; 1 et 4 donnent 5; le *reste* cherché est donc 5.

2e CAS. *Lorsque le diviseur d est plus grand que la base b,* en désignant la différence $d - b$ par δ, on peut mettre N sous la forme

$$N = (c - c_1\delta + c_2\delta^2 - c_3\delta^3 + \text{etc.}) + c_1(b+\delta) + c_2(b^2 - \delta^2) + c_3(b^3 + \delta^3) + \text{etc.}$$

Chacun des binomes, $b + \delta$, $b^2 - \delta^2$, $b^3 + \delta^3$, etc., étant divisible par $b + \delta$, c'est-à-dire par d, le nombre N est de la forme

$$N = (c + c_2\delta^2 + c_4\delta^4 + \text{etc.}) - (c_1\delta + c_3\delta^3 + c_5\delta^5 + \text{etc.}) + md,$$

8..

m est un nombre entier positif qui désigne le quotient de la division de $c_1(b + \delta) + c_2(b^2 - \delta^2) + c_3(b^3 + \delta^3) +$ etc. par d. Faisant $m = p + q$, on pourra regarder p et q comme des nombres entiers positifs, p sera une *indéterminée* qui n'excédera pas m, et q sera égal à $m - p$; on aura

$$N = (c + c_2\delta^2 + c_4\delta^4 + \text{etc.}) + pd - (c_1\delta + c_3\delta^3 + c_5\delta^5 + \text{etc.}) + qd,$$

et comme N est positif, on peut toujours donner à p une valeur entière positive telle que

$$(c + c_2\delta^2 + c_4\delta^4 + \text{etc.}) + pd - (c_1\delta + c_3\delta^3 + c_5\delta^5 + \text{etc.})$$

soit un nombre entier positif N'; on aura $N = N' + qd$; de sorte que le *reste* de la division de N par d sera le même que celui de N' par d.

On en déduit cette règle générale : *Pour calculer le reste de la division d'un nombre entier* N, *par un diviseur* d *plus grand que la base* b, *prenez la différence* δ *entre* d *et* b; *multipliez le 1er chiffre à droite de* N *par* 1, *le 3e par* δ^2, *le 5e par* δ^4, *et ainsi de suite; de la somme de ces produits, augmentée s'il le faut d'un multiple de* d, *retranchez la somme des chiffres de rang pair multipliés respectivement par* δ, *par* δ^3, *par* δ^5, *etc.; si* N' *désigne le résultat de cette soustraction, le reste de la division de* N *par* d *sera le même que celui de* N' *par* d. *Opérant sur* N' *comme vous avez opéré sur* N, *et continuant les calculs jusqu'à ce que vous obteniez un nombre* r *moindre que* d, *le nombre* r *sera le reste de la division de* N *par* d.

EXEMPLE. Lorsque la *base étant dix*, on demande le *reste de la division d'un nombre* N *par* 11, on a $b = 10$, $\delta = 1$; la valeur de N' devient

$$N' = (c + c_2 + c_4 + \text{etc.}) + pd - (c_1 + c_3 + c_5 + \text{etc.})$$

Par conséquent : *Pour obtenir le reste de la division d'un nombre entier* N *par* 11, *il suffit de calculer deux sommes, l'une des chiffres de rang impair à partir de la droite de* N, *l'autre des chiffres de rang pair; de la première somme, augmentée quand cela est nécessaire d'un multiple de* 11, *on re-*

tranche la seconde somme ; on opère sur le reste N' *de cette soustraction comme sur* N, *et ainsi de suite jusqu'à ce qu'on parvienne à un reste moindre que* 11 ; *ce dernier reste exprime le reste demandé.*

D'après cette règle, le *reste* de la division de 5678 par 11 est (8 + 6) — (7 + 5) ou 2 ; le *reste* de la division de 46781 par 11 est (1 + 7 + 4) + 11 — (8 + 6) ou 9 ; le *reste* de la division de 35794 par 11 étant nul, 35794 est divisible par 11.

94. PROBLÈME. *Déterminer si un nombre entier a est* PREMIER, *c'est-à-dire s'il n'est divisible que par lui-même et par l'unité.* Quand les *nombres premiers* qui n'excèdent pas $\sqrt{a}$ sont inconnus, on divise successivement *a* par chacun des nombres entiers 2, 3, 5, 7, etc., qui ne sont pas plus grands que $\sqrt{a}$; si aucune de ces divisions ne réussit, *a* sera un nombre *premier*, car autrement *a* serait divisible par un nombre plus grand que $\sqrt{a}$; le quotient de cette division serait moindre que $\sqrt{a}$ et diviserait *a*, ce qui est contre l'hypothèse. Lorsque les nombres premiers qui n'excèdent pas $\sqrt{a}$ sont connus, il suffit de diviser successivement *a* par chacun de ces nombres premiers ; si aucune de ces divisions ne réussit, *a* sera un nombre *premier*. On doit faire usage de ce dernier procédé, pour obtenir successivement tous les nombres premiers ; on trouve de cette manière que dans le système dont la base est *dix*, *les nombres premiers sont*

1, 2, 3, 5, 7, 11, 13, 17, 19, 23, 29, 31, 37, 41, 43, 47, 53, etc.

On peut diminuer le nombre des essais, car tous les nombres dont le chiffre des unités est 0, 2, 4, 6 ou 8, sont divisibles par 2, et les nombres terminés par 5 sont divisibles par 5 ; aucun des nombres 4, 6, 8, 10, 12, etc., 15, 25, 35, etc., n'est donc un *nombre premier.*

95. PROBLÈME. *Calculer tous les diviseurs d'un nombre entier* N ? On cherche d'abord à *décomposer* N *en ses facteurs premiers* ; pour y parvenir, on essaie la division de N par

chacun des nombres premiers qui n'excèdent pas $\sqrt{N}$; quand le nombre N n'est pas *premier*, une de ces divisions réussit. Soit α le plus petit des nombres premiers qui divisent N; le quotient de la division de N par α sera un nombre entier q, on aura $N = q\alpha$; la division de q par α fournira un quotient q', et on continuera à diviser le dernier quotient obtenu, par α, jusqu'à ce que la division ne réussisse plus. Si après avoir divisé m fois par α, le dernier quotient N' n'est plus divisible par α, on aura $N = \alpha^m \times N'$, et les nombres premiers qui pourront diviser N' seront nécessairement plus grands que α; désignant par $\mathfrak{b}$ le plus petit des nombres premiers qui divisent N', et opérant sur N' comme on a opéré sur N, on trouvera $N' = \mathfrak{b}^n \times N''$, et N'' ne sera divisible que par des nombres premiers plus grands que $\mathfrak{b}$. On parviendra de cette manière à un dernier quotient qui sera un nombre premier, et N sera décomposé en ses facteurs premiers. En appliquant ce procédé aux nombres 360, 144, 67500, on trouve

$$360 = 2^3 \times 3^2 \times 5, \quad 144 = 2^4 \times 3^2, \quad 67500 = 2^2 \times 3^3 \times 5^4.$$

Lorsque le nombre N *est ramené à la forme* $\alpha^m \times \mathfrak{b}^n \times \gamma^p \times$ *etc.*, *on obtient tous ses diviseurs en calculant le produit* P *des polynomes* $1 + \alpha + \alpha^2 + \alpha^3 + \ldots + \alpha^m$, $1 + \mathfrak{b} + \mathfrak{b}^2 + \mathfrak{b}^3 + \ldots + \mathfrak{b}^n$, $1 + \gamma + \gamma^2 + \ldots + \gamma^p$, *etc.*; *les différens termes de ce produit sont les diviseurs de* N; *l'unité et* N *se trouvent parmi ces diviseurs.* En effet, tout nombre premier qui divise un produit doit diviser un des facteurs (n° 89); on obtiendrait donc les diviseurs de $\alpha^m \mathfrak{b}^n \gamma^p$ etc., en mettant successivement pour m, n, p, etc., les nombres 1, 2, 3, etc., qui ne surpassent pas m, n, p, etc., et ces diviseurs, qui sont tous inégaux entre eux, sont précisément les termes du produit P.

96. *Le nombre des diviseurs de* N *est égal au produit* $(m + 1) \times (n + 1) \times (p + 1) \times$ etc. En effet, le facteur $1 + \alpha + \alpha^2 + \alpha^3 + \ldots + \alpha^m$ contenant $m + 1$ termes, la multiplication de ce facteur, par l'un quelconque des $n + 1$ termes du facteur $1 + \mathfrak{b} + \mathfrak{b}^2 + \ldots + \mathfrak{b}^n$, donne $m + 1$ produits; le produit de ces deux facteurs renferme donc $(m+1)(n+1)$

termes ; ce produit multiplié par $1 + \gamma + \gamma^2 + \ldots + \gamma^p$, contiendra donc $(m + 1)(n + 1)(p + 1)$ termes ; et ainsi de suite.
Par exemple, 360 étant égal à $2^3 \times 3^2 \times 5^1$, le nombre des
diviseurs de 360 est $(3 + 1)(2 + 1)(1 + 1)$, ou 24; et en
effet, si l'on forme le produit

$$(1 + 2 + 2^2 + 2^3) \times (1 + 3 + 3^2) \times (1 + 5),$$

on verra que les diviseurs de 360 sont les 24 nombres

1, 2, 3, 4, 5, 6, 8, 9, 10, 12, 15, 18,
20, 24, 30, 36, 40, 45, 60, 72, 90, 120, 180, 360.

97. PROBLÈME. *Composer un nombre qui admette δ
diviseurs?* Ce problème est indéterminé, car en désignant
par α, δ, γ, etc., les facteurs premiers du nombre demandé,
ce nombre sera de la forme $\alpha^m \delta^n \gamma^p$ etc.; les facteurs premiers α, δ, γ, etc., seront arbitraires, et les exposans inconnus m, n, p, etc., ne seront assujettis qu'à la condition

$$(1) \ldots (m + 1)(n + 1)(p + 1) \text{ etc.} = \delta.$$

Selon qu'un nombre entier N *est un quarré ou n'est pas un
quarré, le nombre δ de ses diviseurs est impair ou est pair; la
réciproque est vraie.* En effet, soit

$$N = \alpha^m \delta^n \gamma^p \text{ etc.}; \quad \text{on a} \quad \delta = (m + 1)(n + 1)(p + 1) \text{ etc.}$$

Lorsque N est un quarré, les exposans m, n, p, etc., sont
pairs; δ est donc impair (n° 84). Quand N n'est pas un quarré,
l'un des exposans m, n, p, etc., est impair; δ est donc pair,
car un des facteurs de δ est pair. On en déduit aisément la
réciproque.

Le quarré 144 a 15 diviseurs ; le nombre 360 ayant 24 diviseurs ne peut être un quarré.

PROBLÈME. *Déterminer de combien de manières différentes
on peut décomposer un nombre entier positif* N *en deux facteurs entiers positifs.* Soit δ le nombre des diviseurs de N.

Lorsque δ est un nombre pair $2n$, N n'est pas un quarré; la
division de N par un nombre quelconque, donne un quotient qui
n'est pas égal au diviseur; prenant n diviseurs, d_1, d_2, d_3, $\ldots$, d_n,

moindres que $\sqrt{N}$, et divisant N par chacun de ces diviseurs, on obtiendra n quotiens q_1, q_2, q_3, ...; q_n, qui seront plus grands que $\sqrt{N}$, et on aura

$$N = q_1 \times d_1 = q_2 \times d_2 = q_3 \times d_3 = \ldots = q_n \times d_n;$$

il existera donc n produits qui seront égaux à N.

Quand $\delta = 2n + 1$, N est un quarré p^2; divisant N par n diviseurs d_1, d_2, d_3, ..., d_n, moindres que p, on obtient n quotiens q_1, q_2, q_3, ..., q_n, plus grands que p; de sorte que

$$N = p \times p = q_1 \times d_1 = q_2 \times d_2 = q_3 \times d_3 = \ldots = q_n \times d_n;$$

ce qui détermine $n + 1$ produits égaux à N.

Ainsi, 360 ayant 24 diviseurs, on peut décomposer 360 en deux facteurs, des 12 manières suivantes :

$$360 = 1 \times 360 = 2 \times 180 = 3 \times 120 = 4 \times 90 = 5 \times 72 = 6 \times 60$$
$$= 8 \times 45 = 9 \times 40 = 10 \times 36 = 12 \times 30 = 15 \times 24 = 18 \times 20.$$

98. Les propriétés précédentes conduisent à cette règle générale : *Pour déterminer le plus petit nombre divisible par des nombres donnés, décomposez ces nombres en leurs facteurs premiers ; le nombre demandé sera le produit de ces facteurs répétés autant de fois qu'il y a d'unités dans le plus fort exposant de chacun de ces facteurs.*

Par exemple, soient trois nombres m, n, p, tels que

$$m = a^\alpha b^{\zeta + \delta}, \quad n = a^{\alpha + \theta} \times b^\zeta c^\gamma, \quad p = a^{\alpha - \epsilon} \times c^{\gamma + \omega},$$

(a, b, c, sont des nombres premiers ; α, ζ, γ, δ, ϵ, θ, ω et $\alpha - \epsilon$, sont des nombres entiers positifs) ; le plus petit nombre divisible par chacun des nombres m, n, p, sera $a^{\alpha + \theta} \times b^{\zeta + \delta} \times c^{\gamma + \omega}$.

REMARQUE. *Le plus petit dénominateur commun de plusieurs fractions est le plus petit nombre divisible par chacun des dénominateurs des fractions proposées.*

99. PROBLÈME. *On propose de trouver un nombre entier N, qui soit égal à la somme de ses diviseurs ; on fait abstraction du diviseur N.* Un nombre premier ne peut pas

jouir de la propriété demandée, car la somme de ses diviseurs est égale à l'unité. On cherchera donc si N peut être de la forme $a^m \times b$, a et b désignant des nombres *premiers*. Le nombre $a^m \times b$.devant être égal à la somme de ses diviseurs, on a

$$a^m \times b = (1 + a + a^2 + \ldots + a^m) \times (1 + b) - a^m b, \text{(n}^\circ \text{ 95)};$$

on en déduit $b = \dfrac{a^m + (1 + a + a^2 + \ldots + a^{m-1})}{a^m - (1 + a + a^2 + \ldots + a^{m-1})}.$

Or, b doit être un nombre entier; cette condition exige que le dénominateur de la valeur de b soit égal à l'unité, car si cela n'était pas, le *reste* de la division du numérateur par le dénominateur serait $2(1 + a + a^2 + \ldots + a^{m-1})$, et a étant positif, ce *reste* ne se réduirait pas à zéro; il faut donc que

$$a^m - (1 + a + a^2 + \ldots + a^{m-1}) = 1;$$

cette équation détermine a, car elle revient à

$$a^m - \left(\frac{a^m - 1}{a - 1}\right) = 1, \quad \text{d'où} \quad \frac{1 + (a - 2)a^m}{a - 1} = 1,$$

et il est facile de voir que l'hypothèse $a = 2$ rend la dernière équation identique; la valeur $+ 2$ de a, donne

$$b = 1 + 2 + 2^2 + 2^3 + \ldots + 2^{m-1} + 2^m,$$
$$N = b \times 2^m = (1 + 2 + 2^2 + 2^3 + \ldots + 2^m) \times 2^m,$$

et pourvu que les nombres a, b, soient *premiers*, cette valeur de N jouira de la propriété demandée.

. Ainsi, *on additionnera les nombres*, 1, 2, 2^2, 2^3, 2^4, 2^5, etc., *jusqu'à ce qu'on obtienne une somme égale à un nombre premier ; on multipliera cette somme par la dernière puissance de 2 à laquelle on se sera arrêté; le produit satisfera à la question*. On en déduit que les valeurs de N sont

$$(1 + 2) \times 2, \quad (1 + 2 + 2^2) \times 2^2, \quad (1 + 2 + 2^2 + 2^3 + 2^4) \times 2^4, \text{ etc.};$$

effectuant les calculs indiqués, on obtiendra les nombres 6, 28, 496, etc.; ces nombres s'appellent des *nombres parfaits*. On peut s'assurer qu'ils satisfont à la condition demandée; par exemple, 28 étant égal à 7×2^2, les diviseurs de 28 sont

1, 2, 2^2, 7 et 7×2; la somme de ces diviseurs est effectivement égale à 28.

Le produit de n nombres entiers consécutifs quelconques est
toujours divisible par le produit des n nombres 1, 2, ..., n.
En effet, on a

$$\frac{(p+1)(p+2)\ldots(p+n-1)(p+n)}{1 \cdot 2 \ldots (n-1) \quad n} = \left(\frac{n+p}{n}\right) \times \frac{(p+1)(p+2)\ldots(p+n-1)}{1 \cdot 2 \ldots (n-1)}$$
$$= \left(1+\frac{p}{n}\right) \times \frac{(p+1)(p+2)\ldots(p+n-1)}{1 \cdot 2 \ldots (n-1)};$$

d'où

$$\frac{(p+1)(p+2)\ldots(p+n-1)(p+n)}{1 \cdot 2 \ldots (n-1) \quad n} = \frac{(p+1)(p+2)\ldots(p+n-1)}{1 \cdot 2 \ldots (n-1)} + \frac{p(p+1)\ldots(p+n-1)}{1 \cdot 2 \ldots \quad n}.$$

Cette identité démontre que si le produit..............
$(p+1)(p+2)\ldots(p+n-1)$, de $n-1$ nombres entiers con-
sécutifs est divisible par $1 \times 2 \times \ldots \times (n-1)$, le *reste* de la
division de $(p+1)(p+2)\ldots(p+n)$ par $1 \times 2 \times \ldots \times n$
sera le même que celui de la division de $p(p+1)\ldots(p+n-1)$
par $1 \times 2 \times \ldots \times n$; c'est-à-dire que si la propriété énoncée
convient à $n-1$ facteurs, le *reste* de la division du produit de
n nombres entiers consécutifs par $1 \times 2 \ldots \times n$, ne changera
pas quand chaque facteur diminuera d'une unité ; le *reste* de la
division ne changera donc pas, lorsqu'on diminuera chacun des
n facteurs $p+1, p+2, \ldots, p+n$, de p unités ; mais ce dernier produit étant $1 \times 2 \ldots \times n$, est exactement divisible par
$1 \times 2 \ldots \times n$. Par conséquent, si la propriété énoncée est vraie
pour $n-1$ facteurs, elle le sera également pour n facteurs ;
or elle convient à deux facteurs, car l'un de ces facteurs étant
toujours un nombre pair, leur produit est divisible par 1×2 ;
le produit de trois nombres entiers consécutifs est donc divisible
par $1 \times 2 \times 3$; le principe énoncé convient donc à quatre facteurs ; et ainsi de suite en introduisant chaque fois un nouveau
facteur.

100. Comme, en avançant successivement d'un rang vers la
droite d'un nombre écrit dans le système dont la base est b, les
unités deviennent de b en b fois plus petites, le premier chiffre

à droite de la *virgule* (*) exprime des unités dont la valeur est $\frac{1}{b}$, chaque unité du chiffre suivant vaut $\frac{1}{b^2}$; et ainsi de suite.

Par exemple,

$$(7,895)_b = 7 + \frac{8}{b} + \frac{9}{b^2} + \frac{5}{b^3} = 7 + 8b^{-1} + 9b^{-2} + 5b^{-3}.$$

Lorsqu'on avance la virgule de n rangs vers la droite ou vers la gauche d'un nombre écrit dans le système dont la base est b, on multiplie ou on divise ce nombre par b^n; car les chiffres avançant de n rangs vers la gauche ou vers la droite, expriment des unités b^n fois plus grandes ou plus petites.

101. *Quand le chiffre des unités d'un nombre N est suivi de n chiffres sur la droite, ce nombre est exprimé par une fraction ordinaire dont le numérateur est le nombre donné, dans lequel on a fait abstraction de la virgule, et dont le dénominateur est l'unité suivie de n zéros, ou b^n,* car en supprimant la virgule on multiplie N par b^n; le résultat divisé par b^n exprime donc N. Ainsi,

$$(0,02)_b = \left(\frac{2}{100}\right)_b, \quad \text{et} \quad (34,567)_b = \left(\frac{34567}{1000}\right)_b.$$

102. Réciproquement, *lorsque le dénominateur d'une fraction est l'unité suivie de n zéros vers la droite ou b^n, pour mettre cette fraction sous la forme d'un nombre entier, il suffit d'écrire le numérateur et de séparer par la virgule les n premiers chiffres à droite,* car la valeur du dénominateur étant b^n, si l'on supprimait le dénominateur, le résultat serait b^n fois trop grand; il faut donc diviser ce résultat par b^n, ce qui revient à séparer par la *virgule*, n chiffres à la droite du numérateur. Ainsi,

$$\left(\frac{2}{100}\right)_b = (0,02)_b, \quad \left(\frac{34567}{1000}\right)_b = (34,567)_b, \quad \left(\frac{23}{100000}\right)_b = (0,00023)_b.$$

(*) On distingue le chiffre des unités en mettant à sa droite une *virgule* de cette forme ,

103. *Quand le dénominateur d'une fraction $\frac{6}{a}$ n'est pas l'unité suivie de plusieurs zéros*, pour mettre cette fraction sous la forme d'un nombre entier : divisez 6 par a, d'après la méthode du n° 79; parvenu au chiffre des unités, mettez une virgule à sa droite, et convertissez les restes successifs en unités de b en b fois plus petites (ce qui revient à multiplier chaque reste par la base b). Divisez ces dividendes par a; les quotiens successifs seront les chiffres qui doivent être placés à droite de la virgule dans le quotient total. En effet, lorsqu'on est parvenu au chiffre des unités du quotient, le *reste* est moindre que le diviseur a; multipliant ce *reste* par b, le dividende partiel qui en résulte exprime des unités b fois plus petites que les unités simples; le quotient exprime donc des unités b fois plus petites que les unités simples, c'est-à-dire des unités du 1er rang à droite de la *virgule*; pour obtenir le 2e chiffre, on convertit le dernier reste en unités b fois plus petites, ce qui revient à le multiplier par b; divisant le produit par a, on trouve un quotient et un reste moindres que b; ce quotient est le 2e chiffre à droite de la virgule; le reste multiplié par b et divisé par a, donne le 3e chiffre; et ainsi de suite. Ce qui démontre la règle énoncée. Pour convertir les *restes* successifs en unités de b en b fois plus petites, il suffit, lorsque ces *restes* sont écrits dans le système dont la base est b, de mettre un zéro à la droite de chaque reste. Cette règle donne

$$\left(\frac{5643}{2300}\right)_7 = (2{,}31)_7, \quad \left(\frac{23}{26}\right)_7 = (0{,}5643\ 5643\ 5643\ \text{etc})_7$$

$$\left(\frac{23000}{26}\right)_7 = (5643\ 5643\ 5643\ \text{etc.})_7, \quad \left(\frac{23}{2600}\right)_7 = (0{,}005643\ 5643\ \text{etc.})_7$$

104. *Quand le dénominateur d'une fraction irréductible $\frac{B}{A}$ ne renferme que les facteurs premiers de la base b, la division de B par A donne un quotient exact.* Il s'agit de faire voir que la règle du n° 103 conduit au reste zéro; ce qui se réduit à démontrer qu'il existe toujours un nombre entier e tel

que $\dfrac{Be}{Ae}$ soit de la forme $\dfrac{N}{b^c}$, N et c désignant des nombres entiers positifs. Pour trouver e, on décompose b et A en leurs facteurs premiers p, q, (*); ce qui donne

$$b = p^\alpha q^\varsigma, \quad A = p^m q^n.$$

Or, quel que soit x, on a

$$\frac{B}{A} = \frac{B p^{\alpha x} \times q^{\varsigma x}}{A p^{\alpha x} \times q^{\varsigma x}} = \frac{B p^{\alpha x} \times q^{\varsigma x}}{p^m \times q^n \times p^{\alpha x} \times q^{\varsigma x}} = \frac{B p^{\alpha x - m} \times q^{\varsigma x - n}}{(p^\alpha q^\varsigma)^x};$$

$$\text{d'où, (1)} \dots \frac{B}{A} = \frac{B p^{\alpha x - m} \times q^{\varsigma x - n}}{b^x}.$$

Mais, il existe une infinité de valeurs entières positives de x
qui rendent $\alpha x - m$ et $\varsigma x - n$ positifs. Le principe est donc
démontré.

REMARQUE. *Si δ désigne la plus petite des valeurs entières
positives de x qui rendent $\alpha x - m$ et $\varsigma x - n$ positifs, le quotient de la division de B par A, renfermera δ chiffres à droite
de la virgule.* En effet, soit $x = \delta$; le numérateur.............
$B p^{\alpha x - m} \times q^{\varsigma x - n}$ deviendra un nombre entier positif P; il en
résultera

$$\frac{B}{A} = \frac{P}{b^\delta}; \text{ on aura } P = B p^{\alpha \delta - m} \times q^{\varsigma \delta - n}, \; b = p^\alpha \times q^\varsigma.$$

Les fractions $\dfrac{B}{A}$, $\dfrac{P}{b^\delta}$, étant égales, le quotient de la division
de B par A est le même que celui de P par b^δ. Ce dernier quo-
tient contiendra δ chiffres à droite de la virgule, à moins
que P ne soit divisible par b; or cela n'est pas possible, car l'un
des nombres $\alpha(\delta - 1) - m$, $\varsigma(\delta - 1) - n$, étant nécessairement négatif; on a $\alpha \delta - m < \alpha$ ou $\varsigma \delta - n < \varsigma$; comparant
la valeur de P à celle de b, on voit qu'un des facteurs p, q, est

---

(*) On supposera (nos 104 et 105) que la *base* b renferme deux facteurs
premiers p, q; les raisonnemens seraient les mêmes si le nombre des facteurs
était différent.

contenu moins de fois dans P que dans b; P n'est donc pas divisible par b; ce qui démontre le principe énoncé.

105. *Lorsque le dénominateur d'une fraction irréductible* $\frac{B}{A}$, *renferme d'autres facteurs premiers que ceux de la base* b, *la division de B par A conduit à un quotient périodique; et suivant que A ne contient aucun des facteurs de la base ou contient des facteurs de cette base, la période commence ou ne commence pas au premier chiffre à droite de la virgule. Dans ce dernier cas, on peut déterminer, sans effectuer la division, combien il y aura de chiffres entre la virgule et la première période.* Démontrons ces propriétés :

1°. *La division de B par A ne conduit pas à un quotient exact;* car si le quotient était exact, il serait égal à une fraction dont le dénominateur serait de la forme b^n (n° 101); on aurait

$$b^n = mA; \text{ or } b = p^\alpha q^\zeta, \; A = p^\gamma q^\delta r^s \text{ etc.}; \text{ donc } p^{\alpha n} q^{\zeta n} = m p^\gamma q^\delta r^s \text{ etc.}$$

Cette dernière égalité ne peut subsister, car le facteur r divise le second membre et ne divise pas le premier.

2°. *Quand A ne renferme aucun des facteurs premiers de la base, la division de B par A fournit un quotient périodique dont la période commence au premier chiffre à droite de la virgule.* En effet, la division de B par A donne un quotient entier Q et un reste $R < A$; on a

$$B = AQ + R, \quad \frac{B}{A} = Q + \frac{R}{A}, \quad \frac{R}{A} < 1.$$

L'égalité $AQ + R = B$ démontre que la fraction $\frac{R}{A}$ est irréductible, car si elle ne l'était pas, A et R auraient un facteur commun qui diviserait B; A et B ne seraient donc pas premiers entre eux; ce qui est contre l'hypothèse. La question est donc ramenée à démontrer que la division de R par A détermine un quotient périodique dont la période commence au premier chiffre à droite de la virgule. Cela se réduit à faire voir que lorsqu'on parvient pour la première fois à un reste égal à l'un des précédens, ce reste est R. Quand on divise R par A, le chiffre des unités du quotient est zéro et le 1er reste est R; divisant bR par A, on obtient un quotient Q′ et un 2e reste R′; la division $bR′$ par A, fournit le quotient Q″ et le 3e reste R″; et ainsi de suite; les chiffres du quotient sont Q′, Q″, etc. Soient r, $r′$, $r″$, etc., des restes consécutifs d'un rang quelconque; si $q′$, $q″$, $q‴$, etc., désignent les quotiens entiers que l'on obtient en divisant successivement br, $br′$, $br″$, etc., par A, on aura

$$R′ = bR − AQ′, \quad R″ = bR′ − AQ″, \quad R‴ = bR″ − AQ‴, \text{ etc.,}$$
$$r′ = br − Aq′, \quad r″ = br′ − Aq″, \quad r‴ = br″ − Aq‴, \text{ etc.}$$

Tous les *restes* étant des nombres entiers positifs moindres que le diviseur A, on parviendra nécessairement à un reste déjà obtenu. Soit $r″ = R‴$; il viendra

$$bR″ − AQ‴ = br″ − Aq‴; \quad \text{d'où} \quad Q‴ − q‴ = \frac{b(R″ − r″)}{A}.$$

Or, Q‴ − q‴ est un nombre entier; A divise donc $b × (R″ − r″)$; et comme les nombres A, b, n'ont pas de facteurs communs, A doit diviser $R″ − r″$; ce qui exige que R″ = r″, car R″ − r″ < A. On prouverait de même que R′ = r′; et ainsi de suite en remontant. Soit R‴ le premier reste qui est égal à l'un des restes R″, R′, R, précédens, je dis que R‴ = R, car autrement R‴ serait égal à R′ ou à R″, à R′ par exemple; on aurait R″ = R; ce qui est contre l'hypothèse. La période commence donc au premier chiffre à droite de la virgule.

3°. *Lorsque* A *contient des facteurs premiers de la base combinés avec d'autres facteurs, le quotient est indéfini et périodique, mais la période ne commence pas au premier chiffre à droite de la virgule.* En effet, si l'on décompose b et A en leurs facteurs premiers, on trouvera

$$b = p^{\alpha} q^{\zeta}, \quad A = p^{m} q^{n} × A′;$$

A′ ne renfermera aucun des facteurs p, q, et on aura

$$\frac{B}{A} = \frac{B × p^{\alpha x} q^{\zeta x}}{p^{m} q^{n} A′ × p^{\alpha x} q^{\zeta x}} = \frac{B p^{\alpha x − m} × q^{\zeta x − n}}{A′ b^{x}}$$

Désignant par δ la plus petite des valeurs entières positives de x qui rendent $ax - m$ et $bx - n$ positifs, il viendra

$$\frac{B}{A} = \frac{Bp^{a\delta - m} \times q^{b\delta - n}}{A'b^\delta} = \frac{B'}{A'b^\delta}, \quad B' = Bp^{a\delta - m} \times q^{b\delta - n}.$$

A' ne contenant aucun des facteurs p, q, la division de B' par A' donnera un quotient périodique Q, dont la période commencera au premier chiffre à droite de la virgule (2°). Mais, pour obtenir la valeur de $\dfrac{B}{A}$, il suffit de diviser Q par b^δ, ce qui revient à avancer la virgule de δ rangs à gauche ; *le quotient de la division de B par A renfermera donc δ chiffres entre la virgule et la première période.*

106. *Tout quotient périodique peut être exprimé par une fraction ordinaire.* En effet ; soient, x la valeur du quotient périodique, E le nombre placé à gauche de la *virgule*, N la partie non périodique comprise entre la *virgule* et la première période, n le nombre des chiffres de N, P la période, et p le nombre des chiffres de P ; on écrira la valeur de x de cette manière :

$$(1) \ldots \quad x = E,NPPP \text{ etc. } (*).$$

Pour obtenir une valeur de x qui ne renferme pas une infinité de chiffres, on observe que s'il était possible de déduire de l'équation (1), deux expressions en x qui continssent la même partie périodique, leur différence ne renfermerait plus la partie périodique ; de sorte qu'on en déduirait une valeur de x qui ne se prolongerait plus à l'infini ; le problème serait donc résolu. La manière la plus simple de parvenir à ces deux expressions, est de transporter successivement la *virgule* à

(*) Par exemple, lorsque $x = 9,34587\ 587\ 587$ etc., on a
E $= 9$, N $= 34$, $n = 2$, P $= 587$, $p = 3$, ENPPP etc. $= 934587,587$ etc.,
ENP $= 934587$, EN,PP etc. $= 934,587\ 587$ etc., EN $= 934$;
ENP,PP etc. $-$ EN,PP etc. $=$ ENP $-$ EN $= 934587 - 934$.

droite et à gauche de la première période ; ce qui donne
ENP,PPP etc. , EN,PPP etc. Mais, en avançant la *virgule* de
$n+p$ et de n rangs à droite, on multiplie x par b^{n+p} et par b^n; donc

$$x \times b^{n+p} = \text{ENP,PPP etc.} \quad \text{et} \quad x \times b^n = \text{EN,PPP etc.}$$

Retranchant la seconde équation de la première, il vient

$$x \times b^{n+p} - x \times b^n = \text{ENP} - \text{EN}; \text{ d'où (2)}\ldots x = \frac{\text{ENP} - \text{EN}}{(b^p - 1)b^n}.$$

Or, $b^p - 1$ est un nombre composé de p chiffres égaux à
$b - 1$, et on multiplie ce nombre par b^n en plaçant n zéros à
sa droite. La comparaison des formules (1), (2), conduit à
cette règle générale :

*Pour convertir un quotient périodique en fraction ordinaire,
transportez successivement la virgule à droite et à gauche de
la première période; la différence entre les parties* ENTIÈRES
*de ces deux derniers nombres sera le numérateur de la fraction
demandée; pour former son dénominateur, prenez un nombre
composé d'autant de chiffres égaux à $b - 1$, qu'il y a de chiffres
dans la période, et mettez autant de zéros sur la droite de ce
nombre, qu'il y a de chiffres entre la virgule et la première période.* D'après cette règle,

$$(2,34\ 516\ 516\ 516 \text{ etc.})_7 = \left(\frac{234516 - 234}{66600}\right)_7 = \left(\frac{234252}{66600}\right)_7.$$

Pour réduire la dernière fraction à sa plus simple expression,
on divisera ses deux termes $(234252)_7$, $(66600)_7$, par leur
plus grand commun diviseur 6; ce qui donnera la fraction
équivalente $\left(\frac{26365}{11100}\right)_7$.

REMARQUE. Quand le quotient périodique x étant moindre
que l'unité, la période commence au premier chiffre à droite de
la virgule, la règle donne $x = \dfrac{\text{P}}{b^p - 1}$. De sorte que :

*Tout quotient périodique moindre que l'unité, dont la pé-
riode commence au premier chiffre à droite de la virgule, est
égal à une fraction ordinaire qui a pour numérateur la période, et pour dénominateur un nombre composé d'autant de*

Notes, Arith.

9

chiffres égaux à b — 1 , qu'il y a de chiffres dans la période.

Si l'on veut parvenir directement à ce résultat, on fera

$$x = 0{,}PPP \text{ etc.}; \text{ d'où } x \times b^p = P{,}PP \text{ etc.}, x \times b^p - x = P, x = \frac{P}{b^p - 1}.$$

Cette règle donne

$$0{,}27\,27\,27 \text{ etc.} = \frac{27}{99} = \frac{3}{11}, \ (0{,}27\,27 \text{ etc.})_9 = \left(\frac{27}{88}\right)_9 = \left(\frac{5}{17}\right)_9 = \frac{5}{16}.$$

107. *Lorsqu'on a trouvé plus de la moitié des chiffres de la plus petite valeur entière approchée, n, de la racine quarrée d'un nombre entier* N ; *si l'on désigne par* α *la valeur de la partie de la racine déjà obtenue, le* RESTE *correspondant sera* N — α^2, *et en nommant* 6 *la plus petite valeur entière approchée de la partie de la racine qui reste à obtenir, la division du* RESTE *par* 2α, *donnera* 6 *ou* $6 + 1$ *unités au quotient.* En effet, on a

$$n = \alpha + 6, \ \sqrt{N} = \alpha + 6 + \delta, \ \delta < 1 ; \ \text{d'où}$$

$$N = \alpha^2 + 2\alpha(6 + \delta) + (6 + \delta)^2, \ \text{et } \frac{N - \alpha^2}{2\alpha} = (6 + \delta) + \frac{(6 + \delta)^2}{2\alpha}.$$

Or, δ est positif et moindre que 1 ; donc

$$\frac{N - \alpha^2}{2\alpha} > 6 \ \text{ et } \ \frac{N - \alpha^2}{2\alpha} < 6 + 1 + \frac{(6 + 1)^2}{2\alpha}.$$

La question se réduit donc à faire voir que $2\alpha > (6 + 1)^2$. Nous allons démontrer que cette inégalité est vraie dans le cas le plus défavorable, c'est-à-dire quand α étant le plus petit possible, 6 est le plus grand possible.

1°. Lorsque n renferme un nombre pair, $2p$, de chiffres, α en contient le même nombre ; on a trouvé $p + 1$ chiffres, et 6 renferme $p - 1$ chiffres ; donc

$$\alpha = 10^{2p-1}, 2\alpha > 10^{2p-1}, 6 = 10^{p-1} - 1 ; \text{donc } (6 + 1)^2 = 10^{2p-2}.$$

2°. Quand n renferme $2p + 1$ chiffres, α en contient le même nombre ; on a trouvé $p + 1$ chiffres, et 6 contient p chiffres ; par conséquent

$$\alpha = 10^{2p}, 2\alpha > 10^{2p}, 6 = 10^p - 1 ; \text{donc } (6 + 1)^2 = 10^{2p}.$$

2α est donc toujours plus grand que $(6 + 1)^2$.

THÉORIE DES FRACTIONS CONTINUES.

108. TOUTE expression de l'une des formes

$$\cfrac{a}{\alpha + \cfrac{b}{\mathfrak{c}}}, \quad \cfrac{a}{\alpha + \cfrac{b}{\mathfrak{c} + \cfrac{c}{\gamma}}}, \text{ etc.,}$$

s'appelle une *fraction continue*. Pour évaluer la première, on divise a par $\alpha + \dfrac{b}{\mathfrak{c}}$ ou par $\dfrac{\alpha\mathfrak{c} + b}{\mathfrak{c}}$; le quotient $\dfrac{a\mathfrak{c}}{\alpha\mathfrak{c} + b}$ exprime cette fraction. On en déduit la valeur de la seconde fraction continue, en remplaçant $\mathfrak{c}$ par $\mathfrak{c} + \dfrac{c}{\gamma}$; et ainsi de suite.

Nous ne considérerons ici que les fractions continues dans lesquelles, a, b, c, etc., sont égaux à l'unité, et α, $\mathfrak{c}$, γ, etc., sont des nombres entiers positifs.

La résolution des équations de la forme $a^x = b$, conduit à ces fractions continues. Par exemple, soit $8^x = 32$; en donnant successivement à x, les valeurs 0, 1, 2, on voit que x tombe entre 1 et 2; on fait $x = 1 + \dfrac{1}{y}$; y est plus grand que l'unité, et l'équation proposée devient

$$32 = 8^{1 + \frac{1}{y}} = 8^1 \times 8^{\frac{1}{y}}; \quad \text{d'où} \quad 8^{\frac{1}{y}} = 4 \quad \text{et} \quad 4^y = 8.$$

La valeur de y tombe entre 1 et 2; soit $y = 1 + \dfrac{1}{z}$, z est plus grand que 1, et l'équation $4^y = 8$, donne

$$8 = 4^{1 + \frac{1}{z}} = 4^1 \times 4^{\frac{1}{z}}, \quad 2 = 4^{\frac{1}{z}}, \quad 2^z = 4; \text{ d'où } z = 2. \text{ Or,}$$

$y = 1 + \dfrac{1}{z}$, $x = 1 + \dfrac{1}{y}$; donc $y = 1 + \dfrac{1}{2}$, $x = 1 + \cfrac{1}{1 + \cfrac{1}{2}}$.

Il est facile d'évaluer x en fraction ordinaire, car

$$y = 1 + \frac{1}{2} = \frac{3}{2} \quad \text{et} \quad x = 1 + \frac{1}{y} = 1 + \frac{2}{3} = \frac{5}{3}.$$

La valeur $\frac{5}{3}$ de x satisfait à l'équation proposée, car elle donne

$$8^x = 8^{\frac{5}{3}} = \sqrt[3]{8^5} = \sqrt[3]{(2^3)^5} = \sqrt[3]{(2^5)^3} = 2^5 = 32.$$

L'application de ce procédé à l'équation $10^x = 200$, conduit aux résultats suivans :

$$x = 2 + \frac{1}{y}, \quad 2^y = 10, \quad y = 3 + \frac{1}{z}, \quad z = 3 + \frac{1}{u}, \quad u = 9 + \frac{1}{t}, \text{ etc.}$$

Les calculs ne se termineront pas, parce que la valeur de x est *incommensurable*, (n° 130); cette valeur sera donnée par une fraction continue, car

$$x = 2 + \frac{1}{y} = 2 + \cfrac{1}{3 + \frac{1}{z}} = 2 + \cfrac{1}{3 + \cfrac{1}{3 + \frac{1}{u}}} = \text{etc.}$$

109. En général : *Pour exprimer une quantité quelconque x en fraction continue, calculez d'abord la plus petite valeur entière approchée q de x; x étant compris entre q et $q+1$, faites $x = q + \dfrac{1}{y}$; y sera plus grand que 1. Cherchez la plus petite valeur entière approchée q' de y, et faites $y = q' + \dfrac{1}{z}$, z sera plus grand que 1 ; calculez la plus petite valeur entière approchée q'' de z; et ainsi de suite.* Les relations

$$x = q + \frac{1}{y}, \quad y = q' + \frac{1}{z}, \quad z = q'' + \frac{1}{t}, \text{ etc.}, \text{ donnant}$$

$$x = q + \frac{1}{y} = q + \cfrac{1}{q' + \frac{1}{z}} = q + \cfrac{1}{q' + \cfrac{1}{q'' + \frac{1}{t}}} = \text{etc.},$$

la valeur de x est exprimée par la fraction continue

$$(1)\ldots x = q + \cfrac{1}{q' + \cfrac{1}{q'' + \cfrac{1}{q''' + \text{etc.}}}}$$

Selon que x est commensurable ou incommensurable, cette fraction continue se termine ou ne se termine pas.

110. *Les quantités,* q, $q + \dfrac{1}{q'}$, $q + \dfrac{1}{q' + \dfrac{1}{q''}}$, *etc., peuvent se mettre sous la forme de fractions ordinaires.* En effet,

$$q = \frac{q}{1}, \quad q + \frac{1}{q'} = \frac{qq' + 1}{q'};$$

changeant q' en $q' + \dfrac{1}{q''}$, et multipliant ensuite par q'' les deux termes de la fraction qui en résulte, il vient

$$q + \frac{1}{q' + \dfrac{1}{q''}} = \frac{q\left(q' + \dfrac{1}{q''}\right) + 1}{q' + \dfrac{1}{q''}} = \frac{(qq' + 1)\, q'' + q}{q'q'' + 1}.$$

Si l'on remplace q'' par $q'' + \dfrac{1}{q'''}$, et si l'on multiplie ensuite par q''' les deux termes de la fraction qui en résulte, on trouvera.

$$q + \frac{1}{q' + \dfrac{1}{q'' + \dfrac{1}{q'''}}} = \frac{\left\{(qq' + 1)\, q'' + q\right\} q''' + (qq' + 1)}{(q'q'' + 1)\, q''' + q'}; \text{ etc.}$$

Les fractions ordinaires

$$\frac{q}{1}, \quad \frac{qq' + 1}{q'}, \quad \frac{(qq' + 1) \times q'' + q}{q' \times q'' + 1}, \quad \frac{\left\{(qq' + 1)\, q'' + q\right\} \times q''' + (qq' + 1)}{(q'q'' + 1) \times q''' + q'}, \text{ etc.}$$

ont reçu le nom de *fractions convergentes* et de *réduites*, parce qu'elles approchent de plus en plus de la valeur de la fraction continue totale (n° 114), et qu'elles sont irréductibles (n° 116). Ces fractions jouissent de plusieurs propriétés que nous allons faire connaître.

111. *Toutes les réduites se déduisent des deux premières d'après une loi très simple.* En effet, on obtient la 3ᵉ réduite, en multipliant les deux termes de la 2ᵉ par q'', et en ajoutant aux produits les deux termes q, 1, de la 1ʳᵉ réduite. La 4ᵉ réduite

se déduit des deux précédentes d'après la même loi, c'est-à-dire que l'on forme son numérateur et son dénominateur, en multipliant les deux termes de la 3ᵉ réduite par q''', et en ajoutant aux produits les deux termes de la 2ᵉ réduite.

L'analogie conduit à cette règle : *Pour obtenir les réduites successives qui correspondent à la fraction continue* (1), *(page 132), écrivez les quantités* q', q'', q''', *etc., par ordre, sur une même ligne horizontale ; calculez les deux premières réduites,* $\dfrac{q}{1}$, $\dfrac{qq'+1}{q'}$; *posez ces réduites sous* q' *et* q''. *Pour former la 3ᵉ réduite, multipliez les deux termes de la 2ᵉ réduite par* q'' ; *les produits, augmentés respectivement des deux termes de la 1ʳᵉ réduite, donneront le numérateur et le dénominateur de la 3ᵉ réduite. Posez la 3ᵉ réduite sous* q''' ; *la 4ᵉ réduite se déduira de même des deux précédentes, en prenant* q''' *pour multiplicateur ; et ainsi de suite.* L'exactitude de cette loi étant vérifiée pour les trois premières réduites, il suffit de faire voir que si elle a lieu pour les trois réduites consécutives $\dfrac{c}{a}$, $\dfrac{c'}{a'}$, $\dfrac{c''}{a''}$, la réduite suivante $\dfrac{c'''}{a'''}$ se déduira des deux précédentes d'après la même loi. Soient (*)

$$x = q + \cfrac{1}{q' + \cfrac{1}{q'' + \dots + \cfrac{1}{\gamma + \cfrac{1}{\gamma' + \cfrac{1}{\gamma'' + \text{etc.}}}}}}$$

$$\frac{c'}{a'} = q + \cfrac{1}{q' + \cfrac{1}{q'' + \dots + \cfrac{1}{\gamma}}}$$

$$\frac{c''}{a''} = q + \cfrac{1}{q' + \cfrac{1}{q'' + \dots + \cfrac{1}{\gamma + \cfrac{1}{\gamma'}}}}$$

$$\frac{c'''}{a'''} = q + \cfrac{1}{q' + \cfrac{1}{q'' + \dots + \cfrac{1}{\gamma + \cfrac{1}{\gamma' + \cfrac{1}{\gamma''}}}}}$$

(*) Les *points* placés entre q'' et $\dfrac{1}{\gamma}$ indiquent qu'il y a un nombre quelconque de termes entre q'' et $\dfrac{1}{\gamma}$.

il faut démontrer que si

$$(2)\ldots\frac{c''}{\alpha''}=\frac{c'\gamma'+c}{\alpha'\gamma'+\alpha},\text{ on aura } (3)\ldots\frac{c'''}{\alpha'''}=\frac{c''\gamma''+c'}{\alpha''\gamma''+\alpha'}.$$

Or, d'après la notation adoptée, $\frac{c'''}{\alpha'''}$ se déduit de $\frac{c''}{\alpha''}$ en chan-geant dans cette dernière fraction, γ' en $\gamma'+\frac{1}{\gamma''}$, et par hypothèse

$$c''=c'\gamma'+c,\quad \alpha''=\alpha'\gamma'+\alpha;$$

effectuant ce changement dans la formule (2), elle donne

$$\frac{c'''}{\alpha'''}=\frac{c'\left(\gamma'+\frac{1}{\gamma''}\right)+c}{\alpha'\left(\gamma'+\frac{1}{\gamma''}\right)+\alpha}=\frac{(c'\gamma'+c)\gamma''+c'}{(\alpha'\gamma'+\alpha)\gamma''+\alpha'}=\frac{c''\gamma''+c'}{\alpha''\gamma''+\alpha'}.$$

La formule (3) n'est donc qu'une conséquence de la for-mule (2). Ce qui démontre le principe énoncé.

Il en résulte que si $\frac{c}{\alpha}$, $\frac{c'}{\alpha'}$, $\frac{c''}{\alpha''}$ et $\frac{c'''}{\alpha'''}$, désignent des réduites consécutives d'un rang quelconque, on aura

$$(4)\ldots c''=c'\gamma'+c,\quad \alpha''=\alpha'\gamma'+\alpha,\quad c'''=c''\gamma''+c',\quad \alpha'''=\alpha''\gamma''+\alpha'.$$

Par exemple, soient

$$x=2+\cfrac{1}{3+\cfrac{1}{4+\frac{1}{5}}}\quad\text{et}\quad y=10+\cfrac{1}{20+\cfrac{1}{20+\frac{1}{20}+\text{etc.}}}$$

Pour obtenir les réduites qui correspondent à la première fraction continue, on détermine d'abord les deux premières ré-duites, $\frac{2}{1}$, $2+\frac{1}{3}$ ou $\frac{7}{3}$; la règle générale conduit ensuite aux calculs suivans,

$$3,\ 4,\qquad\qquad 5$$
$$\frac{2}{1},\ \frac{7}{3},\ \frac{7\times4+2}{3\times4+1}\ \text{ou}\ \frac{30}{13},\ \frac{30\times5+7}{13\times5+3}\ \text{ou}\ \frac{157}{68}.$$

Les réduites successives sont donc $\frac{2}{1}$, $\frac{7}{3}$, $\frac{30}{13}$ et $\frac{157}{68}$; la dernière exprime la valeur exacte de x.

On trouvera de même que les réduites correspondantes à la seconde fraction continue sont

$$\frac{10}{1}, \frac{201}{20}, \frac{4030}{401}, \frac{80801}{8040}, \text{etc.}$$

112. Les formules (4) de la page 135 démontrent que *les termes des réduites successives sont d'autant plus grands que ces réduites sont plus éloignées de la première.*

113. *Les réduites successives sont alternativement plus petites et plus grandes que la fraction continue totale; elles s'en approchent de plus en plus.* Ces propriétés se déduisent de la relation qui existe entre deux réduites consécutives, $\frac{6}{a}$, $\frac{6'}{a'}$, et la fraction continue totale x. En effet, d'après la notation adoptée (page 134), pour déduire la fraction continue totale x, de la réduite $\frac{6''}{a''}$, il suffit, dans la valeur $\frac{6'\gamma' + 6}{a'\gamma' + a}$ de cette réduite, de remplacer γ' par $\gamma' + \frac{1}{\gamma''} + $ etc. Soit donc

$$\gamma' + \frac{1}{\gamma''} + \text{etc.} = y; \text{ on aura (1)} \dots x = \frac{6'y + 6}{a'y + a} \text{ et } y > 1.$$

L'équation (1) exprime la relation qui existe entre la fraction continue totale x et les termes de deux réduites consécutives quelconques, $\frac{6}{a}$, $\frac{6'}{a'}$. Pour comparer les grandeurs de ces fractions, on met en évidence les différences entre x et chacune des réduites $\frac{6}{a}$, $\frac{6'}{a'}$; l'équation (1) donne

$$a'xy + ax = 6'y + 6, \quad y(a'x - 6') = 6 - ax,$$

$$(2)\dots a'y\left(x - \frac{6'}{a'}\right) = a\left(\frac{6}{a} - x\right).$$

$a'y$ et a étant positifs, les différences $x - \dfrac{c'}{a'}$, $\dfrac{c}{a} - x$, sont de mêmes signes ; la valeur de x est donc comprise entre $\dfrac{c}{a}$ et $\dfrac{c'}{a'}$.

Par exemple, soit $\dfrac{c}{a} > x$; on aura $\dfrac{c'}{a'} < x$.

La formule (2) prouve que $x - \dfrac{c'}{a'} < \dfrac{c}{a} - x$, car les inéga­lités $a' > a$, $y > 1$, donnent $a'y > a$. La réduite $\dfrac{c'}{a'}$ approche donc plus de x, que la réduite précédente $\dfrac{c}{a}$.

114. La 1re réduite $\dfrac{q}{1}$ étant toujours moindre que la fraction continue totale x, *les réduites de rang impair sont trop petites, et les réduites de rang pair sont trop grandes.* Mais, ces réduites approchent de plus en plus de x ; par conséquent, *les réduites de rang impair vont en augmentant, et celles de rang pair diminuent.* Les réduites forment donc deux *séries*, dont les termes se rapprochent de plus en plus de la valeur de la fraction continue totale.

115. *La différence entre deux réduites consécutives quelconques,* $\dfrac{c}{a}$, $\dfrac{c'}{a'}$, *est une fraction ordinaire qui a l'unité pour numérateur.* En effet, si la réduite $\dfrac{c}{a}$ est de rang pair, on aura

$$\frac{c}{a} > x, \quad \frac{c'}{a'} < x, \quad \frac{c''}{a''} > x; \text{ donc } \frac{c}{a} > \frac{c'}{a'} \text{ et } \frac{c''}{a''} > \frac{c'}{a'}.$$

La formule (2), (page 135), donne

$$\frac{c''}{a''} - \frac{c'}{a'} = \frac{c'\gamma + c}{a'\gamma + a} - \frac{c'}{a'} = \frac{a'c - ac'}{(a'\gamma + a)a'}; \text{ or, } \frac{c}{a} - \frac{c'}{a'} = \frac{a'c - ac'}{aa'}.$$

Les fractions qui expriment les différences entre les réduites consécutives ont donc des numérateurs égaux. Mais, la différence entre les deux premières réduites, $\dfrac{q}{1}$, $q + \dfrac{1}{q'}$, est une fraction $\dfrac{1}{q'}$ dont le numérateur est l'unité ; le principe est donc démontré.

116. *Les fractions* CONVERGENTES *sont irréductibles ;* car $\frac{\alpha}{6}$ et $\frac{\alpha'}{6'}$ désignant deux réduites consécutives quelconques, on a $\alpha'6 - \alpha6' = \pm 1$; tout nombre qui divise α et 6, divise donc l'unité; α et 6 sont donc premiers entre eux.

117. *Lorsqu'on prend une réduite au lieu de la fraction continue totale, l'erreur est moindre que l'unité divisée par le quarré du dénominateur de cette réduite.* En effet, la fraction continue totale x étant comprise entre deux réduites consécutives quelconques $\frac{6}{\alpha}$, $\frac{6'}{\alpha'}$, l'erreur e que l'on commet en prenant $\frac{6}{\alpha}$ au lieu de x, est moindre que $\frac{6}{\alpha} - \frac{6'}{\alpha'}$. Mais,

$$\frac{6}{\alpha} - \frac{6'}{\alpha'} = \frac{\alpha'6 - \alpha6'}{\alpha\alpha'} = \frac{1}{\alpha\alpha'}; \text{ donc } e < \frac{1}{\alpha\alpha'}.$$

Or, $\frac{1}{\alpha^2} > \frac{1}{\alpha\alpha'}$, car $\alpha' > \alpha$; donc $e < \frac{1}{\alpha^2}$.

118. *Pour déterminer la valeur d'une fraction continue à moins de* $\frac{\gamma}{\delta}$ *d'unité près, on s'arrête à une réduite* $\frac{6}{\alpha}$ *telle que* $\alpha > \sqrt{\frac{\delta}{\gamma}}$, car l'erreur commise en prenant $\frac{6}{\alpha}$, au lieu de la fraction continue totale, étant moindre que $\frac{1}{\alpha^2}$; il suffit de satisfaire à l'inégalité $\frac{1}{\alpha^2} < \frac{\gamma}{\delta}$; d'où $\alpha > \sqrt{\frac{\delta}{\gamma}}$.

Pour remplir cette dernière condition, on continuera les calculs du n° 111, jusqu'à ce qu'on parvienne à une réduite dont le dénominateur surpasse la plus petite valeur entière approchée de $\sqrt{\frac{\delta}{\gamma}}$; et par conséquent, lorsque la fraction continue ne sera pas terminée, on pourra toujours calculer sa valeur avec autant d'exactitude qu'on voudra. Par exemple, soient

$$x = 2 + \frac{1}{3} + \frac{1}{3} + \frac{1}{9} + \text{etc.}, \qquad y = 10 + \frac{1}{20} + \frac{1}{20} + \frac{1}{20} + \text{etc.}$$

Les réduites successives qui correspondent à x sont

$$\frac{2}{1}, \frac{7}{3}, \frac{23}{10}, \frac{214}{93}, \text{ etc.};$$

celles qui correspondent à y sont $\frac{10}{1}$, $\frac{201}{20}$, $\frac{4030}{401}$, $\frac{80801}{8040}$, etc.

Si l'on prend $x = \frac{214}{93} = 2,3010$ etc., l'erreur sera moindre

que $\frac{1}{93^2}$ ou que $0,0001$ etc.

Pour évaluer y, à moins d'un cent-millième d'unité près, on doit s'arrêter à une réduite $\frac{6}{a}$ telle que $a > \sqrt{100000}$; or $\sqrt{100000}$ tombe entre 316 et 317; la réduite cherchée est donc $\frac{4030}{401}$. Divisant 4030 par 401, le quotient $10,04987$ etc. sera la valeur de x à moins de $0,00001$; on est même certain que l'erreur est plus petite que $\frac{1}{401^2}$ ou que $0,009006$ etc.

La valeur de x convient à l'équation $10^x = 200$, (n° 108); on verra (2e *exemple du* n° 125) que la valeur de y exprime la racine quarrée de 101.

119. La règle du n° 109 donne le moyen de *convertir une fraction irréductible* $\frac{b}{a}$, *en fraction continue.* On détermine d'abord la plus petite valeur entière approchée q de $\frac{b}{a}$, en divisant b par a; les unités du quotient expriment q, et si r désigne le reste de cette division, il viendra

$$\frac{b}{a} = q + \frac{r}{a}. \text{ Soit, } \frac{b}{a} = q + \frac{1}{y}; \text{ d'où } y = \frac{a}{r} \text{ et } y > 1.$$

Pour trouver la plus petite valeur entière approchée q' de y, on divise a par r; les unités du quotient expriment q'; et si r' désigne le reste de cette division, on aura

$$y = \frac{a}{r} = q' + \frac{r'}{r}. \text{ Soit } y = q' + \frac{1}{z}, \text{ on a } z = \frac{r}{r'}, z > 1.$$

La plus petite valeur entière approchée q'' de z, s'obtient en divisant r par r'; et ainsi de suite. La formule (1) du n° 109. conduit à la valeur de $\frac{b}{a}$ en fraction continue.

REMARQUE. Les calculs précédens conduisent à chercher le plus grand commun diviseur entre b et a; les quantités q, q', q'', etc., sont les *quotiens* successifs, et r, r', r'', etc., sont les *restes* correspondans; a et b étant premiers entre eux, on parviendra toujours à un reste égal à l'unité, et comme le reste suivant sera nul, le calcul se terminera nécessairement; la fraction continue qui exprime $\frac{b}{a}$ sera donc toujours terminée.

Les nombres q, q', q'', etc., s'appellent les *quotiens incomplets*.

On en déduit cette règle générale : *Pour convertir une fraction irréductible* $\frac{b}{a}$ *en fraction continue, opérez comme si vous cherchiez le plus grand commun diviseur de ses deux termes; la division de b par a donnera un quotient entier q et un reste $r < a$; la division de a par r fournira un quotient entier q' et un reste $r' < r$; continuant à diviser les restes successifs les uns par les autres, vous parviendrez à un reste égal à l'unité, et si ω désigne le reste précédent, vous aurez*

$$(1) \dots \frac{b}{a} = q + \cfrac{1}{q' + \cfrac{1}{q'' + \dots + \cfrac{1}{\omega}}}$$

EXEMPLE. Soit la fraction $\frac{30}{13}$; la division de 30 par 13 donne le quotient $q = 2$, et le reste $r = 4$; divisant 13 par 4, on obtient le quotient $q' = 3$, et le reste $r' = 1$; donc $u = 4$ et

$$\frac{30}{13} = 2 + \frac{1}{3} + \frac{1}{4}.$$

On voit qu'une *fraction ordinaire peut être convertie en une fraction continue qui se termine.*

120. *Toute fraction continue qui se termine est équivalente à une fraction ordinaire.* Les méthodes des nᵒˢ 110 et 111, conduisent également à cette fraction ordinaire, mais le second procédé est le plus expéditif; la dernière réduite est la fraction demandée.

EXEMPLE. S'il s'agit de la fraction continue $2 + \frac{1}{3} + \frac{1}{4}$;

les deux premières réduites seront $\frac{2}{1}$ et $\frac{7}{3}$; la 3ᵉ réduite sera

$\frac{7 \times 4 + 2}{3 \times 4 + 1}$ ou $\frac{30}{13}$; cette dernière est équivalente à la fraction continue proposée.

On peut exécuter le calcul de cette autre manière :

$$3 + \frac{1}{4} = \frac{13}{4}, \quad 2 + \frac{1}{3 + \frac{1}{4}} = 2 + \frac{1}{\left(\frac{13}{4}\right)} = 2 + \frac{4}{13} = \frac{30}{13}.$$

121. *Quand les deux termes d'une fraction irréductible* $\frac{b}{a}$ *sont des nombres considérables, il est difficile de se former une idée de la grandeur de cette fraction* (nᵒ 27); *pour obtenir des fractions plus simples et qui approchent de plus en plus de la valeur de* $\frac{b}{a}$, *on convertit* $\frac{b}{a}$ *en fraction continue* (nᵒ 119), *et on forme les réduites successives* (nᵒ 111); *ces réduites jouissent de la propriété demandée.*

EXEMPLE. Soit la fraction irréductible $\frac{314159}{100000}$; la recherche du plus grand commun diviseur de ses deux termes donne les quotiens successifs 3, 7, 15, 1, 25, 1, 7, 4, et on en déduit que les réduites sont

$$\frac{3}{1}, \quad \frac{22}{7}, \quad \frac{333}{106}, \quad \frac{355}{113}, \quad \frac{9208}{2931}, \quad \frac{9563}{3044}, \quad \frac{76149}{24239}, \quad \frac{314159}{100000} \quad (*).$$

* 122. Lorsqu'à partir d'un certain terme, les quotiens in-complets q, q', q'', etc., se reproduisent dans le même ordre et à l'infini, on dit que la *fraction continue* est *périodique*. Ainsi,

$$(1)\ldots x = \cfrac{1}{a + \cfrac{1}{a + \cfrac{1}{a + \text{etc.}}}}$$

$$(2)\ldots y = \cfrac{1}{a + \cfrac{1}{b + \cfrac{1}{a + \cfrac{1}{b + \text{etc.}}}}}$$

$$(3)\ldots z = \cfrac{1}{a + \cfrac{1}{b + \cfrac{1}{c + \cfrac{1}{a + \cfrac{1}{b + \cfrac{1}{c + \text{etc.}}}}}}}$$

$$(4)\ldots t = \cfrac{1}{a + \cfrac{1}{a + \cfrac{1}{b + \cfrac{1}{a + \cfrac{1}{b + \text{etc.}}}}}}$$

sont des *fractions continues périodiques*. Dans (1), la *période* n'a qu'un seul terme a ; la période a deux termes a, b, dans (2) et (4) ; enfin, dans (3), la période a trois termes a, b, c.

Il est facile de voir que ces équations donnent

$$x = \cfrac{1}{a + x}, \quad y = \cfrac{1}{a + \cfrac{1}{b + y}}, \quad z = \cfrac{1}{a + \cfrac{1}{b + \cfrac{1}{c + z}}}, \quad t = \cfrac{1}{a + y}.$$

On en déduit

$$(5)\ldots x^2 + ax - 1 = 0, \quad (6)\ldots y^2 + by - \frac{b}{a} = 0;$$

$$(7)\ldots (1 + ab)z^2 + (abc + a + c - b)z - (1 + bc) = 0, (8)\ldots t = \frac{1}{a + y}.$$

(*) La fraction $\frac{314159}{100000}$, exprime la valeur du *rapport de la circonférence au diamètre*, à moins d'un cent-millième d'unité près. Les rapports approchés dont on fait le plus d'usage sont $\frac{22}{7}$ et $\frac{355}{113}$; ils ont été donnés par *Archimède* et par *Adrien Métius*. On voit que *la circonférence d'un cercle est un peu plus grande que le triple du diamètre*.

Chacune des équations (5), (6), (7), ayant deux racines réelles de signes contraires, la racine positive exprime la valeur de la fraction continue totale ; on trouve

$$x = -\frac{1}{2}a + \sqrt{\frac{1}{4}a^2 + 1}, \quad y = -\frac{b}{2} + \sqrt{\frac{b^2}{4} + \frac{b}{a}},$$

$$z = -\frac{(abc+a+c-b)}{2(1+ab)} + \sqrt{\frac{1}{4}\left(\frac{abc+a+c-b}{1+ab}\right)^2 + \frac{1+bc}{1+ab}}.$$

La substitution de la valeur de y, dans (8), déterminera t.

La valeur d'une fraction continue périodique est donc toujours exprimée par la racine réelle positive d'une équation du second degré. Par exemple, soit $a = 20$, on trouvera $x = -10 + \sqrt{101}$; d'où

$$(9)\ldots \sqrt{101} = 10 + x = 10 + \cfrac{1}{20 + \cfrac{1}{20 + \text{etc.}}}$$

123. La valeur réelle positive de la racine d'un degré quelconque d'un nombre positif peut toujours s'exprimer en fraction continue, car en faisant $\sqrt[m]{a} = x$, on en déduit une équation $x^m - a = 0$, qui n'a qu'une seule racine réelle positive, et la méthode des substitutions successives de *Lagrange* conduit à l'expression de cette racine en fraction continue (*Algèbre*, n° 272).

1ᵉʳ EXEMPLE. Soit $x = \sqrt[3]{11}$; d'où (1)$\ldots x^3 - 11 = 0$.

Pour calculer x, on fera successivement $x = 0$, $x = 1$, $x = 2, x = 3$, etc., dans l'équation (1) ; les valeurs correspondantes de $x^3 - 11$ étant -11, -10, -3, $+16$, etc., x est compris entre 2 et 3, (*Algèbre*, n° 262). Supposant $x = 2 + \frac{1}{y}$; y sera plus grand que l'unité, l'équation (1) deviendra

$$(2)\ldots 3y^3 - 12y^2 - 6y - 1 = 0.$$

Si l'on opère sur l'équation (2) comme sur l'équation (1), on verra que $y = 4$ et $y = 5$ réduisent $3y^3 - 12y^2 - 6y - 1$

à — 25 et + 44; de sorte que y tombe entre 4 et 5. Posant $y = 4 + \frac{1}{y_1}$, l'équation (2) devient

$$(3)\ldots 25y_1^3 - 42 y_1^2 - 24 y_1 - 3 = 0.$$

Continuant ces calculs, on trouve

$$y_1 = 2 + \frac{1}{y_2}, \quad y_2 = 6 + \frac{1}{y_3}, \text{ etc.}; \text{ d'où}$$

$$x = 2 + \cfrac{1}{4 + \cfrac{1}{2 + \cfrac{1}{6} + \text{etc.}}}$$

Les *réduites* successives sont $\frac{2}{1}$, $\frac{9}{4}$, $\frac{20}{9}$, $\frac{129}{58}$, etc.; la réduite $\frac{129}{58}$ est trop grande, mais en prenant $x = \frac{129}{58} = 2{,}224$ etc., l'erreur est moindre que $\frac{1}{58 \times 58}$ où que $0{,}0002$ etc. L'extraction de la racine cubique de 11, conduirait au même résultat.

2ᵉ EXEMPLE. Soit $x = \sqrt{101}$, d'où $(4)\ldots x^2 - 101 = 0$.

La plus petite valeur entière approchée de x étant 10, on pose $x = 10 + \frac{1}{y}$; y est plus grand que l'unité, et l'équation (4) devient

$$(5)\ldots y^2 - 20y - 1 = 0.$$

Donnant à y les valeurs 1, 2, 3, 4, 5, 6, etc., on trouve que $y = 20$ et $y = 21$, fournissent deux valeurs de $y^2 - 20y - 1$, qui sont de signes contraires; y tombe donc entre 20 et 21. On fait $y = 20 + \frac{1}{z}$, dans l'équation (5), la transformée se réduisant à $z^2 - 20z - 1 = 0$; on voit que $z = y$; d'où $(6)\ldots y = 20 + \frac{1}{y}$.

Si l'on remplace successivement y par sa valeur $20 + \frac{1}{y}$, la relation (7)...$x = \sqrt{101} = 10 + \dfrac{1}{y}$, conduira à la formule (9) de la page 143.

L'équation (6) peut se déduire directement de la relation (7), car cette dernière donne

$$y = \frac{1}{\sqrt{101} - 10} = \frac{1 \times (\sqrt{101} + 10)}{(\sqrt{101} - 10)(\sqrt{101} + 10)} = \frac{\sqrt{101} + 10}{101 - 100} = \sqrt{101} + 10,$$

et l'équation (7) donne $\sqrt{101} + 10 = 20 + \dfrac{1}{y}$.

En général, *lorsqu'un nombre n'est pas un quarré, sa racine quarrée peut toujours s'exprimer par une fraction continue périodique, dont la période a deux termes.* En effet, si α désigne la plus petite valeur entière approchée de $\sqrt{a}$, on aura

$$(1)\ldots \sqrt{a} = \alpha + \frac{1}{y} \quad \text{et} \quad y > 1; \quad \text{d'où}$$

$$y = \frac{1}{\sqrt{a} - \alpha} = \frac{1 \times (\sqrt{a} + \alpha)}{(\sqrt{a} - \alpha) \times (\sqrt{a} + \alpha)} = \frac{\sqrt{a} + \alpha}{a - \alpha^2}.$$

Or, l'équation (1) donne

$$\sqrt{a} + \alpha = 2\alpha + \frac{1}{y}; \quad \text{donc} \quad y = \frac{2\alpha}{a - \alpha^2} + \frac{1}{(a - \alpha^2)y}.$$

Soient, $a - \alpha^2 = b$, $\dfrac{2\alpha}{a - \alpha^2} = c$; on aura

$$y = c + \frac{1}{by}; \quad by = 2\alpha + \frac{1}{y}.$$

Substituant successivement pour y et by, leurs valeurs....

$c + \dfrac{1}{by}$, $2\alpha + \dfrac{1}{y}$, la formule (1) donnera

$$\sqrt{a} = \alpha + \cfrac{1}{c + \cfrac{1}{by}} = \alpha + \cfrac{1}{c + \cfrac{1}{2\alpha + \cfrac{1}{y}}} = \alpha + \cfrac{1}{c + \cfrac{1}{2\alpha + \cfrac{1}{c + \cfrac{1}{by}}}} = \alpha + \cfrac{1}{c + \cfrac{1}{2\alpha + \cfrac{1}{c + \cfrac{1}{2\alpha + \cfrac{1}{y}}}}}$$

et ainsi de suite; ce qui démontre le principe énoncé.

Notes, Arithm.

10

CHAPITRE SIXIÈME.

*Propriétés principales des Logarithmes. Disposition
et usages des Tables de Logarithmes placées à la
fin de ce volume.*

124. LES LOGARITHMES *sont des nombres en progression*
arithmétique qui correspondent terme pour terme à une pareille
suite de nombres en progression géométrique (*Bezout*, n° 216).
On a choisi les deux progressions

$$\div\ 1 : 10 : 100 : 1000 : 10000 : 100000 : \text{etc}$$
$$\div\ 0\ .\ 1\ .\ 2\ .\ 3\ .\ 4\ .\ 5\ .\ \text{etc.}$$

La *raison* 10 de la progression géométrique se nomme la
base du système de logarithmes. D'après la définition des
logarithmes, il existe une infinité d'autres systèmes de logarithmes ; mais *nous ne considérerons dans ce chapitre que les*
logarithmes relatifs à la base dix.

Les principes établis dans l'Arithmétique de *Bezout*, conduisent aux propriétés suivantes :

1°. Les logarithmes des nombres plus grands que l'unité
sont positifs et d'autant plus grands que les nombres sont plus
grands.

2°. Les logarithmes des nombres 1, 10, 100, 1000, etc.,
étant 0, 1, 2, 3, etc., les logarithmes des nombres entiers
augmentent plus lentement que ces nombres. On démontrera
(n°130), que les logarithmes des nombres entiers compris entre
1, 10, 100, 1000, etc., sont *incommensurables.*

3°. Le logarithme d'un produit est égal à la somme des logarithmes des facteurs de ce produit.

4°. Le logarithme du quotient d'une division est égal au
logarithme du dividende, moins le logarithme du diviseur ; et

par conséquent, le logarithme d'une fraction s'obtient en retranchant le logarithme du dénominateur de celui du numérateur.

5°. Le logarithme d'une *puissance* quelconque d'un nombre est égal au logarithme de ce nombre, multiplié par l'*exposant* de la puissance.

6°. Le logarithme de la *racine* $m^{ième}$ d'un nombre s'obtient en divisant par m le logarithme de ce nombre.

7°. Lorsqu'on multiplie ou qu'on divise un nombre N par l'unité suivie de n zéros, la *caractéristique* du logarithme de ce nombre augmente ou diminue de n unités, et la partie décimale du logarithme ne change pas. Réciproquement, quand la caractéristique du logarithme d'un nombre N augmente ou diminue de n unités, le nouveau logarithme appartient au nombre N multiplié ou divisé n fois par le facteur 10.

125. Nos TABLES de logarithmes sont disposées de la manière suivante : Les nombres entiers moindres que 10000 se trouvent dans les colonnes intitulées N ; les cinq premières décimales des logarithmes de ces nombres sont dans les colonnes intitulées LOG ; on n'a pas mis les *caractéristiques*, mais il est facile d'y suppléer, car *la caractéristique du logarithme d'un nombre entier contient autant d'unités moins une qu'il y a de chiffres dans ce nombre* (*Bezout*, n°. 222). On trouve ainsi que le logarithme de 2159 est 3,33425 (*). La différence entre les logarithmes de deux nombres entiers consécutifs compris entre 1000 et 10000, est placée dans la colonne intitulée D, à droite de l'espace qui sépare les parties décimales de ces logarithmes ; cette différence exprime des cent-millièmes d'unité ; on voit ainsi que la différence entre les logarithmes des nombres 3168

_____

(*) On a calculé les logarithmes avec six décimales, et ensuite on a supprimé le dernier chiffre, d'après la règle du n° 46. Ainsi, les logarithmes des nombres

66,	68,	99,	étant
1,819543 etc.,	1,832508 etc.,	1,995635 etc.,	

on trouve dans nos *Tables* que les logarithmes de ces nombres sont

1,81954,	1,83251,	1,99564.

et 3,69 est 13 cent-millièmes, ou 0,00013. Les différences correspondantes aux logarithmes des nombres entiers moindres que 1000 ne sont pas indiquées dans la Table, parce qu'on n'en fait pas usage.

126. Pour être en état d'opérer avec les *Tables* de logarithmes., il suffit de savoir résoudre les deux problèmes suivans :

1er PROBLÈME. *Un nombre étant donné, trouver son logarithme ?*

Nos *Tables* ne contenant que les cinq premières décimales des logarithmes, la question se réduit toujours à déterminer la valeur du logarithme d'un nombre à moins d'un cent-millième d'unité près. Cela posé :

1°. Les cinq premières décimales des logarithmes des nombres entiers moindres que 10000 sont dans la *Table*, et la caractéristique est connue. Ainsi,

$l\,5 = 0,69897$ (*), $l\,573 = 2,75815$, $l\,2923 = 3,46583$; $l\,2159 = 3,33425$.

2°. Pour obtenir le logarithme d'un nombre entier plus grand que 10000, on fait d'abord dépendre ce logarithme de celui d'un nombre décimal compris entre 1000 et 10000.

EXEMPLE. Soit proposé de calculer le logarithme de 21598; on observe que

$$l\,21598 = l(2159,8 \times 10) = l\,2159,8 + l\,10 = l\,2159,8 + 1.$$

La question est ramenée à chercher le logarithme de 2159,8. Le logarithme de 2159 étant 3,33425, il suffit de calculer ce qu'on doit ajouter à ce dernier logarithme, pour obtenir celui du nombre 2159,8. Or, la différence entre les logarithmes des nombres 2159 et 2160 est 0,00020; on peut donc dire :

Si pour une unité ajoutée au nombre 2159, il faut ajouter 0,00020 à son logarithme; combien pour 0,8 ajoutés à ce nombre, doit-on ajouter à ce logarithme ?

Désignant cette inconnue par x, on pose la proportion

(*) L'expression $l\,5$ désigne le logarithme de 5.

$r : 0,00020 :: 0,8 : x$ (*); d'où $x = 0,00016.$

Ajoutant $0,00016$ au logarithme de 2159, la somme $3,33441$ exprime la valeur du logarithme de $2159,8$. Le logarithme de 21598 est donc $4,33441$.

3°. On obtient le logarithme d'une fraction en retranchant le logarithme du dénominateur de celui du numérateur. Ainsi,

$$l\left(\frac{21598}{247}\right) = l21598 - l247 = 4,33441 - 2,39270 = 1,94171,$$

$$l\left(\frac{247}{21598}\right) = l247 - l21598 = 2,39270 - 4,33441.$$

Pour effectuer cette dernière soustraction, on retranche $2,39270$ de $4,33441$, et on affecte le reste $1,94171$ du signe $-$; de sorte que le logarithme de $\frac{247}{21598}$ est $-1,94171$.

En général, *quand le nombre à soustraire est le plus grand, on retranche le plus petit nombre du plus grand, et on met le signe* $-$ *devant le reste* (*Algèbre*, n° 13).

Suivant qu'un nombre est affecté du signe $+$ ou du signe $-$, on dit que ce nombre est *positif* ou *négatif*.

4°. Enfin, pour *calculer le logarithme d'un nombre décimal*, on supprime la virgule, et on cherche le logarithme du nombre entier qui en résulte; on diminue ensuite ce logarithme d'autant d'unités que le nombre proposé contient de décimales. Par exemple, le logarithme de 21598 étant $4,33441$, celui de $21,598$ est $1,33441$, car

$$l21,598 = l\left(\frac{21598}{1000}\right) = l21598 - l1000 = l21598 - 3.$$

On verra de même que

(*) Pour que cette proportion fût exacte, il faudrait que les différences entre les nombres fussent proportionnelles aux différences entre les logarithmes de ces nombres. Cela n'est pas rigoureusement vrai, mais nous démontrerons (page 160), que les nombres dont on cherche les logarithmes étant compris entre 1000 et 10000, la proportion indiquée fournit les logarithmes de ces nombres, à moins d'un cent-millième d'unité près.

$$l\,o,oo21598 = l21598 - 7 = 4,33441 - 7 = -2,66559.$$

REMARQUE. *On peut toujours transformer un logarithme négatif, de manière que la partie décimale soit positive.* Par exemple,

$$l\,o,oo21598 = -7 + 4 + o,33441 = -3 + o,33441 = \overline{3},33441.$$

Le signe — placé au-dessus de la caractéristique d'un logarithme, indiquera toujours que cette caractéristique doit être affectée du signe — et que la partie décimale est positive.

D'après cette notation, *la partie décimale du logarithme d'un nombre ne change pas, lorsqu'on multiplie ou qu'on divise ce nombre par l'unité suivie de plusieurs zéros ; la réciproque est vraie.* Par conséquent : *lorsque des nombres entiers ne diffèrent que par des zéros placés sur leur droite, et quand des nombres décimaux ne diffèrent que par la position de la virgule, les logarithmes de ces nombres ont la même partie décimale ; la réciproque est vraie.* Ainsi, le logarithme de 2159 étant 3,33425, les logarithmes des nombres

2159o000,   21,59,   0,02159,

sont 7,33425,   1,33425, $\overline{2}$,33425.

2° PROBLÈME. *Un logarithme étant donné, trouver le nombre auquel il appartient ?*

1°. *Quand la partie décimale du logarithme est dans la* TABLE, elle se trouve nécessairement parmi les logarithmes des nombres compris entre 1000 et 10000 ; on en déduit facilement le nombre cherché.

1er. EXEMPLE. Soit le logarithme 3,33425 ; on trouve directement qu'il appartient au nombre 2159.

2e EXEMPLE. Si le logarithme donné est 7,33425, on diminuera la caractéristique 7 de 4 unités ; on trouvera que le logarithme 3,33425 qui en résulte, correspond au nombre 2159 ; or, en diminuant la caractéristique de quatre unités, le nombre correspondant à ce logarithme a été divisé par 10000 ; le logarithme 7,33425 appartient donc au nombre 2159 × 10000 ou à 21590000.

3e Exemple. S'il s'agit du logarithme 1,33425, on ajoutera 2 unités à sa caractéristique ; le logarithme 3,33425 qui en résulte, appartenant au nombre 2159, le logarithme 1,33425 correspond au nombre 100 fois plus petit 21,59.

4e Exemple. Pour trouver à quel nombre appartient le logarithme $\overline{2}$,33425 dont la caractéristique seule est négative, on ajoute 5 unités à cette caractéristique, afin de la rendre égale à 3 ; le logarithme 3,33425 qui en résulte, correspondant à 2159, le logarithme proposé appartient à $\dfrac{2159}{100000}$ ou à 0,02159.

2°. *Lorsque la partie décimale du logarithme proposé n'est pas dans la table*, on opère de la manière suivante :

1er Exemple. Pour déterminer à quel nombre appartient le logarithme 3,33441, on cherche les deux logarithmes *tabulaires* qui comprennent ce logarithme ; on voit qu'il tombe entre les logarithmes 3,33425 et 3,33445 des nombres 2159 et 2160 ; le logarithme 3,33441 appartient donc au nombre 2159 augmenté d'une quantité inconnue x moindre que l'unité. Pour calculer la valeur de x, on prend la différence 0,00020, entre les logarithmes des nombres 2159 et 2160 ; on cherche la différence 0,00016, entre le logarithme donné et le logarithme tabulaire immédiatement plus petit ; et l'on dit :

Si pour 0,00020 de plus au logarithme de 2159, il faut ajouter 1 à 2159 ; combien pour 0,00016 de plus au logarithme de 2159, doit-on ajouter à 2159 ?

La proportion 0,00020 : 1 :: 0,00016 : x, donne $x = 0,8$.

Le logarithme 3,33441 appartient donc au nombre 2159,8.

Quand la caractéristique du logarithme proposé n'est pas égale à 3, on ramène ce cas au précédent en la diminuant ou en l'augmentant de plusieurs unités.

2e Exemple. Si le logarithme proposé est 4,33441, on diminuera la caractéristique d'une unité ; le logarithme 3,33441 qui en résulte, appartenant au nombre 2159,8, le logarithme 4,33441 est celui du nombre dix fois plus grand 21598.

3e Exemple. Si le logarithme donné est 1,33441, on ajoutera 2 unités à sa caractéristique, et on trouvera que le logarithme 3,33441 appartient au nombre 2159,8 ; le logarithme 1,33441 correspond donc au nombre cent fois plus petit 21,598.

4ᵉ Exemple. Pour découvrir à quel nombre appartient le logarithme $\overline{3}$,33441, dont la caractéristique est —3, on ajoutera 6 à ce logarithme, afin que sa caractéristique devienne +3 ; le résultat 3,33441 étant le logarithme de 2159,8, le logarithme $\overline{3}$,33441 appartient au nombre 2159,8 divisé par 1000000, c'est-à-dire à 0,0021598.

5ᵉ Exemple. Soit le logarithme entièrement négatif...... — 2,66559 ; on lui ajoutera 6 unités, ce qui donnera 6—2,66559 ou + 3,33441 ; ce dernier nombre étant le logarithme de 2159,8, le logarithme proposé appartient au nombre $\dfrac{2159,8}{1000000}$ ou à 0,0021598.

127. En général : *lorsque le nombre ou le logarithme donné ne se trouve pas dans la table, on ramène toujours la question à opérer sur les logarithmes des nombres compris entre* 1000 *et* 10000. Ainsi :

Lorsqu'il s'agit de trouver le logarithme d'un nombre décimal, ou d'un nombre entier plus grand que 10000, on avance la *virgule* (*) d'assez de rangs vers la droite ou vers la gauche du nombre donné, pour que le nombre qui en résulte soit compris entre 1000 et 10000 ; on cherche le logarithme de ce nombre ainsi préparé, et l'on diminue ou l'on augmente sa caractéristique d'autant d'unités que l'on a avancé la virgule de rangs vers la droite ou vers la gauche du nombre donné.

Réciproquement : Pour trouver à quel nombre appartient un logarithme donné, on distingue deux cas :

1°. Quand le logarithme est positif, on augmente ou on diminue sa caractéristique d'assez d'unités pour qu'elle devienne égale à 3 ; on cherche le nombre décimal qui correspond à ce logarithme ainsi préparé, et l'on avance ensuite la virgule

---

(*) On doit toujours sous-entendre que la *virgule* est placée sur la droite du chiffre des unités.

d'autant de rangs vers là gauche ou vers la droite de ce nombre décimal; qu'on a ajouté d'unités à la caractéristique du logarithme donné, ou qu'on a ôté d'unités de cette caractéristique.

2°. Lorsque le logarithme donné est négatif; on lui ajoute assez d'unités pour qu'il devienne positif et pour que sa caractéristique soit 3; on cherche le nombre décimal auquel appartient ce nouveau logarithme, et l'on avance la virgule d'autant de rangs vers la gauche de ce nombre décimal qu'on a ajouté d'unités au logarithme donné; le résultat exprime la valeur approchée du nombre auquel appartient le logarithme négatif proposé.

REMARQUE. La méthode précédente donne le plus grand degré d'exactitude dont nos *tables* sont susceptibles; elle détermine les logarithmes de tous les nombres à moins d'un cent-millième d'unité près; de sorte que la proportion indiquée (page 148, 2°), fournit les cent-millièmes d'unité du logarithme demandé. Lorsqu'on cherche à quel nombre correspond un logarithme donné, on ne peut généralement compter que sur l'exactitude des quatre premiers chiffres significatifs à gauche du nombre cherché; ces quatre chiffres se trouvent dans la table; de sorte que dans certains cas, la proportion indiquée (page 151, 2°) ne fournit aucun des autres chiffres du nombre demandé. Ces diverses propriétés seront démontrées dans le n° 132; elles prouvent l'inexactitude des régles qui avaient été données dans les ouvrages publiés jusqu'à ce jour.

128. L'emploi des logarithmes changeant les multiplications, les divisions, l'élévation aux puissances et l'extraction des racines, en additions, en soustractions, en multiplications et en divisions (n° 124), *on fait souvent usage des logarithmes pour abréger les calculs numériques.*

1er EXEMPLE. Soit $x = 9,899 \times 8,999$. On trouvera

$$lx = l\,9,899 + l\,8,999 = 0,99559 + 0,95419 = 1,94978.$$

Le logarithme 3,94978 appartenant au nombre 8908, la valeur approchée de x est 89,08; la valeur exacte de x est

89,081101. L'emploi des logarithmes ne fournit donc que les quatre premiers chiffres à gauche du produit demandé.

2e EXEMPLE. Soit $x = 345{,}67892 \times 0{,}0123456789$.

On trouvera

$$l\,345{,}67892 = 2{,}53867, \quad l\,0{,}0123456789 = \overline{2}{,}09151.$$

La somme 0,63018 de ces logarithmes exprimant le logarithme de x, on en déduira $x = 4{,}2676$. La valeur exacte de x est 4,2676409488188788 (page 51).

3e EXEMPLE. Soit $x = \dfrac{9724 \times 3849}{5676 \times 998}$.

On en déduit

$$l\,x = l\,9724 + l\,3849 - (l\,5676 + l\,998)$$
$$= 3{,}98784 + 3{,}58535 - (3{,}75404 + 2{,}99913)$$
$$= 7{,}57319 - 6{,}75317 = 0{,}82002.$$

La relation $l\,x = 0{,}82002$, donne $x = 6{,}60728$ etc.

Si l'on calcule directement la valeur de x, sans faire usage des logarithmes, on trouvera $x = 6{,}60723$ etc.

4e EXEMPLE. Soit $x = \sqrt[3]{596{,}947688}$; on en déduit

$$l\,x = \frac{1}{3} l.596{,}947688 = \frac{1}{3} \times 2{,}77593 = 0{,}92531.$$

Le logarithme 3,92531 appartenant au nombre 8420, on voit que la racine demandée est 8,42. Cette racine est exacte.

5e EXEMPLE. Soit $x = \sqrt[3]{5264{,}627832723456}$. On trouve

$$l\,5264{,}627832723456 = 3{,}72137, \quad l\,x = 1{,}24045, \quad x = 17{,}396 \text{ etc.}$$

6e EXEMPLE. Soit $x = \sqrt[3]{\dfrac{2}{7899}}$; on trouve $l\,x = -1{,}19884$.

Ajoutant 5 unités à ce logarithme négatif, le résultat 3,80116 est le logarithme de 6326,428 etc. ; de sorte que la valeur de x est égale à $\dfrac{6326{,}428 \text{ etc.}}{100000}$ ou à 0,06326428 etc. L'extraction de la racine cubique de la fraction $\dfrac{2}{7899}$ donne $x = 0{,}063263$ etc.

Théorie algébrique des logarithmes (*).

129. La définition des logarithmes (n° 124), peut être généralisée, car les nombres 1, 10, 100, 1000, etc., étant respectivement égaux à 10^0, 10^1, 10^2, 10^3, etc. (*Alg.*, n°⁵ 4 et 52), et les logarithmes de ces nombres étant 0, 1, 2, 3, etc., on voit que *le logarithme d'un nombre peut être considéré comme indiquant la puissance à laquelle il faut élever la base 10 du système, pour obtenir ce nombre.* Ainsi, dans l'équation $10^x = y$, l'exposant x de 10 est le logarithme du nombre y.

Les propriétés des logarithmes se déduisent avec plus de facilité de cette dernière définition. En effet, si les logarithmes des nombres y, Y, sont x et X, on aura

$$y = 10^x, \quad Y = 10^X, \quad x = ly, \quad X = lY; \quad \text{d'où}$$

$$y \times Y = 10^x \times 10^X = 10^{x+X}, \quad \frac{y}{Y} = \frac{10^x}{10^X} = 10^{x-X}, \quad \text{(Alg. n°⁵ 23, 34, 52 et 53)}.$$

$$y^m = 10^{mx}, \quad \sqrt[m]{y} = 10^{\frac{x}{m}}, \quad \text{(Alg. n°⁵ 135 et 139)}.$$

Par conséquent,

$$l(y \times Y) = x + X = ly + lY, \quad l\left(\frac{y}{Y}\right) = x - X = ly - lY,$$

$$l(y^m) = mx = ml\,y = (ly) \times m, \quad l\sqrt[m]{y} = \frac{x}{m} = \frac{ly}{m},$$

$$l(N \times 10^n) = lN + l\,10^n = lN + nl\,10 = lN + n,$$

$$l\left(\frac{N}{10^n}\right) = lN - l\,10^n = lN - nl\,10 = lN - n.$$

Ces *identités* démontrent les propriétés énoncées (n° 124).

130. Les relations, $l(10^n) = n$, $l\left(\frac{1}{10^n}\right) = -n$, font voir que *les logarithmes des nombres* 1, 10, 100, 1000, *etc.*, $\frac{1}{10}$, $\frac{1}{100}$, $\frac{1}{1000}$, *etc., sont* 0, 1, 2, 3, *etc.*, −1, −2, −3, *etc.*

(*) Les théories exposées dans les n°⁵ 129...139, exigent la connaissance de l'*Algèbre*.

Nous allons prouver que *les logarithmes de tous les autres nombres sont incommensurables.* En effet, soit $\frac{c}{d}$ un nombre dont le logarithme est une quantité commensurable $\pm\frac{a}{b}$; a, b, c et d seront des nombres entiers positifs, on pourra supposer que a et b sont premiers entre eux, ainsi que c et d; suivant que $\frac{c}{d}$ sera plus grand ou plus petit que l'unité, on aura

$$(1)\dots 10^{\frac{a}{b}}=\frac{c}{d}, \quad \text{ou} \quad (2)\dots 10^{-\frac{a}{b}}=\frac{c}{d}.$$

Cela posé :

1°. L'équation (1) donne $10^a=\left(\frac{c}{d}\right)^b$; le premier membre 10^a étant un nombre entier qui ne contient que les facteurs 2 et 5, le second membre $\left(\frac{c}{d}\right)^b$ doit jouir de la même propriété; il faut donc que $d=1$ et que $c=2^\alpha\times 5^\epsilon$, α et ϵ désignant des nombres entiers positifs; on en déduit

$$2^a\times 5^a = 2^{b\alpha}\times 5^{b\epsilon}; \text{ d'où } a=b\alpha=b\epsilon, \frac{a}{b}=\alpha=\epsilon \text{ et } c=10^a.$$

Par conséquent, pour que le logarithme d'une quantité plus grande que l'unité soit commensurable, il faut et il suffit que cette quantité soit une puissance entière positive de la *base* 10 du système de logarithmes, c'est-à-dire un des nombres 1, 10, 100, 1000, 10000, etc.

2°. L'équation (2) donnant $10^a=\left(\frac{d}{c}\right)^b$, la démonstration précédente fait voir que

$$c=1, \quad d=2^\alpha\times 5^\epsilon \quad \text{et} \quad \frac{a}{b}=\alpha=\epsilon;$$

de sorte que l'équation (2) se réduit à $\frac{1}{d}=10^{-a}$.

Par conséquent, pour que le logarithme d'une quantité positive moindre que l'unité soit commensurable, il faut et il suffit que cette quantité soit une puissance entière négative de la *base* 10 du système de logarithmes, c'est-à-dire une des fractions $\frac{1}{10}$, $\frac{1}{100}$, $\frac{1}{1000}$, $\frac{1}{10000}$, etc.

131. Les fractions continues fournissent le moyen de *calculer les logarithmes des nombres, avec une approximation donnée.* Par exemple, pour trouver le logarithme de 200, on désignera ce logarithme par x, et il s'agira de résoudre l'équation $10^x = 200$. La méthode du n° 118 donnera $x = 2,30103$ etc.

Pour déterminer les logarithmes des nombres entiers compris entre 1 et 10000, on a d'abord calculé les logarithmes des facteurs premiers de ces nombres ; on en a déduit les logarithmes des nombres entiers moindres que 10000, car le logarithme d'un nombre est égal à la somme des logarithmes des facteurs premiers de ce nombre.

132. Si les valeurs exactes des logarithmes de tous les nombres étaient connues, l'emploi des logarithmes conduirait à des résultats rigoureux ; mais la plupart des logarithmes étant *incommensurables* (n° 130), on ne trouve dans les *Tables* que les valeurs approchées des logarithmes. Nous allons chercher à *déterminer quel est le degré d'exactitude qu'on peut obtenir, lorsqu'on fait usage des Tables de logarithmes.* Nous évaluerons d'abord les limites des erreurs qui résultent des proportions indiquées dans le n° 126 ; nous verrons ensuite quelle est l'erreur due aux décimales que l'on néglige dans les logarithmes.

Nous avons supposé (n° 126), que les différences entre les nombres étaient proportionnelles aux différences entre les logarithmes de ces nombres ; pour évaluer l'erreur qui en résulte, soit $n + d$ un nombre fractionnaire compris entre deux nombres entiers consécutifs n, $n + 1$; si les logarithmes des nombres n, $n + 1$, sont b et $b + c$, le logarithme de $n + d$ sera $b + \delta c$; d et δ seront moindres qu'une unité de n, et on aura

$$10^b = n, \quad 10^{+\delta c} = n + d, \quad 10^{b+c} = n + 1, (n° 129) ; \quad d'où$$

$$10^c = \frac{n+1}{n} = 1 + \frac{1}{n},$$

$$n + d = 10^b \times (10^c)^\delta = n \left(1 + \frac{1}{n}\right)^\delta.$$

Développant $\left(1 + \frac{1}{n}\right)^\delta$, par la formule du binome de *Newton*, multipliant le résultat par n, et retranchant ensuite n de chaque membre, on trouvera

$$d = \frac{\delta}{1} - \frac{\delta(1-\delta)}{2n} + \frac{\delta(1-\delta)(2-\delta)}{2. \quad 3 \; n^2} - \frac{\delta(1-\delta)(2-\delta)(3-\delta)}{2. \quad 3. \quad 4 \; n^3} + \text{etc.}$$

On peut mettre la valeur de d sous les deux formes

$$d = \delta - \frac{\delta(1-\delta)}{2n}\left\{(1 - \frac{2-\delta}{3n}) + \frac{(2-\delta)(3-\delta)}{3. \quad 4 \; n^2}(1 - \frac{4-\delta}{5n}) + \text{etc.}\right\}$$

$$d = \delta - \frac{\delta(1-\delta)}{2n} + \frac{\delta(1-\delta)(2-\delta)}{2. \quad 3 \; n^2}\left\{(1 - \frac{3-\delta}{4n}) + \text{etc}\right\}.$$

Or $\delta < 1$, $n > 1$; donc

$$d < \delta, \quad d > \delta - \frac{\delta(1-\delta)}{2n}, \quad \delta - d < \frac{\delta(1-\delta)}{2n}.$$

Mais, $\frac{\delta(1-\delta)}{2n} < \frac{1}{2n}$; donc $\delta - d < \frac{1}{2n}$.

Cela posé : 1°. Quand il s'agit de *calculer le logarithme* d'un nombre $\bar{n} + d > 10000$, *compris entre deux nombres en-tiers consécutifs*, n, $n + 1$, on établit la proportion :

La différence 1 entre n et $n + 1$, est à la différence c entre ln et $l(n+1)$, comme la différence d entre n et $n + d$, est à un quatrième terme x; c'est-à-dire $1 : c :: d : x$,

et l'on suppose que la valeur cd du quatrième terme de cette proportion, exprime la quantité $c\delta$ qu'il faut ajouter à ln pour obtenir $l(n + d)$; l'erreur e qui en résulte est donc $c(\delta - d)$; or $\delta - d < \frac{1}{2n}$; donc $e < \frac{c}{2n}$.

2°. Lorsqu'on veut *trouver le nombre* $\bar{n} + d$ *qui correspond à un logarithme* $b + \delta c$ *donné*, on fait la proportion

La différence .c entre ln et $l(n+1)$, est à la différence 1 entre n et $n+1$, comme la différence δc entre $l(n+1)$ et ln, est à un quatrième terme x; c'est-à-dire $c : 1 :: \delta c : x$,

et l'on suppose que le quatrième terme δ de cette proportion exprime la quantité d qu'il faut ajouter à n pour obtenir le nombre $n+d$ auquel appartient le logarithme donné $b+\delta c$; l'erreur e' qui en résulte est donc $\delta - d$; or $\delta - d < \dfrac{1}{2n}$;

l'erreur due à la proportion indiquée est donc moindre que $\dfrac{1}{2n}$.

Pour que les limites $\dfrac{c}{2n}$, $\dfrac{1}{2n}$, des erreurs e, e', dues à la proportion indiquée, soient les plus petites possibles, il faut et il suffit que n soit le plus grand possible, car la relation

$$ l(n+1) - ln = l\left(\frac{n+1}{n}\right) = l\left(1 + \frac{1}{n}\right), $$

fait voir que *la différence, c, entre les logarithmes de deux nombres entiers consécutifs est d'autant moindre que ces nombres sont plus grands* (*). Il est donc avantageux d'opérer sur les nombres les plus grands possibles.

Appliquons cette théorie générale à nos *Tables*; elles contiennent les cinq premières décimales des logarithmes de tous les nombres entiers moindres que 10000. *Les erreurs seront donc les plus petites possibles, en considérant des nombres compris entre 1000 et 10000.* Nous supposerons toujours qu'on opère d'après la méthode du n° 127. Ainsi :

1°. Lorsqu'on cherchera le logarithme d'un nombre qui ne sera pas dans la *Table*, on ramenera la question à déterminer le logarithme d'un nombre compris entre 1000 et 10000.

2°. Pour obtenir le nombre auquel appartient un logarithme qui n'est pas dans la *Table*, on ramenera la question à calculer le nombre $n+d$ qui correspond à un logarithme dont la

---

(*) On trouve effectivement dans les *tables* que les différences entre les logarithmes diminuent à mesure que les nombres augmentent.

caractéristique est 3.; de sorte que les quatre premiers chiffres
à gauche du nombre $n+d$ se trouveront dans la *Table*; ils dé-
termineront la valeur de $n+d$ à moins d'une unité près.

Dans ces deux cas,

$$n > 1000, \; c < 0,00045; \text{ donc } e < \frac{0,00045}{2000} \text{ et } e' < \frac{1}{2000}.$$

Effectuant les divisions indiquées, on trouve

$$e < 0,000000225, \; e' < \frac{1}{2}(0,001).$$

Par conséquent : 1°. *Lorsqu'on cherche le logarithme d'un
nombre $n+d$ compris entre 1000 et 10000, l'erreur e, due à
la proportion, ne peut jamais influer sur les six premières décimales du logarithme cherché;* et comme nos Tables ne renferment que cinq décimales, *la proportion détermine les logarithmes des nombres compris entre 1000 et 10000, à moins
d'un cent-millième d'unité près.* On en déduit les logarithmes
de tous les nombres avec le même degré d'exactitude (*).

2°. *Lorsqu'étant donné le logarithme $b + \delta c$ d'un nombre
inconnu $n + d$, compris entre 1000 et 10000, on cherche le
nombre $n+d$ auquel appartient ce logarithme, l'erreur e' due
à la proportion est moindre qu'un demi-millième d'unité du
nombre n;* par conséquent, s'il n'existait pas d'autre source d'erreur, on obtiendrait la valeur de $n+d$ à moins d'un demi-millième
d'unité près; la proportion indiquée (page 151, 2°.), fournirait
les trois premiers chiffres décimaux du nombre $n+d$, et comme
les quatre premiers chiffres à gauche de ce nombre se trouvent
dans la *Table*, on trouverait les sept premiers chiffres à gauche du
nombre cherché.

(*) *Si l'on faisait usage de la proportion indiquée (page 148, 2°), pour
trouver le logarithme d'un nombre entier compris entre 100 et 1000, on ris-
querait de ne pas obtenir ce logarithme à moins d'un cent-millième d'unité
près.* En effet, dans ce cas $n > 100$, $n < 1000$, et l'on trouve dans nos tables de
logarithmes que $c < 0,00433$; donc

$$e < \frac{0,00433}{200} \text{ ou } e' < 0,00002165.$$

Ce qui précède fait connaître la limite de l'erreur qui peut provenir de la proportion indiquée (n°,126). Mais nos *Tables* ne contenant que les cinq premières décimales des logarithmes, *les, erreurs qui résultent de la suppression des autres décimales sont telles que l'on n'obtient quelquefois que les quatre premiers chiffres significatifs à gauche du nombre inconnu auquel appartient un logarithme donné.* En effet, on ramène d'abord la question à déterminer quel est le nombre inconnu n, compris entre 1000 et 10000, auquel correspond un logarithme dont la caractéristique est 3; la *Table* fournit les deux nombres entiers de quatre chiffres entre lesquels la valeur de n est comprise; de sorte que l'on connaît les quatre premiers chiffres à gauche de n, c'est-à-dire la valeur de n à moins d'une unité près. Cela posé : la plus petite des différences entre les logarithmes *tabulaires* des nombres compris entre 1000 et 10000 étant 0,00004, on voit que 0,00001 d'unité d'erreur sur le logarithme de n, peut produire environ $\frac{1}{4}$ d'unité d'erreur sur la valeur de n; les cinq premières décimales de ln étant données, l'erreur due à la suppression des autres décimales est toujours moindre que 0,00001; l'erreur qui en résulte sur la valeur de n est donc moindre que $\frac{1}{4}$ ou que 0,25; les décimales qui ont été omises, dans le logarithme *tabulaire* de n, peuvent donc influer sur les dixièmes d'unité de n; on ne doit donc compter que sur les quatre chiffres de n, qui se trouvent dans la *Table*; et par conséquent, *il arrive quelquefois que la*

L'erreur e pouvant surpasser 0,00002, la proportion ne fournirait pas toujours les cinq premières décimales du logarithme demandé. Par exemple, lorsqu'on cherche directement le logarithme de 998,7999, on trouve que le logarithme de 998 est 2,99913, et la différence entre les logarithmes des nombres 998, 999, étant 0,00044, on fait la proportion

$$1 : 0,00044 :: 0,7999 : x; \quad \text{d'où} \quad x = 0,00035 \text{ etc.};$$

ajoutant cette valeur de x au logarithme de 998, on trouve que le logarithme de 998,7999 est 2,99948; la dernière décimale est inexacte, car le logarithme de 998,7999 étant 3,99947 etc., celui de 998,7999 est 2,99947 etc.

Notes, Arith. 11

proportion indiquée (page 151, 2°.) ; *pour trouver le nombre au-* *quel appartient un logarithme donné, ne fournit aucun des* *chiffres du nombre cherché.*

REMARQUE. On peut facilement se rendre compte de ce résultat. En effet, l'inspection des *Tables* fait voir que les cinq premières décimales des logarithmes des nombres entiers compris entre 1000 et 10000 sont différentes ; deux de ces nombres n'ont donc jamais le même logarithme *tabulaire ;* et par conséquent, le logarithme tabulaire d'un nombre compris entre 1000 et 10000, doit nécessairement déterminer les quatre premiers chiffres à gauche de ce nombre. Or, deux nombres décimaux compris entre 1000 et 10000, peuvent avoir le même logarithme tabulaire (*) ; par conséquent, si l'on cherche à quel nombre appartient ce logarithme tabulaire, la Table fournira directement les quatre premiers chiffres à gauche de ce nombre, mais quelquefois la proportion indiquée (page 151, 2°.) ne donnera aucun des autres chiffres du nombre demandé.

Lorsque la recherche d'une inconnue conduit à prendre plusieurs logarithmes, les erreurs peuvent s'accumuler ; et il n'est plus possible de déterminer le degré d'exactitude du résultat auquel on parvient.

133. L'emploi des logarithmes conduit à une méthode très simple pour *calculer la valeur approchée de la racine* $m^{ième}$ *d'un nombre quelconque.* En effet, soit

$$x = \sqrt[m]{\frac{a^p}{b^q}};$$ il en résulte

$$(1)\ldots lx = \frac{1}{m}\, l\left(\frac{a^p}{b^q}\right) = \frac{1}{m}\,(la^p - lb^q) = \frac{1}{m}\,(pla - qlb).$$

Quand *pla* est plus grand que *qlb*, la valeur de *lx* est positive ; de sorte que *x* est plus grand que l'unité.

Lorsque *pla = qlb*, le logarithme de *x* est zéro ; *x* est égal à l'unité.

Enfin, quand *pla* est moindre que *qlb*, la valeur de *x* est négative ; et *x* est plus petit que l'unité. Pour *éviter les logarithmes*

(*) Par exemple, la méthode du n° 126, donne $l\,99941,5 = 3,199976$ etc. $l\,99941,6 = 3,199976$ etc.

négatifs, on observe que *a* désignant un nombre arbitraire, la relation (1) revient à

$$lx + a = \frac{1}{m} (pla + ma - qlb).$$

Substituant pour l'indéterminée *a* un nombre entier positif tel que le second membre soit positif, on trouvera

$$lx + a = \mathfrak{c}, (\mathfrak{c} \text{ désignant un nombre positif}).$$

Cherchant à quel nombre N, appartient le logarithme positif $\mathfrak{c}$, le principe du n° 124 (7°.), donnera $x = \dfrac{N}{10^a}$.

EXEMPLE. Soit $x = \sqrt[3]{\dfrac{2}{7^899}}$; on a

$$lx + a = \frac{1}{3} (l2 + 3a - l\, 7^899).$$

On peut faire $a = 5$; d'où $lx + 5 = 3{,}80115$. Or, le logarithme $3{,}80115$ appartient au nombre $6326{,}2$ etc. ; donc

$$x = \frac{6326{,}2 \text{ etc}}{10^5} = 0{,}063262 \text{ etc.}$$

L'extraction de la racine cubique de la fraction $\dfrac{2}{7^899}$ donne $x = 0{,}063263$ etc.

134. Les logarithmes peuvent servir à *résoudre les équations de la forme* $a^x = b$, car en prenant les logarithmes des deux membres, il vient

$$l(a^x) = lb, \quad xla = lb, \quad x = \frac{lb}{la}.$$

On obtiendra donc la valeur de l'inconnue x en divisant le logarithme de b par le logarithme de a.

1er EXEMPLE. L'équation $8^x = 32$, donne

$$x = \frac{l32}{l8} = \frac{1{,}50515}{0{,}90309} = \frac{150515}{90309} = \frac{5}{3}.$$

Et en effet, cette valeur de x conduit à

$$8^x = 8^{\frac{5}{3}} = (2^3)^{\frac{5}{3}} = 2^5 = 32.$$

2e EXEMPLE. Soit l'équation $11^x = 1331$, on trouvera

$$x = \frac{l133i}{l11} = \frac{3,12418}{1,04139} = 3\text{'}000000g \text{ etc.}$$

La valeur exacte de x étant 3, l'erreur due aux logarithmes est moindre que $0,00001$.

3° EXEMPLE. L'équation $11^x = 14441$, donne

$$x = \frac{l14441}{l11} = \frac{4,15960}{1,04139} = 3,994 \text{ etc.}$$

La valeur exacte de x est 4.

135. L'emploi des logarithmes présente de grands avantages lorsqu'il s'agit de résoudre les *questions relatives aux intérêts des intérêts*. En voici des exemples, dans lesquels r^{tt} (*) désignera l'intérêt annuel de 1^{tt}. Pour comparer des sommes payables à des époques différentes, on calculera d'abord combien elles valent à une même époque. On fera, pour simplifier les résultats, $1 + r = b$.

1er PROBLÈME. *Déterminer combien le capital a^{tt} vaudra après n années.* L'intérêt annuel de 1^{tt} étant r^{tt}, celui de a^{tt} est ar^{tt}; de sorte que le capital a^{tt} vaut à la fin de la 1re année, $a^{tt} + ar^{tt}$, ou $a^{tt} \times (1+r)$, ou $a^{tt} \times b$.

On trouve donc combien une somme placée au commencement de l'année, vaut à la fin de la même année, en multipliant cette somme par b. Ainsi, le capital a^{tt} vaudra $a^{tt} \times b$ à la fin de la 1re année, $a^{tt} \times b \times b$ ou $a^{tt} \times b^2$ à la fin de la 2e,..., et $a^{tt} \times b^n$ à la fin de la $n^{ième}$ année. Désignant par α^{tt} la valeur cherchée du capital a^{tt}, on aura $\alpha = ab^n$; d'où $l\alpha = la + nlb$.

Cette dernière formule résout la question proposée.

EXEMPLE. Soient, $a = 1500$, $r = \frac{1}{5}$, $n = 3$; on trouvera $l\alpha = 3,41363$; d'où $\alpha = 2592$. Ce qui s'accorde avec le résultat obtenu (*page* 81, 1er *exemple*).

2e PROBLÈME. *Un particulier place a^{tt} au commencement de la 1re année, a_1^{tt} à la fin de la 1re année, a_2^{tt} à la fin de la 2e, a_3^{tt} à la fin de la 3e,..., et a_n^{tt} à la fin de la $n^{ième}$ année. On demande quelle sera la somme a^{tt} qui sera due à ce particulier, après n années.* Si l'on cherche les valeurs des

_____

(*) r^{tt} indique r fois 1^{tt}.

capitaux a^{π}, a_1^{π}, a_2^{π}, a_3^{π},..., a_n^{π}, à la fin de la $n^{ième}$ année, la somme de ces valeurs devra être égale à α^{π}; on trouvera

$$(1)\ldots a = ab^n + a_1 b^{n-1} + a_2 b^{n-2} + a_3 b^{n-3} + \ldots + a_{n-1} b + a_n.$$

Cette formule donne la solution d'un grand nombre de questions relatives aux intérêts des intérêts; en voici des exemples.:

1er EXEMPLE. *Un particulier place a^{π} au commencement de la première année, et a^{π} à la fin de chaque année. Combien sera-t-il dû à ce particulier après n années?*

Si α désigne l'inconnue, on obtiendra la valeur de α, en supposant, dans la formule (1), que toutes les sommes a_1, a_2,..., a_n, sont égales à a; ce qui donnera

$$\alpha = \frac{a(b^{n+1}-1)}{b-1}; \quad \text{d'où,} \quad l\alpha = la + l(b^{n+1}-1) - l(b-1).$$

2e EXEMPLE. *Un particulier place a^{π} au commencement de la première année, et prélève 6^{π} à la fin de chaque année. Combien restera-t-il à ce particulier, après n années ?*

La solution de ce problème se déduit de la formule (1), en remplaçant les quantités a_1, a_2,..., a_n, par -6; la valeur correspondante de α exprime la fortune du particulier à la fin de la $n^{ième}$ année; on trouve

$$(2)\ldots \alpha = ab^n - \frac{6(b^n-1)}{b-1}.$$

Selon que cette valeur de α sera positive, ou nulle, ou négative, le particulier possédera α^{π}, ou ne possédera rien, ou devra α^{π}.

3e EXEMPLE. *Un particulier qui doit a^{π}, voudrait s'acquitter au moyen de n paiemens égaux effectués à la fin de chaque année. Quelle est la valeur de chaque paiement ?*

On fera $\alpha = 0$ dans la formule (2), la valeur correspondante de 6 exprimera l'inconnue du problème actuel; il viendra

$$(3)\ldots 6 = \frac{(b-1)ab^n}{(b^n-1)}; \quad \text{d'où } (4)\ldots n = \frac{l6 - l(6+a-ab)}{lb}.$$

La formule (3) donne la solution des problèmes relatifs aux *annuités.*

Soient, $a = 3310$, $n = 3$, $b = 1,1$, on trouvera $6 = 1331$; ce qui s'accorde avec le résultat obtenu (*page 86, 21e problème*).

4e EXEMPLE. *Un particulier âgé de m ans, place a^{π} en* *rente viagère. On demande la valeur de cette rente, dans l'hypothèse où le particulier a encore n années à vivre.*

Il s'agit de rembourser a^{tt} en n paiemens égaux effectués à la fin de chaque année; chaque paiement sera la valeur de la *rente viagère.* Désignant donc cette rente par 6^{tt}, la formule (3) donnera la valeur de 6.

Pour déterminer n, on fera usage de la *table* suivante :

o, 5, 10, 15, 20, 25, 30, 35, 40, 45, 50, 55, 60, 65, 70, 75, 80, 85, ans,
45, 43, 41, 37, 35, 31, 29, 27, 24, 20, 18, 14, 12, 10, 8, 5, 4, 3, ans,

dans laquelle on a mis sous chaque âge, le temps qui reste à vivre, d'après les *probabilités.* Cette *table* n'est applicable qu'à l'ensemble d'un grand nombre d'individus.

Lorsque l'argent est à 5 pour 100, on a $b = 1,05$, et on déduit de la formule (3) que les âges respectifs des rentiers étant

o, 5, 10, 15, 20, 25, 30, 40, 45, 50, ans,

les valeurs correspondantes de l'intérêt annuel de 100^{tt}, sont

$9^{tt},6$, $5^{tt},7$, $5^{tt},8$, 6^{tt}, $6^{tt},1$, $6^{tt},4$, $6^{tt},6$, $7^{tt},2$, 8^{tt}, $8^{tt},5$.

Ainsi, les probabilités indiquent qu'une personne âgée de 45 ans a encore 20 ans à vivre; pour déterminer le *taux* de la rente viagère qui correspond à cette probabilité, on fait $a = 100$, $n = 20$, $b = 1,05$, dans la formule (3), et l'on trouve $6 = 8$; de sorte que la rente viagère est à 8 pour 100.

5e EXEMPLE. *Un particulier doit 7200^{tt} dans un an, et 7200^{tt} dans deux ans; il acquitte ces deux dettes avec 11000^{tt} argent comptant. Quel est le taux de l'argent?*

On fera $6 = 7200$, $n = 2$ et $a = 11000$, dans la formule (3); ce qui donnera

$$7200 = \frac{11000\,(b-1)\,b^2}{b^2 - 1} = \frac{11000\,b^2}{b+1}; \text{ d'où } 55\,b^2 - 36\,b - 36 = 0.$$

La nature de la question exigeant que b soit positif, on trouvera $b = \frac{6}{5} = 1 + r$. L'argent est donc à 20 pour 100 par an.

Ce qui vérifie l'exactitude du résultat obtenu (page 85, 20*ième* problème).

FIN DU SIXIÈME CHAPITRE.

COMPARAISON *de quelques mesures étrangères, avec les nouvelles mesures françaises.*

MESURES LINÉAIRES.	Millim.	POIDS.	Gram.
Ancien pied français.....	324,7	Liv. poids de marc......	489,2
Pied anglais...........	304,7	Angl. { livre troy.......	372,6
Vare de Castille	836,6	{ avoir du poise...	453,1
Pied du Rhin..........	313,9	Castille...........	459,4
De Vienne...........	316,0	Cologne...........	467,4
D'Amsterdam........	283,0	Vienne.............	558,6
De Suède...........	297,1	Amsterdam.........	491,4
De Russie.........	354,1	Suède............	424,6
De la Chine.........	320,0	Russie............	409,5

TABLEAU de comparaison des monnaies étrangères avec les monnaies françaises ; toutes supposées droites (exactes) de poids et de titre, d'après les lois de fabrication. (Tiré de l'*Annuaire* de 1821.)

N. B. Le *titre* est la quantité de métal pur (ou de fin) contenu dans la totalité de la pièce, qu'on suppose composée de 1000 parties. Le titre du franc est $\frac{9}{10}$ ou 900, son poids étant de 5 grammes (100), il contient $\frac{9}{2}$ grammes d'argent ; ainsi, abstraction faite des frais du monnayage, le gramme d'argent vaut $\frac{2}{9}$ de franc, et le kilogramme $\frac{2000}{9}$ de franc ou 222 fr. 22 c. ; le kilogramme d'or vaut 3444 fr. 44 c., le rapport de la valeur de l'or à celle de l'argent, étant établi de $15\frac{1}{2}$ à 1.

Métal.	Détermination des pièces.	Poids légal.	Tit. légal	Valeurs.
	A N G L E T E R R E.			
Or	Guinée de 21 schelling	8g380z	917	26f47c
	Demi.......?.............	4,1901	917	13 23,50
	Un quart...............	2,095	917	6 61,75
	Un tiers, ou 7 schellings.........	2,7934	917	8 82,33
	Souverain depuis 1818, de 20 schellings.....	6,9808	917	25 22,80
Arg	Crown, ou couronne de 5 schell. anciens......	30,074	925	6 18
	Schelling-ancien........	6,015	925	1 23,60
	Crown, ou couronne, depuis 1818..........	28,2514	925	5 80,72
	Schelling, depuis 1818.............	5,6503	925	1 16,14
	A U T R I C H E E T B O H È M E.			
Or	Ducat de l'Empereur............	3,491	986	11 86
	Ducat de Hongrie............	3,491	990	11 90
	Souverain.............	5,567	917	17 58
	Demi.............	2,7835	917	8 79
Arg	Écu, ou risdale de convention, depuis 1753...	28,064	833	5 19,56
	Demi-risdale, ou florin............	14,032	833	2 59,75
	Vingt kreutzers............	6,682	583	0 86,50
	Dix kreutzers.............	3,898	500	0 43,25
	H O L L A N D E.			
Or	Ducat.............	3,512	986	11 93
	Ryder.............	9,988	920	31 65
	Vingt florins, 1808...........	13,659	917	43 14
	Dix florins, *idem*........	6,8295	917	21 57
	de Guillaume, 1818.........	6,700	900	20 77
Arg	Florin de 20 sons............	10,597	917	2 15,94
	Escalin, ou pièce de 6 sous.........	4,976	583	0 64
	Ducaton, ou ryder........	32,750	941	6 85
	Ducat ou risdale	28,230	873	5 45

Métal	Détermination des pièces.	Poids légal.	Tit. légal.	Valeurs.
	DANEMARCK ET HOLSTEIN.			
Or	Ducat courant depnis 1767...............	3,143	875	9f47e
	Ducat spécies, 1791 à 1802...............	3,519	979	11 86
	Chrétien, 1773.......................	6,735	903	20 95
Arg	Risdale d'espèce, ou double écu de 96 schellings			
	Danois, depuis 1776.................	29,126	875	5 66
	Risd. courante, ou pièce de 6 mar. Danske de 1750	26,800	833	4 96
	Mark danois de 16 schellings, de 1776.......	» »	688	0 94
	Mark de Lubeck de 16 schellings, de 1740....	9,164	750	1 53
	ÉTAT ECCLÉSIASTIQUE.			
Or	Pistoles de Pie VI et Pie VII.............	5,471	916⅓	17 27,50
	Demi.......	2,7355	916⅓	8 63,75
	Sequin, 1769, Clément XIV et ses success....	3,426	1000	11 80
	Demi...............................	1,713	1000	5 90
Arg	Ecu de 10 pauls, ou 100 bayoques.........	26,437	916⅔	5 38,50
	Trois-dixièmes d'écu, ou teston de 30 bayoques.	7,931	916⅔	1 62
	Un-cinquième d'écu, ou papeto de 20 bayoq.	5,287	916⅔	1 08
	Un-dixième d'écu, ou paul de 10 bayoques....	2,644	916⅔	0 54
	ESPAGNE.			
Or	Pistole ou doublon de 8 écus, 1772 à 1786....	27,045	901	83 93
	—— de 4 écus.................	13,5225	901	41 96,50
	—— de 2 écus.................	6,7612	901	20 98,25
	Demi-pistole, ou écu.........	3,3806	901	10 49,12
	Pistole ou doublon de 8 écus, depuis 1786....	27,045	875	81 51
	—— de 4 écus.................	13,5225	875	40 75,50
	—— de 2 écus.................	6,7612	875	20 37,75
	Demi-pistole, ou écu.............	3,3806	875	10 18,87
Arg	Piastre, depuis 1772.............	27,045	903	5 43
	Réal de 2, ou piécette, ou cinquième de piastre.	5,971	813	1 08
	Réal de 1, ou demi-piécette, ou 10e de piastre..	2,9855	813	0 54
	Réallillo, ou réal de veillon, ou 20e de piastre.	1,4927	813	0 27
	Nota: Ces trois dernières pièces sont dé-			
	nommées *monnaie provinciale ;* elles sont			
	fabriquées en Espagne et n'ont cours que dans			
	la péninsule.			
	HAMBOURG.			
Or	Ducat *ad legem imperii*................	3,491	986	11 86
	Ducat nouveau de la ville................	3,488	979	11 76
Arg	Marc banco (*monnaie imaginaire*).........	» »	» »	1 88
	Marc ou 16 schell., d'après la convent. de Lubeck.	9,164	750	1 53
	Risdale de constitution, ou écu de banque....	29,233	889	5 78
	TOSCANE.			
Or	Ruspone, ou 3 sequins aux lys.............	10,464	1000	36 04
	Un tiers ruspone, ou sequin aux lys.........	3,488	1000	12 01,33
	Demi-sequin.......................	1,744	1000	6 00,67
	Sequin à l'effigie.................	3,488	1000	12 01,33
	Rosine............................	6,976	896	21 54
	Demi.............................	3,488	896	10 77
Arg	Francescone de 10 pauls, livournine, piastre à			
	la rose, talaro, léopoldine et écu de 10 pauls.	27,507	917	5 61
	Pièce de 5 pauls.................	13,7535	917	2 80,50
	—— de 2 pauls.................	5,501	917	1 12,20
	—— de 1 paul..................	2,751	917	0 56,10
	SUISSE.			
Or	Pièce de 32 franken de Suisse.............	15,297	904	47 63
	—— de 16.................	7,6485	904	23 81,50
	Ducat de Zurich...................	3,491	979	11 77
	—— de Berne...................	3,452	979	11 64
	Pistole de Berne..................	7,648	902	23 76
Arg	Ecu de Bâle de 30 batz, ou 2 florins..........	23,386	878	4 56

Métal.	Détermination des pièces.	Poids légal.	Titre légal.	Valeurs.
	S U I S S E (suite).			
Arg	Demi-écu, ou florin de 15 batz............	11,693	878	2f 28c
	Franc de Berne, depuis 1803...............	7,512	900	1 50
	Ecu de Zurick, de 1781...................	25,057	844	4 70
	Demi, ou florin, depuis 1781..............	12,5285	844	2 35
	Ecu de 40 batz de Bâle et Soleure, depuis 1798.	29,480	901	5 90
	Pièce de 4 franken de Berne, de 1799........	29,370	901	5 88
	——— de 4 franken de Suisse, en 1803.......	30,049	900	6 0
	——— de 2 franken de Suisse, en 1803.......	15,0245	900	3 0
	——— d'un franken de Suisse, en 1803.......	7,5122	900	1 50
	N A P L E S.			
Or	Le titre des ducats est trop variable pour pouvoir en donner l'évaluat. en monnaies françaises.	» »	»	» »
	Once nouveau de 3 ducats, depuis 1818......	3,786	996	12 99
	Quintuple de 15 ducats, depuis 1818........	18,933	996	64 95
	Décuple de 30 ducats, depuis 1818.........	37,865	996	129 90
Arg	12 carlins de 120 grains, depuis 1804.......	27,533	833⅓	5 10
	Ducat de 10 carlins de 100 grains, 1784.....	22,810	830½	4 25
	2 carlins, depuis 1804...................	4,580	833⅓	0 85
	1 carlin, depuis 1804...................	2,2945	833⅓	0 42,5
	Ducat de 10 carlins, de 1818.............	22,943	838⅓	4 25
	P A R M E.			
Or	Sequin..............................	3,468	1000	11 95
	Pistole de 1784.......................	7,498	891	23 01
	Pistole de 1786 à 1791.................	7,141	891	21 91,50
	40 lire de Marie-Louise, depuis 1815.......	12,9032	900	40 »
	20 lire de Marie-Louise, depuis 1815.......	6,4516	900	20 »
Arg	Ducat de 1784 et 1796.................	25,707	906	5 18
	Pièce de 3 livres, depuis 1790...........	3,672	833	0 68
	——— d'une livre 10 sons, depuis 1790.....	1,836	833	0 34
	5 lire de Marie-Louise, depuis 1815........	25,000	900	5 »
	2 lire, 1 lira, ½ et ¼ de lira, à proportion...	» »	»	» »
	G È N E S.			
Or	Sequin..............................	3,487	1000	12 01
	P O R T U G A L.			
Or	Moeda douro, lisbonnine de 4800 reis.......	10,752	917	33 96
	Meia moeda, demi-lisbonnine 2400 reis......	5,376	917	16 98
	Quartinho, quart de lisbonnine, de 1200 reis...	2,688	017	8 49
	Meia dobra, portugaise de 6400 reis........	14,334	917	45 27
	Demi-portugaise de 3200 reis.............	7,167	917	22 63,50
	Pièce de 16 testons de 1600 reis..........	3,583	917	11 31,75
	——— de 12 testons de 1200 reis..........	2,538	917	8 02
	——— de 8 testons de 800 reis...........	1,792	917	5 66
	Cruzade de 480 reis....................	1,045	917	3 30
Arg	Cruzade neuve de 480 reis...............	14,633	903	2 94
	1000 reis...........................	» »	»	6 12,50
	P R U S S E.			
Or	Ducat.............................	3,491	979	11 77
	Frédéric............................	6,689	903	20 80
	Demi.............................	3,3445	903	10 40
Arg	Risdale, écu thaler de 24 bons gros, de 1767 à 1807.	22,298	750	3 71,63
	Demi, ou 12 bons gros.................	11,149	750	1 85,81
	Gros..............................	» »	»	0 15,48
Or	Néant. R A G U S E.			
Arg	Talaro, dit ragusine...................	29,400	600	3 90
	Demi..............................	14,700	600	1 95
	Ducat..............................	13,666	450	1 37
	12 grossettes........................	4,140	450	0 41
	6 grossettes.........................	2,070	450	0 20,50

Métal.	Détermination des pièces.	Poids légal.	Titre légal.	Valeurs.
	RUSSIE.			
Or	Ducat de 1755 à 1763..............	3,495	979	11 70
	—— de 1763..............	3,473	969	11 59
	Impériale de 10 roubles, de 1755 à 1763......	16,585	917	52 38
	Demie de 5 roubles, de 1755 à 1763..........	8,2925	917	26 19
	Impériale de 10 roubles, depuis 1763........	13,073	917	41 29
	Demie de 5 roubles, depuis 1763............	6,5365	917	20 64,50
Arg	Rouble de 100 copecks, de 1750 à 1762......	25,870	802	4 61
	—— depuis 1763 à 1807..........	24,011	750	4 0
	SARDAIGNE.			
Or	Carlin, depuis 1768...:..	16,056	892	49 33
	Demi..............	8,028	892	24 66,50
	Pistole..............	9,118	906	28 45
	Demie..............	4,559	906	14 22,50
Arg	Ecu, depuis 1768....:..	23,590	896	4 70
	Demi-écu..............	11,795	896	2 35
	Quart d'écu, ou une livre.....,....	5,8975	896	1 17,50
	Ecu neuf de 5 livres, 1816:.......:.....	25,000	900	5 0
	SAVOIE ET PIÉMONT.			
Or	Sequin..............	3,468	1000	11 94,50
	Double neuve pistole de 24 livres..........	9,620	905	30 0
	Demie de 12 livres..............	4,810	906	15 0
	Carlin, depuis 1755..............	48,100	906	150 0
	Demi..............	24,050	906	75 0
	Pistole neuve de 20 livres, de 1816..........	6,4516	900	20 0
Arg	Ecu de 6 livres, depuis 1755......	35,118	906	7 07
	Demi-écu..............	17,559	906	3 53,50
	Un quart, ou 30 sous..............	8,7795	906	1 76,75
	Demi-quart, ou 15 sous..............	4,3897	906	0 88,37
	Ecu neuf de 5 livres, 1816..............	25 »	900	5 0
	SAXE.			
Or	Ducat..............	3,491	986	11 86
	Double Auguste, ou 10 thalers..............	13,340	903	41 49
	Auguste, ou 5 thalers..............	6,670	903	20 74,50
	Demi-Auguste....:.....	3,335	903	10 37,25
Arg	Risdale d'espèce, ou écu de convent., depuis 1763.	28,064	833	5 19,50
	Demi, ou florin de convention...	14,032	833	2 59,75
	Thaler de 24 bons gros (monnaie imaginaire)...	» »	»	3 89,63
	Un gros, ou 32e de risdale, ou 24e de thaler...	1,982	368	0 16,21
	SICILE.			
Or	Once, depuis 1748..............	4,399	906	13 73
Arg	Ecu de 12 tarins..............	27,533	833⅓	5 10
	SUÈDE.			
Or	Ducat..............	3,482	976	11 70
	Demi..............	1,741	976	5 85
	Quart.....:..	0,8705	976	2 92,50
Arg	Risdale d'espèce de 48 schell., de 1720 à 1802.	29,508	878	5 75,73
	2 tiers de risdale, ou double plotte de 32 schell.	19,672	878	3 83,82
	Un tiers, ou 16 schellings..............	9,836	878	1 91,91
	VENISE.			
Or	Sequin..............	3,484	1000	12 0
	Demi..............	1,742	1000	6 0
	Oselle..............	13,666	1000	47 07
	Ducat..............	2,175	1000	7 49
	Pistole..............	6,764	917	21 36
Arg	Ducat effectif de 8 livres piccolis..............	22,777	826	4 18
	Ecu à la croix..............	31,788	948	6 70
	Justine ou ducaton..............	27,954	948	5 91
	Talaro..............	28,990	826	5 32
	Oselle..............	9,843	948	2 0

Métal.	Détermination des pièces.	Poids légal.	Titre légal.	Valeurs.
	V E N I S E (suite).			
Arg	Ducat cour. de 6⅓ de liv. pièc., 124 s. mon. de c^te.	» »	»	3^f 23^c95
	Livre d 20 sous............	» »	»	0 52,25
	É T A T S - U N I S D' A M É R I Q U E.			
Or	Double aigle de 10 dollars..................	17⁵480	917	55 21
	Aigle de 5 dollars....	8,740	917	27 60,50
	Demi-aigle, ou 2½ dollars............	4,370	917	13 80,25
Arg	Dollar..............	27,000	903	5 42
	Demi..............	13,500	903	2 71
	Un quart............	6,750	903	1 35,50
	J A P O N.			
	(Par approximation, et faute de renseignem.			
	précis sur le poids et le titre légal des monn.)			
Or	Kobang vieux de 100 mas............	» »	»	51 24
	Demi —— de 50 mas............	» »	»	25 62
	Kobang nouveau de 100 mas............	» »	»	32 69
	Demi —— de 50 mas............	» »	»	16 34,50
Arg	Tigo-gin, ou pièce de 40 mas............	» »	»	14 40
	Demi de 20 mas............	» »	»	7 20
	Un quart de 10 mas............	» »	»	3 60
	Un huitième de 5 mas............	» »	»	1 80
	M O G O L. *(Par approximation.)*			
Or	Roupie du Mogol............	» »	»	38 72
	Demie............	» »	»	19 36
	Un quart......	» »	»	9 68
	Pagode au croissant............	» »	»	9 46
	—— à l'étoile............	» »	»	9 35
	Ducat de la Compagnie hollandaise............	» »	»	11 62
	Demi............	» »	»	5 81
Arg	Roupie du Mogol............	» »	»	2 42
	—— de Madras............	» »	»	2 40
	—— d'Arcate............	» »	»	2 36
	—— de Pondichéri............	» »	»	2 42
	Double fanon des Indes............	» »	»	0 63
	Fanon............	» »	»	0 31,50
	Pièce de la Compagnie hollandaise............	» »	»	2 40
	P E R S E. *(Par approximation.)*			
Or	Roupie......	» »	»	36 75
	Demie............	» »	»	18 37,50
Arg	Double roupie de 5 abassis............	» »	»	4 90
	Roupie de 2½ abassis............	» »	»	2 45
	Abassi............	» »	»	0 97
	Mamoudi............	» »	»	0 48,50
	Larin............	» »	»	1 03
	T U R Q U I E.			
Or	Sequin zermahboub d'Abdoul-Hamid, 1774...	2,642	958	8 72
	Nisfie, ou ½ zermahboub *idem*............	1,321	958	4 36
	Roubbié, ou ¼ de sequin fondonkli............	0,881	802	2 43,33
	Sequin zermahboub de Sélim III............	2,642	802	7 30
	Demi............	1,321	802	3 65
	Un quart............	0,661	802	1 82,50
Arg	L'allmichlec de 60 paras, depuis 1771.......	28,822	550	3 52
	Yaremlec de 20 paras, ou 60 aspres, 1757......	» »	»	0 99
	Roubb de 10 paras, ou 30 aspres, 1757.......	» »	»	0 49,50
	Para de 3 aspres, 1773............	» »	»	0 04
	Aspre, dont 120 pour la piastre de 1773......	» »	»	0 01,33
	Piastre de 40 paras, ou 120 aspres, 1780.......	18,015	500	2 0
	Pièce de 5 piastres de Mamhmoud, 1811.......	» »	»	4 13,76

Table pour réduire des mesures *linéaires* anciennes, en mesures nouvelles, et réciproquement.

N.	Lieues terrestr. en kilomèt.*	Lieues marines en kilom.**	Toises en mètres.	Pieds en mètres.	Pouces en mètres.	Lignes en mètres.	N.	Aunes en mètres.***	N.	Fractions d'aune en mètres.	N.	Fractions d'aune en mètres.	N.	Fractions d'aune en mètres.
1	4,4444	5,5556	1,94904	0,32484	0,027070	0,002256	1	1,18845	$\frac{1}{2}$	0,594	$\frac{5}{8}$	0,743	$\frac{7}{16}$	0,530
2	8,8889	11,1111	3,89807	0,64968	0,054140	0,004512	2	2,37689	$\frac{1}{3}$	0,396	$\frac{7}{8}$	1,040	$\frac{9}{16}$	0,668
3	13,3333	16,6667	5,84711	0,97452	0,081210	0,006768	3	3,56534	$\frac{1}{4}$	0,297	$\frac{1}{12}$	0,099	$\frac{11}{16}$	0,817
4	17,7778	22,2222	7,79615	1,29936	0,108280	0,009024	4	4,75378	$\frac{3}{4}$	0,891	$\frac{5}{12}$	0,495	$\frac{13}{16}$	0,66
5	22,2222	27,7778	9,74519	1,62420	0,135350	0,011280	5	5,94223	$\frac{1}{6}$	0,198	$\frac{7}{12}$	0,693	$\frac{15}{16}$	1,114
6	26,6667	33,3333	11,69422	1,94904	0,162419	0,013536	6	7,13068	$\frac{5}{6}$	0,990	$\frac{11}{12}$	1,089		
7	31,1111	38,8889	13,64326	2,27388	0,189489	0,015792	7	8,31912	$\frac{1}{8}$	0,149	$\frac{1}{14}$	0,074		
8	35,5556	44,4444	15,59230	2,59872	0,216559	0,018048	8	9,50757	$\frac{3}{8}$	0,446	$\frac{3}{14}$	0,223		
9	40,0000	50,0000	17,54133	2,92356	0,243629	0,020304	9	10,69601			$\frac{5}{14}$	0,371		
10	44,4444	55,5556	19,49037	3,24840	0,270699	0,022560	10	11,88446						

N.	Kilomètres en lieues terrestres.	Kilom. en lieues mar.	Mètres en toises.	Mètres en pieds.	Mètres en pouces.	Mètres en lignes.	N.	Mètres en aunes de Paris.
1	0,225	0,18	0,51307	3,07844	36,9413	443,296	1	0,84144
2	0,450	0,36	1,02615	6,15689	73,8627	886,592	2	1,68287
3	0,675	0,54	1,53922	9,23533	110,8240	1329,868	3	2,52431
4	0,900	0,72	2,05230	12,31378	147,7653	1773,184	4	3,36574
5	1,125	0,90	2,56537	15,39222	184,7067	2216,480	5	4,20718
6	1,350	1,08	3,07844	18,47066	221,6480	2659,775	6	5,04861
7	1,575	1,26	3,59152	21,54911	258,5893	3103,071	7	5,89005
8	1,800	1,44	4,10459	24,62755	295,5306	3546,367	8	6,73148
9	2,025	1,62	4,61737	27,70600	332,4720	3989,663	9	7,57292
10	2,250	1,80	5,13074	30,78444	369,7133	4432,959	10	8,41435

* La lieue de 25 au degré vaut 2280 toises,33.

** La lieue marine de 20 au degré vaut 2850 toises,41.

*** L'aune de Paris vaut 3 pieds 7 pouces 10 lignes $\frac{1}{4}$.

TABLE pour réduire des mesures *quarrées* anciennes, en mesures nouvelles, et réciproquement.

N.	Toises quar. en mètres quarr.	Pieds quar. en mètres quarr.	Pouces quar. en mètres quarr.	Lignes quar. en mètres quarr.	N.	Lieues quarrées en myriamètres quarrés.	Lieues quarrées en myriares.	Arp. Eaux et For. en hec. ou perches quarrées en ares.	Arp. de Paris en hectares ou per. quarrées en ares.
1	3,798744	0,105521	0,00073278	9,000005089	1	0,1975309	19,75309	0,510720	0,341887
2	7,597487	0,211041	0,00146556	0,000010178	2	0,3950617	39,50617	1,021440	0,683774
3	11,396231	0,316562	0,00219834	0,000015267	3	0,5925926	59,25926	1,532160	1,025661
4	15,194975	0,422083	0,00293112	0,000020356	4	0,7901234	79,01234	2,042880	1,367548
5	18,993718	0,527604	0,00366390	0,000025445	5	0,9876543	98,76543	2,553600	1,709435
6	22,792462	0,633124	0,00439668	0,000030534	6	1,1851852	118,51852	3,064320	2,051322
7	26,591205	0,738645	0,00512946	0,000035623	7	1,3827160	138,27160	3,575040	2,393209
8	30,389949	0,844166	0,00586224	0,000040712	8	1,5802469	158,02469	4,085760	2,735096
9	34,188693	0,949686	0,00659502	0,000045801	9	1,7777777	177,77777	4,596480	3,076983
10	37,987436	1,055207	0,00732780	0,000050890	10	1,9753086	197,53086	5,107200	3,418870

N.	Mètres quar. en toises quarr.	Mètres quar. en pieds quarrés	Mètres quar. en pouces quarr.	Mètres quar. en lignes quarr.	N.	Myriamètres quarrés en lieues quarrées.	Myriares en lieues quarrées.	Hectares en arp. Eaux et F. ou ares en perches quarrées.	Hectares en arp. Paris, ou ares en perches quarrées.
1	0,263245	9,47682	1364,66	196511	1	5,0625	0,050625	1,958020	2,921943
2	0,526490	18,95363	2729,32	393023	2	10,1250	0,101250	3,916040	5,849886
3	0,789735	28,43045	4093,99	589534	3	15,1875	0,151875	5,874060	8,774829
4	1,052980	37,90726	5458,65	786045	4	20,2500	0,202500	7,832080	11,699772
5	1,316225	47,38408	6823,31	982557	5	25,3125	0,253125	9,790100	14,624715
6	1,579469	56,86090	8187,97	1179068	6	30,3750	0,303750	11,748120	17,549658
7	1,842714	66,33771	9552,63	1375579	7	35,4375	0,354375	13,706140	20,474601
8	2,105959	75,81453	10917,30	1572090	8	40,5000	0,405000	15,664160	23,399544
9	2,369204	85,29134	12281,96	1768602	9	45,5625	0,455625	17,622180	26,324487
10	2,632449	94,76816	13646,62	1965113	10	50,6250	0,506250	19,580200	29,249430

TABLE pour réduire des mesures *cubiques* anciennes, en mesures nouvelles, et réciproquement.

Toises cubes en mètres cubes.	Pieds cubes en mètres cubes.	Pouces cubes en mètres cubes.	Lignes cubes en mètres cubes.	N.	Cordes de bois, Eaux et Forêts, en stères.	Solives (charpente) en stères ou mètres cubes.
7,40389	0,0342773	0,000019836	0,00000001148	1	3,8391	0,10283
14,80778	0,0685545	0,000039673	0,00000002296	2	7,6781	0,20566
22,21167	0,1028318	0,000059509	0,00000003444	3	11,5172	0,30850
29,61556	0,1371090	0,000079346	0,00000004592	4	15,3562	0,41133
37,01945	0,1713863	0,000099182	0,00000005740	5	19,1953	0,51416
44,42334	0,2056636	0,000119018	0,00000006888	6	23,0343	0,61699
51,82723	0,2399408	0,000138855	0,00000008036	7	26,8734	0,71982
59,23112	0,2742181	0,000158691	0,00000009184	8	30,7124	0,82265
66,63501	0,3084953	0,000178528	0,00000010332	9	34,5515	0,92549
74,03890	0,3427726	0,000198364	0,00000011480	10	38,3905	1,02832

Mètres cubes en toises cubes.	Mètres cubes en pieds cubes.	Mètres cubes en pouces cubes.	Mètres cubes en lignes cubes.	N.	Stères en cordes de bois, Eaux et Forêts.	Mètres cubes en solives.
0,135064	29,1739	50412,42	87112655	1	0,26048	9,7246
0,270128	58,3477	100824,83	174225310	2	0,52096	19,4492
0,405192	87,5216	151237,25	261337965	3	0,78144	29,1739
0,540257	116,6954	201649,66	348450619	4	1,04192	38,8985
0,675321	145,8693	252062,08	435563274	5	1,30241	48,6231
0,810385	175,0431	302474,50	522675929	6	1,56289	58,3477
0,945449	204,2170	352886,91	609788584	7	1,82337	68,0923
1,080513	233,3908	403299,33	696901239	8	2,08385	77,7970
1,215577	262,5647	453711,74	784013894	9	2,34433	87,5216
1,350641	291,7385	504124,16	871126549	10	2,60481	97,2462

N.	Pintes de Paris en litres.	Muids de vin de Paris en hectolit.	Septiers de blé de Par. en hectolit.	Boisseaux en litres.	Litrons en litres.
1	0,9313	2,6822	1,5610	13,008	0,8130
2	1,8626	5,3644	3,1220	26,017	1,6260
3	2,7940	8,0466	4,6830	39,025	2,4391
4	3,7253	10,7288	6,2440	52,033	3,2521
5	4,6566	13,4110	7,8050	65,042	4,0651
6	5,5879	16,0932	9,3660	78,050	4,8781
7	6,5192	18,7754	10,9270	91,058	5,6911
8	7,4506	21,4576	12,4880	104,066	6,5042
9	8,3819	24,1398	14,0490	117,075	7,3172
10	9,3132	26,8220	15,6100	130,083	8,1302

N.	Litres en pint. de Par.	Hectolit. en muids de vin de Paris.	Hectolit. en sept. de blé de Paris.	Litres en boisseaux.	Litres en litrons.
1	1,0737	0,3728	0,6406	0,07687	1,2300
2	2,1475	0,7457	1,2812	0,15375	2,4600
3	3,2212	1,1185	1,9219	0,23062	3,6900
4	4,2950	1,4913	2,5625	0,30750	4,9199
5	5,3687	1,8642	3,2031	0,38437	6,1499
6	6,4424	2,2370	3,8437	0,46124	7,3799
7	7,5162	2,6098	4,4843	0,53812	8,6099
8	8,5899	2,9826	5,1250	0,61499	9,8399
9	9,6637	3,3555	5,7656	0,69187	11,0699
10	10,7374	3,7283	6,4062	0,76874	12,2998

N.	Livres en kilogramm.	Onces en kilogramm.	Gros en kilogramm.	Grains en kilogramm.	Quinta... en myriag...
1	0,48951	0,03059	0,003824	0,0000531	4,895
2	0,97901	0,06119	0,007648	0,0001062	9,790
3	1,46852	0,09178	0,011472	0,0001593	14,685
4	1,95802	0,12238	0,015296	0,0002124	19,580
5	2,44753	0,15297	0,019120	0,0002655	24,475
6	2,93704	0,18356	0,022944	0,0003186	29,370
7	3,42654	0,21416	0,026768	0,0003717	34,265
8	3,91605	0,24475	0,030592	0,0004248	39,160
9	4,40555	0,27535	0,034416	0,0004779	44,055
10	4,89506	0,30594	0,038240	0,0005310	48,950

N.	Kilogramm. en livres.	Kilogramm. en onces.	Kilogramm. en gros.	Kilogramm. en grains.	Myriagr. en quintau...
1	2,04288	32,686	261,49	18827,15	0,2042
2	4,08575	65,372	522,98	37654,30	0,4085
3	6,12863	98,058	784,46	56481,45	0,6128
4	8,17150	130,744	1045,95	75308,60	0,8171
5	10,21438	163,430	1307,44	94135,75	1,0214
6	12,25726	196,116	1568,93	112962,90	1,2257
7	14,30013	228,802	1830,42	131790,05	1,4300
8	16,34301	261,488	2091,90	150617,20	1,6343
9	18,38588	294,174	2353,39	169444,35	1,8385
10	20,42876	326,860	2614,88	188271,50	2,0428

TABLE pour convertir les monnaies anciennes en monnaies nouvelles, et réciproquement.

N.	Livres en francs.	Sous en francs.	Deniers en francs.	Francs en livres.
1	0,987 650 942	0,049 382 547	0,004 115 212	1,012 503 463
2	1,975 301 885	0,098 765 094	0,008 230 424	2,025 006 926
3	2,962 952 827	0,148 147 641	0,012 345 636	3,037 510 390
4	3,950 603 770	0,197 530 188	0,016 460 849	4,050 013 853
5	4,938 254 713	0,246 912 735	0,020 576 061	5,062 517 316
6	5,925 905 655	0,296 295 282	0,024 691 273	6,075 020 780
7	6,913 556 598	0,345 677 829	0,028 806 485	7,087 524 243
8	7,901 207 541	0,395 060 377	0,032 921 698	8,100 027 706
9	8,888 858 483	0,444 442 924	0,037 036 910	9,112 531 170

N	Log.	N	Log.	N	Log.	N	Log.	N	Log.
1	00000	51	70757	101	00432	151	17898	201	30320
2	30103	52	71600	102	00860	152	18184	202	30535
3	47712	53	72428	103	01284	153	18469	203	30750
4	60206	54	73239	104	01703	154	18752	204	30963
5	69897	55	74036	105	02119	155	19033	205	31175
6	77815	56	74819	106	02531	156	19312	206	31387
7	84510	57	75587	107	02938	157	19590	207	31597
8	90309	58	76343	108	03342	158	19866	208	31806
9	95424	59	77085	109	03743	159	20140	209	32015
10	00000	60	77815	110	04139	160	20412	210	32222
11	04139	61	78533	111	04532	161	20683	211	32428
12	07918	62	79239	112	04922	162	20952	212	32634
13	11394	63	79934	113	05308	163	21219	213	32838
14	14613	64	80618	114	05690	164	21484	214	33041
15	17609	65	81291	115	06070	165	21748	215	33244
16	20412	66	81954	116	06446	166	22011	216	33445
17	23045	67	82607	117	06819	167	22272	217	33646
18	25527	68	83251	118	07188	168	22531	218	33846
19	27875	69	83885	119	07555	169	22789	219	34044
20	30103	70	84510	120	07918	170	23045	220	34242
21	32222	71	85126	121	08279	171	23300	221	34439
22	34242	72	85733	122	08636	172	23553	222	34635
23	36173	73	86332	123	08991	173	23805	223	34830
24	38021	74	86923	124	09342	174	24055	224	35025
25	39794	75	87506	125	09691	175	24304	225	35218
26	41497	76	88081	126	10037	176	24551	226	35411
27	43136	77	88649	127	10380	177	24797	227	35603
28	44716	78	89209	128	10721	178	25042	228	35793
29	46240	79	89763	129	11059	179	25285	229	35984
30	47712	80	90309	130	11394	180	25527	230	36173
31	49136	81	90849	131	11727	181	25768	231	36361
32	50515	82	91381	132	12057	182	26007	232	36549
33	51851	83	91908	133	12385	183	26245	233	36736
34	53148	84	92428	134	12710	184	26482	234	36922
35	54407	85	92942	135	13033	185	26717	235	37107
36	55630	86	93450	136	13354	186	26951	236	37291
37	56820	87	93952	137	13672	187	27184	237	37475
38	57978	88	94448	138	13988	188	27416	238	37658
39	59106	89	94939	139	14301	189	27646	239	37840
40	60206	90	95424	140	14613	190	27875	240	38021
41	61278	91	95904	141	14922	191	28103	241	38202
42	62325	92	96379	142	15229	192	28330	242	38382
43	63347	93	96848	143	15534	193	28556	243	38561
44	64345	94	97313	144	15836	194	28780	244	38739
45	65321	95	97772	145	16137	195	29003	245	38917
46	66276	96	98227	146	16435	196	29226	246	39094
47	67210	97	98677	147	16732	197	29447	247	39270
48	68124	98	99123	148	17026	198	29667	248	39445
49	69020	99	99564	149	17319	199	29885	249	39620
50	69897	100	00000	150	17609	200	30103	250	39794

N.	Log.	N.	Log.	N.	Log.	N.	Log.	N.	Log.
251	39967	301	47857	351	54531	401	60314	451	65418
252	40140	302	48001	352	54654	402	60423	452	65514
253	40312	303	48144	353	54777	403	60531	453	65610
254	40483	304	48287	354	54900	404	60638	454	65706
255	40654	305	48430	355	55023	405	60746	455	65801
256	40824	306	48572	356	55145	406	60853	456	65896
257	40993	307	48714	357	55267	407	60959	457	65992
258	41162	308	48855	358	55388	408	61066	458	66087
259	41330	309	48996	359	55509	409	61172	459	66181
260	41497	310	49136	360	55630	410	61278	460	66276
261	41664	311	49276	361	55751	411	61384	461	66370
262	41830	312	49415	362	55871	412	61490	462	66464
263	41996	313	49554	363	55991	413	61595	463	66558
264	42160	314	49693	364	56110	414	61700	464	66652
265	42325	315	49831	365	56229	415	61805	465	66745
266	42488	316	49969	366	56348	416	61909	466	66839
267	42651	317	50106	367	56467	417	62014	467	66932
268	42813	318	50243	368	56585	418	62118	468	67025
269	42975	319	50379	369	56703	419	62221	469	67117
270	43136	320	50515	370	56820	420	62325	470	67210
271	43297	321	50651	371	56937	421	62428	471	67302
272	43457	322	50786	372	57054	422	62531	472	67394
273	43616	323	50920	373	57171	423	62634	473	67486
274	43775	324	51055	374	57287	424	62737	474	67578
275	43933	325	51188	375	57403	425	62839	475	67669
276	44091	326	51322	376	57519	426	62941	476	67761
277	44248	327	51455	377	57634	427	63043	477	67852
278	44404	328	51587	378	57749	428	63144	478	67943
279	44560	329	51720	379	57864	429	63246	479	68034
280	44716	330	51851	380	57978	430	63347	480	68124
281	44871	331	51983	381	58092	431	63448	481	68215
282	45025	332	52114	382	58206	432	63548	482	68305
283	45179	333	52244	383	58320	433	63649	483	68395
284	45332	334	52375	384	58433	434	63749	484	68485
285	45484	335	52504	385	58546	435	63849	485	68574
286	45637	336	52634	386	58659	436	63949	486	68664
287	45788	337	52763	387	58771	437	64048	487	68753
288	45939	338	52892	388	58883	438	64147	488	68842
289	46090	339	53020	389	58995	439	64246	489	68931
290	46240	340	53148	390	59106	440	64345	490	69020
291	46389	341	53275	391	59218	441	64444	491	69108
292	46538	342	53403	392	59329	442	64542	492	69197
293	46687	343	53529	393	59439	443	64640	493	69285
294	46835	344	53656	394	59550	444	64738	494	69373
295	46982	345	53782	395	59660	445	64836	495	69461
296	47129	346	53908	396	59770	446	64933	496	69548
297	47276	347	54033	397	59879	447	65031	497	69636
298	47422	348	54158	398	59988	448	65128	498	69723
299	47567	349	54283	399	60097	449	65225	499	69810
300	47712	350	54407	400	60206	450	65321	500	69897

N.	Log.	N.	Log.	N.	Log.	N.	Log.	N.	Log.
501	69984	551	74115	601	77887	651	81358	701	84572
502	70070	552	74194	602	77960	652	81425	702	84634
503	70157	553	74273	603	78032	653	81491	703	84696
504	70243	554	74351	604	78104	654	81558	704	84757
505	70329	555	74429	605	78176	655	81624	705	84819
506	70415	556	74507	606	78247	656	81690	706	84880
507	70501	557	74586	607	78319	657	81757	707	84942
508	70586	558	74663	608	78390	658	81823	708	85003
509	70672	559	74741	609	78462	659	81889	709	85065
510	70757	560	74819	610	78533	660	81954	710	85126
511	70842	561	74896	611	78604	661	82020	711	85187
512	70927	562	74974	612	78675	662	82086	712	85248
513	71012	563	75051	613	78746	663	82151	713	85309
514	71096	564	75128	614	78817	664	82217	714	85370
515	71181	565	75205	615	78888	665	82282	715	85431
516	71265	566	75282	616	78958	666	82347	716	85491
517	71349	567	75358	617	79029	667	82413	717	85552
518	71433	568	75435	618	79099	668	82478	718	85612
519	71517	569	75511	619	79169	669	82543	719	85673
520	71600	570	75587	620	79239	670	82607	720	85733
521	71684	571	75664	621	79309	671	82672	721	85794
522	71767	572	75740	622	79379	672	82737	722	85854
523	71850	573	75815	623	79449	673	82802	723	85914
524	71933	574	75891	624	79518	674	82866	724	85974
525	72016	575	75967	625	79588	675	82930	725	86034
526	72099	576	76042	626	79657	676	82995	726	86094
527	72181	577	76118	627	79727	677	83059	727	86153
528	72263	578	76193	628	79796	678	83123	728	86213
529	72346	579	76268	629	79865	679	83187	729	86273
530	72428	580	76343	630	79934	680	83251	730	86332
531	72509	581	76418	631	80003	681	83315	731	86392
532	72591	582	76492	632	80072	682	83378	732	86451
533	72673	583	76567	633	80140	683	83442	733	86510
534	72754	584	76641	634	80209	684	83506	734	86570
535	72835	585	76716	635	80277	685	83569	735	86629
536	72916	586	76790	636	80346	686	83632	736	86688
537	72997	587	76864	637	80414	687	83696	737	86747
538	73078	588	76938	638	80482	688	83759	738	86806
539	73159	589	77012	639	80550	689	83822	739	86864
540	73239	590	77085	640	80618	690	83885	740	86923
541	73320	591	77159	641	80686	691	83948	741	86982
542	73400	592	77232	642	80754	692	84011	742	87040
543	73480	593	77305	643	80821	693	84073	743	87099
544	73560	594	77379	644	80889	694	84136	744	87157
545	73640	595	77452	645	80956	695	84198	745	87216
546	73719	596	77525	646	81023	696	84261	746	87274
547	73799	597	77597	647	81090	697	84323	747	87332
548	73878	598	77670	648	81158	698	84386	748	87390
549	73957	599	77743	649	81224	699	84448	749	87448
550	74036	600	77815	650	81291	700	84510	750	87506

N.	Log.	N.	Log.	N.	Log.	N.	Log.	N.	Log.
751	87564	801	90363	851	92993	901	95472	951	97818
752	87622	802	90417	852	93044	902	95521	952	97864
753	87679	803	90472	853	93095	903	95569	953	97909
754	87737	804	90526	854	93146	904	95617	954	97955
755	87795	805	90580	855	93197	905	95665	955	98000
756	87852	806	90634	856	93247	906	95713	956	98046
757	87910	807	90687	857	93298	907	95761	957	98091
758	87967	808	90741	858	93349	908	95809	958	98137
759	88024	809	90795	859	93399	909	95856	959	98182
760	88081	810	90849	860	93450	910	95904	960	98227
761	88138	811	90902	861	93500	911	95952	961	98272
762	88195	812	90956	862	93551	912	95999	962	98318
763	88252	813	91009	863	93601	913	96047	963	98363
764	88309	814	91062	864	93651	914	96095	964	98408
765	88366	815	91116	865	93702	915	96142	965	98453
766	88423	816	91169	866	93752	916	96190	966	98498
767	88480	817	91222	867	93802	917	96237	967	98543
768	88536	818	91275	868	93852	918	96284	968	98588
769	88593	819	91328	869	93902	919	96332	969	98632
770	88649	820	91381	870	93952	920	96379	970	98677
771	88705	821	91434	871	94002	921	96426	971	98722
772	88762	822	91487	872	94052	922	96473	972	98767
773	88818	823	91540	873	94101	923	96520	973	98811
774	88874	824	91593	874	94151	924	96567	974	98856
775	88930	825	91645	875	94201	925	96614	975	98900
776	88986	826	91698	876	94250	926	96661	976	98945
777	89042	827	91751	877	94300	927	96708	977	98989
778	89098	828	91803	878	94349	928	96755	978	99034
779	89154	829	91855	879	94399	929	96802	979	99078
780	89209	830	91908	880	94448	930	96848	980	99123
781	89265	831	91960	881	94498	931	96895	981	99167
782	89321	832	92012	882	94547	932	96942	982	99211
783	89376	833	92065	883	94596	933	96988	983	99255
784	89432	834	92117	884	94645	934	97035	984	99300
785	89487	835	92169	885	94694	935	97081	985	99344
786	89542	836	92221	886	94743	936	97128	986	99388
787	89597	837	92273	887	94792	937	97174	987	99432
788	89653	838	92324	888	94841	938	97220	988	99476
789	89708	839	92376	889	94890	939	97267	989	99520
790	89763	840	92428	890	94939	940	97313	990	99564
791	89818	841	92480	891	94988	941	97359	991	99607
792	89873	842	92531	892	95036	942	97405	992	99651
793	89927	843	92583	893	95085	943	97451	993	99695
794	89982	844	92634	894	95134	944	97497	994	99739
795	90037	845	92686	895	95182	945	97543	995	99782
796	90091	846	92737	896	95231	946	97589	996	99826
797	90146	847	92788	897	95279	947	97635	997	99870
798	90200	848	92840	898	95328	948	97681	998	99913
799	90255	849	92891	899	95376	949	97727	999	99957
800	90309	850	92942	900	95424	950	97772	1000	00000

N.	Log.	D	N.	Log.	D	N.	Log.	D	N.	Log.	D	N.	Log.	D
1001	00043		1051	02160	41	1101	04179	40	1151	06108	38	1201	07954	36
1002	00087	44	1052	02202	42	1102	04218	39	1152	06145	37	1202	07990	36
1003	00130	43	1053	02243	41	1103	04258	40	1153	06183	38	1203	08027	37
1004	00173	43	1054	02284	41	1104	04297	39	1154	06221	38	1204	08063	36
1005	00217	44	1055	02325	41	1105	04336	39	1155	06258	37	1205	08099	36
1006	00260	43	1056	02366	41	1106	04376	40	1156	06296	38	1206	08135	36
1007	00303	43	1057	02407	41	1107	04415	39	1157	06333	37	1207	08171	36
1008	00346	43	1058	02449	42	1108	04454	39	1158	06371	37	1208	08207	36
1009	00389	43	1059	02490	41	1109	04493	39	1159	06408	38	1209	08243	36
1010	00432	43	1060	02531	41	1110	04532	39	1160	06446	37	1210	08279	35
1011	00475	43	1061	02572	41	1111	04571	39	1161	06483	38	1211	08314	36
1012	00518	43	1062	02612	40	1112	04610	40	1162	06521	37	1212	08350	36
1013	00561	43	1063	02653	41	1113	04650	39	1163	06558	37	1213	08386	36
1014	00604	43	1064	02694	41	1114	04689	38	1164	06595	38	1214	08422	36
1015	00647	42	1065	02735	41	1115	04727	39	1165	06633	37	1215	08458	35
1016	00689	43	1066	02776	40	1116	04766	39	1166	06670	37	1216	08493	36
1017	00732	43	1067	02816	41	1117	04805	39	1167	06707	37	1217	08529	36
1018	00775	42	1068	02857	41	1118	04844	39	1168	06744	37	1218	08565	35
1019	00817	43	1069	02898	40	1119	04883	39	1169	06781	38	1219	08600	36
1020	00860	43	1070	02938	41	1120	04922	39	1170	06819	37	1220	08636	36
1021	00903	42	1071	02979	40	1121	04961	38	1171	06856	37	1221	08672	35
1022	00945	43	1072	03019	41	1122	04999	39	1172	06893	37	1222	08707	36
1023	00988	42	1073	03060	40	1123	05038	39	1173	06930	37	1223	08743	35
1024	01030	42	1074	03100	41	1124	05077	38	1174	06967	37	1224	08778	36
1025	01072	43	1075	03141	40	1125	05115	39	1175	07004	37	1225	08814	35
1026	01115	42	1076	03181	40	1126	05154	38	1176	07041	37	1226	08849	35
1027	01157	42	1077	03222	41	1127	05192	39	1177	07078	37	1227	08884	36
1028	01199	43	1078	03262	40	1128	05231	38	1178	07115	36	1228	08920	35
1029	01242	42	1079	03302	40	1129	05269	39	1179	07151	37	1229	08955	36
1030	01284	42	1080	03342	41	1130	05308	38	1180	07188	37	1230	08991	35
1031	01326	42	1081	03383	40	1131	05346	39	1181	07225	37	1231	09026	35
1032	01368	42	1082	03423	40	1132	05385	38	1182	07262	36	1232	09061	35
1033	01410	42	1083	03463	40	1133	05423	38	1183	07298	37	1233	09096	36
1034	01452	42	1084	03503	40	1134	05461	39	1184	07335	37	1234	09132	35
1035	01494	42	1085	03543	40	1135	05500	38	1185	07372	36	1235	09167	35
1036	01536	42	1086	03583	40	1136	05538	38	1186	07408	37	1236	09202	35
1037	01578	42	1087	03623	40	1137	05576	38	1187	07445	37	1237	09237	35
1038	01620	42	1088	03663	40	1138	05614	38	1188	07482	36	1238	09272	35
1039	01662	41	1089	03703	40	1139	05652	38	1189	07518	37	1239	09307	35
1040	01703	42	1090	03743	40	1140	05690	39	1190	07555	37	1240	09342	35
1041	01745	42	1091	03782	40	1141	05729	38	1191	07591	37	1241	09377	35
1042	01787	41	1092	03822	40	1142	05767	38	1192	07628	36	1242	09412	35
1043	01828	42	1093	03862	40	1143	05805	38	1193	07664	36	1243	09447	35
1044	01870	42	1094	03902	39	1144	05843	38	1194	07700	37	1244	09482	35
1045	01912	41	1095	03941	40	1145	05881	37	1195	07737	36	1245	09517	35
1046	01953	42	1096	03981	40	1146	05918	38	1196	07773	36	1246	09552	35
1047	01995	41	1097	04021	39	1147	05956	38	1197	07809	37	1247	09587	34
1048	02036	42	1098	04060	40	1148	05994	38	1198	07846	36	1248	09621	35
1049	02078	41	1099	04100	39	1149	06032	38	1199	07882	36	1249	09656	35
1050	02119		1100	04139		1150	06070		1200	07918		1250	09691	

N.	Log.	D	N.	Log.	D	N.	Log.	D	N.	Log.	D	N.	Log.	D
1251	09726	34	1301	11428	33	1351	13066	32	1401	14644	31	1451	16167	30
1252	09760	35	1302	11461	33	1352	13098	32	1402	14675	31	1452	16197	30
1253	09795	35	1303	11494	34	1353	13130	32	1403	14706	31	1453	16227	29
1254	09830	34	1304	11528	33	1354	13162	32	1404	14737	31	1454	16256	30
1255	09864	35	1305	11561	33	1355	13194	32	1405	14768	31	1455	16286	30
1256	09899	35	1306	11594	34	1356	13226	32	1406	14799	30	1456	16316	30
1257	09934	34	1307	11628	33	1357	13258	32	1407	14829	31	1457	16346	30
1258	09968	35	1308	11661	33	1358	13290	32	1408	14860	31	1458	16376	30
1259	10003	34	1309	11694	33	1359	13322	32	1409	14891	31	1459	16406	29
1260	10037	35	1310	11727	33	1360	13354	32	1410	14922	31	1460	16435	30
1261	10072	34	1311	11760	33	1361	13386	32	1411	14953	30	1461	16465	30
1262	10106	34	1312	11793	33	1362	13418	32	1412	14983	31	1462	16495	29
1263	10140	35	1313	11826	34	1363	13450	31	1413	15014	31	1463	16524	30
1264	10175	34	1314	11860	33	1364	13481	32	1414	15045	31	1464	16554	30
1265	10209	34	1315	11893	33	1365	13513	32	1415	15076	30	1465	16584	29
1266	10243	35	1316	11926	33	1366	13545	32	1416	15106	31	1466	16613	30
1267	10278	34	1317	11959	33	1367	13577	32	1417	15137	31	1467	16643	30
1268	10312	34	1318	11992	32	1368	13609	31	1418	15168	30	1468	16673	29
1269	10346	34	1319	12024	33	1369	13640	32	1419	15198	31	1469	16702	30
1270	10380	35	1320	12057	33	1370	13672	32	1420	15229	30	1470	16732	29
1271	10415	34	1321	12090	33	1371	13704	31	1421	15259	31	1471	16761	30
1272	10449	34	1322	12123	33	1372	13735	32	1422	15290	30	1472	16791	29
1273	10483	34	1323	12156	33	1373	13767	32	1423	15320	31	1473	16820	30
1274	10517	34	1324	12189	33	1374	13799	31	1424	15351	30	1474	16850	29
1275	10551	34	1325	12222	32	1375	13830	32	1425	15381	31	1475	16879	30
1276	10585	34	1326	12254	33	1376	13862	31	1426	15412	30	1476	16909	29
1277	10619	34	1327	12287	33	1377	13893	32	1427	15442	31	1477	16938	29
1278	10653	34	1328	12320	32	1378	13925	31	1428	15473	30	1478	16967	30
1279	10687	34	1329	12352	33	1379	13956	32	1429	15503	31	1479	16997	29
1280	10721	34	1330	12385	33	1380	13988	31	1430	15534	30	1480	17026	30
1281	10755	34	1331	12418	32	1381	14019	32	1431	15564	30	1481	17056	29
1282	10789	34	1332	12450	33	1382	14051	31	1432	15594	31	1482	17085	29
1283	10823	34	1333	12483	33	1383	14082	32	1433	15625	30	1483	17114	29
1284	10857	33	1334	12516	32	1384	14114	31	1434	15655	30	1484	17143	30
1285	10890	34	1335	12548	33	1385	14145	31	1435	15685	30	1485	17173	29
1286	10924	34	1336	12581	32	1386	14176	32	1436	15715	31	1486	17202	29
1287	10958	34	1337	12613	33	1387	14208	31	1437	15746	30	1487	17231	29
1288	10992	33	1338	12646	32	1388	14239	31	1438	15776	30	1488	17260	29
1289	11025	34	1339	12678	32	1389	14270	31	1439	15806	30	1489	17289	30
1290	11059	34	1340	12710	33	1390	14301	32	1440	15836	30	1490	17319	29
1291	11093	33	1341	12743	32	1391	14333	31	1441	15866	31	1491	17348	29
1292	11126	34	1342	12775	33	1392	14364	31	1442	15897	30	1492	17377	29
1293	11160	33	1343	12808	32	1393	14395	31	1443	15927	30	1493	17406	29
1294	11193	34	1344	12840	32	1394	14426	31	1444	15957	30	1494	17435	29
1295	11227	34	1345	12872	33	1395	14457	32	1445	15987	30	1495	17464	29
1296	11261	33	1346	12905	32	1396	14489	31	1446	16017	30	1496	17493	29
1297	11294	33	1347	12937	32	1397	14520	31	1447	16047	30	1497	17522	29
1298	11327	34	1348	12969	32	1398	14551	31	1448	16077	30	1498	17551	29
1299	11361	33	1349	13001	32	1399	14582	31	1449	16107	30	1499	17580	29
1300	11394		1350	13033		1400	14613		1450	16137		1500	17609	

N.	Log.	D	N.	Log.	D	N.	Log.	D	N.	Log.	D	N.	Log.	D
1501	17638	29	1551	19061	28	1601	20439	27	1651	21775	26	1701	23070	26
1502	17667	29	1552	19089	28	1602	20466	27	1652	21801	26	1702	23096	25
1503	17696	29	1553	19117	28	1603	20493	27	1653	21827	27	1703	23121	26
1504	17725	29	1554	19145	28	1604	20520	28	1654	21854	26	1704	23147	25
1505	17754	28	1555	19173	28	1605	20548	27	1655	21880	26	1705	23172	26
1506	17782	29	1556	19201	28	1606	20575	27	1656	21906	26	1706	23198	25
1507	17811	29	1557	19229	28	1607	20602	27	1657	21932	26	1707	23223	26
1508	17840	29	1558	19257	28	1608	20629	27	1658	21958	27	1708	23249	25
1509	17869	29	1559	19285	27	1609	20656	27	1659	21985	26	1709	23274	26
1510	17898	28	1560	19312	28	1610	20683	27	1660	22011	26	1710	23300	25
1511	17926	29	1561	19340	28	1611	20710	27	1661	22037	26	1711	23325	25
1512	17955	29	1562	19368	28	1612	20737	26	1662	22063	26	1712	23350	26
1513	17984	29	1563	19396	28	1613	20763	27	1663	22089	26	1713	23376	25
1514	18013	28	1564	19424	27	1614	20790	27	1664	22115	26	1714	23401	25
1515	18041	29	1565	19451	28	1615	20817	27	1665	22141	26	1715	23426	26
1516	18070	29	1566	19479	28	1616	20844	27	1666	22167	27	1716	23452	25
1517	18099	28	1567	19507	28	1617	20871	27	1667	22194	26	1717	23477	25
1518	18127	29	1568	19535	27	1618	20898	27	1668	22220	26	1718	23502	26
1519	18156	28	1569	19562	28	1619	20925	27	1669	22246	26	1719	23528	25
1520	18184	29	1570	19590	28	1620	20952	26	1670	22272	26	1720	23553	25
1521	18213	28	1571	19618	27	1621	20978	27	1671	22298	26	1721	23578	25
1522	18241	29	1572	19645	28	1622	21005	27	1672	22324	26	1722	23603	26
1523	18270	28	1573	19673	27	1623	21032	27	1673	22350	26	1723	23629	25
1524	18298	29	1574	19700	28	1624	21059	26	1674	22376	25	1724	23654	25
1525	18327	28	1575	19728	28	1625	21085	27	1675	22401	26	1725	23679	25
1526	18355	29	1576	19756	27	1626	21112	27	1676	22427	26	1726	23704	25
1527	18384	28	1577	19783	28	1627	21139	26	1677	22453	26	1727	23729	25
1528	18412	29	1578	19811	27	1628	21165	27	1678	22479	26	1728	23754	25
1529	18441	28	1579	19838	28	1629	21192	27	1679	22505	26	1729	23779	26
1530	18469	29	1580	19866	27	1630	21219	26	1680	22531	26	1730	23805	25
1531	18498	28	1581	19893	28	1631	21245	27	1681	22557	26	1731	23830	25
1532	18526	28	1582	19921	27	1632	21272	27	1682	22583	25	1732	23855	25
1533	18554	29	1583	19948	28	1633	21299	26	1683	22608	26	1733	23880	25
1534	18583	28	1584	19976	27	1634	21325	27	1684	22634	26	1734	23905	25
1535	18611	28	1585	20003	27	1635	21352	26	1685	22660	26	1735	23930	25
1536	18639	28	1586	20030	28	1636	21378	27	1686	22686	26	1736	23955	25
1537	18667	29	1587	20058	27	1637	21405	26	1687	22712	25	1737	23980	25
1538	18696	28	1588	20085	27	1638	21431	27	1688	22737	26	1738	24005	25
1539	18724	28	1589	20112	28	1639	21458	26	1689	22763	26	1739	24030	25
1540	18752	28	1590	20140	27	1640	21484	27	1690	22789	25	1740	24055	25
1541	18780	28	1591	20167	27	1641	21511	26	1691	22814	26	1741	24080	25
1542	18808	29	1592	20194	28	1642	21537	27	1692	22840	26	1742	24105	25
1543	18837	28	1593	20222	27	1643	21564	26	1693	22866	25	1743	24130	25
1544	18865	28	1594	20249	27	1644	21590	27	1694	22891	26	1744	24155	25
1545	18893	28	1595	20276	27	1645	21617	26	1695	22917	26	1745	24180	24
1546	18921	28	1596	20303	27	1646	21643	26	1696	22943	25	1746	24204	25
1547	18949	28	1597	20330	28	1647	21669	26	1697	22968	26	1747	24229	25
1548	18977	28	1598	20358	27	1648	21695	27	1698	22994	25	1748	24254	25
1549	19005	28	1599	20385	27	1649	21722	26	1699	23019	26	1749	24279	25
1550	19033	28	1600	20412	27	1650	21748	27	1700	23045	25	1750	24304	25

N.	Log.	D	N.	Log.	D	N.	Log.	D	N.	Log.	D	N.	Log.	D
1751	24329	25	1801	25551	24	1851	26741	24	1901	27898	23	1951	29026	23
1752	24353	24	1802	25575	24	1852	26764	23	1902	27921	23	1952	29048	22
1753	24378	25	1803	25600	25	1853	26788	24	1903	27944	23	1953	29070	22
1754	24403	25	1804	25624	24	1854	26811	23	1904	27967	23	1954	29092	23
1755	24428	25	1805	25648	24	1855	26834	23	1905	27989	23	1955	29115	22
1756	24452	24	1806	25672	24	1856	26858	24	1906	28012	23	1956	29137	22
1757	24477	25	1807	25696	24	1857	26881	24	1907	28035	23	1957	29159	22
1758	24502	25	1808	25720	24	1858	26905	23	1908	28058	23	1958	29181	22
1759	24527	25	1809	25744	24	1859	26928	23	1909	28081	23	1959	29203	23
1760	24551	25	1810	25768	24	1860	26951	24	1910	28103	23	1960	29226	22
1761	24576	25	1811	25792	24	1861	26975	24	1911	28126	23	1961	29248	22
1762	24601	24	1812	25816	24	1862	26998	23	1912	28149	23	1962	29270	22
1763	24625	24	1813	25840	24	1863	27021	24	1913	28171	23	1963	29292	22
1764	24650	24	1814	25864	24	1864	27045	23	1914	28194	23	1964	29314	22
1765	24674	24	1815	25888	24	1865	27068	23	1915	28217	23	1965	29336	22
1766	24699	25	1816	25912	24	1866	27091	23	1916	28240	23	1966	29358	22
1767	24724	25	1817	25935	23	1867	27114	24	1917	28262	22	1967	29380	23
1768	24748	24	1818	25959	24	1868	27138	23	1918	28285	23	1968	29403	22
1769	24773	25	1819	25983	24	1869	27161	23	1919	28307	22	1969	29425	22
1770	24797	24	1820	26007	24	1870	27184	23	1920	28330	23	1970	29447	22
1771	24822	25	1821	26031	24	1871	27207	24	1921	28353	23	1971	29469	22
1772	24846	24	1822	26055	24	1872	27231	23	1922	28375	22	1972	29491	22
1773	24871	25	1823	26079	24	1873	27254	23	1923	28398	23	1973	29513	22
1774	24895	24	1824	26102	23	1874	27277	23	1924	28421	23	1974	29535	22
1775	24920	25	1825	26126	24	1875	27300	23	1925	28443	22	1975	29557	22
1776	24944	24	1826	26150	24	1876	27323	23	1926	28466	23	1976	29579	22
1777	24969	25	1827	26174	24	1877	27346	24	1927	28488	23	1977	29601	22
1778	24993	24	1828	26198	23	1878	27370	23	1928	28511	22	1978	29623	22
1779	25018	25	1829	26221	24	1879	27393	23	1929	28533	23	1979	29645	22
1780	25042	24	1830	26245	24	1880	27416	23	1930	28556	22	1980	29667	21
1781	25066	25	1831	26269	24	1881	27439	23	1931	28578	23	1981	29688	22
1782	25091	24	1832	26293	24	1882	27462	23	1932	28601	22	1982	29710	22
1783	25115	24	1833	26316	24	1883	27485	23	1933	28623	23	1983	29732	22
1784	25139	25	1834	26340	24	1884	27508	23	1934	28646	22	1984	29754	22
1785	25164	24	1835	26364	23	1885	27531	23	1935	28668	23	1985	29776	22
1786	25188	24	1836	26387	24	1886	27554	23	1936	28691	22	1986	29798	22
1787	25212	25	1837	26411	24	1887	27577	23	1937	28713	22	1987	29820	22
1788	25237	24	1838	26435	23	1888	27600	23	1938	28735	23	1988	29842	21
1789	25261	24	1839	26458	24	1889	27623	23	1939	28758	22	1989	29863	22
1790	25285	25	1840	26482	23	1890	27646	23	1940	28780	23	1990	29885	22
1791	25310	24	1841	26505	24	1891	27669	23	1941	28803	22	1991	29907	22
1792	25334	24	1842	26529	24	1892	27692	23	1942	28825	22	1992	29929	22
1793	25358	24	1843	26553	23	1893	27715	23	1943	28847	23	1993	29951	22
1794	25382	24	1844	26576	24	1894	27738	23	1944	28870	22	1994	29973	21
1795	25406	25	1845	26600	23	1895	27761	23	1945	28892	22	1995	29994	22
1796	25431	24	1846	26623	24	1896	27784	23	1946	28914	23	1996	30016	22
1797	25455	24	1847	26647	23	1897	27807	23	1947	28937	22	1997	30038	22
1798	25479	24	1848	26670	24	1898	27830	22	1948	28959	22	1998	30060	21
1799	25503	24	1849	26694	23	1899	27852	23	1949	28981	22	1999	30081	22
1800	25527	24	1850	26717	23	1900	27875	23	1950	29003	22	2000	30103	22

N.	Log.	D	N.	Log.	D	N.	Log.	D	N.	Log.	D	N.	Log.	D
2001	30125	22	2051	31197	22	2101	32243	21	2151	33264	20	2201	34262	20
2002	30146	21	2052	31218	21	2102	32263	20	2152	33284	20	2202	34282	20
2003	30168	22	2053	31239	21	2103	32284	21	2153	33304	20	2203	34301	19
2004	30190	22	2054	31260	21	2104	32305	21	2154	33325	21	2204	34321	20
2005	30211	21	2055	31281	21	2105	32325	20	2155	33345	20	2205	34341	20
2006	30233	22	2056	31302	21	2106	32346	21	2156	33365	20	2206	34361	20
2007	30255	22	2057	31323	21	2107	32366	20	2157	33385	20	2207	34380	19
2008	30276	21	2058	31345	22	2108	32387	21	2158	33405	20	2208	34400	20
2009	30298	22	2059	31366	21	2109	32408	21	2159	33425	20	2209	34420	20
2010	30320	22	2060	31387	21	2110	32428	20	2160	33445	20	2210	34439	19
2011	30341	21	2061	31408	21	2111	32449	21	2161	33465	20	2211	34459	20
2012	30363	22	2062	31429	21	2112	32469	20	2162	33486	21	2212	34479	20
2013	30384	21	2063	31450	21	2113	32490	21	2163	33506	20	2213	34498	19
2014	30406	22	2064	31471	21	2114	32510	20	2164	33526	20	2214	34518	20
2015	30428	22	2065	31492	21	2115	32531	21	2165	33546	20	2215	34537	19
2016	30449	21	2066	31513	21	2116	32552	21	2166	33566	20	2216	34557	20
2017	30471	22	2067	31534	21	2117	32572	20	2167	33586	20	2217	34577	20
2018	30492	21	2068	31555	21	2118	32593	21	2168	33606	20	2218	34596	19
2019	30514	22	2069	31576	21	2119	32613	21	2169	33626	20	2219	34616	20
2020	30535	21	2070	31597	21	2120	32634	20	2170	33646	20	2220	34635	19
2021	30557	22	2071	31618	21	2121	32654	21	2171	33666	20	2221	34655	20
2022	30578	21	2072	31639	21	2122	32675	20	2172	33686	20	2222	34674	19
2023	30600	22	2073	31660	21	2123	32695	20	2173	33706	20	2223	34694	20
2024	30621	21	2074	31681	21	2124	32715	21	2174	33726	20	2224	34713	19
2025	30643	22	2075	31702	21	2125	32736	20	2175	33746	20	2225	34733	20
2026	30664	21	2076	31723	21	2126	32756	20	2176	33766	20	2226	34753	19
2027	30685	22	2077	31744	21	2127	32777	21	2177	33786	20	2227	34772	20
2028	30707	21	2078	31765	20	2128	32797	20	2178	33806	20	2228	34792	19
2029	30728	22	2079	31785	21	2129	32818	21	2179	33826	20	2229	34811	19
2030	30750	21	2080	31806	21	2130	32838	20	2180	33846	20	2230	34830	20
2031	30771	21	2081	31827	21	2131	32858	21	2181	33866	19	2231	34850	19
2032	30792	22	2082	31848	21	2132	32879	20	2182	33885	20	2232	34869	20
2033	30814	21	2083	31869	21	2133	32899	20	2183	33905	20	2233	34889	19
2034	30835	21	2084	31890	21	2134	32919	21	2184	33925	20	2234	34908	20
2035	30856	22	2085	31911	20	2135	32940	20	2185	33945	20	2235	34928	19
2036	30878	21	2086	31931	21	2136	32960	20	2186	33965	20	2236	34947	20
2037	30899	21	2087	31952	21	2137	32980	21	2187	33985	20	2237	34967	19
2038	30920	22	2088	31973	21	2138	33001	20	2188	34005	20	2238	34986	19
2039	30942	21	2089	31994	21	2139	33021	20	2189	34025	19	2239	35005	20
2040	30963	21	2090	32015	20	2140	33041	21	2190	34044	20	2240	35025	19
2041	30984	22	2091	32035	21	2141	33062	20	2191	34064	20	2241	35044	20
2042	31006	21	2092	32056	21	2142	33082	20	2192	34084	20	2242	35064	19
2043	31027	21	2093	32077	21	2143	33102	20	2193	34104	20	2243	35083	19
2044	31048	21	2094	32098	20	2144	33122	21	2194	34124	19	2244	35102	20
2045	31069	22	2095	32118	21	2145	33143	20	2195	34143	20	2245	35122	19
2046	31091	21	2096	32139	21	2146	33163	20	2196	34163	20	2246	35141	19
2047	31112	21	2097	32160	21	2147	33183	20	2197	34183	20	2247	35160	20
2048	31133	21	2098	32181	20	2148	33203	21	2198	34203	20	2248	35180	19
2049	31154	21	2099	32201	21	2149	33224	20	2199	34223	19	2249	35199	19
2050	31175	21	2100	32222	21	2150	33244	20	2200	34242	20	2250	35218	19

N.	Log.	D	N.	Log.	D	N.	Log.	D	N.	Log.	D	N.	Log.	D
2251	35238	20	2301	36192	19	2351	37125	18	2401	38039	18	2451	38934	17
2252	35257	19	2302	36211	19	2352	37144	19	2402	38057	18	2452	38952	18
2253	35276	19	2303	36229	18	2353	37162	18	2403	38075	18	2453	38970	18
2254	35295	19	2304	36248	19	2354	37181	18	2404	38093	18	2454	38987	17
2255	35315	20	2305	36267	19	2355	37199	19	2405	38112	19	2455	39005	18
2256	35334	19	2306	36286	19	2356	37218	18	2406	38130	18	2456	39023	18
2257	35353	19	2307	36305	19	2357	37236	18	2407	38148	18	2457	39041	18
2258	35372	19	2308	36324	18	2358	37254	18	2408	38166	18	2458	39058	17
2259	35392	20	2309	36342	19	2359	37273	18	2409	38184	18	2459	39076	18
2260	35411	19	2310	36361	19	2360	37291	18	2410	38202	18	2460	39094	18
2261	35430	19	2311	36380	19	2361	37310	18	2411	38220	18	2461	39111	18
2262	35449	19	2312	36399	19	2362	37328	18	2412	38238	18	2462	39129	17
2263	35468	19	2313	36418	18	2363	37346	18	2413	38256	18	2463	39146	18
2264	35488	20	2314	36436	19	2364	37365	18	2414	38274	18	2464	39164	18
2265	35507	19	2315	36455	19	2365	37383	18	2415	38292	18	2465	39182	17
2266	35526	19	2316	36474	19	2366	37401	18	2416	38310	18	2466	39199	18
2267	35545	19	2317	36493	18	2367	37420	18	2417	38328	18	2467	39217	18
2268	35564	19	2318	36511	19	2368	37438	19	2418	38346	18	2468	39235	17
2269	35583	20	2319	36530	19	2369	37457	18	2419	38364	18	2469	39252	18
2270	35603	19	2320	36549	19	2370	37475	18	2420	38382	17	2470	39270	17
2271	35622	19	2321	36568	18	2371	37493	18	2421	38399	18	2471	39287	18
2272	35641	19	2322	36586	19	2372	37511	19	2422	38417	18	2472	39305	17
2273	35660	19	2323	36605	19	2373	37530	18	2423	38435	18	2473	39322	18
2274	35679	19	2324	36624	18	2374	37548	18	2424	38453	18	2474	39340	18
2275	35698	19	2325	36642	19	2375	37566	19	2425	38471	18	2475	39358	17
2276	35717	19	2326	36661	19	2376	37585	18	2426	38489	18	2476	39375	18
2277	35736	19	2327	36680	18	2377	37603	18	2427	38507	18	2477	39393	17
2278	35755	19	2328	36698	19	2378	37621	18	2428	38525	18	2478	39410	18
2279	35774	19	2329	36717	19	2379	37639	19	2429	38543	18	2479	39428	17
2280	35793	20	2330	36736	18	2380	37658	18	2430	38561	17	2480	39445	18
2281	35813	19	2331	36754	19	2381	37676	18	2431	38578	18	2481	39463	17
2282	35832	19	2332	36773	18	2382	37694	18	2432	38596	18	2482	39480	18
2283	35851	19	2333	36791	19	2383	37712	19	2433	38614	18	2483	39498	17
2284	35870	19	2334	36810	19	2384	37731	18	2434	38632	18	2484	39515	18
2285	35889	19	2335	36829	18	2385	37749	18	2435	38650	18	2485	39533	17
2286	35908	19	2336	36847	19	2386	37767	18	2436	38668	18	2486	39550	18
2287	35927	19	2337	36866	18	2387	37785	18	2437	38686	17	2487	39568	17
2288	35946	19	2338	36884	19	2388	37803	19	2438	38703	18	2488	39585	17
2289	35965	19	2339	36903	19	2389	37822	18	2439	38721	18	2489	39602	18
2290	35984	19	2340	36922	18	2390	37840	18	2440	38739	18	2490	39620	17
2291	36003	18	2341	36940	19	2391	37858	18	2441	38757	18	2491	39637	18
2292	36021	19	2342	36959	18	2392	37876	18	2442	38775	17	2492	39655	17
2293	36040	19	2343	36977	18	2393	37894	18	2443	38792	18	2493	39672	17
2294	36059	19	2344	36996	18	2394	37912	19	2444	38810	18	2494	39690	17
2295	36078	19	2345	37014	19	2395	37931	18	2445	38828	18	2495	39707	17
2296	36097	19	2346	37033	18	2396	37949	18	2446	38846	17	2496	39724	18
2297	36116	19	2347	37051	19	2397	37967	18	2447	38863	18	2497	39742	17
2298	36135	19	2348	37070	18	2398	37985	18	2448	38881	18	2498	39759	18
2299	36154	19	2349	37088	19	2399	38003	18	2449	38899	18	2499	39777	17
2300	36173	19	2350	37107	19	2400	38021	18	2450	38917		2500	39794	17

N.	Log.	D	N.	Log.	D	N.	Log.	D	N.	Log.	D	N.	Log.	D
2501	39811	17	2551	40671	17	2601	41514	17	2651	42341	16	2701	43152	16
2502	39829	18	2552	40688	17	2602	41531	17	2652	42357	16	2702	43169	17
2503	39846	17	2553	40705	17	2603	41547	16	2653	42374	17	2703	43185	16
2504	39863	17	2554	40722	17	2604	41564	17	2654	42390	16	2704	43201	16
2505	39881	18	2555	40739	17	2605	41581	17	2655	42406	16	2705	43217	16
		17			17			16			17			16
2506	39898	17	2556	40756	17	2606	41597	16	2656	42423	17	2706	43233	16
2507	39915	17	2557	40773	17	2607	41614	17	2657	42439	16	2707	43249	16
2508	39933	18	2558	40790	17	2608	41631	16	2658	42455	16	2708	43265	16
2509	39950	17	2559	40807	17	2609	41647	17	2659	42472	17	2709	43281	16
2510	39967	17	2560	40824	17	2610	41664	17	2660	42488	16	2710	43297	16
		18			17			17			16			16
2511	39985	17	2561	40841	17	2611	41681	16	2661	42504	17	2711	43313	16
2512	40002	17	2562	40858	17	2612	41697	17	2662	42521	16	2712	43329	16
2513	40019	18	2563	40875	17	2613	41714	16	2663	42537	16	2713	43345	16
2514	40037	17	2564	40892	17	2614	41731	16	2664	42553	17	2714	43361	16
2515	40054	17	2565	40909	17	2615	41747	17	2665	42570	16	2715	43377	16
		17			17			17			16			16
2516	40071	17	2566	40926	17	2616	41764	16	2666	42586	16	2716	43393	16
2517	40088	18	2567	40943	17	2617	41780	17	2667	42602	17	2717	43409	16
2518	40106	17	2568	40960	16	2618	41797	17	2668	42619	16	2718	43425	16
2519	40123	17	2569	40976	17	2619	41814	16	2669	42635	16	2719	43441	16
2520	40140	17	2570	40993	17	2620	41830	17	2670	42651	16	2720	43457	16
		17			17			17			16			16
2521	40157	18	2571	41010	17	2621	41847	16	2671	42667	17	2721	43473	16
2522	40175	17	2572	41027	17	2622	41863	17	2672	42684	16	2722	43489	16
2523	40192	17	2573	41044	17	2623	41880	16	2673	42700	16	2723	43505	16
2524	40209	17	2574	41061	17	2624	41896	17	2674	42716	16	2724	43521	16
2525	40226	17	2575	41078	17	2625	41913	16	2675	42732	17	2725	43537	16
		17			17			16			16			16
2526	40243	18	2576	41095	16	2626	41929	17	2676	42749	16	2726	43553	16
2527	40261	17	2577	41111	17	2627	41946	17	2677	42765	16	2727	43569	16
2528	40278	17	2578	41128	17	2628	41963	16	2678	42781	16	2728	43584	15
2529	40295	17	2579	41145	17	2629	41979	17	2679	42797	16	2729	43600	16
2530	40312	17	2580	41162	17	2630	41996	16	2680	42813	17	2730	43616	16
		17			17			16			17			16
2531	40329	17	2581	41179	17	2631	42012	17	2681	42830	16	2731	43632	16
2532	40346	18	2582	41196	16	2632	42029	16	2682	42846	16	2732	43648	16
2533	40364	17	2583	41212	17	2633	42045	17	2683	42862	16	2733	43664	16
2534	40381	17	2584	41229	17	2634	42062	16	2684	42878	16	2734	43680	16
2535	40398	17	2585	41246	17	2635	42078	17	2685	42894	17	2735	43696	16
		17			17			17			17			16
2536	40415	17	2586	41263	17	2636	42095	16	2686	42911	16	2736	43712	15
2537	40432	17	2587	41280	16	2637	42111	16	2687	42927	16	2737	43727	16
2538	40449	17	2588	41296	17	2638	42127	17	2688	42943	16	2738	43743	16
2539	40466	17	2589	41313	17	2639	42144	16	2689	42959	16	2739	43759	16
2540	40483	17	2590	41330	17	2640	42160	17	2690	42975	16	2740	43775	16
		17			17			17			16			16
2541	40500	17	2591	41347	16	2641	42177	16	2691	42991	17	2741	43791	16
2542	40518	18	2592	41363	17	2642	42193	17	2692	43008	16	2742	43807	16
2543	40535	17	2593	41380	17	2643	42210	16	2693	43024	16	2743	43823	15
2544	40552	17	2594	41397	17	2644	42226	17	2694	43040	16	2744	43838	16
2545	40569	17	2595	41414	16	2645	42243	16	2695	43056	16	2745	43854	16
		17			16			16			16			16
2546	40586	17	2596	41430	17	2646	42259	16	2696	43072	16	2746	43870	16
2547	40603	17	2597	41447	17	2647	42275	17	2697	43088	16	2747	43886	16
2548	40620	17	2598	41464	17	2648	42292	16	2698	43104	16	2748	43902	16
2549	40637	17	2599	41481	16	2649	42308	17	2699	43120	16	2749	43917	15
2550	40654	17	2600	41497	17	2650	42325	17	2700	43136	16	2750	43933	16

N.	Log.	D	N.	Log.	D	N.	Log.	D	N.	Log.	D	N.	Log.	D
2751	43949	16	2801	44731	15	2851	45500	16	2901	46255	15	2951	46997	15
2752	43965	16	2802	44747	16	2852	45515	15	2902	46270	15	2952	47012	15
2753	43981	16	2803	44762	15	2853	45530	15	2903	46285	15	2953	47026	14
2754	43996	15	2804	44778	16	2854	45545	16	2904	46300	15	2954	47041	15
2755	44012	16	2805	44793	15	2855	45561	15	2905	46315	15	2955	47056	15
2756	44028	16	2806	44809	16	2856	45576	15	2906	46330	15	2956	47070	14
2757	44044	16	2807	44824	15	2857	45591	15	2907	46345	15	2957	47085	15
2758	44059	15	2808	44840	16	2858	45606	15	2908	46359	14	2958	47100	15
2759	44075	16	2809	44855	15	2859	45621	15	2909	46374	15	2959	47114	14
2760	44091	16	2810	44871	16	2860	45637	16	2910	46389	15	2960	47129	15
2761	44107	16	2811	44886	15	2861	45652	15	2911	46404	15	2961	47144	15
2762	44122	15	2812	44902	16	2862	45667	15	2912	46419	15	2962	47159	14
2763	44138	16	2813	44917	15	2863	45682	15	2913	46434	15	2963	47173	15
2764	44154	16	2814	44932	15	2864	45697	15	2914	46449	15	2964	47188	14
2765	44170	16	2815	44948	16	2865	45712	15	2915	46464	15	2965	47202	15
2766	44185	15	2816	44963	15	2866	45728	16	2916	46479	15	2966	47217	15
2767	44201	16	2817	44979	16	2867	45743	15	2917	46494	15	2967	47232	14
2768	44217	16	2818	44994	15	2868	45758	15	2918	46509	14	2968	47246	15
2769	44232	15	2819	45010	16	2869	45773	15	2919	46523	15	2969	47261	15
2770	44248	16	2820	45025	15	2870	45788	15	2920	46538	15	2970	47276	14
2771	44264	16	2821	45040	15	2871	45803	15	2921	46553	15	2971	47290	15
2772	44279	15	2822	45056	16	2872	45818	16	2922	46568	15	2972	47305	14
2773	44295	16	2823	45071	15	2873	45834	15	2923	46583	15	2973	47319	15
2774	44311	16	2824	45086	16	2874	45849	15	2924	46598	15	2974	47334	15
2775	44326	15	2825	45102	16	2875	45864	15	2925	46613	14	2975	47349	14
2776	44342	16	2826	45117	16	2876	45879	15	2926	46627	15	2976	47363	15
2777	44358	15	2827	45133	15	2877	45894	15	2927	46642	15	2977	47378	14
2778	44373	16	2828	45148	15	2878	45909	15	2928	46657	15	2978	47392	15
2779	44389	15	2829	45163	16	2879	45924	15	2929	46672	15	2979	47407	15
2780	44404	16	2830	45179	15	2880	45939	15	2930	46687	15	2980	47422	14
2781	44420	16	2831	45194	15	2881	45954	15	2931	46702	14	2981	47436	15
2782	44436	15	2832	45209	16	2882	45969	15	2932	46716	15	2982	47451	14
2783	44451	16	2833	45225	15	2883	45984	16	2933	46731	15	2983	47465	15
2784	44467	16	2834	45240	15	2884	46000	15	2934	46746	15	2984	47480	14
2785	44483	16	2835	45255	16	2885	46015	15	2935	46761	15	2985	47494	15
2786	44498	16	2836	45271	15	2886	46030	15	2936	46776	14	2986	47509	15
2787	44514	15	2837	45286	15	2887	46045	15	2937	46790	15	2987	47524	14
2788	44529	16	2838	45301	16	2888	46060	15	2938	46805	15	2988	47538	15
2789	44545	15	2839	45317	15	2889	46075	15	2939	46820	15	2989	47553	14
2790	44560	16	2840	45332	15	2890	46090	15	2940	46835	15	2990	47567	15
2791	44576	16	2841	45347	15	2891	46105	15	2941	46850	14	2991	47582	14
2792	44592	15	2842	45362	16	2892	46120	15	2942	46864	15	2992	47596	15
2793	44607	16	2843	45378	15	2893	46135	15	2943	46879	15	2993	47611	14
2794	44623	15	2844	45393	15	2894	46150	15	2944	46894	15	2994	47625	15
2795	44638	16	2845	45408	15	2895	46165	15	2945	46909	14	2995	47640	14
2796	44654	15	2846	45423	16	2896	46180	15	2946	46923	15	2996	47654	15
2797	44669	16	2847	45439	15	2897	46195	15	2947	46938	15	2997	47669	14
2798	44685	15	2848	45454	15	2898	46210	15	2948	46953	14	2998	47683	15
2799	44700	16	2849	45469	15	2899	46225	15	2949	46967	15	2999	47698	14
2800	44716		2850	45484		2900	46240		2950	46982		3000	47712	

N.	Log.	D	N.	Log.	D	N.	Log.	D	N.	Log.	D	N.	Log.	D
3001	47727	15	3051	48444	14	3101	49150	14	3151	49845	14	3201	50529	14
3002	47741	14	3052	48458	15	3102	49164	14	3152	49859	13	3202	50542	13
3003	47756	15	3053	48473	14	3103	49178	14	3153	49872	14	3203	50556	13
3004	47770	14	3054	48487	14	3104	49192	14	3154	49886	14	3204	50569	14
3005	47784	14	3055	48501	14	3105	49206	14	3155	49900	14	3205	50583	13
3006	47799	15	3056	48515	15	3106	49220	14	3156	49914	13	3206	50596	14
3007	47813	14	3057	48530	14	3107	49234	14	3157	49927	14	3207	50610	13
3008	47828	15	3058	48544	14	3108	49248	14	3158	49941	14	3208	50623	14
3009	47842	14	3059	48558	14	3109	49262	14	3159	49955	14	3209	50637	14
3010	47857	15	3060	48572	14	3110	49276	14	3160	49969	13	3210	50651	13
3011	47871	14	3061	48586	15	3111	49290	14	3161	49982	14	3211	50664	14
3012	47885	14	3062	48601	14	3112	49304	14	3162	49996	14	3212	50678	13
3013	47900	15	3063	48615	14	3113	49318	14	3163	50010	14	3213	50691	14
3014	47914	14	3064	48629	14	3114	49332	14	3164	50024	13	3214	50705	13
3015	47929	15	3065	48643	14	3115	49346	14	3165	50037	14	3215	50718	14
3016	47943	14	3066	48657	14	3116	49360	14	3166	50051	14	3216	50732	13
3017	47958	15	3067	48671	15	3117	49374	14	3167	50065	14	3217	50745	14
3018	47972	14	3068	48686	14	3118	49388	14	3168	50079	13	3218	50759	13
3019	47986	14	3069	48700	14	3119	49402	13	3169	50092	14	3219	50772	14
3020	48001	15	3070	48714	14	3120	49415	14	3170	50106	14	3220	50786	13
3021	48015	14	3071	48728	14	3121	49429	14	3171	50120	13	3221	50799	14
3022	48029	14	3072	48742	14	3122	49443	14	3172	50133	14	3222	50813	13
3023	48044	15	3073	48756	14	3123	49457	14	3173	50147	14	3223	50826	14
3024	48058	15	3074	48770	15	3124	49471	14	3174	50161	13	3224	50840	13
3025	48073	14	3075	48785	14	3125	49485	14	3175	50174	14	3225	50853	13
3026	48087	14	3076	48799	14	3126	49499	14	3176	50188	14	3226	50866	14
3027	48101	14	3077	48813	14	3127	49513	14	3177	50202	13	3227	50880	13
3028	48116	15	3078	48827	14	3128	49527	14	3178	50215	14	3228	50893	14
3029	48130	14	3079	48841	14	3129	49541	13	3179	50229	14	3229	50907	13
3030	48144	14	3080	48855	14	3130	49554	14	3180	50243	13	3230	50920	14
3031	48159	14	3081	48869	14	3131	49568	14	3181	50256	14	3231	50934	13
3032	48173	14	3082	48883	14	3132	49582	14	3182	50270	14	3232	50947	14
3033	48187	15	3083	48897	14	3133	49596	14	3183	50284	13	3233	50961	13
3034	48202	14	3084	48911	15	3134	49610	14	3184	50297	14	3234	50974	13
3035	48216	14	3085	48926	14	3135	49624	14	3185	50311	14	3235	50987	14
3036	48230	14	3086	48940	14	3136	49638	13	3186	50325	13	3236	51001	13
3037	48244	15	3087	48954	14	3137	49651	14	3187	50338	14	3237	51014	14
3038	48259	14	3088	48968	14	3138	49665	14	3188	50352	13	3238	51028	13
3039	48273	14	3089	48982	14	3139	49679	14	3189	50365	14	3239	51041	14
3040	48287	15	3090	48996	14	3140	49693	14	3190	50379	14	3240	51055	13
3041	48302	14	3091	49010	14	3141	49707	14	3191	50393	13	3241	51068	13
3042	48316	14	3092	49024	14	3142	49721	13	3192	50406	14	3242	51081	14
3043	48330	14	3093	49038	14	3143	49734	14	3193	50420	13	3243	51095	13
3044	48344	15	3094	49052	14	3144	49748	14	3194	50433	14	3244	51108	13
3045	48359	14	3095	49066	14	3145	49762	14	3195	50447	14	3245	51121	14
3046	48373	14	3096	49080	14	3146	49776	14	3196	50461	13	3246	51135	13
3047	48387	14	3097	49094	14	3147	49790	13	3197	50474	14	3247	51148	14
3048	48401	15	3098	49108	14	3148	49803	14	3198	50488	13	3248	51162	13
3049	48416	14	3099	49122	14	3149	49817	14	3199	50501	14	3249	51175	13
3050	48430	14	3100	49136	14	3150	49831	14	3200	50515	14	3250	51188	13

N.	Log.	D	N.	Log.	D	N.	Log.	D	N.	Log.	D	N.	Log.	D
3251	51202	14	3301	51865	14	3351	52517	13	3401	53161	13	3451	53794	12
3252	51215	13	3302	51878	13	3352	52530	13	3402	53173	12	3452	53807	13
3253	51228	13	3303	51891	13	3353	52543	13	3403	53186	13	3453	53820	13
3254	51242	14	3304	51904	13	3354	52556	13	3404	53199	13	3454	53832	12
3255	51255	13	3305	51917	13	3355	52569	13	3405	53212	13	3455	53845	13
		13			13			13			12			12
3256	51268	13	3306	51930	13	3356	52582	13	3406	53224	13	3456	53857	13
3257	51282	14	3307	51943	14	3357	52595	13	3407	53237	13	3457	53870	12
3258	51295	13	3308	51957	13	3358	52608	13	3408	53250	13	3458	53882	13
3259	51308	13	3309	51970	13	3359	52621	13	3409	53263	12	3459	53895	13
3260	51322	14	3310	51983	13	3360	52634	13	3410	53275	13	3460	53908	12
		13			13			13			13			12
3261	51335	13	3311	51996	13	3361	52647	13	3411	53288	13	3461	53920	13
3262	51348	13	3312	52009	13	3362	52660	13	3412	53301	13	3462	53933	12
3263	51362	14	3313	52022	13	3363	52673	13	3413	53314	12	3463	53945	13
3264	51375	13	3314	52035	13	3364	52686	13	3414	53326	13	3464	53958	12
3265	51388	13	3315	52048	13	3365	52699	12	3415	53339	13	3465	53970	13
		14			13			12			13			13
3266	51402	13	3316	52061	14	3366	52711	13	3416	53352	12	3466	53983	12
3267	51415	13	3317	52075	13	3367	52724	13	3417	53364	13	3467	53995	13
3268	51428	13	3318	52088	13	3368	52737	13	3418	53377	13	3468	54008	12
3269	51441	14	3319	52101	13	3369	52750	13	3419	53390	13	3469	54020	13
3270	51455	13	3320	52114	13	3370	52763	13	3420	53403	12	3470	54033	12
		13			13			13			12			12
3271	51468	13	3321	52127	13	3371	52776	13	3421	53415	13	3471	54045	13
3272	51481	14	3322	52140	13	3372	52789	13	3422	53428	13	3472	54058	12
3273	51495	14	3323	52153	13	3373	52802	13	3423	53441	12	3473	54070	13
3274	51508	13	3324	52166	13	3374	52815	12	3424	53453	13	3474	54083	12
3275	51521	13	3325	52179	13	3375	52827	13	3425	53466	13	3475	54095	13
		13			13			13			13			13
3276	51534	14	3326	52192	13	3376	52840	13	3426	53479	12	3476	54108	12
3277	51548	13	3327	52205	13	3377	52853	13	3427	53491	13	3477	54120	13
3278	51561	13	3328	52218	13	3378	52866	13	3428	53504	13	3478	54133	12
3279	51574	13	3329	52231	13	3379	52879	13	3429	53517	12	3479	54145	13
3280	51587	14	3330	52244	13	3380	52892	13	3430	53529	13	3480	54158	12
		13			13			13			13			12
3281	51601	13	3331	52257	13	3381	52905	12	3431	53542	13	3481	54170	13
3282	51614	13	3332	52270	14	3382	52917	13	3432	53555	12	3482	54183	12
3283	51627	13	3333	52284	13	3383	52930	13	3433	53567	13	3483	54195	13
3284	51640	14	3334	52297	13	3384	52943	13	3434	53580	13	3484	54208	12
3285	51654	13	3335	523:0	13	3385	52956	13	3435	53593	12	3485	54220	13
		13			13			13			12			13
3286	51667	13	3336	52323	13	3386	52969	13	3436	53605	13	3486	54233	12
3287	51680	13	3337	52336	13	3387	52982	12	3437	53618	13	3487	54245	13
3288	51693	13	3338	52349	13	3388	52994	13	3438	53631	12	3488	54258	12
3289	51706	14	3339	52362	13	3389	53007	13	3439	53643	13	3489	54270	13
3290	51720	13	3340	52375	13	3390	53020	13	3440	53656	12	3490	54283	12
		13			13			13			12			12
3291	51733	13	3341	52388	13	3391	53033	13	3441	53668	13	3491	54295	12
3292	51746	13	3342	52401	13	3392	53046	12	3442	53681	13	3492	54307	13
3293	51759	13	3343	52414	13	3393	53058	13	3443	53694	12	3493	54320	12
3294	51772	14	3344	52427	13	3394	53071	13	3444	53706	13	3494	54332	13
3295	51786	13	3345	52440	13	3395	53084	13	3445	53719	13	3495	54345	12
		13			13			13			13			12
3296	51799	13	3346	52453	13	3396	53097	13	3446	53732	12	3496	54357	13
3297	51812	13	3347	52466	13	3397	53110	12	3447	53744	13	3497	54370	12
3298	51825	13	3348	52479	13	3398	53122	13	3448	53757	12	3498	54382	12
3299	51838	13	3349	52492	12	3399	53135	13	3449	53769	13	3499	54394	13
3300	51851		3350	52504		3400	53148	13	3450	53782	13	3500	54407	13

N.	Log.	D	N.	Log.	D	N.	Log.	D	N.	Log.	D	N.	Log.	D
3501	54419	12	3551	55035	12	3601	55642	12	3651	56241	12	3701	56832	12
3502	54432	13	3552	55047	13	3602	55654	12	3652	56253	12	3702	56844	11
3503	54444	12	3553	55060	13	3603	55666	12	3653	56265	12	3703	56855	11
3504	54456	12	3554	55072	12	3604	55678	12	3654	56277	12	3704	56867	12
3505	54469	13	3555	55084	12	3605	55691	13	3655	56289	12	3705	56879	12
3506	54481	12	3556	55096	12	3606	55703	12	3656	56301	12	3706	56891	12
3507	54494	13	3557	55108	12	3607	55715	12	3657	56312	11	3707	56902	11
3508	54506	12	3558	55121	13	3608	55727	12	3658	56324	12	3708	56914	12
3509	54518	12	3559	55133	12	3609	55739	12	3659	56336	12	3709	56926	12
3510	54531	13	3560	55145	12	3610	55751	12	3660	56348	12	3710	56937	11
3511	54543	12	3561	55157	12	3611	55763	12	3661	56360	12	3711	56949	12
3512	54555	13	3562	55169	13	3612	55775	12	3662	56372	12	3712	56961	11
3513	54568	13	3563	55182	12	3613	55787	12	3663	56384	12	3713	56972	11
3514	54580	13	3564	55194	12	3614	55799	12	3664	56396	11	3714	56984	12
3515	54593	12	3565	55206	12	3615	55811	12	3665	56407	12	3715	56996	12
3516	54605	12	3566	55218	12	3616	55823	12	3666	56419	12	3716	57008	11
3517	54617	13	3567	55230	12	3617	55835	12	3667	56431	12	3717	57019	12
3518	54630	12	3568	55242	13	3618	55847	12	3668	56443	12	3718	57031	12
3519	54642	12	3569	55255	12	3619	55859	12	3669	56455	12	3719	57043	11
3520	54654	13	3570	55267	12	3620	55871	12	3670	56467	11	3720	57054	12
3521	54667	12	3571	55279	12	3621	55883	12	3671	56478	12	3721	57066	12
3522	54679	12	3572	55291	12	3622	55895	12	3672	56490	12	3722	57078	11
3523	54691	13	3573	55303	12	3623	55907	12	3673	56502	12	3723	57089	12
3524	54704	12	3574	55315	13	3624	55919	12	3674	56514	12	3724	57101	12
3525	54716	12	3575	55328	12	3625	55931	12	3675	56526	12	3725	57113	11
3526	54728	13	3576	55340	12	3626	55943	12	3676	56538	11	3726	57124	12
3527	54741	12	3577	55352	12	3627	55955	12	3677	56549	12	3727	57136	12
3528	54753	12	3578	55364	12	3628	55967	12	3678	56561	12	3728	57148	11
3529	54765	12	3579	55376	12	3629	55979	12	3679	56573	12	3729	57159	12
3530	54777	13	3580	55388	12	3630	55991	12	3680	56585	12	3730	57171	12
3531	54790	12	3581	55400	12	3631	56003	12	3681	56597	11	3731	57183	11
3532	54802	12	3582	55413	13	3632	56015	12	3682	56608	12	3732	57194	12
3533	54814	13	3583	55425	12	3633	56027	11	3683	56620	12	3733	57206	11
3534	54827	12	3584	55437	12	3634	56038	12	3684	56632	12	3734	57217	12
3535	54839	12	3585	55449	12	3635	56050	12	3685	56644	12	3735	57229	12
3536	54851	13	3586	55461	12	3636	56062	12	3686	56656	11	3736	57241	11
3537	54864	12	3587	55473	12	3637	56074	12	3687	56667	12	3737	57252	12
3538	54876	12	3588	55485	12	3638	56086	12	3688	56679	12	3738	57264	12
3539	54888	12	3589	55497	12	3639	56098	12	3689	56691	12	3739	57276	11
3540	54900	13	3590	55509	13	3640	56110	12	3690	56703	11	3740	57287	12
3541	54913	12	3591	55522	12	3641	56122	12	3691	56714	12	3741	57299	11
3542	54925	12	3592	55534	12	3642	56134	12	3692	56726	12	3742	57310	12
3543	54937	12	3593	55546	12	3643	56146	12	3693	56738	12	3743	57322	12
3544	54949	13	3594	55558	12	3644	56158	12	3694	56750	11	3744	57334	11
3545	54962	12	3595	55570	12	3645	56170	12	3695	56761	12	3745	57345	12
3546	54974	12	3596	55582	12	3646	56182	12	3696	56773	12	3746	57357	11
3547	54986	12	3597	55594	12	3647	56194	11	3697	56785	12	3747	57368	12
3548	54998	13	3598	55606	12	3648	56205	12	3698	56797	11	3748	57380	12
3549	55011	12	3599	55618	12	3649	56217	12	3699	56808	12	3749	57392	11
3550	55023	12	3600	55630	12	3650	56229	12	3700	56820	12	3750	57403	11

N.	Log.	D	N.	Log.	D	N.	Log.	D	N.	Log.	D	N.	Log.	D
3751	57415	12	3801	57990	12	3851	58557	11	3901	59118	12	3951	59671	11
3752	57426	11	3802	58001	11	3852	58569	12	3902	59129	11	3952	59682	11
3753	57438	12	3803	58013	12	3853	58580	11	3903	59140	11	3953	59693	11
3754	57449	11	3804	58024	11	3854	58591	11	3904	59151	11	3954	59704	11
3755	57461	12	3805	58035	11	3855	58602	11	3905	59162	11	3955	59715	11
3756	57473	12	3806	58047	12	3856	58614	12	3906	59173	11	3956	59726	11
3757	57484	11	3807	58058	11	3857	58625	11	3907	59184	11	3957	59737	11
3758	57496	12	3808	58070	12	3858	58636	11	3908	59195	11	3958	59748	11
3759	57507	11	3809	58081	11	3859	58647	11	3909	59207	12	3959	59759	11
3760	57519	12	3810	58092	11	3860	58659	12	3910	59218	11	3960	59770	11
3761	57530	11	3811	58104	12	3861	58670	11	3911	59229	11	3961	59780	10
3762	57542	12	3812	58115	11	3862	58681	11	3912	59240	11	3962	59791	11
3763	57553	12	3813	58127	12	3863	58692	12	3913	59251	11	3963	59802	11
3764	57565	12	3814	58138	11	3864	58704	11	3914	59262	11	3964	59813	11
3765	57576	11	3815	58149	11	3865	58715	11	3915	59273	11	3965	59824	11
3766	57588	12	3816	58161	12	3866	58726	11	3916	59284	11	3966	59835	11
3767	57600	12	3817	58172	11	3867	58737	12	3917	59295	11	3967	59846	11
3768	57611	11	3818	58184	12	3868	58749	11	3918	59306	12	3968	59857	11
3769	57623	12	3819	58195	11	3869	58760	11	3919	59318	11	3969	59868	11
3770	57634	12	3820	58206	11	3870	58771	11	3920	59329	11	3970	59879	11
3771	57646	11	3821	58218	12	3871	58782	12	3921	59340	11	3971	59890	11
3772	57657	11	3822	58229	11	3872	58794	11	3922	59351	11	3972	59901	11
3773	57669	11	3823	58240	11	3873	58805	11	3923	59362	11	3973	59912	11
3774	57680	11	3824	58252	12	3874	58816	11	3924	59373	11	3974	59923	11
3775	57692	11	3825	58263	11	3875	58827	11	3925	59384	11	3975	59934	11
3776	57703	11	3826	58274	11	3876	58838	12	3926	59395	11	3976	59945	11
3777	57715	12	3827	58286	12	3877	58850	11	3927	59406	11	3977	59956	10
3778	57726	12	3828	58297	11	3878	58861	11	3928	59417	11	3978	59966	11
3779	57738	12	3829	58309	12	3879	58872	11	3929	59428	11	3979	59977	11
3780	57749	11	3830	58320	11	3880	58883	11	3930	59439	11	3980	59988	11
3781	57761	12	3831	58331	12	3881	58894	11	3931	59450	11	3981	59999	11
3782	57772	11	3832	58343	11	3882	58906	12	3932	59461	11	3982	60010	11
3783	57784	12	3833	58354	11	3883	58917	11	3933	59472	11	3983	60021	11
3784	57795	11	3834	58365	12	3884	58928	11	3934	59483	11	3984	60032	11
3785	57807	12	3835	58377	11	3885	58939	11	3935	59494	12	3985	60043	11
3786	57818	11	3836	58388	11	3886	58950	11	3936	59506	11	3986	60054	11
3787	57830	12	3837	58399	11	3887	58961	11	3937	59517	11	3987	60065	11
3788	57841	11	3838	58410	12	3888	58973	12	3938	59528	11	3988	60076	10
3789	57852	11	3839	58422	11	3889	58984	11	3939	59539	11	3989	60086	11
3790	57864	12	3840	58433	11	3890	58995	11	3940	59550	11	3990	60097	11
3791	57875	11	3841	58444	12	3891	59006	11	3941	59561	11	3991	60108	11
3792	57887	12	3842	58456	11	3892	59017	11	3942	59572	11	3992	60119	11
3793	57898	11	3843	58467	11	3893	59028	12	3943	59583	11	3993	60130	11
3794	57910	12	3844	58478	12	3894	59040	11	3944	59594	11	3994	60141	11
3795	57921	11	3845	58490	11	3895	59051	11	3945	59605	11	3995	60152	11
3796	57933	12	3846	58501	11	3896	59062	11	3946	59616	11	3996	60163	10
3797	57944	11	3847	58512	12	3897	59073	11	3947	59627	11	3997	60173	11
3798	57955	11	3848	58524	11	3898	59084	11	3948	59638	11	3998	60184	11
3799	57967	12	3849	58535	11	3899	59095	11	3949	59649	11	3999	60195	11
3800	57978	11	3850	58546	11	3900	59106	11	3950	59660	11	4000	60206	11

N.	Log.	D	N.	Log.	D	N.	Log.	D	N.	Log.	D	N.	Log.	D
4001	60217	11	4051	60756	10	4101	61289	11	4151	61815	10	4201	62335	10
4002	60228	11	4052	60767	11	4102	61300	11	4152	61826	11	4202	62346	11
4003	60239	11	4053	60778	11	4103	61310	10	4153	61836	10	4203	62356	10
4004	60249	10	4054	60788	10	4104	61321	11	4154	61847	11	4204	62366	10
4005	60260	11	4055	60799	11	4105	61331	10	4155	61857	10	4205	62377	11
4006	60271	11	4056	60810	11	4106	61342	11	4156	61868	11	4206	62387	10
4007	60282	11	4057	60821	11	4107	61352	10	4157	61878	10	4207	62397	10
4008	60293	11	4058	60831	10	4108	61363	11	4158	61888	11	4208	62408	11
4009	60304	11	4059	60842	11	4109	61374	10	4159	61899	11	4209	62418	10
4010	60314	10	4060	60853	11	4110	61384	11	4160	61909	11	4210	62428	10
4011	60325	11	4061	60863	10	4111	61395	10	4161	61920	10	4211	62439	11
4012	60336	11	4062	60874	11	4112	61405	11	4162	61930	11	4212	62449	10
4013	60347	11	4063	60885	11	4113	61416	11	4163	61941	10	4213	62459	10
4014	60358	11	4064	60895	10	4114	61426	11	4164	61951	11	4214	62469	10
4015	60369	11	4065	60906	11	4115	61437	11	4165	61962	10	4215	62480	11
4016	60379	10	4066	60917	11	4116	61448	10	4166	61972	10	4216	62490	10
4017	60390	11	4067	60927	10	4117	61458	11	4167	61982	11	4217	62500	10
4018	60401	11	4068	60938	11	4118	61469	10	4168	61993	10	4218	62511	11
4019	60412	11	4069	60949	11	4119	61479	11	4169	62003	11	4219	62521	10
4020	60423	11	4070	60959	10	4120	61490	10	4170	62014	10	4220	62531	10
4021	60433	10	4071	60970	11	4121	61500	11	4171	62024	10	4221	62542	11
4022	60444	11	4072	60981	11	4122	61511	10	4172	62034	11	4222	62552	10
4023	60455	11	4073	60991	11	4123	61521	11	4173	62045	10	4223	62562	10
4024	60466	11	4074	61002	11	4124	61532	10	4174	62055	11	4224	62572	11
4025	60477	10	4075	61013	10	4125	61542	11	4175	62066	10	4225	62583	10
4026	60487	11	4076	61023	11	4126	61553	10	4176	62076	10	4226	62593	10
4027	60498	11	4077	61034	11	4127	61563	11	4177	62086	11	4227	62603	10
4028	60509	11	4078	61045	10	4128	61574	10	4178	62097	10	4228	62613	10
4029	60520	11	4079	61055	11	4129	61584	11	4179	62207	11	4229	62624	11
4030	60531	11	4080	61066	11	4130	61595	11	4180	62118	11	4230	62634	10
4031	60541	10	4081	61077	10	4131	61606	10	4181	62128	10	4231	62644	10
4032	60552	11	4082	61087	11	4132	61616	11	4182	62138	10	4232	62655	11
4033	60563	11	4083	61098	11	4133	61627	10	4183	62149	11	4233	62665	10
4034	60574	11	4084	61109	10	4134	61637	11	4184	62159	10	4234	62675	10
4035	60584	10	4085	61119	10	4135	61648	10	4185	62170	11	4235	62685	10
4036	60595	11	4086	61130	10	4136	61658	11	4186	62180	10	4236	62696	11
4037	60606	11	4087	61140	11	4137	61669	10	4187	62190	10	4237	62706	10
4038	60617	11	4088	61151	11	4138	61679	11	4188	62201	11	4238	62716	10
4039	60627	10	4089	61162	10	4139	61690	10	4189	62211	10	4239	62726	10
4040	60638	11	4090	61172	11	4140	61700	11	4190	62221	10	4240	62737	11
4041	60649	11	4091	61183	11	4141	61711	10	4191	62232	11	4241	62747	10
4042	60660	11	4092	61194	10	4142	61721	10	4192	62242	10	4242	62757	10
4043	60670	10	4093	61204	11	4143	61731	11	4193	62252	10	4243	62767	11
4044	60681	11	4094	61215	10	4144	61742	10	4194	62263	11	4244	62778	11
4045	60692	11	4095	61225	11	4145	61752	11	4195	62273	10	4245	62788	10
4046	60703	11	4096	61236	11	4146	61763	10	4196	62284	11	4246	62798	10
4047	60713	10	4097	61247	10	4147	61773	11	4197	62294	10	4247	62808	10
4048	60724	11	4098	61257	11	4148	61784	10	4198	62304	11	4248	62818	10
4049	60735	11	4099	61268	10	4149	61794	11	4199	62315	10	4249	62829	11
4050	60746	11	4100	61278	11	4150	61805	10	4200	62325	11	4250	62839	10

N.	Log.	D	N.	Log.	D	N.	Log.	D	N.	Log.	D	N.	Log.	D
4251	62849	10	4301	63357	10	4351	63859	10	4401	64355	10	4451	64846	10
4252	62859	10	4302	63367	10	4352	63869	10	4402	64365	10	4452	64856	9
4253	62870	11	4303	63377	10	4353	63879	10	4403	64375	10	4453	64865	10
4254	62880	10	4304	63387	10	4354	63889	10	4404	64385	10	4454	64875	10
4255	62890	10	4305	63397	10	4355	63899	10	4405	64395	9	4455	64885	10
4256	62900	10	4306	63407	10	4356	63909	10	4406	64404	10	4456	64895	9
4257	62910	10	4307	63417	11	4357	63919	10	4407	64414	10	4457	64904	10
4258	62921	11	4308	63428	10	4358	63929	10	4408	64424	10	4458	64914	10
4259	62931	10	4309	63438	10	4359	63939	10	4409	64434	10	4459	64924	9
4260	62941	10	4310	63448	10	4360	63949	10	4410	64444	10	4460	64933	10
4261	62951	10	4311	63458	10	4361	63959	10	4411	64454	10	4461	64943	10
4262	62961	11	4312	63468	10	4362	63969	10	4412	64464	9	4462	64953	10
4263	62972	11	4313	63478	10	4363	63979	9	4413	64473	10	4463	64963	9
4264	62982	10	4314	63488	10	4364	63988	10	4414	64483	10	4464	64972	10
4265	62992	10	4315	63498	10	4365	63998	10	4415	64493	10	4465	64982	10
4266	63002	10	4316	63508	10	4366	64008	10	4416	64503	10	4466	64992	10
4267	63012	10	4317	63518	10	4367	64018	10	4417	64513	10	4467	65002	9
4268	63022	10	4318	63528	10	4368	64028	10	4418	64523	9	4468	65011	10
4269	63033	11	4319	63538	10	4369	64038	10	4419	64532	10	4469	65021	10
4270	63043	10	4320	63548	10	4370	64048	10	4420	64542	10	4470	65031	10
4271	63053	10	4321	63558	10	4371	64058	10	4421	64552	10	4471	65040	10
4272	63063	10	4322	63568	11	4372	64068	10	4422	64562	10	4472	65050	10
4273	63073	10	4323	63579	10	4373	64078	10	4423	64572	10	4473	65060	10
4274	63083	11	4324	63589	10	4374	64088	10	4424	64582	9	4474	65070	9
4275	63094	10	4325	63599	10	4375	64098	10	4425	64591	10	4475	65079	10
4276	63104	10	4326	63609	10	4376	64108	10	4426	64601	10	4476	65089	10
4277	63114	10	4327	63619	10	4377	64118	10	4427	64611	10	4477	65099	9
4278	63124	10	4328	63629	10	4378	64128	9	4428	64621	10	4478	65108	10
4279	63134	10	4329	63639	10	4379	64137	10	4429	64631	9	4479	65118	10
4280	63144	10	4330	63649	10	4380	64147	10	4430	64640	10	4480	65128	10
4281	63155	11	4331	63659	10	4381	64157	10	4431	64650	10	4481	65137	9
4282	63165	10	4332	63669	10	4382	64167	10	4432	64660	10	4482	65147	10
4283	63175	10	4333	63679	10	4383	64177	10	4433	64670	10	4483	65157	10
4284	63185	10	4334	63689	10	4384	64187	10	4434	64680	9	4484	65167	10
4285	63195	10	4335	63699	10	4385	64197	10	4435	64689	10	4485	65176	9
4286	63205	10	4336	63709	10	4386	64207	10	4436	64699	10	4486	65186	10
4287	63215	10	4337	63719	10	4387	64217	10	4437	64709	10	4487	65196	9
4288	63225	10	4338	63729	10	4388	64227	10	4438	64719	10	4488	65205	10
4289	63236	10	4339	63739	10	4389	64237	9	4439	64729	9	4489	65215	10
4290	63246	10	4340	63749	10	4390	64246	10	4440	64738	10	4490	65225	9
4291	63256	10	4341	63759	10	4391	64256	10	4441	64748	10	4491	65234	10
4292	63266	10	4342	63769	10	4392	64266	10	4442	64758	10	4492	65244	10
4293	63276	10	4343	63779	10	4393	64276	10	4443	64768	9	4493	65254	9
4294	63286	10	4344	63789	10	4394	64286	10	4444	64777	10	4494	65263	10
4295	63296	10	4345	63799	10	4395	64296	10	4445	64787	10	4495	65273	10
4296	63306	11	4346	63809	10	4396	64306	10	4446	64797	10	4496	65283	9
4297	63317	10	4347	63819	10	4397	64316	10	4447	64807	9	4497	65292	10
4298	63327	10	4348	63829	10	4398	64326	9	4448	64816	10	4498	65302	10
4299	63337	10	4349	63839	10	4399	64335	10	4449	64826	10	4499	65312	9
4300	63347	10	4350	63849	10	4400	64345	10	4450	64836	10	4500	65321	9

N.	Log.	D	N.	Log.	D	N.	Log.	D	N.	Log.	D	N.	Log.	D
4501	65331	10	4551	65811	10	4601	66285	9	4651	66755	10	4701	67219	9
4502	65341	10	4552	65820	9	4602	66295	10	4652	66764	9	4702	67228	9
4503	65350	9	4553	65830	10	4603	66304	9	4653	66773	9	4703	67237	9
4504	65360	10	4554	65839	9	4604	66314	10	4654	66783	10	4704	67247	10
4505	65369	9	4555	65849	10	4605	66323	9	4655	66792	9	4705	67256	9
4506	65379	10	4556	65858	9	4606	66332	9	4656	66801	9	4706	67265	9
4507	65389	10	4557	65868	10	4607	66342	10	4657	66811	10	4707	67274	9
4508	65398	9	4558	65877	9	4608	66351	9	4658	66820	9	4708	67284	10
4509	65408	10	4559	65887	10	4609	66361	10	4659	66829	9	4709	67293	9
4510	65418	10	4560	65896	9	4610	66370	9	4660	66839	10	4710	67302	9
4511	65427	9	4561	65906	10	4611	66380	10	4661	66848	9	4711	67311	10
4512	65437	10	4562	65916	10	4612	66389	9	4662	66857	10	4712	67321	9
4513	65447	10	4563	65925	9	4613	66398	9	4663	66867	9	4713	67330	9
4514	65456	9	4564	65935	10	4614	66408	10	4664	66876	9	4714	67339	9
4515	65466	10	4565	65944	9	4615	66417	9	4665	66885	10	4715	67348	9
4516	65475	9	4566	65954	10	4616	66427	10	4666	66894	9	4716	67357	10
4517	65485	10	4567	65963	9	4617	66436	9	4667	66904	9	4717	67367	9
4518	65495	10	4568	65973	10	4618	66445	9	4668	66913	9	4718	67376	9
4519	65504	9	4569	65982	9	4619	66455	10	4669	66922	10	4719	67385	9
4520	65514	10	4570	65992	10	4620	66464	9	4670	66932	9	4720	67394	9
4521	65523	9	4571	66001	9	4621	66474	10	4671	66941	9	4721	67403	10
4522	65533	10	4572	66011	10	4622	66483	9	4672	66950	10	4722	67413	9
4523	65543	10	4573	66020	9	4623	66492	9	4673	66960	9	4723	67422	9
4524	65552	9	4574	66030	10	4624	66502	10	4674	66969	9	4724	67431	9
4525	65562	10	4575	66039	9	4625	66511	9	4675	66978	9	4725	67440	9
4526	65571	9	4576	66049	10	4626	66521	10	4676	66987	10	4726	67449	10
4527	65581	10	4577	66058	9	4627	66530	9	4677	66997	9	4727	67459	9
4528	65591	10	4578	66068	10	4628	66539	9	4678	67006	9	4728	67468	9
4529	65600	9	4579	66077	9	4629	66549	10	4679	67015	10	4729	67477	9
4530	65610	10	4580	66087	10	4630	66558	9	4680	67025	9	4730	67486	9
4531	65619	9	4581	66096	9	4631	66567	10	4681	67034	9	4731	67495	9
4532	65629	10	4582	66106	10	4632	66577	9	4682	67043	9	4732	67504	9
4533	65639	10	4583	66115	9	4633	66586	10	4683	67052	10	4733	67514	10
4534	65648	9	4584	66124	10	4634	66596	9	4684	67062	9	4734	67523	9
4535	65658	10	4585	66134	9	4635	66605	9	4685	67071	9	4735	67532	9
4536	65667	9	4586	66143	10	4636	66614	10	4686	67080	9	4736	67541	9
4537	65677	10	4587	66153	9	4637	66624	9	4687	67089	10	4737	67550	9
4538	65686	9	4588	66162	10	4638	66633	9	4688	67099	9	4738	67560	10
4539	65696	10	4589	66172	9	4639	66642	10	4689	67108	9	4739	67569	9
4540	65706	10	4590	66181	10	4640	66652	9	4690	67117	10	4740	67578	9
4541	65715	9	4591	66191	9	4641	66661	10	4691	67127	9	4741	67587	9
4542	65725	10	4592	66200	10	4642	66671	9	4692	67136	9	4742	67596	9
4543	65734	9	4593	66210	9	4643	66680	9	4693	67145	9	4743	67605	9
4544	65744	10	4594	66219	10	4644	66689	10	4694	67154	10	4744	67614	10
4545	65753	9	4595	66229	9	4645	66699	9	4695	67164	9	4745	67624	9
4546	65763	9	4596	66238	9	4646	66708	9	4696	67173	9	4746	67633	9
4547	65772	10	4597	66247	10	4647	66717	10	4697	67182	9	4747	67642	9
4548	65782	10	4598	66257	9	4648	66727	9	4698	67191	10	4748	67651	9
4549	65792	9	4599	66266	10	4649	66736	9	4699	67201	9	4749	67660	9
4550	65801	9	4600	66276	10	4650	66745	9	4700	67210	9	4750	67669	9

N.	Log.	D	N.	Log.	D	N.	Log.	D	N.	Log.	D	N.	Log.	D
4751	67679	10	4801	68133	9	4851	68583	9	4901	69028	8	4951	69469	8
4752	67688	9	4802	68142	9	4852	68592	9	4902	69037	9	4952	69478	9
4753	67697	9	4803	68151	9	4853	68601	9	4903	69046	9	4953	69487	9
4754	67706	9	4804	68160	9	4854	68610	9	4904	69055	9	4954	69496	8
4755	67715	9	4805	68169	9	4855	68619	9	4905	69064	9	4955	69504	9
4756	67724	9	4806	68178	9	4856	68628	9	4906	69073	9	4956	69513	9
4757	67733	9	4807	68187	9	4857	68637	9	4907	69082	8	4957	69522	9
4758	67742	9	4808	68196	9	4858	68646	9	4908	69090	9	4958	69531	9
4759	67752	10	4809	68205	9	4859	68655	9	4909	69099	9	4959	69539	9
4760	67761	9	4810	68215	10	4860	68664	9	4910	69108	9	4960	69548	9
4761	67770	9	4811	68224	9	4861	68673	8	4911	69117	9	4961	69557	9
4762	67779	9	4812	68233	9	4862	68681	9	4912	69126	9	4962	69566	8
4763	67788	9	4813	68242	9	4863	68690	9	4913	69135	9	4963	69574	9
4764	67797	9	4814	68251	9	4864	68699	9	4914	69144	9	4964	69583	9
4765	67806	9	4815	68260	9	4865	68708	9	4915	69152	9	4965	69592	9
4766	67815	9	4816	68269	9	4866	68717	9	4916	69161	9	4966	69601	8
4767	67825	10	4817	68278	9	4867	68726	9	4917	69170	9	4967	69609	9
4768	67834	9	4818	68287	9	4868	68735	9	4918	69179	9	4968	69618	9
4769	67843	9	4819	68296	9	4869	68744	9	4919	69188	9	4969	69627	9
4770	67852	9	4820	68305	9	4870	68753	9	4920	69197	8	4970	69636	8
4771	67861	9	4821	68314	9	4871	68762	9	4921	69205	9	4971	69644	9
4772	67870	9	4822	68323	9	4872	68771	9	4922	69214	9	4972	69653	9
4773	67879	9	4823	68332	9	4873	68780	9	4923	69223	9	4973	69662	9
4774	67888	9	4824	68341	9	4874	68789	8	4924	69232	9	4974	69671	8
4775	67897	9	4825	68350	9	4875	68797	9	4925	69241	8	4975	69679	9
4776	67906	10	4826	68359	9	4876	68806	9	4926	69249	9	4976	69688	9
4777	67916	9	4827	68368	9	4877	68815	9	4927	69258	9	4977	69697	8
4778	67925	9	4828	68377	9	4878	68824	9	4928	69267	9	4978	69705	9
4779	67934	9	4829	68386	9	4879	68833	9	4929	69276	9	4979	69714	9
4780	67943	9	4830	68395	9	4880	68842	9	4930	69285	9	4980	69723	9
4781	67952	9	4831	68404	9	4881	68851	9	4931	69294	8	4981	69732	8
4782	67961	9	4832	68413	9	4882	68860	9	4932	69302	9	4982	69740	9
4783	67970	9	4833	68422	9	4883	68869	9	4933	69311	9	4983	69749	9
4784	67979	9	4834	68431	9	4884	68878	9	4934	69320	9	4984	69758	9
4785	67988	9	4835	68440	9	4885	68886	9	4935	69329	9	4985	69767	8
4786	67997	9	4836	68449	9	4886	68895	9	4936	69338	8	4986	69775	9
4787	68006	9	4837	68458	9	4887	68904	9	4937	69346	9	4987	69784	9
4788	68015	9	4838	68467	9	4888	68913	9	4938	69355	9	4988	69793	8
4789	68024	10	4839	68476	9	4889	68922	9	4939	69364	9	4989	69801	9
4790	68034	9	4840	68485	9	4890	68931	9	4940	69373	8	4990	69810	9
4791	68043	9	4841	68494	8	4891	68940	9	4941	69381	9	4991	69819	8
4792	68052	9	4842	68502	9	4892	68949	9	4942	69390	9	4992	69827	9
4793	68061	9	4843	68511	9	4893	68958	8	4943	69399	9	4993	69836	9
4794	68070	9	4844	68520	9	4894	68966	9	4944	69408	9	4994	69845	9
4795	68079	9	4845	68529	9	4895	68975	9	4945	69417	8	4995	69854	8
4796	68088	9	4846	68538	9	4896	68984	9	4946	69425	9	4996	69862	9
4797	68097	9	4847	68547	9	4897	68993	9	4947	69434	9	4997	69871	9
4798	68106	9	4848	68556	9	4898	69002	9	4948	69443	9	4998	69880	8
4799	68115	9	4849	68565	9	4899	69011	9	4949	69452	9	4999	69888	9
4800	68124	9	4850	68574	9	4900	69020	9	4950	69461	9	5000	69897	9

N.	Log.	D	N.	Log.	D	N.	Log.	D	N.	Log.	D	N.	Log.	D
5001	69906	9	5051	70338	9	5101	70766	8	5151	71189	8	5201	71609	9
5002	69914	8	5052	70346	8	5102	70774	8	5152	71198	9	5202	71617	8
5003	69923	9	5053	70355	9	5103	70783	8	5153	71206	8	5203	71625	8
5004	69932	9	5054	70364	9	5104	70791	9	5154	71214	8	5204	71634	9
5005	69940	8	5055	70372	8	5105	70800	9	5155	71223	9	5205	71642	8
5006	69949	9	5056	70381	9	5106	70808	8	5156	71231	8	5206	71650	8
5007	69958	9	5057	70389	8	5107	70817	9	5157	71240	9	5207	71659	9
5008	69966	8	5058	70398	9	5108	70825	8	5158	71248	8	5208	71667	8
5009	69975	9	5059	70406	8	5109	70834	9	5159	71257	9	5209	71675	8
5010	69984	9	5060	70415	9	5110	70842	8	5160	71265	8	5210	71684	9
5011	69992	8	5061	70424	9	5111	70851	9	5161	71273	8	5211	71692	8
5012	70001	9	5062	70432	8	5112	70859	8	5162	71282	9	5212	71700	8
5013	70010	9	5063	70441	9	5113	70868	9	5163	71290	8	5213	71709	9
5014	70018	8	5064	70449	8	5114	70876	8	5164	71299	9	5214	71717	8
5015	70027	9	5065	70458	9	5115	70885	9	5165	71307	8	5215	71725	8
5016	70036	9	5066	70467	9	5116	70893	9	5166	71315	8	5216	71734	9
5017	70044	8	5067	70475	8	5117	70902	9	5167	71324	9	5217	71742	8
5018	70053	9	5068	70484	9	5118	70910	8	5168	71332	8	5218	71750	8
5019	70062	9	5069	70492	8	5119	70919	9	5169	71341	9	5219	71759	9
5020	70070	8	5070	70501	9	5120	70927	8	5170	71349	8	5220	71767	8
5021	70079	9	5071	70509	9	5121	70935	9	5171	71357	9	5221	71775	9
5022	70088	8	5072	70518	8	5122	70944	8	5172	71366	8	5222	71784	8
5023	70096	9	5073	70526	9	5123	70952	9	5173	71374	9	5223	71792	8
5024	70105	9	5074	70535	9	5124	70961	8	5174	71383	8	5224	71800	9
5025	70114	8	5075	70544	8	5125	70969	9	5175	71391	8	5225	71809	8
5026	70122	9	5076	70552	9	5126	70978	8	5176	71399	9	5226	71817	8
5027	70131	9	5077	70561	8	5127	70986	9	5177	71408	8	5227	71825	9
5028	70140	8	5078	70569	9	5128	70995	8	5178	71416	9	5228	71834	8
5029	70148	9	5079	70578	9	5129	71003	9	5179	71425	8	5229	71842	8
5030	70157	8	5080	70586	9	5130	71012	8	5180	71433	8	5230	71850	8
5031	70165	9	5081	70595	8	5131	71020	9	5181	71441	9	5231	71858	9
5032	70174	9	5082	70603	9	5132	71029	8	5182	71450	8	5232	71867	8
5033	70183	8	5083	70612	9	5133	71037	9	5183	71458	8	5233	71875	8
5034	70191	9	5084	70621	8	5134	71046	8	5184	71466	9	5234	71883	9
5035	70200	9	5085	70629	9	5135	71054	9	5185	71475	8	5235	71892	8
5036	70209	8	5086	70638	8	5136	71063	8	5186	71483	9	5236	71900	8
5037	70217	9	5087	70646	9	5137	71071	8	5187	71492	8	5237	71908	9
5038	70226	8	5088	70655	8	5138	71079	9	5188	71500	8	5238	71917	8
5039	70234	9	5089	70663	9	5139	71088	8	5189	71508	9	5239	71925	8
5040	70243	9	5090	70672	8	5140	71096	9	5190	71517	8	5240	71933	8
5041	70252	8	5091	70680	9	5141	71105	8	5191	71525	8	5241	71941	9
5042	70260	9	5092	70689	8	5142	71113	9	5192	71533	9	5242	71950	8
5043	70269	9	5093	70697	9	5143	71122	8	5193	71542	8	5243	71958	8
5044	70278	8	5094	70706	8	5144	71130	9	5194	71550	9	5244	71966	9
5045	70286	9	5095	70714	9	5145	71139	8	5195	71559	8	5245	71975	8
5046	70295	8	5096	70723	8	5146	71147	8	5196	71567	8	5246	71983	8
5047	70303	9	5097	70731	9	5147	71155	9	5197	71575	9	5247	71991	8
5048	70312	9	5098	70740	9	5148	71164	8	5198	71584	8	5248	71999	9
5049	70321	9	5099	70749	9	5149	71172	9	5199	71592	8	5249	72008	8
5050	70329	8	5100	70757	8	5150	71181	9	5200	71600	9	5250	72016	8

N.	Log.	D	N.	Log.	D	N.	Log.	D	N.	Log.	D	N.	Log.	D
5251	72024	8	5301	72436	8	5351	72843	8	5401	73247	8	5451	73648	8
5252	72032	8	5302	72444	8	5352	72852	9	5402	73255	8	5452	73656	8
5253	72041	9	5303	72452	8	5353	72860	8	5403	73263	8	5453	73664	8
5254	72049	8	5304	72460	8	5354	72868	8	5404	73272	9	5454	73672	8
5255	72057	8	5305	72469	9	5355	72876	8	5405	73280	8	5455	73679	7
5256	72066	9	5306	72477	8	5356	72884	8	5406	73288	8	5456	73687	8
5257	72074	8	5307	72485	8	5357	72892	8	5407	73296	8	5457	73695	8
5258	72082	8	5308	72493	8	5358	72900	8	5408	73304	8	5458	73703	8
5259	72090	9	5309	72501	8	5359	72908	8	5409	73312	8	5459	73711	8
5260	72099	8	5310	72509	9	5360	72916	9	5410	73320	8	5460	73719	8
5261	72107	8	5311	72518	8	5361	72925	8	5411	73328	8	5461	73727	8
5262	72115	8	5312	72526	8	5362	72933	8	5412	73336	8	5462	73735	8
5263	72123	9	5313	72534	8	5363	72941	8	5413	73344	8	5463	73743	8
5264	72132	8	5314	72542	8	5364	72949	8	5414	73352	8	5464	73751	8
5265	72140	8	5315	72550	8	5365	72957	8	5415	73360	8	5465	73759	8
5266	72148	8	5316	72558	9	5366	72965	8	5416	73368	8	5466	73767	8
5267	72156	8	5317	72567	8	5367	72973	8	5417	73376	8	5467	73775	8
5268	72165	9	5318	72575	8	5368	72981	8	5418	73384	8	5468	73783	8
5269	72173	8	5319	72583	8	5369	72989	8	5419	73392	8	5469	73791	8
5270	72181	8	5320	72591	8	5370	72997	9	5420	73400	8	5470	73799	8
5271	72189	9	5321	72599	8	5371	73006	8	5421	73408	8	5471	73807	8
5272	72198	8	5322	72607	9	5372	73014	8	5422	73416	8	5472	73815	8
5273	72206	8	5323	72616	8	5373	73022	8	5423	73424	8	5473	73823	7
5274	72214	8	5324	72624	8	5374	73030	8	5424	73432	8	5474	73830	8
5275	72222	8	5325	72632	8	5375	73038	8	5425	73440	8	5475	73838	8
5276	72230	9	5326	72640	8	5376	73046	8	5426	73448	8	5476	73846	8
5277	72239	8	5327	72648	8	5377	73054	8	5427	73456	8	5477	73854	8
5278	72247	8	5328	72656	9	5378	73062	8	5428	73464	8	5478	73862	8
5279	72255	8	5329	72665	8	5379	73070	8	5429	73472	8	5479	73870	8
5280	72263	9	5330	72673	8	5380	73078	8	5430	73480	8	5480	73878	8
5281	72272	8	5331	72681	8	5381	73086	8	5431	73488	8	5481	73886	8
5282	72280	8	5332	72689	8	5382	73094	8	5432	73496	8	5482	73894	8
5283	72288	8	5333	72697	8	5383	73102	9	5433	73504	8	5483	73902	8
5284	72296	8	5334	72705	8	5384	73111	8	5434	73512	8	5484	73910	8
5285	72304	9	5335	72713	9	5385	73119	8	5435	73520	8	5485	73918	8
5286	72313	8	5336	72722	8	5386	73127	8	5436	73528	8	5486	73926	7
5287	72321	8	5337	72730	8	5387	73135	8	5437	73536	8	5487	73933	8
5288	72329	8	5338	72738	8	5388	73143	8	5438	73544	8	5488	73941	8
5289	72337	9	5339	72746	8	5389	73151	8	5439	73552	8	5489	73949	8
5290	72346	8	5340	72754	8	5390	73159	8	5440	73560	8	5490	73957	8
5291	72354	8	5341	72762	8	5391	73167	8	5441	73568	8	5491	73965	8
5292	72362	8	5342	72770	9	5392	73175	8	5442	73576	8	5492	73973	8
5293	72370	8	5343	72779	8	5393	73183	8	5443	73584	8	5493	73981	8
5294	72378	9	5344	72787	8	5394	73191	8	5444	73592	8	5494	73989	8
5295	72387	8	5345	72795	8	5395	73199	8	5445	73600	8	5495	73997	8
5296	72395	8	5346	72803	8	5396	73207	8	5446	73608	8	5496	74005	8
5297	72403	8	5347	72811	8	5397	73215	8	5447	73616	8	5497	74013	7
5298	72411	8	5348	72819	8	5398	73223	8	5448	73624	8	5498	74020	8
5299	72419	9	5349	72827	8	5399	73231	8	5449	73632	8	5499	74028	8
5300	72428		5350	72835		5400	73239		5450	73640		5500	74036	8

N.	Log.	D	N.	Log.	D	N.	Log.	D	N.	Log.	D	N.	Log.	D
5501	74044	8	5551	74437	8	5601	74827	8	5651	75213	8	5701	75595	8
5502	74052	8	5552	74445	8	5602	74834	7	5652	75220	7	5702	75603	8
5503	74060	8	5553	74453	8	5603	74842	8	5653	75228	8	5703	75610	7
5504	74068	8	5554	74461	8	5604	74850	8	5654	75236	8	5704	75618	8
5505	74076	8	5555	74468	7	5605	74858	8	5655	75243	7	5705	75626	8
		8			8			7			8			7
5506	74084	8	5556	74476	8	5606	74865	8	5656	75251	8	5706	75633	8
5507	74092	8	5557	74484	8	5607	74873	8	5657	75259	7	5707	75641	8
5508	74099	7	5558	74492	8	5608	74881	8	5658	75266	8	5708	75648	7
5509	74107	8	5559	74500	7	5609	74889	7	5659	75274	8	5709	75656	8
5510	74115	8	5560	74507	8	5610	74896	8	5660	75282	7	5710	75664	8
		8			8			8			7			7
5511	74123	8	5561	74515	8	5611	74904	8	5661	75289	8	5711	75671	8
5512	74131	8	5562	74523	8	5612	74912	8	5662	75297	8	5712	75679	7
5513	74139	8	5563	74531	8	5613	74920	7	5663	75305	7	5713	75686	8
5514	74147	8	5564	74539	8	5614	74927	8	5664	75312	8	5714	75694	8
5515	74155	8	5565	74547	6	5615	74935	8	5665	75320	8	5715	75702	7
		7			7			8			8			7
5516	74162	8	5566	74554	8	5616	74943	7	5666	75328	7	5716	75709	8
5517	74170	8	5567	74562	8	5617	74950	8	5667	75335	8	5717	75717	7
5518	74178	8	5568	74570	8	5618	74958	8	5668	75343	8	5718	75724	8
5519	74186	8	5569	74578	8	5619	74966	8	5669	75351	7	5719	75732	8
5520	74194	8	5570	74586	8	5620	74974	7	5670	75358	8	5720	75740	7
		8			8			7			8			7
5521	74202	8	5571	74593	8	5621	74981	8	5671	75366	8	5721	75747	8
5522	74210	8	5572	74601	8	5622	74989	8	5672	75374	7	5722	75755	7
5523	74218	7	5573	74609	8	5623	74997	8	5673	75381	8	5723	75762	8
5524	74225	8	5574	74617	7	5624	75005	7	5674	75389	8	5724	75770	8
5525	74233	8	5575	74624	8	5625	75012	8	5675	75397	7	5725	75778	8
		8			8			8			7			8
5526	74241	8	5576	74632	8	5626	75020	8	5676	75404	8	5726	75785	8
5527	74249	8	5577	74640	8	5627	75028	7	5677	75412	8	5727	75793	7
5528	74257	8	5578	74648	8	5628	75035	8	5678	75420	7	5728	75800	8
5529	74265	8	5579	74656	7	5629	75043	8	5679	75427	8	5729	75808	7
5530	74273	7	5580	74663	8	5630	75051	8	5680	75435	7	5730	75815	8
		7			8			8			7			8
5531	74280	8	5581	74671	8	5631	75059	7	5681	75442	8	5731	75823	8
5532	74288	8	5582	74679	8	5632	75066	8	5682	75450	8	5732	75831	7
5533	74296	8	5583	74687	8	5633	75074	8	5683	75458	7	5733	75838	8
5534	74304	8	5584	74695	8	5634	75082	7	5684	75465	8	5734	75846	7
5535	74312	8	5585	74702	7	5635	75089	8	5685	75473	8	5735	75853	8
		8			8			7			8			8
5536	74320	7	5586	74710	8	5636	75097	8	5686	75481	7	5736	75861	7
5537	74327	8	5587	74718	8	5637	75105	8	5687	75488	8	5737	75868	8
5538	74335	8	5588	74726	7	5638	75113	7	5688	75496	8	5738	75876	8
5539	74343	8	5589	74733	8	5639	75120	8	5689	75504	7	5739	75884	7
5540	74351	8	5590	74741	8	5640	75128	8	5690	75511	8	5740	75891	8
		8			8			8			8			8
5541	74359	8	5591	74749	8	5641	75136	7	5691	75519	7	5741	75899	7
5542	74367	7	5592	74757	7	5642	75143	8	5692	75526	8	5742	75906	8
5543	74374	8	5593	74764	8	5643	75151	8	5693	75534	8	5743	75914	7
5544	74382	8	5594	74772	8	5644	75159	7	5694	75542	7	5744	75921	8
5545	74390	8	5595	74780	8	5645	75166	8	5695	75549	8	5745	75929	8
		8			8			7			8			8
5546	74398	8	5596	74788	8	5646	75174	8	5696	75557	8	5746	75937	7
5547	74406	8	5597	74796	7	5647	75182	7	5697	75565	7	5747	75944	8
5548	74414	7	5598	74803	8	5648	75189	8	5698	75572	8	5748	75952	7
5549	74421	8	5599	74811	8	5649	75197	8	5699	75580	7	5749	75959	8
5550	74429		5600	74819		5650	75205		5700	75587		5750	75967	

N.	Log.	D	N.	Log.	D	N.	Log.	D	N.	Log.	D	N.	Log.	D
5751	75974	7	5801	76350	7	5851	76723	7	5901	77093	8	5951	77459	7
5752	75982	8	5802	76358	8	5852	76730	7	5902	77100	7	5952	77466	8
5753	75989	7	5803	76365	7	5853	76738	8	5903	77107	8	5953	77474	8
5754	75997	8	5804	76373	8	5854	76745	7	5904	77115	8	5954	77481	7
5755	76005	8	5805	76380	7	5855	76753	8	5905	77122	7	5955	77488	7
5756	76012	7	5806	76388	8	5856	76760	7	5906	77129	7	5956	77495	7
5757	76020	8	5807	76395	7	5857	76768	8	5907	77137	8	5957	77503	8
5758	76027	7	5808	76403	8	5858	76775	7	5908	77144	7	5958	77510	7
5759	76035	8	5809	76410	7	5859	76782	8	5909	77151	7	5959	77517	8
5760	76042	7	5810	76418	8	5860	76790	7	5910	77159	7	5960	77525	7
5761	76050	8	5811	76425	7	5861	76797	7	5911	77166	7	5961	77532	7
5762	76057	7	5812	76433	8	5862	76805	8	5912	77173	8	5962	77539	7
5763	76065	7	5813	76440	7	5863	76812	7	5913	77181	7	5963	77546	8
5764	76072	7	5814	76448	8	5864	76819	8	5914	77188	7	5964	77554	7
5765	76080	8	5815	76455	7	5865	76827	7	5915	77195	8	5965	77561	7
5766	76087	7	5816	76462	8	5866	76834	8	5916	77203	7	5966	77568	7
5767	76095	8	5817	76470	7	5867	76842	7	5917	77210	7	5967	77576	8
5768	76103	8	5818	76477	8	5868	76849	7	5918	77217	8	5968	77583	7
5769	76110	7	5819	76485	7	5869	76856	8	5919	77225	7	5969	77590	7
5770	76118	8	5820	76492	8	5870	76864	7	5920	77232	8	5970	77597	8
5771	76125	7	5821	76500	7	5871	76871	7	5921	77240	7	5971	77605	7
5772	76133	8	5822	76507	8	5872	76879	8	5922	77247	8	5972	77612	7
5773	76140	7	5823	76515	7	5873	76886	7	5923	77254	8	5973	77619	8
5774	76148	8	5824	76522	8	5874	76893	8	5924	77262	7	5974	77627	7
5775	76155	7	5825	76530	7	5875	76901	7	5925	77269	7	5975	77634	7
5776	76163	7	5826	76537	8	5876	76908	7	5926	77276	7	5976	77641	7
5777	76170	7	5827	76545	7	5877	76916	8	5927	77283	8	5977	77648	8
5778	76178	8	5828	76552	8	5878	76923	7	5928	77291	7	5978	77656	7
5779	76185	7	5829	76559	7	5879	76930	7	5929	77298	7	5979	77663	7
5780	76193	8	5830	76567	8	5880	76938	8	5930	77305	8	5980	77670	7
5781	76200	7	5831	76574	7	5881	76945	7	5931	77313	7	5981	77677	8
5782	76208	8	5832	76582	8	5882	76953	8	5932	77320	7	5982	77685	7
5783	76215	7	5833	76589	7	5883	76960	7	5933	77327	8	5983	77692	7
5784	76223	8	5834	76597	8	5884	76967	8	5934	77335	7	5984	77699	7
5785	76230	7	5835	76604	7	5885	76975	7	5935	77342	7	5985	77706	8
5786	76238	8	5836	76612	8	5886	76982	8	5936	77349	8	5986	77714	7
5787	76245	7	5837	76619	7	5887	76989	7	5937	77357	7	5987	77721	7
5788	76253	8	5838	76626	8	5888	76997	8	5938	77364	7	5988	77728	7
5789	76260	7	5839	76634	7	5889	77004	7	5939	77371	8	5989	77735	8
5790	76268	8	5840	76641	7	5890	77012	8	5940	77379	7	5990	77743	7
5791	76275	7	5841	76649	8	5891	77019	7	5941	77386	7	5991	77750	7
5792	76283	8	5842	76656	7	5892	77026	8	5942	77393	8	5992	77757	7
5793	76290	7	5843	76664	8	5893	77034	7	5943	77401	7	5993	77764	8
5794	76298	8	5844	76671	7	5894	77041	7	5944	77408	7	5994	77772	7
5795	76305	7	5845	76678	8	5895	77048	7	5945	77415	7	5995	77779	7
5796	76313	8	5846	76686	7	5896	77056	8	5946	77422	8	5996	77786	7
5797	76320	7	5847	76693	8	5897	77063	7	5947	77430	7	5997	77793	8
5798	76328	8	5848	76701	7	5898	77070	8	5948	77437	7	5998	77801	7
5799	76335	7	5849	76708	8	5899	77078	7	5949	77444	8	5999	77808	7
5800	76343	8	5850	76716	7	5950	77085	7	5950	77452	7	6000	77815	7

N.	Log.	D	N.	Log.	D	N.	Log.	D	N.	Log.	D	N.	Log.	D
6001	77822	7	6051	78183	7	6101	78540	7	6151	78895	7	6201	79246	7
6002	77830	8	6052	78190	7	6102	78547	7	6152	78902	7	6202	79253	7
6003	77837	7	6053	78197	7	6103	78554	7	6153	78909	7	6203	79260	7
6004	77844	7	6054	78204	7	6104	78561	8	6154	78916	7	6204	79267	7
6005	77851	7	6055	78211	7	6105	78569	7	6155	78923	7	6205	79274	7
6006	77859	8	6056	78219	8	6106	78576	7	6156	78930	7	6206	79281	7
6007	77866	7	6057	78226	7	6107	78583	7	6157	78937	7	6207	79288	7
6008	77873	7	6058	78233	7	6108	78590	7	6158	78944	7	6208	79295	7
6009	77880	7	6059	78240	7	6109	78597	7	6159	78951	7	6209	79302	7
6010	77887	7	6060	78247	7	6110	78604	7	6160	78958	7	6210	79309	7
6011	77895	8	6061	78254	7	6111	78611	7	6161	78965	7	6211	79316	7
6012	77902	7	6062	78262	8	6112	78618	7	6162	78972	7	6212	79323	7
6013	77909	7	6063	78269	7	6113	78625	8	6163	78979	7	6213	79330	7
6014	77916	7	6064	78276	7	6114	78633	7	6164	78986	7	6214	79337	7
6015	77924	8	6065	78283	7	6115	78640	7	6165	78993	7	6215	79344	7
6016	77931	7	6066	78290	7	6116	78647	7	6166	79000	7	6216	79351	7
6017	77938	7	6067	78297	8	6117	78654	7	6167	79007	7	6217	79358	7
6018	77945	7	6068	78305	7	6118	78661	7	6168	79014	7	6218	79365	7
6019	77952	7	6069	78312	7	6119	78668	7	6169	79021	7	6219	79372	7
6020	77960	8	6070	78319	7	6120	78675	7	6170	79029	8	6220	79379	7
6021	77967	7	6071	78326	7	6121	78682	7	6171	79036	7	6221	79386	7
6022	77974	7	6072	78333	7	6122	78689	7	6172	79043	7	6222	79393	7
6023	77981	7	6073	78340	7	6123	78696	8	6173	79050	7	6223	79400	7
6024	77988	7	6074	78347	8	6124	78704	7	6174	79057	7	6224	79407	7
6025	77996	8	6075	78355	7	6125	78711	7	6175	79064	7	6225	79414	7
6026	78003	7	6076	78362	7	6126	78718	7	6176	79071	7	6226	79421	7
6027	78010	7	6077	78369	7	6127	78725	7	6177	79078	7	6227	79428	7
6028	78017	7	6078	78376	8	6128	78732	7	6178	79085	7	6228	79435	7
6029	78025	8	6079	78383	7	6129	78739	7	6179	79092	7	6229	79442	7
6030	78032	7	6080	78390	7	6130	78746	7	6180	79099	7	6230	79449	7
6031	78039	7	6081	78398	8	6131	78753	7	6181	79106	7	6231	79456	7
6032	78046	7	6082	78405	7	6132	78760	7	6182	79113	7	6232	79463	7
6033	78053	7	6083	78412	7	6133	78767	7	6183	79120	7	6233	79470	7
6034	78061	8	6084	78419	7	6134	78774	7	6184	79127	7	6234	79477	7
6035	78068	7	6085	78426	7	6135	78781	8	6185	79134	7	6235	79484	7
6036	78075	7	6086	78433	7	6136	78789	7	6186	79141	8	6236	79491	7
6037	78082	7	6087	78440	7	6137	78796	7	6187	79148	7	6237	79498	7
6038	78089	7	6088	78447	8	6138	78803	7	6188	79155	7	6238	79505	7
6039	78097	8	6089	78455	7	6139	78810	7	6189	79162	7	6239	79511	6
6040	78104	7	6090	78462	7	6140	78817	7	6190	79169	7	6240	79518	7
6041	78111	7	6091	78469	7	6141	78824	7	6191	79176	7	6241	79525	7
6042	78118	7	6092	78476	7	6142	78831	7	6192	79183	7	6242	79532	7
6043	78125	7	6093	78483	7	6143	78838	7	6193	79190	7	6243	79539	7
6044	78132	8	6094	78490	7	6144	78845	7	6194	79197	7	6244	79546	7
6045	78140	7	6095	78497	7	6145	78852	7	6195	79204	7	6245	79553	7
6046	78147	7	6096	78504	8	6146	78859	7	6196	79211	7	6246	79560	7
6047	78154	7	6097	78512	7	6147	78866	7	6197	79218	7	6247	79567	7
6048	78161	7	6098	78519	7	6148	78873	7	6198	79225	7	6248	79574	7
6049	78168	8	6099	78526	7	6149	78880	8	6199	79232	7	6249	79581	7
6050	78176	7	6100	78533	7	6150	78888		6200	79239	7	6250	79588	7

N.	Log.	D	N.	Log.	D	N.	Log.	D	N.	Log.	D	N.	Log.	D
6251	79595	7	6301	79941	7	6351	80284	7	6401	80625	7	6451	80963	7
6252	79602	7	6302	79948	7	6352	80291	7	6402	80632	7	6452	80969	6
6253	79609	7	6303	79955	7	6353	80298	7	6403	80638	6	6453	80976	7
6254	79616	7	6304	79962	7	6354	80305	7	6404	80645	7	6454	80983	7
6255	79623	7	6305	79969	6	6355	80312	7	6405	80652	7	6455	80990	7
6256	79630	7	6306	79975	7	6356	80318	6	6406	80659	7	6456	80996	6
6257	79637	7	6307	79982	7	6357	80325	7	6407	80665	6	6457	81003	7
6258	79644	7	6308	79989	7	6358	80332	7	6408	80672	7	6458	81010	7
6259	79650	6	6309	79996	6	6359	80339	7	6409	80679	7	6459	81017	7
6260	79657	7	6310	80003	7	6360	80346	7	6410	80686	7	6460	81023	6
6261	79664	7	6311	80010	7	6361	80353	7	6411	80693	6	6461	81030	7
6262	79671	7	6312	80017	7	6362	80359	6	6412	80699	7	6462	81037	7
6263	79678	7	6313	80024	7	6363	80366	7	6413	80706	7	6463	81043	6
6264	79685	7	6314	80030	6	6364	80373	7	6414	80713	7	6464	81050	7
6265	79692	7	6315	80037	7	6365	80380	7	6415	80720	7	6465	81057	7
6266	79699	7	6316	80044	7	6366	80387	7	6416	80726	6	6466	81064	7
6267	79706	7	6317	80051	7	6367	80393	7	6417	80733	7	6467	81070	6
6268	79713	7	6318	80058	7	6368	80400	7	6418	80740	7	6468	81077	7
6269	79720	7	6319	80065	7	6369	80407	7	6419	80747	7	6469	81084	7
6270	79727	7	6320	80072	7	6370	80414	7	6420	80754	7	6470	81090	6
6271	79734	7	6321	80079	7	6371	80421	7	6421	80760	6	6471	81097	7
6272	79741	7	6322	80085	6	6372	80428	7	6422	80767	7	6472	81104	7
6273	79748	7	6323	80092	7	6373	80434	7	6423	80774	7	6473	81111	7
6274	79754	6	6324	80099	7	6374	80441	7	6424	80781	7	6474	81117	6
6275	79761	7	6325	80106	7	6375	80448	7	6425	80787	6	6475	81124	7
6276	79768	7	6326	80113	7	6376	80455	7	6426	80794	7	6476	81131	7
6277	79775	7	6327	80120	7	6377	80462	7	6427	80801	7	6477	81137	6
6278	79782	7	6328	80127	7	6378	80468	6	6428	80808	7	6478	81144	7
6279	79789	7	6329	80134	6	6379	80475	7	6429	80814	6	6479	81151	7
6280	79796	7	6330	80140	7	6380	80482	7	6430	80821	7	6480	81158	7
6281	79803	7	6331	80147	7	6381	80489	7	6431	80828	7	6481	81164	6
6282	79810	7	6332	80154	7	6382	80496	6	6432	80835	7	6482	81171	7
6283	79817	7	6333	80161	7	6383	80502	7	6433	80841	6	6483	81178	7
6284	79824	7	6334	80168	7	6384	80509	7	6434	80848	7	6484	81184	6
6285	79831	7	6335	80175	7	6385	80516	7	6435	80855	7	6485	81191	7
6286	79837	6	6336	80182	6	6386	80523	7	6436	80862	7	6486	81198	7
6287	79844	7	6337	80188	7	6387	80530	6	6437	80868	6	6487	81204	6
6288	79851	7	6338	80195	7	6388	80536	7	6438	80875	7	6488	81211	7
6289	79858	7	6339	80202	7	6389	80543	7	6439	80882	7	6489	81218	7
6290	79865	7	6340	80209	7	6390	80550	7	6440	80889	6	6490	81224	6
6291	79872	7	6341	80216	7	6391	80557	7	6441	80895	7	6491	81231	7
6292	79879	7	6342	80223	6	6392	80564	6	6442	80902	7	6492	81238	7
6293	79886	7	6343	80229	7	6393	80570	7	6443	80909	7	6493	81245	7
6294	79893	7	6344	80236	7	6394	80577	7	6444	80916	6	6494	81251	6
6295	79900	7	6345	80243	6	6395	80584	7	6445	80922	7	6495	81258	7
6296	79906	6	6346	80256	7	6396	80591	7	6446	80929	7	6496	81265	7
6297	79913	7	6347	80257	7	6397	80598	6	6447	80936	7	6497	81271	6
6298	79920	7	6348	80264	7	6398	80604	7	6448	80943	6	6498	81278	7
6299	79927	7	6349	80271	7	6399	80611	7	6449	80949	7	6499	81285	7
6300	79934	7	6350	80277	6	6400	80618	6	6450	80956	7	6500	81291	6

N.	Log.	D	N.	Log.	D	N.	Log.	D	N.	Log.	D	N.	Log.	D
6501	81298	7	6551	81631	7	6601	81961	7	6651	82289	7	6701	82614	7
6502	81305	7	6552	81637	6	6602	81968	7	6652	82295	6	6702	82620	6
6503	81311	6	6553	81644	7	6603	81974	6	6653	82302	7	6703	82627	7
6504	81318	7	6554	81651	7	6604	81981	7	6654	82308	6	6704	82633	6
6505	81325	7	6555	81657	6	6605	81987	6	6655	82315	7	6705	82640	7
		6			7			7			6			6
6506	81331		6556	81664		6606	81994		6656	82321		6706	82646	
6507	81338	7	6557	81671	7	6607	82000	6	6657	82328	7	6707	82653	7
6508	81345	7	6558	81677	6	6608	82007	7	6658	82334	6	6708	82659	6
6509	81351	6	6559	81684	7	6609	82014	7	6659	82341	7	6709	82666	7
6510	81358	7	6560	81690	6	6610	82020	6	6660	82347	6	6710	82672	6
6511	81365	7	6561	81697	7	6611	82027	7	6661	82354	7	6711	82679	7
6512	81371	6	6562	81704	6	6612	82033	6	6662	82360	6	6712	82685	6
6513	81378	7	6563	81710	7	6613	82040	7	6663	82367	7	6713	82692	7
6514	81385	7	6564	81717	6	6614	82046	6	6664	82373	6	6714	82698	6
6515	81391	6	6565	81723	7	6615	82053	7	6665	82380	7	6715	82705	7
		7			7			7			7			6
6516	81398		6566	81730		6616	82060		6666	82387		6716	82711	
6517	81405	7	6567	81737	7	6617	82066	6	6667	82393	6	6717	82718	7
6518	81411	6	6568	81743	6	6618	82073	7	6668	82400	7	6718	82724	6
6519	81418	7	6569	81750	7	6619	82079	6	6669	82406	6	6719	82730	6
6520	81425	7	6570	81757	7	6620	82086	7	6670	82413	7	6720	82737	7
		6			6			6			6			6
6521	81431		6571	81763		6621	82092		6671	82419		6721	82743	
6522	81438	7	6572	81770	7	6622	82099	7	6672	82426	7	6722	82750	7
6523	81445	7	6573	81776	6	6623	82105	6	6673	82432	6	6723	82756	6
6524	81451	6	6574	81783	7	6624	82112	7	6674	82439	7	6724	82763	7
6525	81458	7	6575	81790	7	6625	82119	7	6675	82445	6	6725	82769	6
		7			6			6			7			7
6526	81465		6576	81796		6626	82125		6676	82452		6726	82776	
6527	81471	6	6577	81803	7	6627	82132	7	6677	82458	6	6727	82782	6
6528	81478	7	6578	81809	6	6628	82138	6	6678	82465	7	6728	82789	7
6529	81485	7	6579	81816	7	6629	82145	7	6679	82471	6	6729	82795	6
6530	81491	6	6580	81823	7	6630	82151	6	6680	82478	7	6730	82802	7
		7			6			7			6			6
6531	81498		6581	81829		6631	82158		6681	82484		6731	82808	
6532	81505	7	6582	81836	7	6632	82164	6	6682	82491	7	6732	82814	6
6533	81511	6	6583	81842	6	6633	82171	7	6683	82497	6	6733	82821	7
6534	81518	7	6584	81849	7	6634	82178	7	6684	82504	7	6734	82827	6
6535	81525	7	6585	81856	7	6635	82184	6	6685	82510	6	6735	82834	7
		6			6			7			7			6
6536	81531		6586	81862		6636	82191		6686	82517		6736	82840	
6537	81538	7	6587	81869	7	6637	82197	6	6687	82523	6	6737	82847	7
6538	81544	6	6588	81875	6	6638	82204	7	6688	82530	7	6738	82853	6
6539	81551	7	6589	81882	7	6639	82210	6	6689	82536	6	6739	82860	7
6540	81558	7	6590	81889	7	6640	82217	7	6690	82543	7	6740	82866	6
		6			6			6			6			7
6541	81564		6591	81895		6641	82223		6691	82549		6741	82872	
6542	81571	7	6592	81902	7	6642	82230	7	6692	82556	7	6742	82879	6
6543	81578	7	6593	81908	6	6643	82236	6	6693	82562	6	6743	82885	7
6544	81584	6	6594	81915	7	6644	82243	7	6694	82569	7	6744	82892	6
6545	81591	7	6595	81921	7	6645	82249	6	6695	82575	6	6745	82898	7
		7			7			7			7			7
6546	81598		6596	81928		6646	82256		6696	82582		6746	82905	
6547	81604	6	6597	81935	7	6647	82263	6	6697	82588	6	6747	82911	6
6548	81611	7	6598	81941	6	6648	82269	7	6698	82595	7	6748	82918	7
6549	81617	6	6599	81948	7	6649	82276	6	6699	82601	6	6749	82924	6
6550	81624	7	6600	81954	6	6650	82282	7	6700	82607	6	6750	82930	6

N.	Log.	D	N.	Log.	D	N.	Log.	D	N.	Log.	D	N.	Log.	D
6751	82937	7	6801	83257	6	6851	83575	6	6901	83891	6	6951	84205	7
6752	82943	6	6802	83264	7	6852	83582	7	6902	83897	6	6952	84211	6
6753	82950	7	6803	83270	6	6853	83588	6	6903	83904	7	6953	84217	6
6754	82956	6	6804	83276	6	6854	83594	6	6904	83910	6	6954	84223	7
6755	82963	7	6805	83283	7	6855	83601	7	6905	83916	6	6955	84230	6
6756	82969	6	6806	83289	6	6856	83607	6	6906	83923	7	6956	84236	6
6757	82975	6	6807	83296	7	6857	83613	6	6907	83929	6	6957	84242	6
6758	82982	7	6808	83302	6	6858	83620	7	6908	83935	7	6958	84248	7
6759	82988	6	6809	83308	6	6859	83626	6	6909	83942	6	6959	84255	6
6760	82995	7	6810	83315	7	6860	83632	7	6910	83948	6	6960	84261	6
6761	83001	6	6811	83321	6	6861	83639	7	6911	83954	6	6961	84267	6
6762	83008	7	6812	83327	6	6862	83645	6	6912	83960	7	6962	84273	7
6763	83014	6	6813	83334	7	6863	83651	6	6913	83967	6	6963	84280	6
6764	83020	6	6814	83340	6	6864	83658	7	6914	83973	6	6964	84286	6
6765	83027	7	6815	83347	7	6865	83664	6	6915	83979	6	6965	84292	6
6766	83033	6	6816	83353	6	6866	83670	6	6916	83985	7	6966	84298	7
6767	83040	7	6817	83359	6	6867	83677	7	6917	83992	6	6967	84305	6
6768	83046	6	6818	83366	7	6868	83683	6	6918	83998	6	6968	84311	6
6769	83052	6	6819	83372	6	6869	83689	6	6919	84004	7	6969	84317	6
6770	83059	7	6820	83378	6	6870	83696	7	6920	84011	6	6970	84323	7
6771	83065	6	6821	83385	7	6871	83702	6	6921	84017	6	6971	84330	6
6772	83072	7	6822	83391	6	6872	83708	6	6922	84023	6	6972	84336	6
6773	83078	6	6823	83398	7	6873	83715	7	6923	84029	7	6973	84342	6
6774	83085	7	6824	83404	6	6874	83721	6	6924	84036	6	6974	84348	6
6775	83091	6	6825	83410	7	6875	83727	7	6925	84042	6	6975	84354	7
6776	83097	7	6826	83417	6	6876	83734	7	6926	84048	7	6976	84361	6
6777	83104	6	6827	83423	6	6877	83740	6	6927	84055	6	6977	84367	6
6778	83110	7	6828	83429	7	6878	83746	6	6928	84061	6	6978	84373	6
6779	83117	6	6829	83436	6	6879	83753	7	6929	84067	6	6979	84379	7
6780	83123	6	6830	83442	6	6880	83759	6	6930	84073	7	6980	84386	6
6781	83129	7	6831	83448	7	6881	83765	6	6931	84080	6	6981	84392	6
6782	83136	6	6832	83455	6	6882	83771	7	6932	84086	6	6982	84398	6
6783	83142	7	6833	83461	6	6883	83778	6	6933	84092	6	6983	84404	6
6784	83149	6	6834	83467	7	6884	83784	6	6934	84098	7	6984	84410	7
6785	83155	6	6835	83474	6	6885	83790	7	6935	84105	6	6985	84417	6
6786	83161	7	6836	83480	7	6886	83797	6	6936	84111	6	6986	84423	6
6787	83168	6	6837	83487	6	6887	83803	6	6937	84117	6	6987	84429	6
6788	83174	6	6838	83493	6	6888	83809	7	6938	84123	7	6988	84435	7
6789	83181	6	6839	83499	7	6889	83816	6	6939	84130	6	6989	84442	6
6790	83187	6	6840	83506	6	6890	83822	6	6940	84136	6	6990	84448	6
6791	83193	7	6841	83512	6	6891	83828	7	6941	84142	6	6991	84454	6
6792	83200	6	6842	83518	7	6892	83835	6	6942	84148	7	6992	84460	6
6793	83206	7	6843	83525	6	6893	83841	6	6943	84155	6	6993	84466	7
6794	83213	6	6844	83531	6	6894	83847	6	6944	84161	6	6994	84473	6
6795	83219	6	6845	83537	7	6895	83853	7	6945	84167	6	6995	84479	6
6796	83225	7	6846	83544	6	6896	83860	6	6946	84173	7	6996	84485	6
6797	83232	6	6847	83550	6	6897	83866	6	6947	84180	6	6997	84491	6
6798	83238	7	6848	83556	7	6898	83872	7	6948	84186	6	6998	84497	7
6799	83245	6	6849	83563	6	6899	83879	6	6949	84192	6	6999	84504	6
6800	83251		6850	83569		6900	83885		6950	84198		7000	84510	

N.	Log.	D	N.	Log.	D	N.	Log.	D	N.	Log.	D	N.	Log.	D
7001	84516	6	7051	84825	6	7101	85132	6	7151	85437	6	7201	85739	6
7002	84522	6	7052	84831	6	7102	85138	6	7152	85443	6	7202	85745	6
7003	84528	6	7053	84837	6	7103	85144	6	7153	85449	6	7203	85751	6
7004	84535	7	7054	84844	7	7104	85150	6	7154	85455	6	7204	85757	6
7005	84541	6	7055	84850	6	7105	85156	7	7155	85461	6	7205	85763	6
7006	84547	6	7056	84856	6	7106	85163	6	7156	85467	6	7206	85769	6
7007	84553	6	7057	84862	6	7107	85169	6	7157	85473	6	7207	85775	6
7008	84559	7	7058	84868	6	7108	85175	6	7158	85479	6	7208	85781	7
7009	84566	6	7059	84874	6	7109	85181	6	7159	85485	6	7209	85788	6
7010	84572	6	7060	84880	7	7110	85187	6	7160	85491	6	7210	85794	6
7011	84578	6	7061	84887	6	7111	85193	6	7161	85497	6	7211	85800	6
7012	84584	6	7062	84893	6	7112	85199	6	7162	85503	6	7212	85806	6
7013	84590	7	7063	84899	6	7113	85205	6	7163	85509	7	7213	85812	6
7014	84597	6	7064	84905	6	7114	85211	6	7164	85516	6	7214	85818	6
7015	84603	6	7065	84911	6	7115	85217	7	7165	85522	6	7215	85824	6
7016	84609	6	7066	84917	7	7116	85224	6	7166	85528	6	7216	85830	6
7017	84615	6	7067	84924	6	7117	85230	6	7167	85534	6	7217	85836	6
7018	84621	7	7068	84930	6	7118	85236	6	7168	85540	6	7218	85842	6
7019	84628	6	7069	84936	6	7119	85242	6	7169	85546	6	7219	85848	6
7020	84634	6	7070	84942	6	7120	85248	6	7170	85552	6	7220	85854	6
7021	84640	6	7071	84948	6	7121	85254	6	7171	85558	6	7221	85860	6
7022	84646	6	7072	84954	6	7122	85260	6	7172	85564	6	7222	85866	6
7023	84652	6	7073	84960	7	7123	85266	6	7173	85570	6	7223	85872	6
7024	84658	7	7074	84967	6	7124	85272	6	7174	85576	6	7224	85878	6
7025	84665	6	7075	84973	6	7125	85278	7	7175	85582	6	7225	85884	6
7026	84671	6	7076	84979	6	7126	85285	6	7176	85588	6	7226	85890	6
7027	84677	6	7077	84985	6	7127	85291	6	7177	85594	6	7227	85896	6
7028	84683	6	7078	84991	6	7128	85297	6	7178	85600	6	7228	85902	6
7029	84689	7	7079	84997	6	7129	85303	6	7179	85606	6	7229	85908	6
7030	84696	6	7080	85003	6	7130	85309	6	7180	85612	6	7230	85914	6
7031	84702	6	7081	85009	7	7131	85315	6	7181	85618	7	7231	85920	6
7032	84708	6	7082	85016	6	7132	85321	6	7182	85625	6	7232	85926	6
7033	84714	6	7083	85022	6	7133	85327	6	7183	85631	6	7233	85932	6
7034	84720	6	7084	85028	6	7134	85333	6	7184	85637	6	7234	85938	6
7035	84726	7	7085	85034	6	7135	85339	6	7185	85643	6	7235	85944	6
7036	84733	6	7086	85040	6	7136	85345	7	7186	85649	6	7236	85950	6
7037	84739	6	7087	85046	6	7137	85352	6	7187	85655	6	7237	85956	6
7038	84745	6	7088	85052	6	7138	85358	6	7188	85661	6	7238	85962	6
7039	84751	6	7089	85058	7	7139	85364	6	7189	85667	6	7239	85968	6
7040	84757	6	7090	85065	6	7140	85370	6	7190	85673	6	7240	85974	6
7041	84763	7	7091	85071	6	7141	85376	6	7191	85679	6	7241	85980	6
7042	84770	6	7092	85077	6	7142	85382	6	7192	85685	6	7242	85986	6
7043	84776	6	7093	85083	6	7143	85388	6	7193	85691	6	7243	85992	6
7044	84782	6	7094	85089	6	7144	85394	6	7194	85697	6	7244	85998	6
7045	84788	6	7095	85095	6	7145	85400	6	7195	85703	6	7245	86004	6
7046	84794	6	7096	85101	6	7146	85406	6	7196	85709	6	7246	86010	6
7047	84800	7	7097	85107	7	7147	85412	6	7197	85715	6	7247	86016	6
7048	84807	6	7098	85114	6	7148	85418	7	7198	85721	6	7248	86022	6
7049	84813	6	7099	85120	6	7149	85425	6	7199	85727	6	7249	86028	6
7050	84819		7100	85126		7150	85431		7200	85733		7250	86034	

N.	Log.	D	N.	Log.	D	N.	Log.	D	N.	Log.	D	N.	Log.	D
7251	86040	6	7301	86338	6	7351	86635	6	7401	86929	6	7451	87221	5
7252	86046	6	7302	86344	6	7352	86641	6	7402	86935	6	7452	87227	6
7253	86052	6	7303	86350	6	7353	86646	5	7403	86941	6	7453	87233	6
7254	86058	6	7304	86356	6	7354	86652	6	7404	86947	6	7454	87239	6
7255	86064	6	7305	86362	6	7355	86658	6	7405	86953	5	7455	87245	6
7256	86070	6	7306	86368	6	7356	86664	6	7406	86958	6	7456	87251	5
7257	86076	6	7307	86374	6	7357	86670	6	7407	86964	6	7457	87256	6
7258	86082	6	7308	86380	6	7358	86676	6	7408	86970	6	7458	87262	6
7259	86088	6	7309	86386	6	7359	86682	6	7409	86976	6	7459	87268	6
7260	86094	6	7310	86392	6	7360	86688	6	7410	86982	6	7460	87274	6
7261	86100	6	7311	86398	6	7361	86694	6	7411	86988	6	7461	87280	6
7262	86106	6	7312	86404	6	7362	86700	5	7412	86994	5	7462	87286	5
7263	86112	6	7313	86410	5	7363	86705	6	7413	86999	6	7463	87291	6
7264	86118	6	7314	86415	6	7364	86711	6	7414	87005	6	7464	87297	6
7265	86124	6	7315	86421	6	7365	86717	6	7415	87011	6	7465	87303	6
7266	86130	6	7316	86427	6	7366	86723	6	7416	87017	6	7466	87309	6
7267	86136	5	7317	86433	5	7367	86729	6	7417	87023	6	7467	87315	5
7268	86141	6	7318	86439	6	7368	86735	6	7418	87029	6	7468	87320	6
7269	86147	6	7319	86445	6	7369	86741	6	7419	87035	5	7469	87326	6
7270	86153	6	7320	86451	6	7370	86747	6	7420	87040	6	7470	87332	6
7271	86159	6	7321	86457	6	7371	86753	6	7421	87046	6	7471	87338	6
7272	86165	6	7322	86463	6	7372	86759	5	7422	87052	6	7472	87344	5
7273	86171	6	7323	86469	6	7373	86764	6	7423	87058	6	7473	87349	6
7274	86177	6	7324	86475	6	7374	86770	6	7424	87064	6	7474	87355	6
7275	86183	6	7325	86481	6	7375	86776	6	7425	87070	5	7475	87361	6
7276	86189	6	7326	86487	6	7376	86782	6	7426	87075	6	7476	87367	6
7277	86195	6	7327	86493	6	7377	86788	6	7427	87081	6	7477	87373	6
7278	86201	6	7328	86499	5	7378	86794	6	7428	87087	6	7478	87379	5
7279	86207	6	7329	86504	6	7379	86800	6	7429	87093	6	7479	87384	6
7280	86213	6	7330	86510	6	7380	86806	6	7430	87099	6	7480	87390	6
7281	86219	6	7331	86516	6	7381	86812	5	7431	87105	6	7481	87396	6
7282	86225	6	7332	86522	6	7382	86817	6	7432	87111	5	7482	87402	6
7283	86231	6	7333	86528	6	7383	86823	6	7433	87116	6	7483	87408	5
7284	86237	6	7334	86534	6	7384	86829	6	7434	87122	6	7484	87413	6
7285	86243	6	7335	86540	6	7385	86835	6	7435	87128	6	7485	87419	6
7286	86249	6	7336	86546	6	7386	86841	6	7436	87134	6	7486	87425	6
7287	86255	6	7337	86552	6	7387	86847	6	7437	87140	6	7487	87431	6
7288	86261	6	7338	86558	6	7388	86853	6	7438	87146	5	7488	87437	5
7289	86267	6	7339	86564	6	7389	86859	5	7439	87151	6	7489	87442	6
7290	86273	6	7340	86570	6	7390	86864	6	7440	87157	6	7490	87448	6
7291	86279	6	7341	86576	5	7391	86870	6	7441	87163	6	7491	87454	6
7292	86285	6	7342	86581	6	7392	86876	6	7442	87169	6	7492	87460	6
7293	86291	6	7343	86587	6	7393	86882	6	7443	87175	6	7493	87466	5
7294	86297	6	7344	86593	6	7394	86888	6	7444	87181	5	7494	87471	6
7295	86303	5	7345	86599	5	7395	86894	6	7445	87186	6	7495	87477	6
7296	86308	6	7346	86605	6	7396	86900	6	7446	87192	6	7496	87483	6
7297	86314	6	7347	86611	6	7397	86906	5	7447	87198	6	7497	87489	6
7298	86320	6	7348	86617	6	7398	86911	6	7448	87204	6	7498	87495	5
7299	86326	6	7349	86623	6	7399	86917	6	7449	87210	6	7499	87500	6
7300	86332		7350	86629		7400	86923		7450	87216		7500	87506	

N.	Log.	D	N.	Log.	D	N.	Log.	D	N.	Log.	D	N.	Log.	D
7501	87512	6	7551	87800	5	7601	88087	6	7651	88372	6	7701	88655	6
7502	87518	6	7552	87806	6	7602	88093	6	7652	88377	5	7702	88660	5
7503	87523	5	7553	87812	6	7603	88098	6	7653	88383	6	7703	88666	6
7504	87529	6	7554	87818	6	7604	88104	6	7654	88389	6	7704	88672	6
7505	87535	6	7555	87823	5	7605	88110	6	7655	88395	6	7705	88677	5
		6			6			6			5			6
7506	87541	6	7556	87829	6	7606	88116	5	7656	88400	6	7706	88683	6
7507	87547	5	7557	87835	6	7607	88121	6	7657	88406	6	7707	88689	5
7508	87552	6	7558	87841	6	7608	88127	6	7658	88412	5	7708	88694	6
7509	87558	6	7559	87846	5	7609	88133	5	7659	88417	6	7709	88700	5
7510	87564	6	7560	87852	6	7610	88138	6	7660	88423	6	7710	88705	6
7511	87570	6	7561	87858	6	7611	88144	6	7661	88429	5	7711	88711	6
7512	87576	5	7562	87864	5	7612	88150	6	7662	88434	6	7712	88717	5
7513	87581	6	7563	87869	6	7613	88156	5	7663	88440	6	7713	88722	6
7514	87587	6	7564	87875	6	7614	88161	6	7664	88446	5	7714	88728	6
7515	87593	6	7565	87881	6	7615	88167	6	7665	88451	6	7715	88734	5
7516	87599	5	7566	87887	5	7616	88173	5	7666	88457	6	7716	88739	6
7517	87604	6	7567	87892	6	7617	88178	6	7667	88463	5	7717	88745	5
7518	87610	6	7568	87898	6	7618	88184	6	7668	88468	6	7718	88750	6
7519	87616	6	7569	87904	6	7619	88190	5	7669	88474	6	7719	88756	6
7520	87622	6	7570	87910	5	7620	88195	6	7670	88480	5	7720	88762	5
7521	87628	5	7571	87915	6	7621	88201	6	7671	88485	6	7721	88767	6
7522	87633	5	7572	87921	6	7622	88207	6	7672	88491	6	7722	88773	6
7523	87639	6	7573	87927	6	7623	88213	5	7673	88497	5	7723	88779	5
7524	87645	6	7574	87933	5	7624	88218	6	7674	88502	6	7724	88784	6
7525	87651	5	7575	87938	6	7625	88224	6	7675	88508	5	7725	88790	5
7526	87656	6	7576	87944	6	7626	88230	5	7676	88513	6	7726	88795	6
7527	87662	6	7577	87950	5	7627	88235	6	7677	88519	6	7727	88801	6
7528	87668	6	7578	87955	6	7628	88241	6	7678	88525	5	7728	88807	5
7529	87674	5	7579	87961	6	7629	88247	5	7679	88530	6	7729	88812	6
7530	87679	6	7580	87967	6	7630	88252	6	7680	88536	6	7730	88818	6
7531	87685	6	7581	87973	5	7631	88258	6	7681	88542	5	7731	88824	5
7532	87691	6	7582	87978	6	7632	88264	6	7682	88547	6	7732	88829	6
7533	87697	6	7583	87984	6	7633	88270	5	7683	88553	6	7733	88835	5
7534	87703	5	7584	87990	6	7634	88275	6	7684	88559	5	7734	88840	6
7535	87708	6	7585	87996	5	7635	88281	6	7685	88564	6	7735	88846	6
7536	87714	6	7586	88001	6	7636	88287	5	7686	88570	6	7736	88852	5
7537	87720	6	7587	88007	6	7637	88292	6	7687	88576	5	7737	88857	6
7538	87726	5	7588	88013	5	7638	88298	6	7688	88581	6	7738	88863	5
7539	87731	6	7589	88018	6	7639	88304	5	7689	88587	6	7739	88868	6
7540	87737	6	7590	88024	6	7640	88309	6	7690	88593	5	7740	88874	6
7541	87743	6	7591	88030	6	7641	88315	6	7691	88598	6	7741	88880	5
7542	87749	5	7592	88036	5	7642	88321	5	7692	88604	6	7742	88885	6
7543	87754	6	7593	88041	6	7643	88326	6	7693	88610	5	7743	88891	6
7544	87760	6	7594	88047	6	7644	88332	6	7694	88615	6	7744	88897	5
7545	87766	6	7595	88053	5	7645	88338	5	7695	88621	6	7745	88902	6
7546	87772	5	7596	88058	6	7646	88343	6	7696	88627	5	7746	88908	5
7547	87777	6	7597	88064	6	7647	88349	6	7697	88632	6	7747	88913	6
7548	87783	6	7598	88070	6	7648	88355	5	7698	88638	5	7748	88919	6
7549	87789	6	7599	88076	5	7649	88360	6	7699	88643	6	7749	88925	5
7550	87795		7600	88081		7650	88366		7700	88649		7750	88930	

N.	Log.	D	N.	Log.	D	N.	Log.	D	N.	Log.	D	N.	Log.	D
7751	88936	5	7801	89215	6	7851	89492	6	7901	89768	6	7951	90042	6
7752	88941	6	7802	89221	5	7852	89498	6	7902	89774	5	7952	90048	5
7753	88947	6	7803	89226	6	7853	89504	5	7903	89779	6	7953	90053	6
7754	88953	5	7804	89232	5	7854	89509	6	7904	89785	5	7954	90059	5
7755	88958	6	7805	89237	6	7855	89515	5	7905	89790	6	7955	90064	5
7756	88964	5	7806	89243	5	7856	89520	6	7906	89796	5	7956	90069	6
7757	88969	6	7807	89248	6	7857	89526	5	7907	89801	6	7957	90075	5
7758	88975	6	7808	89254	6	7858	89531	6	7908	89807	5	7958	90080	6
7759	88981	5	7809	89260	5	7859	89537	5	7909	89812	6	7959	90086	5
7760	88986	6	7810	89265	6	7860	89542	6	7910	89818	5	7960	90091	6
7761	88992	5	7811	89271	5	7861	89548	5	7911	89823	6	7961	90097	5
7762	88997	6	7812	89276	6	7862	89553	6	7912	89829	5	7962	90102	6
7763	89003	6	7813	89282	5	7863	89559	5	7913	89834	6	7963	90108	5
7764	89009	5	7814	89287	6	7864	89564	6	7914	89840	5	7964	90113	6
7765	89014	6	7815	89293	5	7865	89570	5	7915	89845	6	7965	90119	5
7766	89020	5	7816	89298	6	7866	89575	6	7916	89851	5	7966	90124	5
7767	89025	6	7817	89304	6	7867	89581	5	7917	89856	6	7967	90129	6
7768	89031	6	7818	89310	5	7868	89586	6	7918	89862	5	7968	90135	5
7769	89037	5	7819	89315	6	7869	89592	5	7919	89867	6	7969	90140	6
7770	89042	6	7820	89321	5	7870	89597	6	7920	89873	5	7970	90146	5
7771	89048	5	7821	89326	6	7871	89603	6	7921	89878	5	7971	90151	6
7772	89053	6	7822	89332	5	7872	89609	5	7922	89883	6	7972	90157	5
7773	89059	5	7823	89337	6	7873	89614	6	7923	89889	5	7973	90162	6
7774	89064	6	7824	89343	5	7874	89620	5	7924	89894	6	7974	90168	5
7775	89070	6	7825	89348	6	7875	89625	6	7925	89900	5	7975	90173	6
7776	89076	5	7826	89354	6	7876	89631	5	7926	89905	6	7976	90179	5
7777	89081	6	7827	89360	5	7877	89636	6	7927	89911	5	7977	90184	5
7778	89087	5	7828	89365	6	7878	89642	5	7928	89916	6	7978	90189	6
7779	89092	6	7829	89371	5	7879	89647	6	7929	89922	5	7979	90195	5
7780	89098	6	7830	89376	6	7880	89653	5	7930	89927	6	7980	90200	6
7781	89104	5	7831	89382	5	7881	89658	6	7931	89933	5	7981	90206	5
7782	89109	6	7832	89387	6	7882	89664	5	7932	89938	6	7982	90211	6
7783	89115	5	7833	89393	5	7883	89669	6	7933	89944	5	7983	90217	5
7784	89120	6	7834	89398	6	7884	89675	5	7934	89949	6	7984	90222	5
7785	89126	5	7835	89404	5	7885	89680	6	7935	89955	5	7985	90227	6
7786	89131	6	7836	89409	6	7886	89686	5	7936	89960	6	7986	90233	5
7787	89137	6	7837	89415	6	7887	89691	6	7937	89966	5	7987	90238	6
7788	89143	5	7838	89421	5	7888	89697	5	7938	89971	6	7988	90244	5
7789	89148	6	7839	89426	6	7889	89702	6	7939	89977	5	7989	90249	6
7790	89154	5	7840	89432	5	7890	89708	5	7940	89982	6	7990	90255	5
7791	89159	6	7841	89437	6	7891	89713	6	7941	89988	5	7991	90260	6
7792	89165	5	7842	89443	5	7892	89719	5	7942	89993	5	7992	90266	5
7793	89170	6	7843	89448	6	7893	89724	6	7943	89998	6	7993	90271	5
7794	89176	6	7844	89454	5	7894	89730	5	7944	90004	5	7994	90276	6
7795	89182	5	7845	89459	6	7895	89735	6	7945	90009	6	7995	90282	5
7796	89187	6	7846	89465	5	7896	89741	5	7946	90015	5	7996	90287	6
7797	89193	5	7847	89470	6	7897	89746	6	7947	90020	6	7997	90293	5
7798	89198	6	7848	89476	5	7898	89752	5	7948	90026	5	7998	90298	6
7799	89204	5	7849	89481	6	7899	89757	6	7949	90031	6	7999	90304	5
7800	89209		7850	89487		7900	89763		7950	90037		8000	90309	

N.	Log.	D	N.	Log.	D	N.	Log.	D	N.	Log.	D	N.	Log.	D
8001	90314	5	8051	90585	5	8101	90854	5	8151	91121	5	8201	91387	6
8002	90320	6	8052	90590	5	8102	90859	5	8152	91126	5	8202	91392	5
8003	90325	5	8053	90596	6	8103	90865	6	8153	91132	6	8203	91397	5
8004	90331	6	8054	90601	5	8104	90870	5	8154	91137	5	8204	91403	6
8005	90336	5	8055	90607	6	8105	90875	6	8155	91142	5	8205	91408	5
8006	90342	6	8056	90612	5	8106	90881	5	8156	91148	6	8206	91413	5
8007	90347	5	8057	90617	5	8107	90886	5	8157	91153	5	8207	91418	5
8008	90352	5	8058	90623	6	8108	90891	6	8158	91158	5	8208	91424	6
8009	90358	6	8059	90628	5	8109	90897	5	8159	91164	6	8209	91429	5
8010	90363	5	8060	90634	6	8110	90902	6	8160	91169	5	8210	91434	5
8011	90369	6	8061	90639	5	8111	90907	5	8161	91174	5	8211	91440	6
8012	90374	5	8062	90644	5	8112	90913	6	8162	91180	6	8212	91445	5
8013	90380	6	8063	90650	6	8113	90918	5	8163	91185	5	8213	91450	5
8014	90385	5	8064	90655	5	8114	90924	6	8164	91190	5	8214	91455	5
8015	90390	5	8065	90660	6	8115	90929	5	8165	91196	6	8215	91461	6
8016	90396	6	8066	90666	5	8116	90934	5	8166	91201	5	8216	91466	5
8017	90401	5	8067	90671	5	8117	90940	6	8167	91206	5	8217	91471	5
8018	90407	6	8068	90677	6	8118	90945	5	8168	91212	6	8218	91477	6
8019	90412	5	8069	90682	5	8119	90950	5	8169	91217	5	8219	91482	5
8020	90417	5	8070	90687	6	8120	90956	6	8170	91222	5	8220	91487	5
8021	90423	6	8071	90693	5	8121	90961	5	8171	91228	6	8221	91492	5
8022	90428	5	8072	90698	5	8122	90966	5	8172	91233	5	8222	91498	6
8023	90434	6	8073	90703	6	8123	90972	6	8173	91238	5	8223	91503	5
8024	90439	5	8074	90709	5	8124	90977	5	8174	91243	6	8224	91508	5
8025	90445	6	8075	90714	5	8125	90982	6	8175	91249	5	8225	91514	6
8026	90450	5	8076	90720	5	8126	90988	5	8176	91254	5	8226	91519	5
8027	90455	6	8077	90725	5	8127	90993	5	8177	91259	6	8227	91524	5
8028	90461	5	8078	90730	6	8128	90998	6	8178	91265	5	8228	91529	6
8029	90466	6	8079	90736	5	8129	91004	5	8179	91270	5	8229	91535	5
8030	90472	5	8080	90741	6	8130	91009	5	8180	91275	6	8230	91540	5
8031	90477	5	8081	90747	5	8131	91014	6	8181	91281	5	8231	91545	6
8032	90482	6	8082	90752	5	8132	91020	5	8182	91286	5	8232	91551	5
8033	90488	5	8083	90757	6	8133	91025	5	8183	91291	6	8233	91556	5
8034	90493	6	8084	90763	5	8134	91030	6	8184	91297	5	8234	91561	5
8035	90499	5	8085	90768	5	8135	91036	5	8185	91302	5	8235	91566	6
8036	90504	5	8086	90773	6	8136	91041	5	8186	91307	5	8236	91572	5
8037	90509	6	8087	90779	5	8137	91046	6	8187	91312	6	8237	91577	5
8038	90515	5	8088	90784	5	8138	91052	5	8188	91318	5	8238	91582	5
8039	90520	6	8089	90789	6	8139	91057	5	8189	91323	5	8239	91587	6
8040	90526	5	8090	90795	5	8140	91062	6	8190	91328	6	8240	91593	5
8041	90531	5	8091	90800	6	8141	91068	5	8191	91334	5	8241	91598	5
8042	90536	6	8092	90806	5	8142	91073	5	8192	91339	5	8242	91603	6
8043	90542	5	8093	90811	5	8143	91078	6	8193	91344	6	8243	91609	5
8044	90547	6	8094	90816	6	8144	91084	5	8194	91350	5	8244	91614	5
8045	90553	5	8095	90822	5	8145	91089	5	8195	91355	5	8245	91619	5
8046	90558	5	8096	90827	5	8146	91094	6	8196	91360	5	8246	91624	6
8047	90563	6	8097	90832	6	8147	91100	5	8197	91365	6	8247	91630	5
8048	90569	5	8098	90838	5	8148	91105	5	8198	91371	5	8248	91635	5
8049	90574	6	8099	90843	6	8149	91110	6	8199	91376	5	8249	91640	5
8050	90580		8100	90849		8150	91116		8200	91381		8250	91645	

N.	Log.	D	N.	Log.	D	N.	Log.	D	N.	Log.	D	N.	Log.	D
8251	91651	6	8301	91913	5	8351	92174	5	8401	92433	5	8451	92691	5
8252	91656	5	8302	91918	6	8352	92179	5	8402	92438	5	8452	92696	5
8253	91661	5	8303	91924	5	8353	92184	6	8403	92443	6	8453	92701	5
8254	91666	6	8304	91929	5	8354	92189	5	8404	92449	5	8454	92706	5
8255	91672	5	8305	91934	5	8355	92195	6	8405	92454	5	8455	92711	5
8256	91677	5	8306	91939	5	8356	92200	5	8406	92459	5	8456	92716	6
8257	91682	5	8307	91944	6	8357	92205	5	8407	92464	5	8457	92722	5
8258	91687	6	8308	91950	5	8358	92210	5	8408	92469	5	8458	92727	5
8259	91693	5	8309	91955	5	8359	92215	6	8409	92474	6	8459	92732	5
8260	91698	5	8310	91960	5	8360	92221	5	8410	92480	5	8460	92737	5
8261	91703	6	8311	91965	6	8361	92226	5	8411	92485	5	8461	92742	5
8262	91709	5	8312	91971	5	8362	92231	5	8412	92490	5	8462	92747	5
8263	91714	5	8313	91976	5	8363	92236	5	8413	92495	5	8463	92752	6
8264	91719	5	8314	91981	5	8364	92241	6	8414	92500	5	8464	92758	5
8265	91724	6	8315	91986	5	8365	92247	5	8415	92505	6	8465	92763	5
8266	91730	5	8316	91991	6	8366	92252	5	8416	92511	5	8466	92768	5
8267	91735	5	8317	91997	5	8367	92257	5	8417	92516	5	8467	92773	5
8268	91740	5	8318	92002	5	8368	92262	5	8418	92521	5	8468	92778	5
8269	91745	6	8319	92007	5	8369	92267	6	8419	92526	6	8469	92783	5
8270	91751	5	8320	92012	6	8370	92273	5	8420	92531	5	8470	92788	5
8271	91756	5	8321	92018	5	8371	92278	5	8421	92536	5	8471	92793	6
8272	91761	5	8322	92023	5	8372	92283	5	8422	92542	5	8472	92799	5
8273	91766	6	8323	92028	5	8373	92288	5	8423	92547	5	8473	92804	5
8274	91772	5	8324	92033	5	8374	92293	5	8424	92552	5	8474	92809	5
8275	91777	5	8325	92038	6	8375	92298	6	8425	92557	6	8475	92814	5
8276	91782	5	8326	92044	5	8376	92304	5	8426	92562	5	8476	92819	5
8277	91787	6	8327	92049	5	8377	92309	5	8427	92567	5	8477	92824	5
8278	91793	5	8328	92054	5	8378	92314	5	8428	92572	6	8478	92829	5
8279	91798	5	8329	92059	6	8379	92319	5	8429	92578	5	8479	92834	6
8280	91803	5	8330	92065	5	8380	92324	6	8430	92583	5	8480	92840	5
8281	91808	6	8331	92070	5	8381	92330	5	8431	92588	5	8481	92845	5
8282	91814	5	8332	92075	5	8382	92335	5	8432	92593	5	8482	92850	5
8283	91819	5	8333	92080	5	8383	92340	5	8433	92598	5	8483	92855	5
8284	91824	5	8334	92085	6	8384	92345	5	8434	92603	6	8484	92860	6
8285	91829	5	8335	92091	5	8385	92350	5	8435	92609	5	8485	92865	6
8286	91834	6	8336	92096	5	8386	92355	6	8436	92614	5	8486	92870	5
8287	91840	5	8337	92101	5	8387	92361	5	8437	92619	5	8487	92875	6
8288	91845	5	8338	92106	5	8388	92366	5	8438	92624	5	8488	92881	5
8289	91850	5	8339	92111	6	8389	92371	5	8439	92629	6	8489	92886	5
8290	91855	6	8340	92117	5	8390	92376	5	8440	92634	5	8490	92891	5
8291	91861	5	8341	92122	5	8391	92381	6	8441	92639	6	8491	92896	5
8292	91866	5	8342	92127	5	8392	92387	5	8442	92645	5	8492	92901	5
8293	91871	5	8343	92132	5	8393	92392	5	8443	92650	5	8493	92906	5
8294	91876	6	8344	92137	6	8394	92397	5	8444	92655	5	8494	92911	5
8295	91882	5	8345	92143	5	8395	92402	5	8445	92660	5	8495	92916	5
8296	91887	5	8346	92148	5	8396	92407	5	8446	92665	5	8496	92921	5
8297	91892	5	8347	92153	5	8397	92412	6	8447	92670	6	8497	92927	6
8298	91897	6	8348	92158	6	8398	92418	5	8448	92675	5	8498	92932	5
8299	91903	5	8349	92163	6	8399	92423	5	8449	92681	5	8499	92937	5
8300	91908	5	8350	92169	5	8400	92428	5	8450	92686	5	8500	92942	5

N.	Log.	D	N.	Log.	D	N.	Log.	D	N.	Log.	D	N.	Log.	D
8501	92947	5	8551	93202	5	8601	93455	5	8651	93707	5	8701	93957	5
8502	92952	5	8552	93207	5	8602	93460	5	8652	93712	5	8702	93962	5
8503	92957	5	8553	93212	5	8603	93465	5	8653	93717	5	8703	93967	5
8504	92962	5	8554	93217	5	8604	93470	5	8654	93722	5	8704	93972	5
8505	92967	5	8555	93222	5	8605	93475	5	8655	93727	5	8705	93977	5
8506	92973	6	8556	93227	5	8606	93480	5	8656	93732	5	8706	93982	5
8507	92978	5	8557	93232	5	8607	93485	5	8657	93737	5	8707	93987	5
8508	92983	5	8558	93237	5	8608	93490	5	8658	93742	5	8708	93992	5
8509	92988	5	8559	93242	5	8609	93495	5	8659	93747	5	8709	93997	5
8510	92993	5	8560	93247	5	8610	93500	5	8660	93752	5	8710	94002	5
8511	92998	5	8561	93252	5	8611	93505	5	8661	93757	5	8711	94007	5
8512	93003	5	8562	93258	6	8612	93510	5	8662	93762	5	8712	94012	5
8513	93008	5	8563	93263	5	8613	93515	5	8663	93767	5	8713	94017	5
8514	93013	5	8564	93268	5	8614	93520	5	8664	93772	5	8714	94022	5
8515	93018	5	8565	93273	5	8615	93526	6	8665	93777	5	8715	94027	5
8516	93024	6	8566	93278	5	8616	93531	5	8666	93782	5	8716	94032	5
8517	93029	5	8567	93283	5	8617	93536	5	8667	93787	5	8717	94037	5
8518	93034	5	8568	93288	5	8618	93541	5	8668	93792	5	8718	94042	5
8519	93039	5	8569	93293	5	8619	93546	5	8669	93797	5	8719	94047	5
8520	93044	5	8570	93298	5	8620	93551	5	8670	93802	5	8720	94052	5
8521	93049	5	8571	93303	5	8621	93556	5	8671	93807	5	8721	94057	5
8522	93054	5	8572	93308	5	8622	93561	5	8672	93812	5	8722	94062	5
8523	93059	5	8573	93313	5	8623	93566	5	8673	93817	5	8723	94067	5
8524	93064	5	8574	93318	5	8624	93571	5	8674	93822	5	8724	94072	5
8525	93069	5	8575	93323	5	8625	93576	5	8675	93827	5	8725	94077	5
8526	93075	6	8576	93328	5	8626	93581	5	8676	93832	5	8726	94082	4
8527	93080	5	8577	93334	6	8627	93586	5	8677	93837	5	8727	94086	5
8528	93085	5	8578	93339	5	8628	93591	5	8678	93842	5	8728	94091	5
8529	93090	5	8579	93344	5	8629	93596	5	8679	93847	5	8729	94096	5
8530	93095	5	8580	93349	5	8630	93601	5	8680	93852	5	8730	94101	5
8531	93100	5	8581	93354	5	8631	93606	5	8681	93857	5	8731	94106	5
8532	93105	5	8582	93359	5	8632	93611	5	8682	93862	5	8732	94111	5
8533	93110	5	8583	93364	5	8633	93616	5	8683	93867	5	8733	94116	5
8534	93115	5	8584	93369	5	8634	93621	5	8684	93872	5	8734	94121	5
8535	93120	5	8585	93374	5	8635	93626	5	8685	93877	5	8735	94126	5
8536	93125	6	8586	93379	5	8636	93631	5	8686	93882	5	8736	94131	5
8537	93131	5	8587	93384	5	8637	93636	5	8687	93887	5	8737	94136	5
8538	93136	5	8588	93389	5	8638	93641	5	8688	93892	5	8738	94141	5
8539	93141	5	8589	93394	5	8639	93646	5	8689	93897	5	8739	94146	5
8540	93146	5	8590	93399	5	8640	93651	5	8690	93902	5	8740	94151	5
8541	93151	5	8591	93404	5	8641	93656	5	8691	93907	5	8741	94156	5
8542	93156	5	8592	93409	5	8642	93661	5	8692	93912	5	8742	94161	5
8543	93161	5	8593	93414	6	8643	93666	5	8693	93917	5	8743	94166	5
8544	93166	5	8594	93420	5	8644	93671	5	8694	93922	5	8744	94171	5
8545	93171	5	8595	93425	5	8645	93676	6	8695	93927	5	8745	94176	5
8546	93176	5	8596	93430	5	8646	93682	5	8696	93932	5	8746	94181	5
8547	93181	5	8597	93435	5	8647	93687	5	8697	93937	5	8747	94186	5
8548	93186	6	8598	93440	5	8648	93692	5	8698	93942	5	8748	94191	5
8549	93192	5	8599	93445	5	8649	93697	5	8699	93947	5	8749	94196	5
8550	93197	5	8600	93450	5	8650	93702	5	8700	93952	5	8750	94201	5

N.	Log.	D	N.	Log.	D	N.	Log.	D	N.	Log.	D	N.	Log.	D
8751	94206	5	8801	94453	5	8851	94699	5	8901	94944	5	8951	95187	5
8752	94211	5	8802	94458	5	8852	94704	5	8902	94949	5	8952	95192	5
8753	94216	5	8803	94463	5	8853	94709	5	8903	94954	5	8953	95197	5
8754	94221	5	8804	94468	5	8854	94714	5	8904	94959	5	8954	95202	5
8755	94226	5	8805	94473	5	8855	94719	5	8905	94963	4	8955	95207	4
8756	94231	5	8806	94478	5	8856	94724	5	8906	94968	5	8956	95211	5
8757	94236	5	8807	94483	5	8857	94729	5	8907	94973	5	8957	95216	5
8758	94240	4	8808	94488	5	8858	94734	5	8908	94978	5	8958	95221	5
8759	94245	5	8809	94493	5	8859	94738	4	8909	94983	5	8959	95226	5
8760	94250	5	8810	94498	5	8860	94743	5	8910	94988	5	8960	95231	5
8761	94255	5	8811	94503	5	8861	94748	5	8911	94993	5	8961	95236	4
8762	94260	5	8812	94507	4	8862	94753	5	8912	94998	5	8962	95240	5
8763	94265	5	8813	94512	5	8863	94758	5	8913	95002	4	8963	95245	5
8764	94270	5	8814	94517	5	8864	94763	5	8914	95007	5	8964	95250	5
8765	94275	5	8815	94522	5	8865	94768	5	8915	95012	5	8965	95255	5
8766	94280	5	8816	94527	5	8866	94773	5	8916	95017	5	8966	95260	5
8767	94285	5	8817	94532	5	8867	94778	5	8917	95022	5	8967	95265	5
8768	94290	5	8818	94537	5	8868	94783	4	8918	95027	5	8968	95270	4
8769	94295	5	8819	94542	5	8869	94787	5	8919	95032	4	8969	95274	5
8770	94300	5	8820	94547	5	8870	94792	5	8920	95036	5	8970	95279	5
8771	94305	5	8821	94552	5	8871	94797	5	8921	95041	5	8971	95284	5
8772	94310	5	8822	94557	5	8872	94802	5	8922	95046	5	8972	95289	5
8773	94315	5	8823	94562	5	8873	94807	5	8923	95051	5	8973	95294	5
8774	94320	5	8824	94567	4	8874	94812	5	8924	95056	5	8974	95299	4
8775	94325	5	8825	94571	5	8875	94817	5	8925	95061	5	8975	95303	5
8776	94330	5	8826	94576	5	8876	94822	5	8926	95066	5	8976	95308	5
8777	94335	5	8827	94581	5	8877	94827	5	8927	95071	4	8977	95313	5
8778	94340	5	8828	94586	5	8878	94832	4	8928	95075	5	8978	95318	5
8779	94345	4	8829	94591	5	8879	94836	5	8929	95080	5	8979	95323	5
8780	94349	5	8830	94596	5	8880	94841	5	8930	95085	5	8980	95328	4
8781	94354	5	8831	94601	5	8881	94846	5	8931	95090	5	8981	95332	5
8782	94359	5	8832	94606	5	8882	94851	5	8932	95095	5	8982	95337	5
8783	94364	5	8833	94611	5	8883	94856	5	8933	95100	5	8983	95342	5
8784	94369	5	8834	94616	5	8884	94861	5	8934	95105	4	8984	95347	5
8785	94374	5	8835	94621	5	8885	94866	5	8935	95109	5	8985	95352	5
8786	94379	5	8836	94626	4	8886	94871	5	8936	95114	5	8986	95357	4
8787	94384	5	8837	94630	5	8887	94876	4	8937	95119	5	8987	95361	5
8788	94389	5	8838	94635	5	8888	94880	5	8938	95124	5	8988	95366	5
8789	94394	5	8839	94640	5	8889	94885	5	8939	95129	5	8989	95371	5
8790	94399	5	8840	94645	5	8890	94890	5	8940	95134	5	8990	95376	5
8791	94404	5	8841	94650	5	8891	94895	5	8941	95139	4	8991	95381	5
8792	94409	5	8842	94655	5	8892	94900	5	8942	95143	5	8992	95386	4
8793	94414	5	8843	94660	5	8893	94905	5	8943	95148	5	8993	95390	5
8794	94419	5	8844	94665	5	8894	94910	5	8944	95153	5	8994	95395	5
8795	94424	5	8845	94670	5	8895	94915	4	8945	95158	5	8995	95400	5
8796	94429	4	8846	94675	5	8896	94919	5	8946	95163	5	8996	95405	5
8797	94433	5	8847	94680	5	8897	94924	5	8947	95168	5	8997	95410	5
8798	94438	5	8848	94685	4	8898	94929	5	8948	95173	4	8998	95415	4
8799	94443	5	8849	94689	5	8899	94934	5	8949	95177	5	8999	95419	5
8800	94448		8850	94694		8900	94939		8950	95182		9000	95424	

N.	Log.	D	N.	Log.	D	N.	Log.	D	N.	Log.	D	N.	Log.	D
9001	95429	5	9051	95670	5	9101	95909	5	9151	96147	5	9201	96384	4
9002	95434	5	9052	95674	4	9102	95914		9152	96152	5	9202	96388	5
9003	95439	5	9053	95679	5	9103	95918	4	9153	96156	4	9203	96393	5
9004	95444	5	9054	95684	5	9104	95923	5	9154	96161	5	9204	96398	5
9005	95448	4	9055	95689	5	9105	95928	5	9155	96166	5	9205	96402	4
9006	95453	5	9056	95694	4	9106	95933	5	9156	96171	5	9206	96407	5
9007	95458	5	9057	95698	5	9107	95938	5	9157	96175	4	9207	96412	5
9008	95463	5	9058	95703	5	9108	95942	4	9158	96180	5	9208	96417	5
9009	95468	5	9059	95708	5	9109	95947	5	9159	96185	5	9209	96421	4
9010	95472	4	9060	95713	5	9110	95952	5	9160	96190	4	9210	96426	5
9011	95477	5	9061	95718	4	9111	95957	5	9161	96194	5	9211	96431	4
9012	95482	5	9062	95722	5	9112	95961	4	9162	96199	5	9212	96435	5
9013	95487	5	9063	95727	5	9113	95966	5	9163	96204	5	9213	96440	5
9014	95492	5	9064	95732	5	9114	95971	5	9164	96209	4	9214	96445	5
9015	95497	5	9065	95737	5	9115	95976	5	9165	96213	5	9215	96450	5
9016	95501	4	9066	95742	4	9116	95980	4	9166	96218	5	9216	96454	4
9017	95506	5	9067	95746	5	9117	95985	5	9167	96223	5	9217	96459	5
9018	95511	5	9068	95751	5	9118	95990	5	9168	96227	4	9218	96464	5
9019	95516	5	9069	95756	5	9119	95995	5	9169	96232	5	9219	96468	4
9020	95521	5	9070	95761	5	9120	95999	4	9170	96237	5	9220	96473	5
9021	95525	4	9071	95766	5	9121	96004	5	9171	96242	5	9221	96478	5
9022	95530	5	9072	95770	4	9122	96009	5	9172	96246	4	9222	96483	5
9023	95535	5	9073	95775	5	9123	96014	5	9173	96251	5	9223	96487	4
9024	95540	5	9074	95780	5	9124	96019	5	9174	96256	5	9224	96492	5
9025	95545	5	9075	95785	5	9125	96023	4	9175	96261	5	9225	96497	5
9026	95550	5	9076	95789	4	9126	96028	5	9176	96265	4	9226	96501	4
9027	95554	4	9077	95794	5	9127	96033	5	9177	96270	5	9227	96506	5
9028	95559	5	9078	95799	5	9128	96038	5	9178	96275	5	9228	96511	5
9029	95564	5	9079	95804	5	9129	96042	4	9179	96280	5	9229	96515	4
9030	95569	5	9080	95809	5	9130	96047	5	9180	96284	4	9230	96520	5
9031	95574	5	9081	95813	4	9131	96052	5	9181	96289	5	9231	96525	5
9032	95578	4	9082	95818	5	9132	96057	5	9182	96294	5	9232	96530	5
9033	95583	5	9083	95823	5	9133	96061	4	9183	96298	4	9233	96534	4
9034	95588	5	9084	95828	5	9134	96066	5	9184	96303	5	9234	96539	5
9035	95593	5	9085	95832	4	9135	96071	5	9185	96308	5	9235	96544	5
9036	95598	5	9086	95837	5	9136	96076	5	9186	96313	5	9236	96548	4
9037	95602	4	9087	95842	5	9137	96080	4	9187	96317	4	9237	96553	5
9038	95607	5	9088	95847	5	9138	96085	5	9188	96322	5	9238	96558	5
9039	95612	5	9089	95852	5	9139	96090	5	9189	96327	5	9239	96563	5
9040	95617	5	9090	95856	4	9140	96095	5	9190	96332	5	9240	96567	4
9041	95622	5	9091	95861	5	9141	96099	4	9191	96336	4	9241	96572	5
9042	95626	4	9092	95866	5	9142	96104	5	9192	96341	5	9242	96577	5
9043	95631	5	9093	95871	5	9143	96109	5	9193	96346	5	9243	96581	4
9044	95636	5	9094	95875	4	9144	96114	5	9194	96350	5	9244	96586	5
9045	95641	5	9095	95880	5	9145	96118	4	9195	96355	4	9245	96591	5
9046	95646	5	9096	95885	5	9146	96123	5	9196	96360	5	9246	96595	4
9047	95650	4	9097	95890	5	9147	96128	5	9197	96365	5	9247	96600	5
9048	95655	5	9098	95895	5	9148	96133	5	9198	96369	4	9248	96605	5
9049	95660	5	9099	95899	4	9149	96137	4	9199	96374	5	9249	96609	4
9050	95665	5	9100	95904	5	9150	96142	5	9200	96379	5	9250	96614	5

N.	Log.	D	N.	Log.	D	N.	Log.	D	N.	Log.	D	N.	Log.	D
9251	96619	5	9301	96853	5	9351	97086	4	9401	97317	5	9451	97548	5
9252	96624	5	9302	96858	4	9352	97090	4	9402	97322	5	9452	97552	4
9253	96628	4	9303	96862	5	9353	97095	5	9403	97327	4	9453	97557	5
9254	96633	5	9304	96867	5	9354	97100	4	9404	97331	5	9454	97562	4
9255	96638	5	9305	96872	4	9355	97104	5	9405	97336	4	9455	97566	5
9256	96642	4	9306	96876	5	9356	97109	5	9406	97340	5	9456	97571	4
9257	96647	5	9307	96881	5	9357	97114	4	9407	97345	5	9457	97575	5
9258	96652	4	9308	96886	4	9358	97118	5	9408	97350	4	9458	97580	5
9259	96656	5	9309	96890	5	9359	97123	5	9409	97354	5	9459	97585	4
9260	96661	5	9310	96895	5	9360	97128	4	9410	97359	5	9460	97589	5
9261	96666	4	9311	96900	4	9361	97132	5	9411	97364	4	9461	97594	4
9262	96670	5	9312	96904	5	9362	97137	5	9412	97368	5	9462	97598	5
9263	96675	5	9313	96909	5	9363	97142	4	9413	97373	4	9463	97603	4
9264	96680	5	9314	96914	4	9364	97146	5	9414	97377	5	9464	97607	5
9265	96685	4	9315	96918	5	9365	97151	4	9415	97382	5	9465	97612	5
9266	96689	5	9316	96923	5	9366	97155	5	9416	97387	4	9466	97617	4
9267	96694	5	9317	96928	4	9367	97160	5	9417	97391	5	9467	97621	5
9268	96699	4	9318	96932	5	9368	97165	4	9418	97396	4	9468	97626	4
9269	96703	5	9319	96937	5	9369	97169	5	9419	97400	5	9469	97630	5
9270	96708	5	9320	96942	4	9370	97174	5	9420	97405	5	9470	97635	5
9271	96713	4	9321	96946	5	9371	97179	4	9421	97410	4	9471	97640	4
9272	96717	5	9322	96951	5	9372	97183	5	9422	97414	5	9472	97644	5
9273	96722	5	9323	96956	4	9373	97188	4	9423	97419	5	9473	97649	4
9274	96727	4	9324	96960	5	9374	97192	5	9424	97424	4	9474	97653	5
9275	96731	5	9325	96965	5	9375	97197	5	9425	97428	5	9475	97658	5
9276	96736	5	9326	96970	4	9376	97202	4	9426	97433	4	9476	97663	4
9277	96741	4	9327	96974	5	9377	97206	5	9427	97437	5	9477	97667	5
9278	96745	5	9328	96979	5	9378	97211	5	9428	97442	5	9478	97672	4
9279	96750	5	9329	96984	4	9379	97216	4	9429	97447	4	9479	97676	5
9280	96755	4	9330	96988	5	9380	97220	5	9430	97451	5	9480	97681	4
9281	96759	5	9331	96993	4	9381	97225	5	9431	97456	4	9481	97685	5
9282	96764	5	9332	96997	5	9382	97230	4	9432	97460	5	9482	97690	5
9283	96769	5	9333	97002	5	9383	97234	5	9433	97465	5	9483	97695	4
9284	96774	4	9334	97007	4	9384	97239	4	9434	97470	4	9484	97699	5
9285	96778	5	9335	97011	5	9385	97243	5	9435	97474	5	9485	97704	5
9286	96783	5	9336	97016	5	9386	97248	5	9436	97479	4	9486	97708	4
9287	96788	4	9337	97021	4	9387	97253	4	9437	97483	5	9487	97713	5
9288	96792	5	9338	97025	5	9388	97257	5	9438	97488	5	9488	97717	4
9289	96797	5	9339	97030	5	9389	97262	5	9439	97493	4	9489	97722	5
9290	96802	4	9340	97035	4	9390	97267	4	9440	97497	5	9490	97727	5
9291	96806	5	9341	97039	5	9391	97271	5	9441	97502	4	9491	97731	4
9292	96811	5	9342	97044	5	9392	97276	4	9442	97506	5	9492	97736	5
9293	96816	4	9343	97049	4	9393	97280	5	9443	97511	5	9493	97740	4
9294	96820	5	9344	97053	5	9394	97285	5	9444	97516	4	9494	97745	5
9295	96825	5	9345	97058	5	9395	97290	4	9445	97520	5	9495	97749	5
9296	96830	4	9346	97063	4	9396	97294	5	9446	97525	4	9496	97754	5
9297	96834	5	9347	97067	5	9397	97299	5	9447	97529	5	9497	97759	4
9298	96839	5	9348	97072	5	9398	97304	4	9448	97534	5	9498	97763	5
9299	96844	4	9349	97077	4	9399	97308	5	9449	97539	4	9499	97768	4
9300	96848		9350	97081		9400	97313		9450	97543		9500	97772	

N.	Log.	D	N.	Log.	D	N.	Log.	D	N.	Log.	D	N.	Log.	D
9501	97777	5	9551	98005	5	9601	98232	5	9651	98457	4	9701	98682	5
9502	97782	5	9552	98009	4	9602	98236	4	9652	98462	5	9702	98686	4
9503	97786	4	9553	98014	5	9603	98241	4	9653	98466	4	9703	98691	5
9504	97791	5	9554	98019	5	9604	98245	4	9654	98471	4	9704	98695	4
9505	97795	4	9555	98023	4	9605	98250	4	9655	98475	4	9705	98700	4
		5			5			4			5			4
9506	97800		9556	98028		9606	98254		9656	98480		9706	98704	
9507	97804	4	9557	98032	4	9607	98259	5	9657	98484	5	9707	98709	5
9508	97809	5	9558	98037	5	9608	98263	4	9658	98489	4	9708	98713	4
9509	97813	4	9559	98041	4	9609	98268	4	9659	98493	4	9709	98717	5
9510	97818	5	9560	98046	5	9610	98272	4	9660	98498	5	9710	98722	4
		5			4			5			4			4
9511	97823		9561	98050		9611	98277		9661	98502		9711	98726	
9512	97827	4	9562	98055	5	9612	98281	4	9662	98507	4	9712	98731	5
9513	97832	4	9563	98059	4	9613	98286	4	9663	98511	5	9713	98735	4
9514	97836	4	9564	98064	4	9614	98290	4	9664	98516	4	9714	98740	4
9515	97841	5	9565	98068	4	9615	98295	4	9665	98520	5	9715	98744	5
		4			5			5			5			5
9516	97845		9566	98073		9616	98299		9666	98525		9716	98749	
9517	97850	5	9567	98078	4	9617	98304	4	9667	98529	4	9717	98753	5
9518	97855	5	9568	98082	5	9618	98308	5	9668	98534	5	9718	98758	5
9519	97859	5	9569	98087	4	9619	98313	5	9669	98538	5	9719	98762	5
9520	97864	5	9570	98091	5	9620	98318	4	9670	98543	4	9720	98767	4
		4			5			4			4			4
9521	97868		9571	98096		9621	98322		9671	98547		9721	98771	
9522	97873	5	9572	98100	5	9622	98327	5	9672	98552	5	9722	98776	5
9523	97877	4	9573	98105	4	9623	98331	5	9673	98556	4	9723	98780	4
9524	97882	5	9574	98109	5	9624	98336	4	9674	98561	4	9724	98784	5
9525	97886	4	9575	98114	4	9625	98340	5	9675	98565	5	9725	98789	4
		4			4			5			5			4
9526	97891		9576	98118		9626	98345		9676	98570		9726	98793	
9527	97896	5	9577	98123	4	9627	98349	4	9677	98574	4	9727	98798	5
9528	97900	4	9578	98127	5	9628	98354	4	9678	98579	5	9728	98802	4
9529	97905	5	9579	98132	5	9629	98358	5	9679	98583	5	9729	98807	4
9530	97909	4	9580	98137	4	9630	98363	4	9680	98588	4	9730	98811	5
		5			5			4			4			5
9531	97914		9581	98141		9631	98367		9681	98592		9731	98816	
9532	97918	4	9582	98146	5	9632	98372	5	9682	98597	5	9732	98820	4
9533	97923	5	9583	98150	4	9633	98376	4	9683	98601	4	9733	98825	5
9534	97928	5	9584	98155	4	9634	98381	4	9684	98605	5	9734	98829	4
9535	97932	4	9585	98159	5	9635	98385	5	9685	98610	4	9735	98834	4
		5			5			5			5			4
9536	97937		9586	98164		9636	98390		9686	98614		9736	98838	
9537	97941	4	9587	98168	5	9637	98394	4	9687	98619	5	9737	98843	5
9538	97946	5	9588	98173	4	9638	98399	5	9688	98623	4	9738	98847	4
9539	97950	4	9589	98177	5	9639	98403	4	9689	98628	4	9739	98851	5
9540	97955	5	9590	98182	4	9640	98408	4	9690	98632	5	9740	98856	4
		4			4			4			5			4
9541	97959		9591	98186		9641	98412		9691	98637		9741	98860	
9542	97964	5	9592	98191	5	9642	98417	5	9692	98641	5	9742	98865	5
9543	97968	4	9593	98195	4	9643	98421	4	9693	98646	4	9743	98869	4
9544	97973	5	9594	98200	5	9644	98426	4	9694	98650	5	9744	98874	5
9545	97978	5	9595	98204	5	9645	98430	5	9695	98655	4	9745	98878	4
		4			5			5			4			5
9546	97982		9596	98209		9646	98435		9696	98659		9746	98883	
9547	97987	5	9597	98214	4	9647	98439	4	9697	98664	5	9747	98887	5
9548	97991	4	9598	98218	5	9648	98444	5	9698	98668	5	9748	98892	4
9549	97996	5	9599	98223	4	9649	98448	4	9699	98673	4	9749	98896	4
9550	98000	4	9600	98227	4	9650	98453	5	9700	98677	4	9750	98900	4

N.	Log.	D	N.	Log.	D	N.	Log.	D	N.	Log.	D	N.	Log.	D
9751	98905	5	9801	99127	4	9851	99348	4	9901	99568	4	9951	99787	5
9752	98909	4	9802	99131	4	9852	99352	5	9902	99572	5	9952	99791	4
9753	98914	5	9803	99136	5	9853	99357	4	9903	99577	4	9953	99795	5
9754	98918	4	9804	99140	4	9854	99361	5	9904	99581	4	9954	99800	4
9755	98923		9805	99145		9855	99366	4	9905	99585	5	9955	99804	4
9756	98927	4	9806	99149	5	9856	99370	4	9906	99590	4	9956	99808	5
9757	98932	5	9807	99154	4	9857	99374	5	9907	99594	5	9957	99813	4
9758	98936	4	9808	99158	4	9858	99379	4	9908	99599	4	9958	99817	5
9759	98941	5	9809	99162	4	9859	99383	5	9909	99603	4	9959	99822	4
9760	98945	4	9810	99167	5	9860	99388	4	9910	99607	5	9960	99826	4
9761	98949	4	9811	99171	4	9861	99392	4	9911	99612	4	9961	99830	5
9762	98954	5	9812	99176	5	9862	99396	5	9912	99616	5	9962	99835	4
9763	98958	4	9813	99180	4	9863	99401	4	9913	99621	4	9963	99839	4
9764	98963	5	9814	99185	2	9864	99405	5	9914	99625	4	9964	99843	5
9765	98967	4	9815	99189	4	9865	99410	4	9915	99629	5	9965	99848	4
9766	98972	5	9816	99193	5	9866	99414	5	9916	99634	4	9966	99852	4
9767	98976	4	9817	99198	4	9867	99419	4	9917	99638	4	9967	99856	5
9768	98981	5	9818	99202	5	9868	99423	4	9918	99642	5	9968	99861	4
9769	98985	4	9819	99207	4	9869	99427	5	9919	99647	4	9969	99865	5
9770	98989	4	9820	99211	4	9870	99432	4	9920	99651	5	9970	99870	4
9771	98994	5	9821	99216	5	9871	99436	5	9921	99656	4	9971	99874	4
9772	98998	4	9822	99220	4	9872	99441	4	9922	99660	4	9972	99878	5
9773	99003	5	9823	99224	4	9873	99445	4	9923	99664	5	9973	99883	4
9774	99007	4	9824	99229	5	9874	99449	5	9924	99669	4	9974	99887	4
9775	99012	5	9825	99233	4	9875	99454	4	9925	99673	4	9975	99891	5
9776	99016	4	9826	99238	5	9876	99458	5	9926	99677	5	9976	99896	4
9777	99021	5	9827	99242	4	9877	99463	4	9927	99682	4	9977	99900	4
9778	99025	4	9828	99247	5	9878	99467	4	9928	99686	5	9978	99904	5
9779	99029	4	9829	99251	4	9879	99471	5	9929	99691	4	9979	99909	4
9780	99034	5	9830	99255	5	9880	99476	4	9930	99695	4	9980	99913	4
9781	99038	4	9831	99260	4	9881	99480	4	9931	99699	5	9981	99917	5
9782	99043	5	9832	99264	5	9882	99484	5	9932	99704	4	9982	99922	4
9783	99047	4	9833	99269	4	9883	99489	4	9933	99708	4	9983	99926	4
9784	99052	5	9834	99273	4	9884	99493	5	9934	99712	5	9984	99930	5
9785	99056	4	9835	99277	5	9885	99498	4	9935	99717	4	9985	99935	4
9786	99061	5	9836	99282	4	9886	99502	4	9936	99721	5	9986	99939	5
9787	99065	4	9837	99286	5	9887	99506	5	9937	99726	4	9987	99944	4
9788	99069	4	9838	99291	4	9888	99511	4	9938	99730	4	9988	99948	4
9789	99074	5	9839	99295	4	9889	99515	5	9939	99734	5	9989	99952	5
9790	99078	4	9840	99300	5	9890	99520	4	9940	99739	4	9990	99957	4
9791	99083	5	9841	99304	4	9891	99524	4	9941	99743	4	9991	99961	4
9792	99087	4	9842	99308	5	9892	99528	5	9942	99747	5	9992	99965	5
9793	99092	4	9843	99313	4	9893	99533	4	9943	99752	4	9993	99970	4
9794	99096	4	9844	99317	5	9894	99537	5	9944	99756	4	9994	99974	4
9795	99100	5	9845	99322	4	9895	99542	4	9945	99760	5	9995	99978	5
9796	99105	4	9846	99326	4	9896	99546	4	9946	99765	4	9996	99983	4
9797	99109	5	9847	99330	5	9897	99550	5	9947	99769	5	9997	99987	4
9798	99114	4	9848	99335	4	9898	99555	4	9948	99774	4	9998	99991	5
9799	99118	5	9849	99339	5	9899	99559	5	9949	99778	4	9999	99996	4
9800	99123		9850	99344		9900	99564		9950	99782		10000	00000	

www.ingramcontent.com/pod-product-compliance
Lightning Source LLC
Chambersburg PA
CBHW061115220326
41599CB00024B/4050